普通高校"十二五"规划教材

电机与拖动基础

主　编　白皓然

副主编　姚广芹　姜秋鹏

U0319084

北京航空航天大学出版社

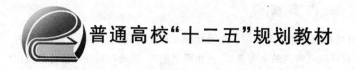

内 容 简 介

本书主要讲述电机与电力拖动课程的基本理论和基本知识。全书共分9章，内容包括磁路、直流电机、直流电机的电力拖动、变压器、异步电机、三相异步电动机的电力拖动、三相同步电机、驱动与控制用微特电机和电力拖动系统中的电动机选择；简要介绍了"电机与拖动"课程中常用的基本知识和基本定律，着重讲述了各类电机和变压器的基本结构、基本工作原理、等效电路及功率转矩等，并讨论了电力拖动系统的启动、调速及制动时的运行性能等。

本书可作为普通高等院校自动化、电气工程及机电一体化专业的教材，也可作为其他相关专业的电机学课程和电力拖动基础课程的教材，还可供有关技术人员参考。

本书配有教学课件供任课教师参考，请发邮件到 goodtextbook@126.com 或致电 010-82317037 申请索取。

图书在版编目(CIP)数据

电机与拖动基础 / 白皓然主编. -- 北京 : 北京航空航天大学出版社，2014.8
ISBN 978-7-5124-1448-8

Ⅰ.①电… Ⅱ.①白… Ⅲ.①电机—高等学校—教材 ②电力传动—高等学校—教材 Ⅳ.①TM3②TM921

中国版本图书馆 CIP 数据核字(2014)第137036号

电机与拖动基础

主 编 白皓然
副主编 姚广芹 姜秋鹏
责任编辑 董云凤 张金伟

*

北京航空航天大学出版社出版发行
北京市海淀区学院路37号(邮编100191) http://www.buaapress.com.cn
发行部电话:(010)82317024 传真:(010)82328026
读者信箱:goodtextbook@126.com 邮购电话:(010)82316524
北京时代华都印刷有限公司印装 各地书店经销

*

开本:787×1092 1/16 印张:14.75 字数:378千字
2014年8月第1版 2014年8月第1次印刷 印数:3 000册
ISBN 978-7-5124-1448-8 定价:29.00元

若本书有倒页、脱页、缺页等印装质量问题，请与本社发行部联系调换。联系电话:010-82317024

前　言

本书的编写是遵照国家高等教育的培养目标，并按照应用型人才培养特色名校建设工程纲要，以电气自动化、机电一体化技术专业的能力需求为依据，突出技术应用性和针对性，努力培养素质高、应用能力与实践能力强、富有创新精神的应用型复合人才。

基于以上背景，编写了本教材。本书共9章，包括磁路、直流电机、直流电机的电力拖动、变压器、异步电机、三相异步电动机的电力拖动、三相同步电机、控制电机、电动机容量的选择等内容。书中简要介绍了“电机与拖动”课程中常用的基本知识和基本定律；着重讲述了各类电机和变压器的的基本结构、基本工作原理、等效电路及功率转矩等；并讨论了电力拖动系统的启动、调速及制动时的运行性能与相关问题，并对电动机的容量选择进行了一般介绍。

本书可作为普通高等院校自动化、电气工程及自动化、机电一体化等相关专业的本科教材，也可供相关专业的工程技术人员参考。

本书第1、5、6章由白皓然编写；第3、4、8章由姚广芹编写；第9章由姜秋鹏编写；第2章由张清鹏编写；第7章由谷雷编写。本书编写过程中，刘立山、赵丽清、刘慧敏老师提出了宝贵的意见，全书由刘立山教授主审。本教材由于编写仓促，难免有缺点甚至错误，敬请广大教师和学生不吝赐教和批评指正，以便及时修正和完善。本教材的编审和出版得到了北京航空航天大学出版社以及各主审、主编和参编学校的大力支持和配合，在此一并表示衷心感谢。

作　者

2014年4月于青岛

目　录

第1章 磁 路

1.1 磁路的基本定律

磁场作为电机实现机电能量转换的耦合介质，其强度和分布状况不仅关系到电机的参数和性能，还决定电机的体积和质量。由于电机的结构、形状比较复杂，且铁磁材料和气隙并存，很难用麦克斯韦尔方程直接求解。因此，在实际工程中，将电机各部分磁场等效为各段磁路，并认为各段磁路中磁通沿其截面积均匀分布，各段磁路中磁场强度保持为恒值，其意义是各段磁路的磁压降等于磁场内对应点之间的磁位差。从工程观点来说，将复杂的磁场问题简化为磁路计算，其准确度是足够的。

1.1.1 磁场的几个常用物理量

1. 磁感应强度 $\boldsymbol{B}$

磁场是电流通入导体后产生的，表征磁场强度及方向的物理量是磁感应强度 $\boldsymbol{B}$，它是一个矢量。磁场中各个点的磁感应强度可以用闭合的磁感应矢量线来表示，它与产生它的电流方向可以用右手螺旋定则来确定。

在国际单位制中，$\boldsymbol{B}$ 的单位为 T(特[斯拉])，1 T＝1 Wb/m^2。

2. 磁通 $\boldsymbol{\Phi}$

在均匀磁场中，磁感应强度 $\boldsymbol{B}$ 与垂直于磁场方向面积 $\boldsymbol{A}$ 的乘积，为通过该面积的通量，称为磁通量，简称磁通 Φ（一般情况下，磁通量定义为 $\Phi=\int \boldsymbol{B}\cdot \mathrm{d}\boldsymbol{A}$）。由于 $\boldsymbol{B}=\Phi/\boldsymbol{A}$，$\boldsymbol{B}$ 也称为磁通量密度，可简称磁通密度。若用磁感应矢量线来描述磁场，则通过单位面积磁感应矢量线的疏密反映了磁感应强度（磁通密度）的大小以及磁通量的多少。

在国际单位制中，Φ 的单位为 Wb(韦[伯])。

3. 磁场强度 $\boldsymbol{H}$

磁场强度 $\boldsymbol{H}$ 是计算磁场时所引用的一个物理量，它是一个矢量。用来表示物质磁导能力大小的量称为磁导率 μ，它与磁场强度 $\boldsymbol{H}$ 的乘积等于磁感应强度，即

$$\boldsymbol{B}=\mu\boldsymbol{H} \tag{1-1}$$

真空的磁导率为 μ_0，在国际单位制中，$\mu_0=4\pi\times10^{-7}$ H/m，铁磁材料的磁导率 $\mu_{Fe}\gg\mu_0$。

在国际单位制中，$\boldsymbol{H}$ 的单位为 A/m。

1.1.2 磁路的概念

如同把电流流过的路径称为电路一样，磁路所通过的路径称为磁路。不同的是磁通的路径可以是铁磁物质，也可以是非磁体，如图 1－1 所示为常见的磁路。

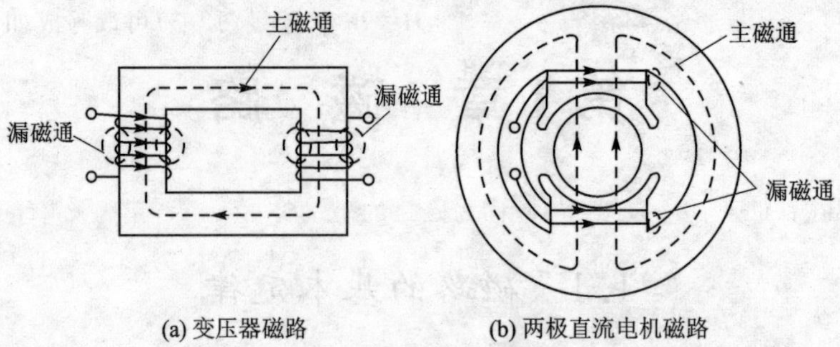

图 1-1　两种常见的磁路

在电机和变压器里，常把线圈套装在铁芯上，当线圈内通有电流时，在线圈周围的空间(包括铁芯内、外)就会形成磁场。由于铁芯的导磁性能比空气要好得多，所以绝大部分磁通将在铁芯内通过，这部分磁通称为主磁通，用来进行能量转换或传递。围绕载流线圈，在部分铁芯和铁芯周围的空间，还存在少量分散的磁通，这部分磁通称为漏磁通，漏磁通不参与能量转换和传递。主磁通和漏磁通所通过的路径分别构成主磁路和漏磁路，图 1-1 中示出了这两种磁路。

用以激励磁路中磁通的载流线圈称为励磁线圈，励磁线圈中的电流称为励磁电流。若励磁电流为直流，磁路中的磁通是恒定的，不随时间变化而变化，这种磁路称为直流磁路，直流电机的磁路属于这一类。若励磁电流为交流，磁路中的磁通随时间变化而变化，这种磁路称为交流磁路，交流铁芯线圈、变压器、感应电机的磁路都属于这一类。

1.1.3　磁路的基本定律

进行磁路分析和计算时，常用到以下几条定律。

1. 安培环路定律

沿着任何一条闭合回线 L，磁场强度 $\boldsymbol{H}$ 的线积分值 $\oint_L \boldsymbol{H} \cdot \mathrm{d}L$ 等于该闭合回线所包围的总电流值 $\sum i$ (代数和)，这就是安培环路定律，如图 1-2 所示，用公式表示为

$$\oint_L \boldsymbol{H} \cdot \mathrm{d}L = \sum i \tag{1-2}$$

式中，若电流的正方向与闭合回线 L 的环行回线符合右手螺旋关系，则 i 取正号，否则取负号。

若沿着回线 L，磁场强度的大小 $\boldsymbol{H}$ 处处相等(均匀磁场)，且闭合回线所包围的总电流是通有电流 i 的 N 匝线圈所提供，则式(1-2)可简写成

$$\boldsymbol{H}L = Ni \tag{1-3}$$

2. 磁路的欧姆定律

图 1-3(a)所示是一个等截面无分支的铁芯磁路，铁芯上有励磁线圈 N 匝，线圈中通有电流 i；铁芯面积为 A，磁路的平均长度为 l，μ 为材料的磁导率。若不计漏磁通，则认为各截面上磁通密度均匀，且垂直于各截面，磁通量将等于磁通密度乘以面积，即

$$\Phi = \int \boldsymbol{B} \cdot \mathrm{d}\boldsymbol{A} = \boldsymbol{B}\boldsymbol{A} \tag{1-4}$$

而磁场强度等于磁通密度除以磁导率，即 $\boldsymbol{H}=\boldsymbol{B}/\mu$，于是(1-3)可改写成如下形式：

$$Ni = l\boldsymbol{B}/\mu = \Phi l/(\mu A) \tag{1-5}$$

或

$$F = \Phi R_m = \Phi/\Lambda \tag{1-6}$$

式中，F 为作用在铁芯磁路上的安匝数，称为磁路的磁动势，$F=Ni$，单位为 A；R_m 为磁路的磁阻，$R_m=l/(\mu A)$，它取决于磁路的尺寸和所用材料的磁导率，单位为 H^{-1}，$1\ H^{-1}=1\ A/Wb$；Λ 为磁路的磁导，$\Lambda=1/R_m$，它是磁阻的倒数，单位为 H，1 H=1 Wb/A。

式(1-6)表明，作用在磁路上的磁动势 F 等于磁路内的磁通量 Φ 乘以磁阻 R_m，此关系与电路中的欧姆定律在形式上十分相似，因此式(1-6)称为磁路的欧姆定律。这里，我们把磁路中的磁动势 F 类比于电路中的电动势 E，磁通量 Φ 类比于电流 I，磁阻和磁导分别类比于电阻 R_m 和电导 G。图 1-3(b)所示为相应的模拟电路图。

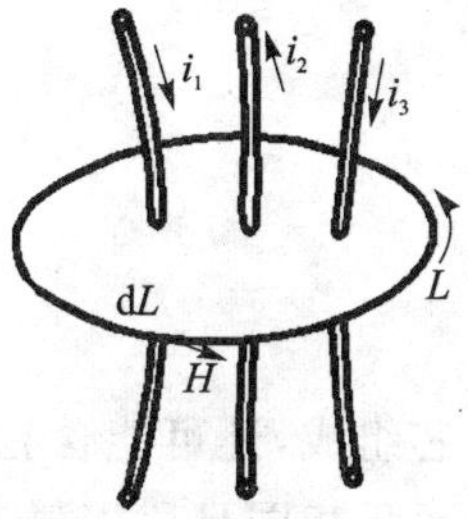

图 1-2　安培环路定律

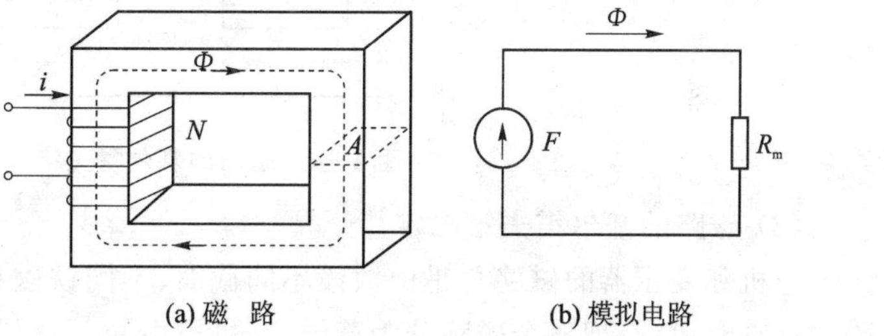

图 1-3　无分支铁芯磁路

磁阻 R_m 与磁路的平均长度 l 成正比，与磁路的截面积 A 及构成磁路材料的磁导率 μ 成反比。需要注意的是，导电材料的电导率 γ 是常数，则电阻 R 为常数；而铁磁材料的磁导率 μ 和磁阻 R_m 均不为常数，是随磁路中磁感应强速 $\boldsymbol{B}$ 的饱和程度大小而变化的。这种情况称为非线性，因此用磁阻 R_m 定量对磁路计算时就很不方便，但一般用它定性说明磁路问题还是可以的。

【例 1-1】　有一闭合铁芯磁路，铁芯的截面积 $A=12.25\times10^{-4}\ m^2$，铁芯的平均长度 $l=0.4\ m$，铁芯的磁导率 $\mu_{Fe}=5\ 000\ \mu_0$，套在铁芯上的励磁绕组的匝数为 600 匝，试求产生磁通 $\Phi=10.9\times10^{-4}$ Wb 时所需的励磁磁动势和励磁电流。

解　用安培环路定律求解：

磁密　$$B=\frac{\Phi}{A}=\frac{10.9\times10^{-4}}{12.25\times10^{-4}}\ T=0.89\ T$$

磁场强度　$$H=B/\mu_{Fe}=\frac{0.89}{5000\times4\pi\times10^{-7}}\ A/m=141.51\ A/m$$

磁动势　$$F=Hl=141.51\times0.4\ A=56.6\ A$$

励磁电流　$$i=F/N=\frac{56.6}{500}\ A=11.32\times10^{-2}\ A$$

3. 磁路的基尔霍夫定律

(1) 磁路的基尔霍夫第一定律

如果铁芯不是一个简单回路，而是带有并联分支的磁路，如图 1-4 所示。当在中间铁芯

柱上加有磁动势 F 时，磁路的路径将如图中虚线所示。若令进入闭合面 A 的磁通为负，穿出闭合面的磁通为正，从图 1-4 可见，对闭合面 A 显然有

$$-\Phi_1 + \Phi_2 + \Phi_3 = 0$$

或

$$\sum \Phi = 0 \tag{1-7}$$

式(1-7)表明，穿出或进入任何一闭合面的总磁通恒等于零，这就是磁通连续性定律。比拟于电路中的基尔霍夫第一定律 $\sum i = 0$，该定律亦称为磁路的基尔霍夫第一定律。

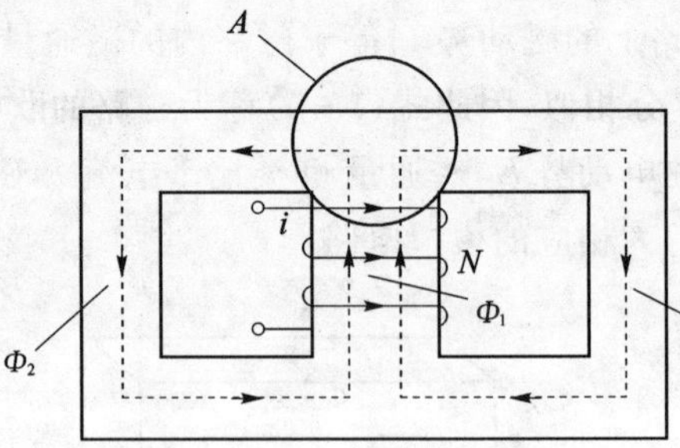

图 1-4　磁路的基尔霍夫第一定律

(2) 磁路的基尔霍夫第二定律

电机和变压器的磁路总是由数段不同截面、不同铁磁材料的铁芯组成，还可能含有气隙。磁路计算时，总是把整个磁路分为若干段，每段由同一材料构成、截面积相同且段内磁通密度处处相等，从而磁场强度亦处处相等。例如，如图 1-5 所示磁路由 3 段组成，其中两段为截面不同的铁磁材料，第 3 段为气隙。若铁芯上的励磁磁动势为 Ni，根据安培环路定律(磁路欧姆定律)可得

$$Ni = \sum_{k=1}^{3} H_k l_k = H_1 l_1 + H_2 l_2 + H_\delta \delta = \Phi_1 R_{m1} + \Phi_2 R_{m2} + \Phi_\delta R_{m\delta} \tag{1-8}$$

式中，l_1、l_2 为分别为 1、2 两段铁芯的平均长度，其截面积各为 A_1 和 A_2；δ 为气隙长度；H_1、H_2 分别为 1、2 两段磁路内的磁场强度；H_δ 为气隙内的磁场强度；Φ_1、Φ_2 为分别为 1、2 两段铁芯内的磁通；Φ_δ为气隙内磁通；R_{m1}、R_{m2} 为分别为 1、2 两段铁芯磁路的磁阻；$R_{m\delta}$ 为气隙磁阻。

由于 H_k 亦是磁路单位长度上的磁位差，$H_k l_k$ 则是一段磁路上的磁位差，它也等于 $\Phi_m R_{mk}$，是作用在磁路上的总磁动势，故(1-8)式表明：沿任何闭合磁路的总磁动势恒等于各段磁路磁位差的代数和。类比于电路中的基尔霍夫第二定律，该定律就称为磁路的基尔霍夫第二定律，此定律实际上是安培环路定律的另一种表达式。

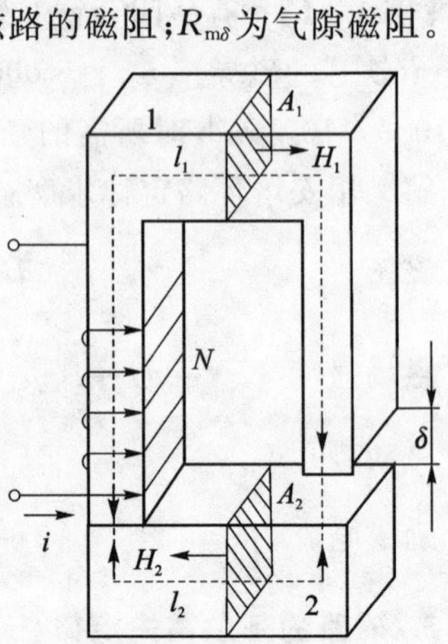

图 1-5　磁路的基尔霍夫第二定律

必须指出，磁路和电路虽然具有类比关系，但是二者性质却不相同。在分析计算时，也是有以下几点差别：

- 电路中有电流 I 时，就有功率损耗 I^2R；而在直流磁路中，维持一定的磁通量 Φ 时，铁芯中没有功率损耗。
- 在电路中可以认为电流全部在导线中流通，导体外

没有电流；在磁路中，则没有绝对的磁绝缘体，除了铁芯中的磁通外，实际上总有一部分漏磁通散布在周围的空气中。

- 电路中导体的电阻率 ρ 在一定的温度下是不变的，而磁路中铁芯的磁导率 μ_{Fe} 却不是常值，它是随着铁芯的饱和度大小而变化的。
- 对于线性电路，计算时可以应用叠加原理，但对于铁芯磁路，计算时不能应用叠加原理，因为铁芯饱和时磁路为非线性。

因此，磁路与电路仅是一种形式上的类似，而不是物理本质的相似。

1.2　常用的铁磁材料及其特性

为了在一定的励磁磁动势作用下能激励较强的磁场，以使电机和变压器等装置的尺寸缩小、质量减轻、性能改善，必须增加磁路的磁导率。当线圈的匝数和励磁电流相同时，铁芯线圈激发的磁通量比空气线圈大得多，所以电机和变压器的铁芯常用磁导率较高的铁磁材料制成。下面对常用的铁磁材料及其特性进行简要说明。

1.2.1　铁磁物质的磁化

铁磁物质包括铁、镍、钴等以及它们的合金。将这些材料放入磁场中，磁场会显著增强。铁磁材料在外磁场中呈现出很强的磁性，此现象称为铁磁物质的磁化。铁磁物质能被磁化的原因是在它内部存在着许多很小的被称为磁畴的天然磁化区。在图 1－6 中，磁畴用一些小磁铁来示意表明。在没有外磁场的作用时，各个磁畴排列紊乱，磁效应相互抵消，对外不显示磁性，如图 1－6(a)所示。在外磁场的作用下，磁畴就顺外磁场方向而转向，排列整齐并显示出磁性来。这就是说铁磁物质被磁化了，如图 1－6(b)所示。由此形成的磁化磁场，叠加在外磁场上，使合成磁场大为加强。由于磁畴产生的磁化磁场比非铁磁物质在同一磁场强度下所激励的磁场强得多，所以铁磁材料的磁导率要比非铁磁材料大得多。非铁磁材料的磁导率接近于真空的磁导率，电机常用的铁磁材料磁导率 $\mu_{Fe}=(2\,000\sim6\,000)\mu_0$。

(a) 无外磁场作用时的磁畴排列　　(b) 有外磁场作用时的磁畴排列

图 1－6　铁磁物质的磁化

1.2.2　磁化曲线和磁滞回线

1. 起始磁化曲线

在非铁磁材料中，磁通密度 $\boldsymbol{B}$ 和磁场强度 $\boldsymbol{H}$ 之间呈直线关系，直线的斜率就等于 μ_0，如图 1－7 中虚线所示。铁磁材料的 $\boldsymbol{B}$ 与 $\boldsymbol{H}$ 之间则为非线性关系。将一块未磁化的铁磁材料进行磁化，当磁场强度 $\boldsymbol{H}$ 由零逐渐增大时，磁通密度 $\boldsymbol{B}$ 将随之增大。用 $\boldsymbol{B}=f(\boldsymbol{H})$ 描述的曲线称为起始磁化曲线，如图 1－7 所示。

起始磁化曲线基本上可分为 4 段：开始磁化时，外磁场较弱，磁通密度增加得不快，见图 1－7中 Oa 段。随着外磁场的增强，铁磁材料内部大量磁畴开始转向，趋向于外磁场方向，此时，$\boldsymbol{B}$ 值增加得很快，见图 1－7 中 ab 段。若外磁场继续增加，大部分磁畴已趋向外磁场方向，可转向的磁畴越来越少，$\boldsymbol{B}$ 值亦增加得越来越慢，见图 1－7 中 bc 段，这种现象称为饱和。达到饱和以后，磁化曲线基本上成为与非铁磁材料的 $\boldsymbol{B}=\mu_0\boldsymbol{H}$ 特性相平行的直线，见图 1－7 中 cd 段。磁化曲线开始拐弯的 b 点，称为膝点或饱和点。

由于铁磁材料的磁化曲线不是一条直线，所以磁导率 $\mu_{Fe}=\boldsymbol{B}/\boldsymbol{H}$ 也不是常数，将随着 $\boldsymbol{H}$ 值的变化而变化。进入饱和区后，μ_{Fe} 急剧下降，若 $\boldsymbol{H}$ 再增大，μ_{Fe} 将继续减小，直至逐渐趋近于 μ_0，图 1－7 中同时还示出了曲线，这表明在铁磁材料中，磁阻随饱和度增加而增大。

各种电机、变压器的主磁路中，为了获得较大的磁通量，又不过分增大磁动势，通常把铁芯内工作点的磁通密度选择在膝点附近。

2. 磁滞回线

若将铁磁材料进行周期性磁化，B 和 H 之间的变化关系就会变成如图 1－8 中曲线 $abcdefa$ 所示形状。由图可见，当 H 开始从零增加到 H_m 时，B 相应地从零增加到 B_m；以后逐渐减小磁场强度 H，B 值将沿曲线 ab 下降。当 $H=0$ 时，B 值并不等于零，而等于 B_r。这种去掉外磁场之后，铁磁材料内仍然保留的磁通密度 B_r 称为剩余磁通密度，简称剩磁。要使 B 值从 B_r 减小到零，必须加上相应的反向外磁场。此反向磁场强度称为矫顽力，用 H_c 表示。B_r 和 H_c 是铁磁材料的两个重要参数。铁磁材料所具有的这种磁通密度 B 的变化滞后于磁场强度 H 变化的现象，叫做磁滞。呈现磁滞现象的 B—H 闭合曲线，称为磁滞回线，见图 1－8 中的 $adcdefa$。磁滞现象是铁磁材料的另一个特性。

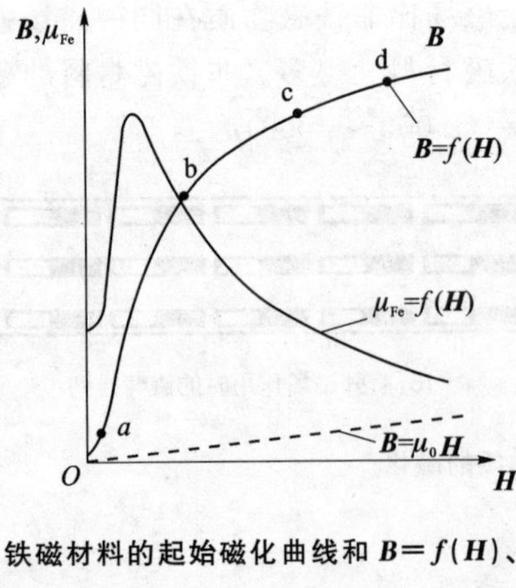

图 1－7　铁磁材料的起始磁化曲线和 $\boldsymbol{B}=f(\boldsymbol{H})$、$\mu_{Fe}=f(\boldsymbol{H})$

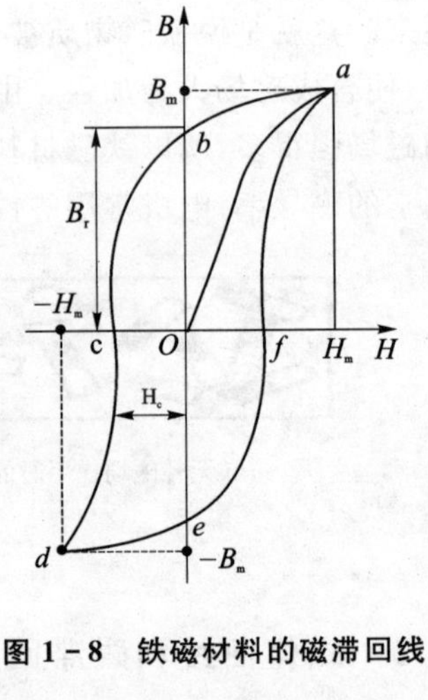

图 1－8　铁磁材料的磁滞回线

3. 基本磁化曲线

对于同一铁磁材料，选择不同的磁场强度 H_m 反复进行磁化时，可得不同的磁滞曲线。磁路计算时所用的磁化曲线都是基本磁化曲线。如图 1－9 所示为电机中常用的硅钢片(DR320、DR530)、铸铁、铸钢的基本磁化曲线。图中×0.1，×10，×100 是指各不同曲线对应的 H 值应乘的系数。

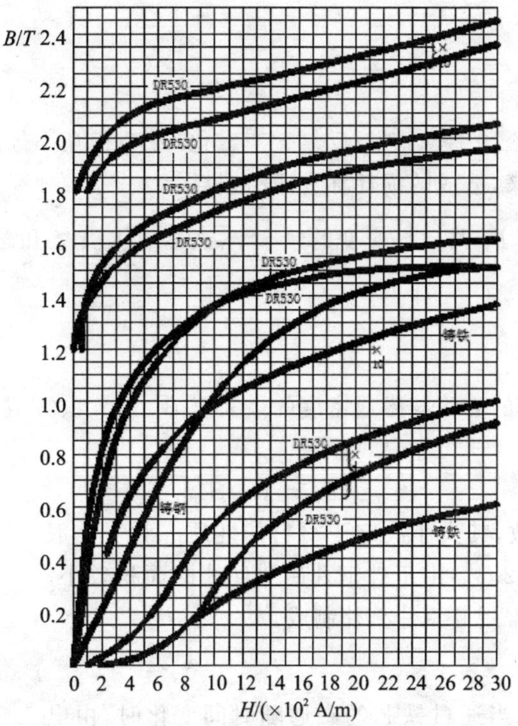

图 1－9　电机常用的铁磁材料的基本磁化曲线

按照磁滞回线的形状不同，铁磁材料可分为软磁材料和硬磁材料两大类。

（1）软磁材料

磁滞回线较窄，剩磁 B_r 和矫顽力 H_c 都小的材料，称为软磁材料，如图 1－10(a)所示。常用的软磁材料磁导率较高，可用来制造电机、变压器的铁芯。磁路计算时，可以不考虑磁滞现象，用基本磁化曲线是可行的。

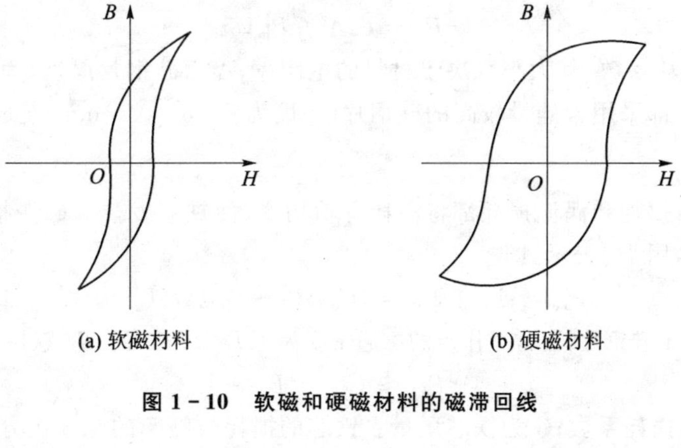

图 1－10　软磁和硬磁材料的磁滞回线

（2）硬磁材料

磁滞回线较宽，剩磁 B_r 和矫顽力 H_c 都大的铁磁材料称为硬磁材料，如图 1－10(b)所示。由于剩磁 B_r 大，可用以制成永久磁铁，因而硬磁材料亦称为永磁材料，如铝钴镍、铁氧体、稀土钴及钕铁硼等。

1.2.3 铁芯损耗

1. 磁滞损耗

铁磁材料置于交变磁场中，材料被反复交变磁化，磁畴相互不停地摩擦而消耗能量，并以产生热量的形式表现出来，造成的损耗称为磁滞损耗。

分析表明，磁滞损耗 P_h 与磁场交变的频率 f，铁芯的体积 V 和磁滞回线的面积 $\oint H\mathrm{d}B$ 成正比，即

$$P_h = fV\oint H\mathrm{d}B \tag{1-9}$$

实验证明，磁滞回线的面积与磁通密度的最大值 B_m 的 n 次方成正比，故磁滞损耗亦可改写成

$$P_h = C_h f B_m^n V \tag{1-10}$$

式中，C_h 为磁滞损耗系数，其大小决定于材料的性质。对于一般电工用硅钢片，$n=1.6\sim2.3$。由于硅钢片磁滞回线的面积较小，故电机和变压器的铁芯常用硅钢片叠片制成。

2. 涡流损耗

因为铁芯是导电的，当通过铁芯的磁通随时间变化时，由电磁感应定律知，铁芯中将产生感应电动势，并引起环流。这些环流在铁芯内部做旋涡状流动，称为涡流，如图 1-11 所示。涡流在铁芯中引起的损耗，称为涡流损耗。

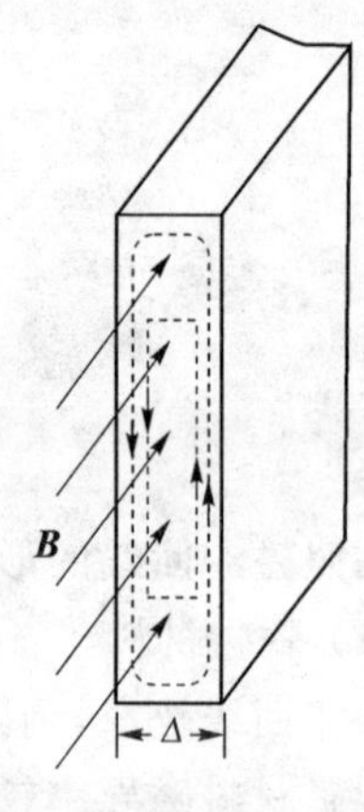

图 1-11 硅钢片中的涡流

分析表明，频率越高，磁通密度较大，感应电动势就越大，涡流损耗也越大。铁芯的电阻率越大，涡流所经过的路径越长，涡流损耗就越小。对于由硅钢片叠成的铁芯，经推导可知，涡流损耗 P_e 为

$$P_e = C_e \Delta^2 f^2 B_m^2 V \tag{1-11}$$

式中，C_e 为涡流损耗系数，其大小取决于材料的电阻率；Δ 为硅钢片厚度，为减小涡流损耗，电机和变压器的铁芯都采用含硅量较高的硅钢片(厚度为 0.35～0.5 mm)叠成。

3. 铁芯损耗

铁芯中的磁滞损耗和涡流损耗都将消耗有功功率，使铁芯发热。磁滞损耗与涡流损耗之和，称为铁芯损耗，用 P_{Fe} 表示，即

$$P_{Fe} = P_h + P_e = (C_h f B_m^n + C_e \Delta^2 f^2 B_m^2)V \tag{1-12}$$

对于一般的电工硅钢片，正常工作点的磁通密度为 1 T<B_m<1.8 T，式(1-12)可近似写成

$$P_{Fe} \approx C_{Fe} f^{1.3} B_m^2 G \tag{1-13}$$

式中，C_{Fe} 为铁芯的损耗系数；G 为铁芯质量。铁芯的损耗与频率的 1.3 次方、磁通密度的平方和铁芯质量成正比。

1.3 直流磁路的计算

磁路计算所依据的基本原理是安培环路定律，其计算有两种类型：一类是给定磁通量，计算所需要的励磁磁动势，称为磁路计算的正问题；另一类是给定励磁磁动势，求磁路内的磁通量，称为磁路计算的逆问题。电机、变压器的磁路计算通常属于第一类。

对于磁路计算的正问题，步骤如下：

① 将磁路按材料性质和不同的截面尺寸分段。

② 计算各段磁路的有效截面积 A_k 和平均长度 l_k。

③ 计算各段磁路的平均磁通密度 B_k；$B_k=\dfrac{\Phi_h}{A_k}$。

④ 根据 B_k 求出对应的磁场强度 H_k，对铁磁材料，H_k 可从基本磁化曲线上查出；对于空气隙，可直接用 $H_\delta=B_\delta/\mu_0$ 算出。

⑤ 计算各段磁路的磁位降 $H_k l_k$，最后求得产生给定磁通量时所需的励磁磁动势 F，$F=\sum H_k l_k$。

对于逆问题，由于磁路是非线性的，常用试探法去求解。

1. 简单串联磁路

简单串联磁路就是不计漏磁影响，仅有一个磁回路的无分支磁路，如图 1-12 所示。此时通过整个磁路的磁通量相同，但由于各段磁路的截面积不同或材料不同，各段的磁通密度也不一定相同。这种磁路虽然简单，却是磁路计算的基础。下面举例说明。

【例 1-2】 磁路铁芯材料由铸钢和空气隙构成，铁芯截面积 $A_{Fe}=9\times10^{-4}$ m²，磁路平均长度 $l_{Fe}=0.4$ m，气隙长度 $\delta=6\times10^{-4}$ m，见图 1-12。求该磁路获得磁通量为 $\Phi=0.0009$ Wb 时所需的励磁磁动势。考虑到气隙磁场的边缘效应，在计算气隙有效面积时，通常在长、宽方向各增加一个 δ 值。

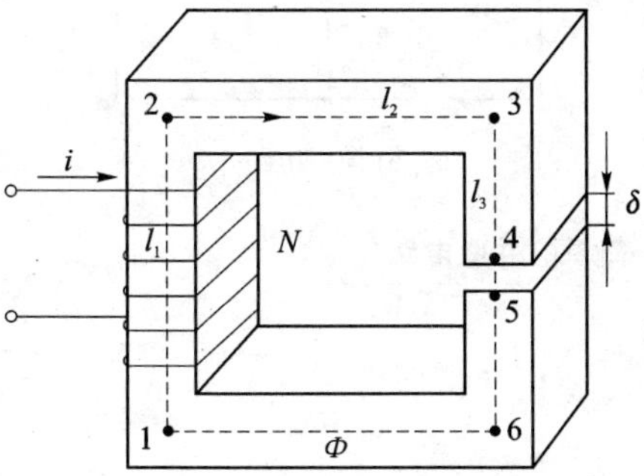

(a) 串联磁路

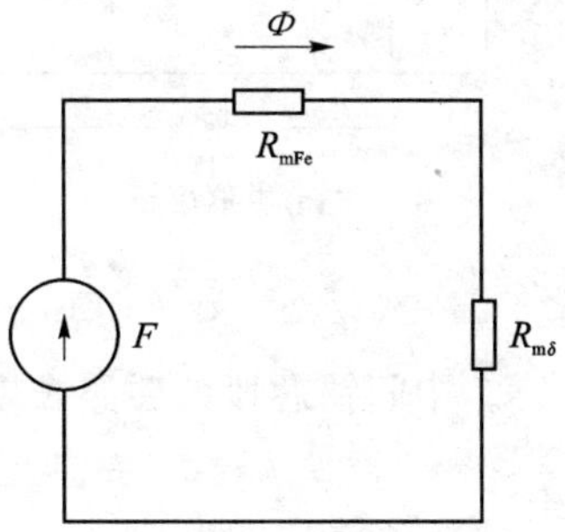

(b) 模拟电路

图 1-12 简单的串联电路

解 铁芯内磁通密度为

$$B_{Fe}=\frac{\Phi}{A_{Fe}}=\frac{0.0009}{9\times10^{-4}}\text{T}=1\ \text{T}$$

从图 1-11 中的铸钢磁化曲线查得，与 B_{Fe} 对应的 $H_{Fe}=9\times10^2$ A/m，则

铁芯段的磁位差　　　$H_{Fe}l_{Fe}=9\times10^2\times0.4\ A=360\ A$

空气隙内磁通密度　　$B_\delta=\dfrac{\Phi}{A_\delta}=\dfrac{0.0009}{3.05^2\times10^{-4}}\ T\approx0.967\ T$

气隙磁场强度　　　$H_\delta=\dfrac{B_\delta}{\mu_0}=\dfrac{0.967}{4\pi\times10^{-7}}\ A/m\approx77\times10^4\ A/m$

气隙磁位差　　　　$H_\delta l_\delta=77\times10^4\times6\times10^{-4}\ A=462\ A$

励磁磁动势　　　　$F=H_{Fe}l_{Fe}+H_\delta l_\delta=462\ A+360\ A=822\ A$

2. 简单并联磁路

简单并联磁路是指考虑漏磁影响，或磁路有两个以上分支。电机和变压器的磁路大多属于这一类。

【例 1-3】 图 1-13 所示并联磁路，铁芯所用材料为 DR530 硅钢片，铁芯柱和铁轭的截面积均为 $A=2\times2\times10^{-4}\ m^2$，磁路段的平均长度 $l=5\times10^{-2}\ m$，气隙长度 $\delta_1=\delta_2=2.5\times10^{-3}\ m$，励磁线圈匝数 $N_1=N_2=1\ 000$ 匝。不计漏磁通，试求在气隙内产生 $B_\delta=1.211\ T$ 的磁通密度时，所需的励磁电流 i。

解　由于磁路是并联且对称的，故只需计算其中一个磁回路即可

根据磁路基尔霍夫第一定律，得

$$\Phi_\delta=\Phi_1+\Phi_2=2\Phi_1=2\Phi_2$$

根据磁路基尔霍夫第二定律，得

$$\sum H_kL_k=H_1l_1+H_3l_3+2H_\delta\delta=N_1i_1+N_2i_2$$

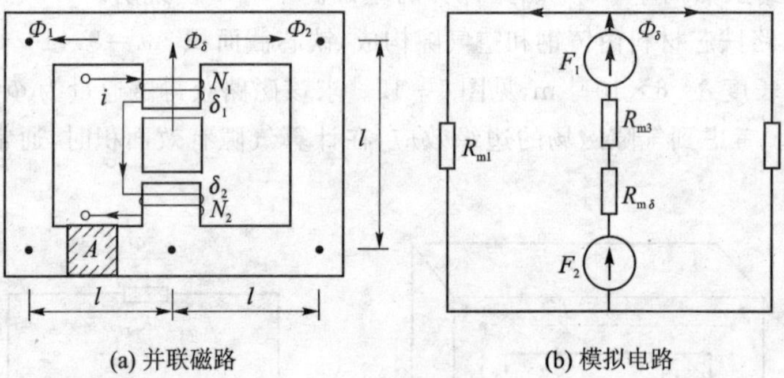

图 1-13　简单的并联电路

由图 1-13(a)知，中间铁芯段的磁路长度为

$$l_3=l-2\delta=(5-0.5)\times10^{-2}\ m=4.5\times10^{-2}\ m$$

左、右两边铁芯段的磁路长度为

$$l_1=l_2=3l=3\times5\times10^{-2}\ m=15\times10^{-2}\ m$$

① 气隙磁位差

$$2H_\delta\delta=2\frac{B_\delta}{\mu_0}\delta=2\times\frac{1.211}{4\pi\times10^{-7}}\times2.5\times10^{-3}\ A\approx4\ 818\ A$$

② 中间铁芯段的磁通密度

$$B_3=\frac{\Phi_\delta}{A}=\frac{1.211\times(2+0.25)^2\times10^{-4}}{4\times10^{-4}}\ T=1.533\ T$$

从图 1-9 中 DR530 的磁化曲线查得，与 B_3 对应的 $H_3=19.5\times10^2$ A/m，则中间铁芯段的磁位降

$$H_3l_3=19.5\times10^2\times4.5\times10^{-2}\ \text{A}=87.85\ \text{A}$$

③ 左、右两边铁芯的磁通密度

$$B_1=B_2=\frac{\Phi_\delta/2}{A}=\frac{0.613\times\dfrac{10^{-3}}{2}}{4\times10^{-4}}\ \text{T}=0.766\ \text{T}$$

由 DR530 的磁化曲线查得，由此得左、右两边铁芯段的磁位降

$$H_1l_1=H_2l_2=215\times15\times10^{-2}\ \text{A}=32.25\ \text{A}$$

④ 总磁动势和磁路电流分别为

$$\sum Ni=2H_\delta\delta+H_3l_3+H_1l_1=(4\ 818+87.75+32.25)\ \text{A}=4\ 938\ \text{A}$$

$$i=\frac{\sum Ni}{N}=\frac{4\ 938}{2\ 000}\ \text{A}=2.469\ \text{A}$$

1.4　交流磁路的特点

在铁芯线圈中通以直流电流来励磁，分析(直流磁路)要简单些。因为励磁电流是恒定的，在线圈内和铁芯中不会产生感应电动势。在一定的电压 U 下，线圈中的电流决定于线圈本身的电阻，功率损耗也只有 I^2R。铁芯线圈中通以交流电流时，因为电流是随着时间变化的，其电磁关系与直流磁路有所不同。但在每一瞬间仍和直流磁路一样，遵循磁路的基本定律，可以使用相同的基本磁化曲线。磁路计算时，为表明磁路的工作点和饱和情况，磁通量和磁通密度均用交流的瞬时的最大值表示，磁动势和磁场强度则用有效值表示。

交变磁通除了会在铁芯中引起损耗之外，还有以下两个效应：

① 磁通量随时间变化，必然会在励磁线圈中产生感应电动势 $e=-N\dfrac{\mathrm{d}\Phi}{\mathrm{d}t}$。

② 磁饱和现象会导致励磁电流、磁通和电动势波形的畸变。

习　题

1.1　电机和变压器的磁路常采用什么材料制成，这种材料有哪些主要特性？

1.2　磁滞损耗和涡流损耗是什么原因引起的？它们的大小与哪些因素有关？

1.3　说明直流磁路和交流磁路的不同点。

1.4　基本磁化曲线与起始磁化曲线有何区别？磁路计算时用的是哪一种磁化曲线？

1.5　磁路的基本定律有哪几条？当铁芯磁路上有几个磁动势同时作用时，磁路计算能否用叠加原理，为什么？

1.6　如图 1-14 所示，如果铁芯用 DR320 硅钢片叠成，截面积 $A_{Fe}=12.25\times10^{-4}$ m^2，铁芯的平均长度 $l_{Fe}=0.4$ m，空气隙 $\delta=0.5\times10^{-3}$ m，线圈的匝数为 600 匝，试求产生磁通 $\Phi=11\times10^{-4}$ Wb 时所需的励磁磁势和励磁电流。

1.7　磁路结构如图 1-15 所示，欲在气隙中建立 7×10^{-4} Wb 的磁通，需要多大的磁势？

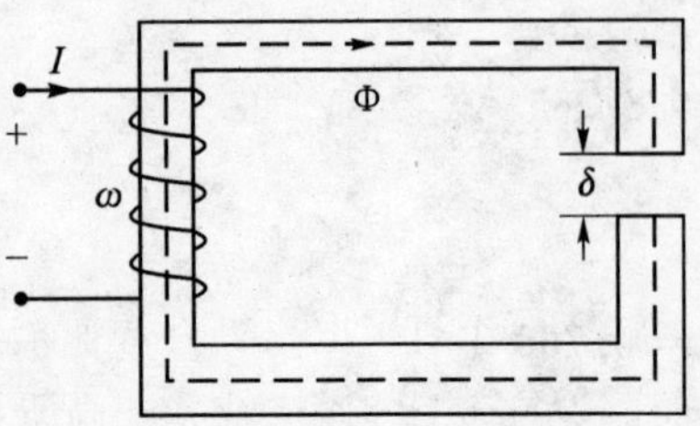

图 1-14　习题 1.6 图

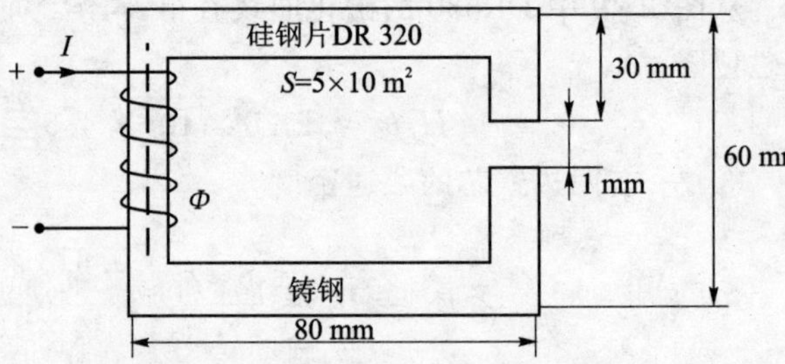

图 1-15　习题 1.7 图

1.8　一铁环的平均半径为 0.3 m,铁环的横截面积为一直径等于 0.05 m 的圆形,在铁环上绕有线圈,当线圈中电流为 5 A 时,在铁芯中产生的磁通为 0.003 Wb,试求线圈应有匝数。铁环所用材料为铸钢。

第2章 直流电机

直流电动机是将直流电能转换成机械能带动机械负载运转。由于直流电机具有调速范围广,易于平滑调节,过载、启动、制动转矩大,调速时的能量损耗较小,易于控制,可靠性高等优点,所以在电气传动系统中,尤其是对启动及调速性能要求较高的生产机械,一般都用直流电动机进行拖动。直流电动机广泛应用在轧钢机、电车、电气铁道牵引、造纸及纺织等行业。

直流发电机与直流电动机原理正好可逆,即将机械能转换成直流电能对外部负载供电。它主要作为直流电动机、电解、电镀、电冶炼、充电及交流发电机的励磁等所需的直流电机。虽然在需要直流电的地方,也用电力整流元件,把交流电变成直流电,但从使用方便、运行的可靠性及某些工作性能方面来看,交流电整流还不能与直流发电机相比。

2.1 直流电机的工作原理

2.1.1 直流电动机的工作原理

如图 2-1 所示是一台直流电机的最简单模型。N 和 S 是一对固定的磁极,可以是电磁铁,也可以是永久磁铁。磁极之间有一个可以转动的铁质圆柱体,称为电枢铁芯。铁芯表面固定一个用绝缘导体构成的电枢线圈 *abcd*,线圈的两端分别接到相互绝缘的两个半圆形铜片(换向片)上,它们组合在一起称为换向器。在每个半圆铜片上又分别放置一个固定不动而与之滑动接触的电刷 *A* 和 *B*,线圈 *abcd* 通过换向器和电刷接通外电路。

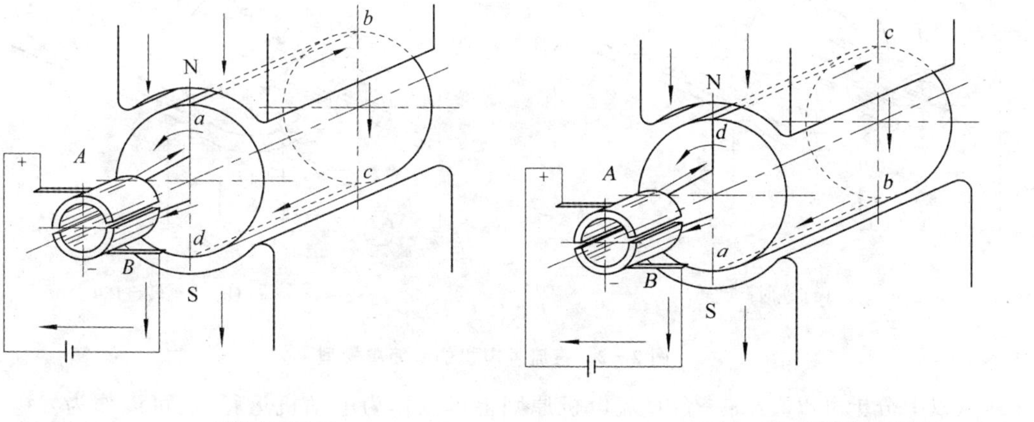

(a) $a\to b\to c\to d$ 回路电磁转矩　　(b) $d\to c\to b\to a$ 回路电磁转矩

图 2-1　直流电机的最简单模型

将外部直流电源加于电刷 *A*(正极)和 *B*(负极)上,则线圈 *abcd* 中流过电流,在导体 *ab* 中,电流由 *a* 指向 *b*,在导体 *cd* 中,电流由 *c* 指向 *d*。导体 *ab* 和 *cd* 分别处于 N、S 极磁场中,受到电磁力的作用。用左手定则可知导体 *ab* 和 *cd* 均受到电磁力的作用,且形成的转矩方向一致，这个转矩称为电磁转矩，为逆时针方向。这样，电枢就顺着逆时针方向旋转，如图 2－1(a)所示。当电枢旋转 180°，导体 *cd* 转到 N 极下，*ab* 转到 S 极下，如图 2－1(b)所示，由于电流仍从电刷 *A* 流入，使 *cd* 中的电流变为由 *d* 流向 *c*，而 *ab* 中的电流由 *b* 流向 *a*，从电刷 *B* 流出，用左手定则判别可知，电磁转矩的方向仍是逆时针方同。

由此可见，加于直流电动机的直流电源，借助于换向器和电刷的作用，使直流电动机电枢线圈中流过的电流，方向是交变的，从而使电枢产生的电磁转矩的方向恒定不变，确保直流电动机朝确定的方向连续旋转。这就是直流电动机的基本工作原理。

实际的直流电动机，电枢圆周上均匀地嵌放许多线圈，相应的换向器由许多换向片组成，使电枢线圈所产生的总的电磁转矩足够大并且比较均匀，电动机的转速也就比较均匀。

2.1.2 直流发电机的工作原理

直流发电机的模型与直流电动机模型相同，不同的是用原动机(如汽轮机等)拖动电枢朝某一方向(例如逆时针方向)旋转，如图 2－2(a)所示。这时导体 *ab* 和 *cd* 分别切割 N 极和 S 极下的磁力线，感应产生电动势，电动势的方向用右手定则确定。由此可知，导体 *ab* 中电动势的方向由 *b* 指向 *a*，导体 *cd* 中电动势的方向由 *d* 指向 *c*，在一个串联回路中是相互叠加的，形成电刷 *A* 为电源正极，电刷 *B* 为电源负极。电枢转过 180°后，导体 *cd* 与导体 *ab* 交换位置，但电刷的正负极性不变，如图 2－2(b)所示。可见，同直流电动机一样，直流发电机电枢线圈中的感应电动势的方向也是交变的，而通过换向器和电刷的整流作用，在电刷 *A*、*B* 上输出的电动势是极性不变的直流电动势。在电刷 *A*、*B* 之间接上负载，发电机就能向负载供给直流电能。这就是直流发电机的基本工作原理。

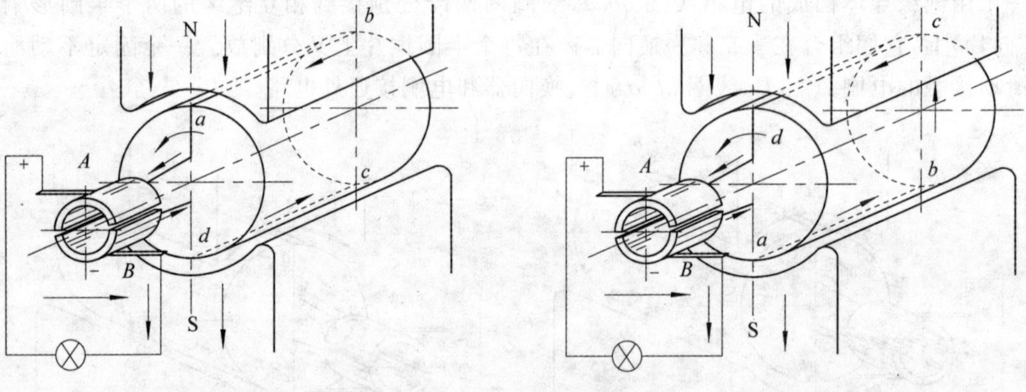

(a) 逆时针旋转　　　　(b) 电枢转过180°后

图 2－2　直流发电机的最简单模型

从以上分析可以看出：一台直流电机原则上可以作为电动机运行，也可以作为发电机运行，取决于外界不同的条件。将直流电源加于电刷，输入电能，电机将电能转换为机械能，拖动生产机械旋转，作为电动机运行；如用原动机拖动直流电机的电枢旋转，输入机械能，电机将机械能转换为直流电能，从电刷上引出直流电动势，作为发电机运行。同一台电机，既能作为电动机运行，又能作为发电机运行的原理，称为电机的可逆原理。

2.2　直流电机的主要结构及用途

2.2.1　直流电机的基本结构

从电机的基本工作原理可知，电机的磁极和电枢之间必须有相对运动，因此，任何电机都由固定不动的定子和旋转的转子两部分组成，这两部分之间的间隙叫空气隙。图 2-3 是一台小型直流电机的纵向剖视图。

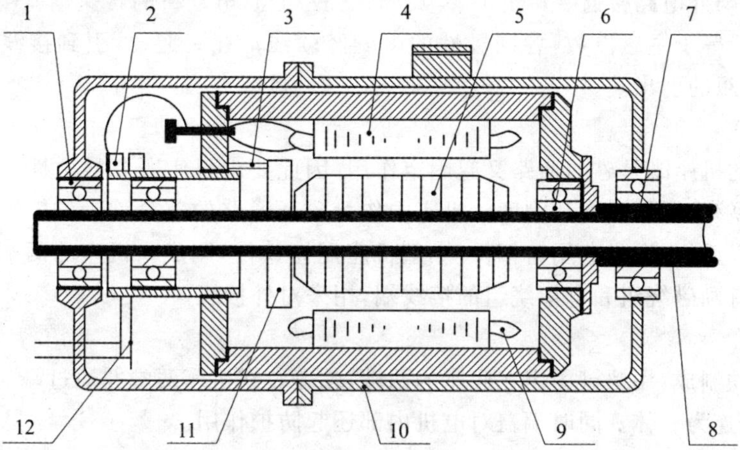

1—转子轴承；2—滑环；3—换向器电刷；4—磁系统；5—电枢；6—磁系统轴承；7—外轴；8—内轴；9—磁绕组；10—壳体；11—换向器；12—滑环电刷

图 2-3　小型直流电机的纵向剖视图

1. 定　子

定子的作用是产生磁场和作为电机机械支撑。它由主磁极、换向磁极、电刷、机座、端盖和轴承等组成。

(1) 主磁极——产生主磁通 Φ

主磁极的作用是建立主磁场。绝大多数直流电机的主磁极不是用永久磁铁而是由励磁绕组通以直流电流来建立磁场。主磁极由主磁极铁芯和套装在铁芯上的励磁绕组构成。主磁极铁芯靠近转子一端的扩大的部分称为极靴，它的作用是使气隙磁阻减小，改善主磁极磁场分布，并使励磁绕组容易固定。为了减少转子转动时由于齿槽移动引起的铁耗，主磁极铁芯采用 1～1.5 mm 的低碳钢板冲压一定形状叠装固定而成。主磁极上装有励磁绕组，整个主磁极用螺杆固定在机座上。主磁极的个数一定是偶数，励磁绕组的连接必须使得相邻主磁极的极性按 N、S 极交替出现。改变励磁电流 I_f 的方向，就可改变主磁极极性，也就改变了磁场方向。

(2) 换向磁极——产生附加磁场

换向磁极的作用是产生附加磁场，改善电机的换向，减小电刷与换向器之间的火花，不致使换向器烧坏。

在两个相邻的主磁极之间中性面内有一个小磁极，这就是换向磁极。它的构造与主磁极相似，它的励磁绕组与主磁极的励磁绕组串联。

主磁极中性面内的磁感应强度本应为零值，但是，由于电枢电流通过电枢绕组时所产生的电枢磁场，使主磁极中性面的磁感应强度不能为零值。于是使转到中性面内进行电流换向的绕组产生感应电动势，使得电刷与换向器之间产生较大的火花。

用换向磁极的附加磁场来抵消电枢磁场，使主磁极中性面内的磁感应强度接近于零，这样就改善了电枢绕组的电流换向条件，减小了电刷与换向器之间的火花。

(3) 电刷装置

电刷装置主要由用碳——石墨制成导电块的电刷、加压弹簧和刷盒等组成。固定在机座上(小容量电机装在端盖上)不动的电刷，借助于加压弹簧的压力和旋转的换向器保持滑动接触，使电枢绕组与外电路接通。

电刷数一般等于主磁极数，各同极性的电刷经软线汇在一起，再引到接线盒内的接线板上，作为电枢绕组的引出端。

(4) 机　座

直流电机的机座既是磁的通路又起固定作用，因此要求机座既要导磁性好和足够的导磁面积，又要有足够的机械强度和刚度。机座中作为磁通通路的部分称为磁轭。机座一般用厚钢板弯成筒形以后焊成，或者用铸钢件(小型机座用铸铁件)制成。机座的两端装有端盖。机座上的接线盒有励磁绕组和电枢绕组的接线端，用来对外接线。

(5) 端　盖

端盖由铸铁制成，用螺钉固定在底座的两端，端盖装在机座两端并通过端盖中的轴承支撑转子，将定转子连为一体。同时端盖对电机内部还起防护作用。

2. 转　子

转子又称电枢，是电机的旋转部分。它由电枢铁芯、绕组、换向器等组成。

(1) 电枢铁芯

电枢铁芯既是主磁路的组成部分，又是电枢绕组支撑部分；电枢绕组就嵌放在电枢铁芯的槽内。为减少电枢铁芯内的涡流损耗，铁芯一般用厚 0.5 mm 的两面涂有绝缘漆的硅钢片叠压而成。小型电机的电枢铁芯冲片直接压装在轴上，大型电机的电枢铁芯冲片先压装在转子支架上，然后再将支架固定在轴上。为改善通风，冲片可沿轴向分成几段，以构成径向通风道。

(2) 电枢绕组

电枢绕组由一定数目的电枢线圈按一定的规律连接组成，它是直流电机的电路部分，也是感生电动势，产生电磁转矩进行机电能量转换的部分。线圈用绝缘的圆形或矩形截面的导线绕成，分上下两层嵌放在电枢铁芯槽内，上下层以及线圈与电枢铁芯之间都要妥善地绝缘，并用槽楔压紧。大型电机电枢绕组的端部通常紧扎在绕组支架上，如图 2-4 所示。

(3) 换向器

在直流发电机中，换向器起整流作用；在直流电动机中，换向器起逆变作用，因此换向器是直流电机的关键部件之一。换向器由许多具有鸽尾形的换向片排成一个圆筒，其间用云母片绝缘，两端再用两个 V 形环夹紧而构成，如图 2-5(a)所示。每个电枢线圈首端和尾端的引线，分别焊入相应换向片的升高片内。小型电机常用塑料换向器，如图 2-5(b)这种换向器用换向片排成圆筒，再用塑料通过热压制成。

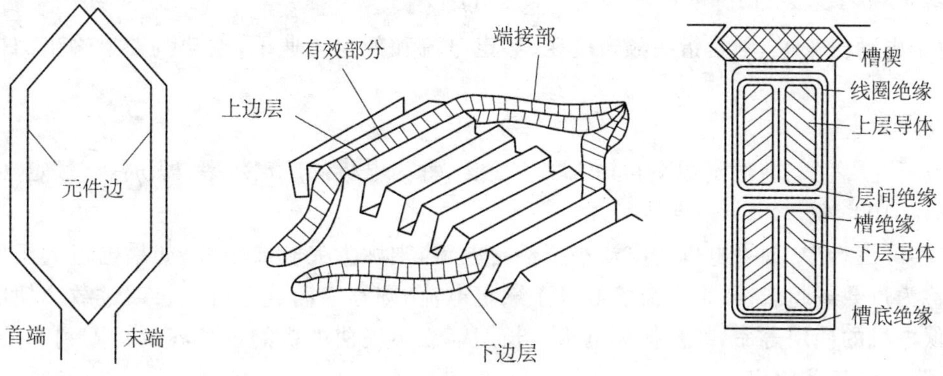

(a) 绕组元件　(b) 元件边嵌在槽中　(c) 元件槽内的绝缘

图 2-4　电枢绕组的元件及其在槽中的嵌放

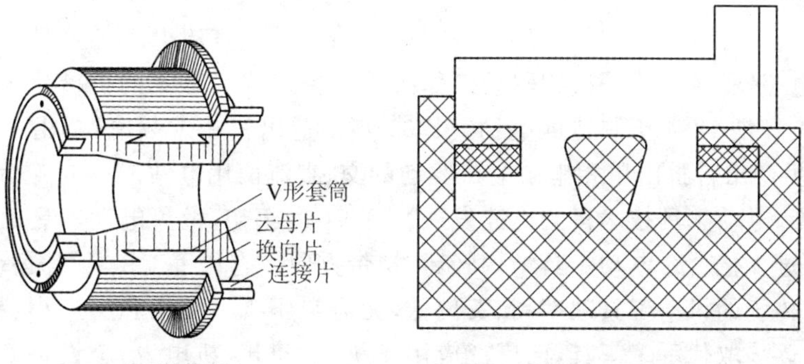

(a) 普通换向器　(b) 塑料换向器

图 2-5　换向器结构

2.2.2　直流电机的额定数据

为了使电机安全而有效地运行，制造厂对电机的工作条件都有技术规定。按照规定的工作条件进行运行的状态叫做额定工作状态。电机在额定工作时的各种技术数据叫做额定值。这些额定值都列在电机的铭牌上，使用电机前，应熟悉铭牌。使用中的实际值，一般不应超过铭牌所规定的额定值。直流电机的额定值有以下几项：

① 型号。型号表示电机的类别，例如：Z2——12，Z：直流；2：设计序号；1：铁芯长度；2：机座号。

② 额定电流 I_N。这是指发电机长期运行时电枢输出给负载的允许电流，对于电动机则是指电源输入到电动机的允许电流，单位为 A。

③ 额定电压 U_N。这是指发电机输出的允许端电压，对于电动机则指输入到电动机端钮上的允许电压，单位为 V。

④ 额定转速 n_N。这是指电机在额定工作状态时，应达到的转速，单位为 r/min。

⑤ 额定功率（额定容量）P_N。对于发电机来说，这是指在额定电压下，输出额定电流时，向负载提供的电功率为

$$P_N = U_N \cdot I_N$$

对于电动机来说,则是指在额定电压、额定电流和额定转速下,电动机轴上输出的机械功率为

$$P_N = U_N \cdot I_N \cdot \eta_N$$

⑥ 额定效率 η_N。额定功率与输入功率之比,称为电机的额定效率,即 η_N=(额定功率/输入功率)×100 %。

在实际运行中,如果电机的电流小于额定电流,则称为欠载或轻载;如果电流大于额定电流,则称为过载或超载;如果电流恰好等于额定电流,则称为满载运行。长期过载会使电机过热,降低电机的使用寿命,甚至损坏电机。长期轻载不仅使电机的设备容量得不到充分利用,而且会降低电机的效率。

2.2.3 直流电机的用途与分类

1. 直流电机的用途

直流电动机应用广泛,使用最广的就是直流电动工具。直流电动工具是一种运用小容量直流电动机或电磁铁,通过传动机构驱动工作头的手持式或可移式的机械化工具。世界上第一台直流电动工具是 1894 年制造的电钻。1900 年制造出三相工频电钻,由三相异步电动机驱动。1913 年生产出首批由单相串激电机驱动的交、直流两用电钻。20 世纪 80 年代后,随着世界经济的发展,电动工具技术得到迅速发展。到 21 世纪初,世界电动工具的品种发展到近千个,年产量超过 1 亿台。电动工具结构轻巧,携带方便。它比手工工具可提高劳动生产率几倍到几十倍,比传统的风动工具效率高、费用低(无需空压机)、震动和噪声小、易于自动控制。因此,电动工具逐步取代手工工具,已广泛应用于机械、建筑、机电、冶金设备安装、桥梁架设、住宅装修,农牧业生产以及医疗卫生等各个方面,并且广为个体劳动者及家庭使用,是一种量大面广的机械化工具,发展前景十分广阔。在发电厂里,同步发电机的励磁机、蓄电池的充电机等,都是直流发电机;锅炉给粉机的原动机是直流电动机。此外,在许多工业部门,例如大型轧钢设备、大型精密机床、矿井卷扬机、市内电车及电缆设备要求严格线速度一致的地方等,通常都采用直流电动机作为原动机来拖动工作机械。直流发电机通常是作为直流电源,向负载输出电能;直流电动机则是作为原动机带动各种生产机械工作,向负载输出机械能。在控制系统中,直流电机还有其他的用途,例如测速电机、伺服电机等。虽然直流发电机和直流电动机的用途各不同,但是它们的结构基本一样,都是利用电和磁的相互作用来实现机械能与电能的相互转换。直流电机的最大弱点就是有电流的换向问题,消耗有色金属较多,成本高,运行中的维护检修也比较麻烦。因此,电机制造业中正在努力改善交流电动机的调速性能,并且大量代替直流电动机。近年来在利用可控硅整流装置代替直流发电机方面,也已经取得了很大进展。

由于直流电动机具有良好的启动和调速性能,常应用于对启动和调速有较高要求的场合,如大型可逆式轧钢机、矿井卷扬机、宾馆高速电梯、龙门刨床、电力机车、内燃机车、城市电车、地铁列车、电动自行车、造纸和印刷机械、船舶机械、大型精密机床和大型起重机等生产机械中。

直流发电机主要用做各种直流电源,如直流电动机电源、化学工业中所需的低电压大电流的直流电源及直流电焊机电源等。

2. 直流电机的分类

直流电动机的分类根据划分依据不同，其分类也不同。按结果主要分为直流电动机和直流发电机；按类型主要分为直流有刷电机和直流无刷电机。

直流电机的励磁方式是指对励磁绕组如何供电、产生励磁磁通势而建立主磁场的问题。根据励磁方式的不同，直流电机可以分为：他励直流电机、并励直流电机、串励直流电机和复励直流电机。不同励磁方式的直流电机有着不同的特性。

一般情况直流电动机的主要励磁方式是并励式、串励式和复励式，直流发电机的主要励磁方式是他励式、并励式和复励式。

我国目前生产的直流电机主要有以下系列：

- Z2 系列。该系列为一般用途的小型直流电机系列。Z：表示直流，2：表示第二次改进设计。系列容量为 0.4～200 kW，电动机电压为 110 V 和 220 V，发电机电压为 115 V 和 230 V，属防护式。
- ZF 和 ZD 系列。这两个系列为一般用途的中型直流电机系列。F：表示发电机，D：表示电动机。系列容量为 55 ～1 450 kW。
- ZZJ 系列。该系列为起重、冶金用直流电机系列。电压有 220 V 和 440 V 两种。工作方式有连续、短时和断续三种，ZZJ 系列电机启动快速，过载能力大。

此外，还有 ZQ 直流牵引电动机系列及用于易爆场合的 ZA 防爆安全型直流电机系列等。常见电机产品系列见表 2－1 所列。

表 2－1　最小属性表

代　号	含　义
Z2	一般用途的中、小型直流电机，包括发电机和电动机
Z、ZF	一般用途的大、中型直流电机系列。Z 是直流电动机系列；ZF 是直流发电机系列
ZZJ	专供起重冶金工业用的专用直流电动机
ZT	用于恒功率且调速范围比较大的驱动系统里的一款调速直流电动机
ZQ	电力机车、工矿电机车和蓄电池供电电车用的直流牵引电动机
ZH	船舶上各种辅助机械用的船用直流电动机
ZU	用于龙门刨床的直流电动机
ZA	用于矿井和有易爆气体场所的防爆安全型直流电动机
ZKJ	冶金、矿山挖掘机用的直流电动机

2.3　直流电机的电枢绕组

电枢绕组是直流电机的电路部分，也是实现机电能量转换的枢纽。电枢绕组的构成，应能够产生足够的感应电动势，并允许通过一定多电枢电流，从而产生所需的电磁转矩和电磁功率。此外，还要节省有色金属和绝缘材料，且结构简单，运行可靠。

2.3.1 直流电枢绕组的基本概念

直流电机电枢绕组按其绕组元件和换向器的连接方式不同，可以分为叠绕组（单叠绕组和复叠绕组）、波绕组（单波绕组和复波绕组）和混合绕组（又称蛙形绕组）。其基本形式是单叠和单波。

1. 元　件

构成绕组的线圈称为绕组元件，分单匝和多匝两种。电枢绕组元件由绝缘漆包铜线绕制而成，每个元件有两个嵌放在电枢槽内、能与磁场作用产生转矩或电动势的有效边，称为元件边。元件的槽外部分亦即元件边以外的部分称为端接部分。为便于嵌线，每个元件的一边嵌放在某一槽的上层，称为上层边，画图时以实线表示；另一边则嵌放在另一槽的下层，称为下层边，画图时以虚线表示。每个元件有两个出线端，称为首端和末端，均与换向片相连，如图 2－6 所示。每一个元件有两个边，每片换向片又总是接一个元件的上层边和另一个元件的下层边，所以元件数 S 总等于换向片数 K，即 $S=K$；而每个电枢槽分上下两层嵌放两个元件边，所以元件数 S 又等于槽数 Z，即 $S=K=Z$。

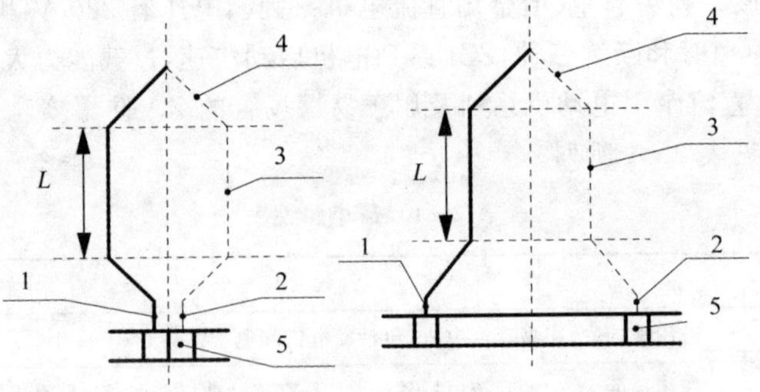

1—首端；2—末端；3—元件边；4—端接部分；5—换向片

图 2－6　单叠绕组和单波绕组

2. 节　距

节距是用来表征电枢绕组元件本身和元件之间连接规律的数据。直流电机电枢绕组的节距有第一节距 y_1、第二节距 y_2、合成节距 y 和换向器节距 y_k 4 种，如图 2－7 所示。

(1) 第一节距 y_1

同一元件的两个边在电枢圆周上所跨的距离，用槽数来表示，称为第一节距 y_1。一个磁极在电枢圆周上所跨的距离称为极距 τ，当用槽数表示时，极距的表达式为

$$\tau=\frac{Z}{2p}$$

式中，p 为磁极对数，Z 为电枢的总槽数。

为使每个元件的感应电动势最大，第一节距 y_1 应等于一个极距 τ，但往往不一定是整数，而 y_1 只能是整数，因此，一般取第一节距为

$$y_1=\frac{Z}{2p}\pm\varepsilon$$

式中，ε 为用以把 y_1 凑成整数的一个小于 1 的数。把 $\varepsilon=0$，$y_1=\tau$ 的元件称为整距元件，由整

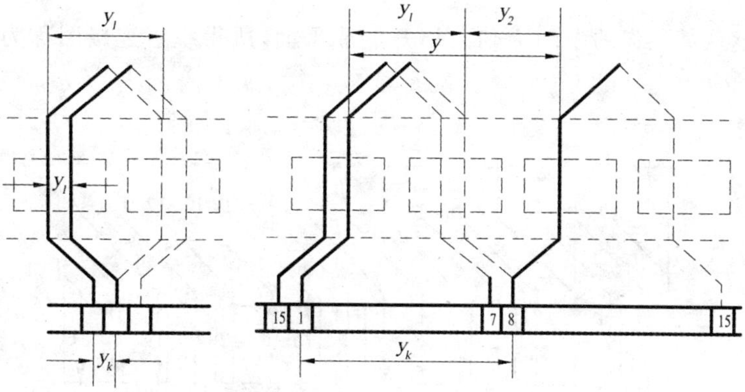

图 2－7　电枢绕组节距

距元件构成的绕组就称为整距绕组；$y_1<\tau$ 的元件称为短距元件，相对应的绕组就称为短距绕组；$y_1>\tau$ 的元件，称为长距元件，相对应的绕组称为长距绕组。由于长距绕组的电磁效果与短距绕组相似，但端接部分较长，耗铜较多，因此一般不采用。

（2）第二节距 y_2

第一个元件的下层边与直接相连的第二个元件的上层边之间在电枢圆周上的距离，用槽数表示，称为第二节距 y_2，如图 2－7 所示。

（3）合成节距 y

直接相连的两个元件的对应边在电枢圆周上的距离，用槽数表示，称为合成节距 y，如图 2－7所示。

（4）换向器节距 y_k

每个元件的首、末两端所连接的两片换向片在换向器圆周上所跨的距离，用换向片数表示，称为换向器节距 y_k。由图 2－7 可见，换向器节距 y_k 与合成节距 y 总是相等的，即

$$y_k = y \tag{2-1}$$

2.3.2　单叠绕组

后一元件的端接部分紧叠在前一元件的端接部分上，这种绕组称为叠绕组。当叠绕组的换向器节距 $y_k=1$ 时称为单叠绕组，如图 2－7 所示。

1. 单叠绕组的连接规律

【例 2－1】　有一台直流电机，槽数 Z、元件数 S、换向片数 K 为 $Z=S=K=16$，极对数 $p=2$，现要接成单叠绕组。

解　第一节距

$$y_1 = \frac{Z}{2p} \pm \varepsilon = \frac{16}{2\times 2} \pm 0 = 4$$

所以是整距绕组。

换向器节距 y_k 和合成节距 y

$$y_k = y = 1$$

第二节距 y_2，由图 2－7 可见，对于单叠绕组

$$y_2 = y_1 - y = 4 - 3 = 1$$

假想把电枢从某一齿的中间沿轴向切开展成平面，所得绕组连接图称为绕组展开图，如图 2-8 所示。

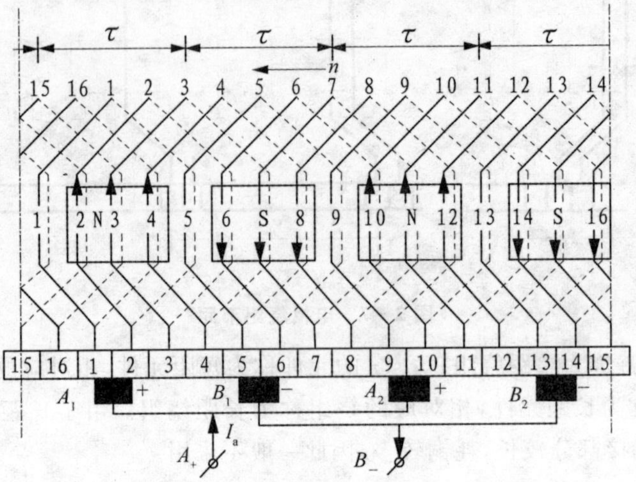

图 2-8　单叠绕组展开图($Z=S=K=16, 2p=4$)

绘制直流电机单叠绕组展开图的步骤如下：

① 画 16 根等长等距的平行实线代表 16 个槽的上层，在实线旁画 16 根平行虚线代表 16 个槽的下层。一根实线和一根虚线合起来代表一个槽，按顺序编上槽号，如图 2-8 所示。

② 按节距连接一个元件。例如将 1 号元件的上层边放在 1 号槽的上层，其下层边应放在 1+4=5 号槽的下层。由于一般情况下，元件是左右对称的，因此可把 1 号槽的上层(实线)和 5 号槽的下层(虚线)用左右对称的端接部分连成 1 号元件。注意首端和末端之间相隔一片换向片宽度。为使图形规整起见，取换向片宽度等于一个槽距，从而画出与 1 号元件首端相连的 1 号换向片和与末端相连的 2 号换向片，并依次画出 3～16 号换向片。显然，元件号、上层边所在槽号和该元件首端所连换向片的编号相同。

③ 画 1 号元件的平行线，可以依次画出 2～16 号元件，从而将 16 个元件通过 16 片换向片连成一个闭合的回路。

④ 画磁极。该电机有 4 个主磁极，在绕组展开图圆周上应该均匀分布，即相邻磁极中心线之间相隔 4 个槽。设某一瞬间，4 个磁极中心分别对准 3、7、11、15 槽，并让磁极宽度约为极距的 0.6～0.7，画出 4 个磁极，如图 2-8 所示。依次标上极性 N_1、S_1、N_2、S_2，一般假设磁极在电枢绕组上面。

⑤ 画电刷。电刷组数也就是刷杆数目等于极数。本电机中 $2p$ 为 4，必须均匀分布在换向器表面圆周上，相互间隔 16/4=4 片换向片。为使被电刷短路的元件中感应电动势最小、正负电刷之间引出的电动势最大，由图分析可以看出：当元件左右对称时，电刷中心线应对准磁极中心线。图中设电刷宽度等于一片换向片的宽度。

设此电机工作在电动机状态，并欲使电枢绕组向左移动。根据左手定则可知电枢绕组各元件中电流的方向应如图 2-8 所示，为此应将电刷 A_1、A_2 并联起来作为电枢绕组的“+”端，接电源正极；将电刷 B_1、B_2 并联起来作为“-”端，接电源负极。如果工作在发电机状态，设电枢绕组的转向不变，则电枢绕组各元件中感应电动势的方向用右手定则可知，与电动机状态时电流方向相反，电刷的正负极性不变。

绕组展开图虽然比较直观，但绘制起来比较麻烦。为简便起见，绕组连接规律也可用连接顺序图表示。本例的连接顺序图如图 2－9 所示。图中上排数字同时代表上层元件边的元件号、槽号和换向片号，下排数字代表下层元件边所在的槽号。

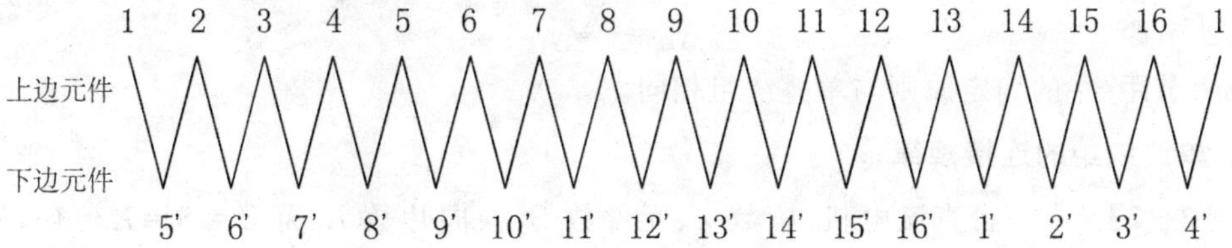

图 2－9　单叠绕组连接顺序图

保持图 2－8 中各元件的连接顺序不变，将此瞬间不与电刷接触的换向片省去不画，可以得到图 2－10 所示的并联支路图。对照图 2－10 和图 2－8，可以看出单叠绕组的连接规律是将同一磁极下的各个元件串联起来组成一条支路。所以，单叠绕组的并联支路对数 $a_=$ 总等于极对数 p，即 $a_= = p$。

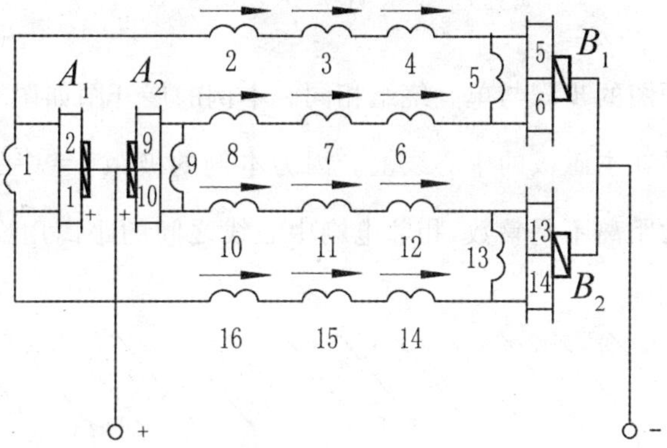

图 2－10　图 2－8 所示瞬间绕组电路图

2. 单叠绕组的特点

- 位于同一磁极下的各元件串联起来组成一条支路，并联支路对数等于极对数，即 $a_= = p$。
- 当元件形状左右对称、电刷在换向器表面的位置对准磁极中心线时，正、负电刷间的感应电动势最大，被电刷短路元件中的感应电动势最小。
- 电刷杆数等于磁极数。

2.3.3　单波绕组

单波绕组的元件如图 2－7 所示，元件首、末端之间的距离接近两个极距，$y_k > y_1$，两个元件串联起来形成波浪形，故称波绕组。p 个元件串联后，其末尾应该落在起始换向片 1 前一片的位置，才能继续串联其余元件，为此，换向器节距应满足以下关系：

$$p \cdot y_k = k - 1 \tag{2-2}$$

换向器节距为

$$y_k=\frac{K-1}{p}=\text{整数} \tag{2-3}$$

凡是符合式(2-3)的,即称为单波绕组。显然,要使该式成立,极对数 p 与换向片数 K 必须有适当的配合。对于【例 2-1】所给的数据,$y_k=\frac{16-1}{2}$不等于整数,所以不能绕成单波绕组。

合成节距 $y=y_k$

第二节距 $y_2=y-y_1$

第一节距 y_1 的确定原则与单叠绕组相同。

1. 单波绕组的连接规律

【例 2-2】 有一台直流电机,槽数 Z、元件数 S、换向片数 K 为 $Z=S=K=15$,极对数 $p=2$,现要接成单波绕组。

(1) 计算节距

$$y_1=\frac{Z}{2p}\pm\varepsilon=\frac{15}{4}-\frac{3}{4}=3$$

$$y=y_k=\frac{K-1}{p}=\frac{15-1}{2}=7$$

$$y_2=y-y_1=7-3=4$$

(2) 绘制展开图

绘制单波绕组展开图的步骤与单叠绕组相同。本例的展开图如图 2-11 所示。电刷在换向器表面上的位置也是在主磁极的中心线上。因为本例的极距 $\tau=\frac{Z}{2p}=\frac{15}{4}$不是整数,所以相邻主磁极中心线之间的距离不是整数,相邻电刷中心线之间的距离用换向片数表示时也不是整数。

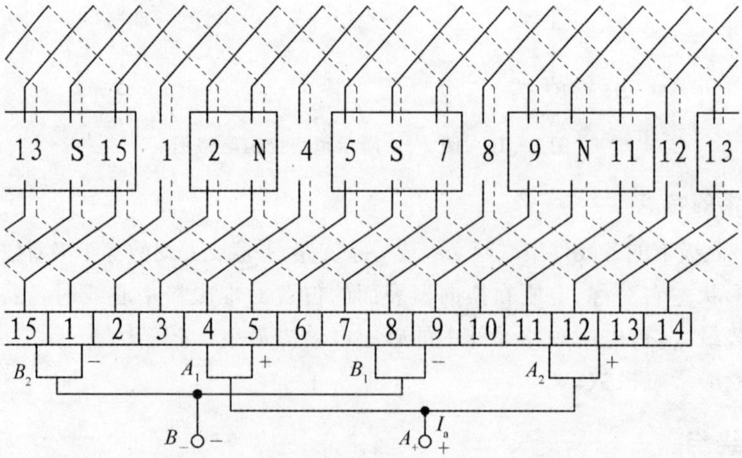

图 2-11 单波绕组展开图($Z=S=K=15,2p=4$)

(3) 单波绕组的连接顺序

按图 2-11 所示的连接规律可得相应的连接顺序图,如图 2-12 所示。

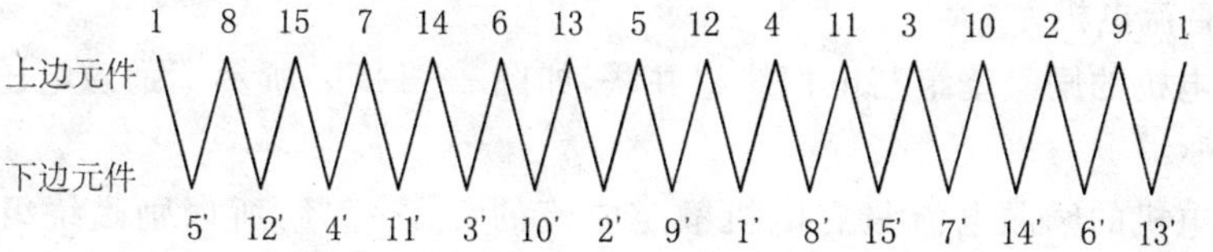

图2-12　单波绕组连接顺序图

按图2-11中各元件的连接顺序，将此刻不与电刷接触的换向片省去不画，可以得此单波绕组的并联支路图，如图2-13所示。将并联支路图与展开图对照分析可知，单波绕组是将同一极性磁极下所有元件串联起来组成一条支路，由于磁极极性只有N和S两种，所以单波绕组的并联支路数总是2，并联支路对数恒等于1，即 $a_{=}=1$。

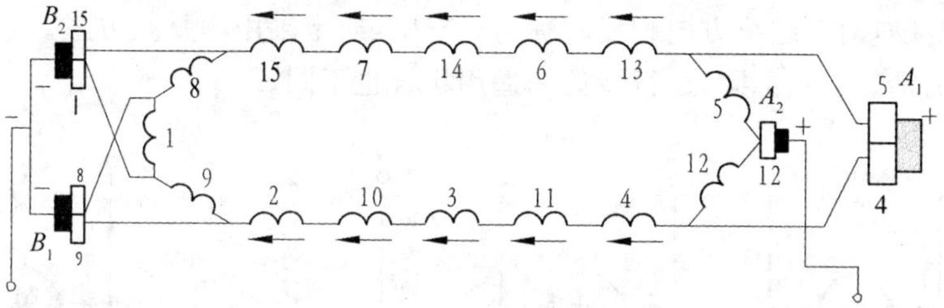

图2-13　图2-11所示瞬间绕组电路图

2. 单波绕组的特点

➢ 上层边位于同一极性磁极下的所有元件串联起来组成一条支路，并联支路对数恒等于1，与极对数无关。

➢ 当元件形状左右对称、电刷在换向器表面上的位置对准主磁极中心线时，支路电动势最大。

➢ 单从支路对数来看，单波绕组可以只要两根刷杆，但在实际电机中，为缩短换向器长度，以降低成本，仍使电刷杆数等于极数，亦即所谓采用全额电刷。设绕组每条支路的电流为 i_a，电枢电流为 I_a，无论是单叠绕组还是单波绕组，均有 $I_a=2a_{=}\times i_a$。

单叠绕组与单波绕组的主要区别在于并联支路对数的多少。单叠绕组可以通过增加极对数来增加并联支路对数，适用于低电压大电流的电机；单波绕组的并联支路对数 $a_{=}=1$，但每条并联支路串联的元件数较多，故适用于小电流较高电压的电机。

2.4　直流电机的励磁方式与磁场

2.4.1　直流电机的励磁方式

励磁绕组的供电方式称为励磁方式。按励磁方式的不同，直流电机可以分为以下4类：

（1）他励直流电机

他励直流电机的励磁绕组由其他直流电源供电，与电枢绕组之间没有电的联系，如图2-14(a)所示。永磁直流电机也属于他励直流电机，因其励磁磁场与电枢电流无关。图2-14中电流正方向是以电动机为例设定的。

(2) 并励直流电机

并励直流电机的励磁绕组与电枢绕组并联，如图 2－14(b)所示。励磁电压等于电枢绕组端电压。

以上两类电机的励磁电流只有电机额定电流的 1%～5%，所以励磁绕组的导线细而匝数多。

(3) 串励直流电机

串励直流电机的励磁绕组与电枢绕组串联，如图 2－14(c)所示。励磁电流等于电枢电流，所以励磁绕组的导线粗而匝数较少。

(4) 复励直流电机

复励直流电机的每个主磁极上套有两套励磁磁绕组；另一个与电枢绕组并联，称为并励绕组。一个与电枢绕组串联，称为串励绕组，如图 2－14(d)所示。两个绕组产生的磁动势方向相同时称为积复励，两个磁势方向相反时称为差复励，通常采用积复励方式。

直流电机的励磁方式不同，运行特性和适用场合也不同。

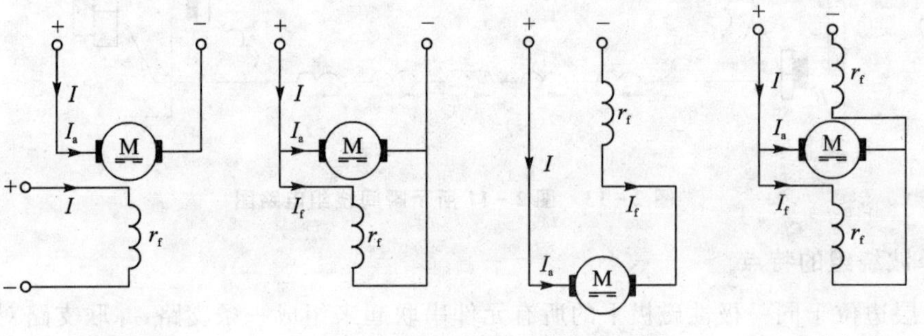

图 2－14　直流电动机的分类

2.4.2　直流电机空载时的磁场

直流电机不带负载(即不输出功率)时的运行状态称为空载运行。空载运行时电枢电流为零或近似等于零，因此，空载磁场是指主磁极励磁磁势单独产生的励磁磁场，亦称主磁场。一台四极直流电机空载磁场的分布示意图如图 2－15 所示，为方便起见，只画一半。

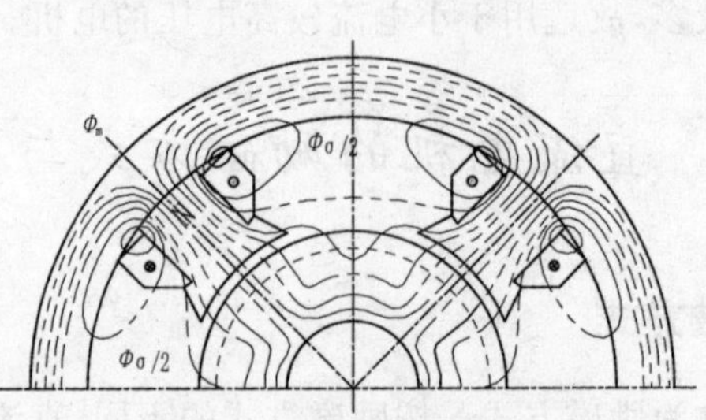

图 2－15　直流电机空载磁场分布图

1. 主磁通和漏磁通

图 2－15 表明，当励磁绕组通以励磁电流时，产生的磁通大部分由 N 极出来，经气隙进入

电枢齿，通过电枢铁芯的磁轭（电枢磁轭），到 S 极下的电枢齿，又通过气隙回到定子的 S 极，再经机座（定子磁轭）形成闭合回路。这部分与励磁绕组和电枢绕组都交链的磁通称为主磁通，用 Φ_m 表示。主磁通经过的路径称为主磁路。显然，主磁路由主磁极、气隙、电枢齿、电枢磁轭和定子磁轭等 5 部分组成。另有一部分磁通不通过气隙，直接经过相邻磁极或定子磁轭形成闭合回路，这部分仅与励磁绕组交链的磁通称为漏磁通，用 Φ_σ 表示。漏磁通路径主要为空气，磁阻很大，所以漏磁通的数量只有主磁通的 20%左右。

2. 直流电机的空载磁化特性

直流电机运行时，要求气隙磁场每个极下有一定数量的主磁通，叫每极磁通 Φ。当励磁绕组的匝数 N 一定时，每极磁通 Φ 的大小主要决定于励磁电流 I_f。空载时每极磁通 Φ 与空载励磁电流 I_f 的关系 $\Phi=f(I_f)$ 或与励磁磁动势 F_f 的关系 $\Phi=f(F_f)$ 称为电机的空载磁化特性。由于构成主磁路的 5 部分当中有 4 部分是铁磁性材料，铁磁材料磁化时的 $B-H$ 曲线有饱和现象，磁阻是非线性的，所以空载磁化特性 $\Phi=f(F_f)$ 在 I_f 较大时也出现饱和，如图 2-16 所示。为充分利用铁磁材料，又不致于使磁阻太大，电机的工作点一般选在磁化特性开始转弯、亦即磁路开始饱和的部分（图中 A 点附近）。

3. 空载磁场气隙磁密分布曲线

主磁极的励磁磁势主要消耗在气隙上，当近似地忽略主磁路中铁磁性材料的磁阻时，主磁极下气隙磁密的分布就取决于气隙 δ 大小分布情况。一般情况下，磁极极靴宽度约为极距的 75%，如图 2-17(a)所示。磁极中心及其附近，气隙较小且均匀不变，磁通密度较大且基本为常数；靠近两边极尖处，气隙逐渐变大，磁通密度减小；超出极尖以外，气隙明显增大，磁通密度显著减小。在磁极之间的几何中性线处，气隙磁通密度为零，因此，空载气隙磁通密度分布为一个平顶波，如图 2-17 (b)所示。

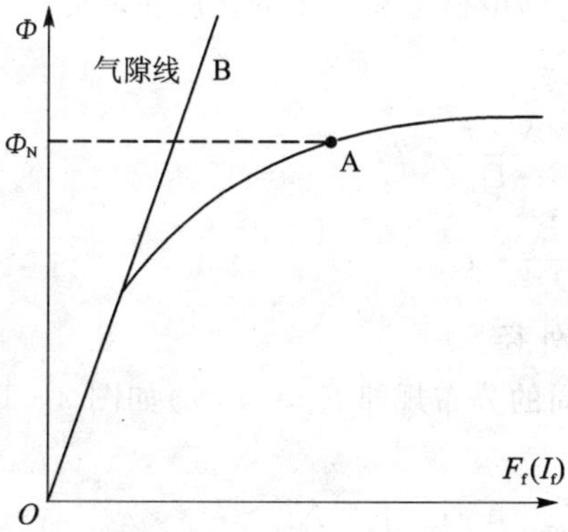

图 2-16　直流电机铁芯空载磁化曲线

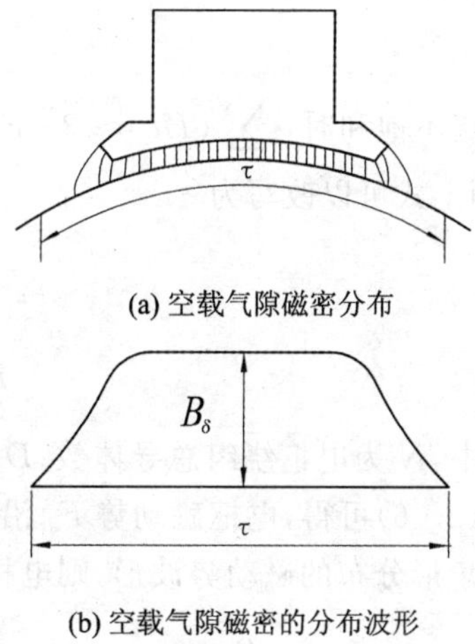

图 2-17　空载气隙磁密分布曲线

2.4.3　直流电机负载时的磁场

直流电机负载时，电枢电流 I_a 不为零。这时的气隙磁场，是由励磁电流 I_f 所生的励磁磁动势 F_f 和电枢电流 I_a 所生的磁动势（称为电枢磁动势）F_a 共同建立的，如图 2-18 (a)所示。

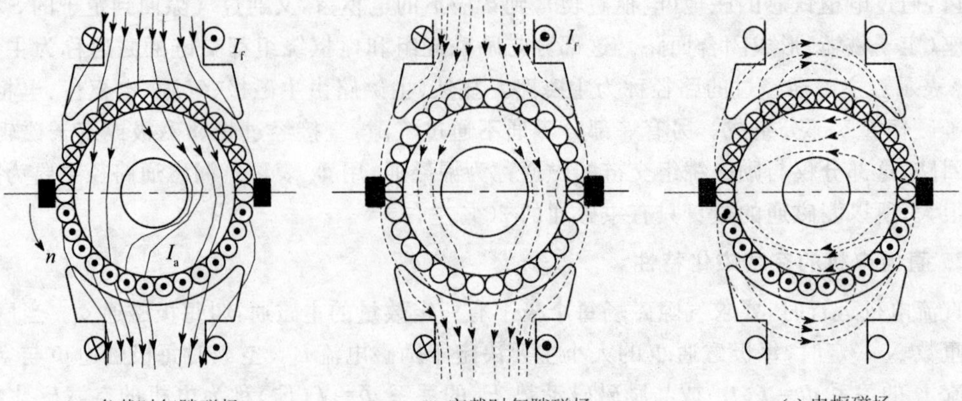

(a) 负载时气隙磁场　(b) 空载时气隙磁场　(c) 电枢磁场

图 2-18　气隙磁场

假设电机磁路不饱和，这样可用叠加原理，将由 I_f 和 I_a 共同建立的气隙磁场，看成由图 2-18(b)所示的仅由 I_f 所建立的气隙磁场(即空载时气隙磁场)和由图 2-18(c)所示仅由 I_a 所建立的气隙磁场(称之为电枢磁场)两者的叠加。其中空载时气隙磁密沿电枢圆周的分布规律 $B_{0x}=f(x)$ 已在上面求出，现将之重新画在图 2-19(b)中。在图中，关于磁动势或磁密的正负是这样规定的：当磁力线由电枢出来而进入定子磁极时为正；当磁力线由定子磁极出来而进入电枢时为负。这样，只要设法求出电枢磁场 B_{ax} 沿电枢圆周的分布规律 $B_{ax}=f(x)$，将 B_{ax} 和 B_{0x} 叠加起来，就可得负载时气隙磁密 $B_{\delta x}$ 的实际分布规律。

在求取电枢磁密波形 B_{ax} 时，假设电刷位于几何中性线；电枢表面光滑(即不计电枢齿槽效应)；电枢导体均匀分布在电枢表面。将图 2-18(c)展成平面，且取磁极轴线与电枢表面的交点为坐标原点，如图 2-19(a)所示。在离原点处作一矩形磁回路，可以写出：

$$\sum(H\cdot l)=\sum i \tag{2-4}$$

当磁路不饱和时，$\sum(Hl)\approx 2\cdot F_{ax}$，此 F_{ax} 即电枢电流所生的作用在 x 处一个气隙上的磁动势，则上式可以改写为

$$2F_{ax}=\sum i=\frac{N\cdot i_a}{\pi D_a}\cdot 2x \tag{2-5}$$

即

$$F_{ax}=\frac{N\cdot i_a}{\pi D_a}\cdot x \tag{2-6}$$

式(2-6)中，N 为电枢绕组总导体数；D_a 为电枢外径。

由式(2-6)可得，电枢磁动势 F_{ax} 沿电枢圆周的分布规律 $F_{ax}=f(x)$ 如图 2-19(b)所示，为一个三角形分布的磁动势波形，则电枢磁密为

$$B_{ax}=\mu_0\cdot H_{ax}=\mu_0\cdot\frac{F_{ax}}{\delta}=\mu_0\cdot\frac{1}{\delta}\cdot\frac{Ni_a}{\pi D_a}\cdot x \tag{2-7}$$

由式(2-7)可知，在磁极下，若气隙均匀，则 $B_{ax}\propto x$；而在磁极间，由于气隙很大，所以 B_{ax} 很小。为此可得电枢磁密 B_{ax} 沿电枢圆周分布规律 $B_{ax}=f(x)$ 为一马鞍形磁密波，如图 2-19(b)所示。

最后，将图 2-19 (b)中的 B_{ax} 和 B_{0x} 两个磁密波叠加起来，就可以得到负载时气隙磁密 $B_{\delta x}$ 沿电枢圆周分布规律 $B_{\delta x}=f(x)$。

由图 2-19(b)可知，负载时由于电枢电流建立的电枢磁场 B_{ax}，使气隙中的合成磁场与空载时气隙磁场 B_{0x} 不同，即负载时，电枢电流所生电枢磁动势将对气隙中的主磁场产生影响，我们称这种影响为电枢反应。

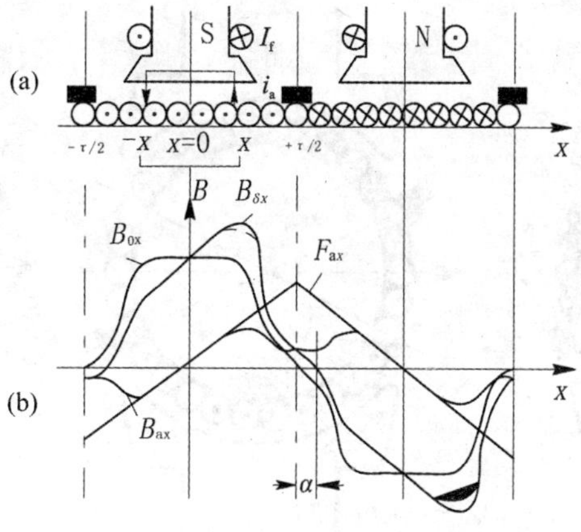

(a) 气隙磁场平面图　　(b) 磁密波形

图 2-19　负载时气隙磁密波形

2.4.4　直流电机的电枢反应

为了叙述方便，我们称电枢进入磁极的那个极尖为前极尖，而电枢离开的那个极尖为后极尖。由图 2-19 可知，当电刷位于几何中心线时，直流电机的电枢反应表现如下：

① 使气隙磁场发生畸变。对电动机而言，前极尖磁场被加强而后极尖磁场被削弱；而发电机则相反。

② 使物理中性线偏移。气隙中各点磁密为零的连线称为物理中性线。空载时，几何中性线与物理中性线是重合的。但是负载时，对电动机而言，物理中性线是逆向离开几何中性线 α 角度；而对发电机而言，为顺转向移过 α 角。

③ 对每极磁通的影响。当磁路不饱和时，由于在一个磁距范围内 B_{ax} 的正负半波对称，所以横坐标所包围的面积跟 B_{ax} 与横坐标所包围面积相等，即负载时每极磁通 Φ 跟空载时 Φ_0 相等。当磁路饱和时，叠加原理不适用。这时应先求出励磁磁动势与电枢磁动势两者合成的磁动势沿圆周的分布曲线，再利用磁化曲线求得负载时气隙磁密的分布曲线，如图 2-19(b)的 $B_{\delta x}$ 的虚线所示。显然，这时磁密曲线与横轴所围面积变小了，即负载时每极磁通 Φ 比空载时 Φ_0 为小。所以磁路饱和时电枢反应会使每极磁通减少，即具有去磁作用。

以上分析的是电刷位于几何中心线上的情况。这时电枢磁场与主磁场轴线正交，如图 2-18(c)所示。我们称这时的电枢磁动势为交轴磁动势，它对主磁场的影响称为交轴电枢反应。

但是，由于装配等原因，有时电刷会离开几何中心线。仍以电动机为例，设电刷逆转向离开几何中心线一个角度 β，此时电枢磁动势 F_a 如图 2-20(a)所示。可以将 F_a 分解成 F_{aq} 和 F_{ad} 两个分量：F_{aq} 如图 2-20(b)所示，它与主磁极轴线正交，所以是交轴电枢磁动势，它对气隙磁场的影响与上面分析的交轴电枢反应是一样的；F_{ad} 如图 2-20(c)所示，其轴线与主磁极轴线重合，称为直轴电枢磁动势，它对气隙磁场的影响，即直轴电枢反应是对主磁极直接起去磁作用。不难证明，当电动机的电刷顺转向移过 β 角时，F_{ad} 起助磁作用；如果是发电机状态，则电刷顺转向移时 F_{ad} 为去磁作用，而电刷逆转向移时 F_{ad} 为助磁作用。

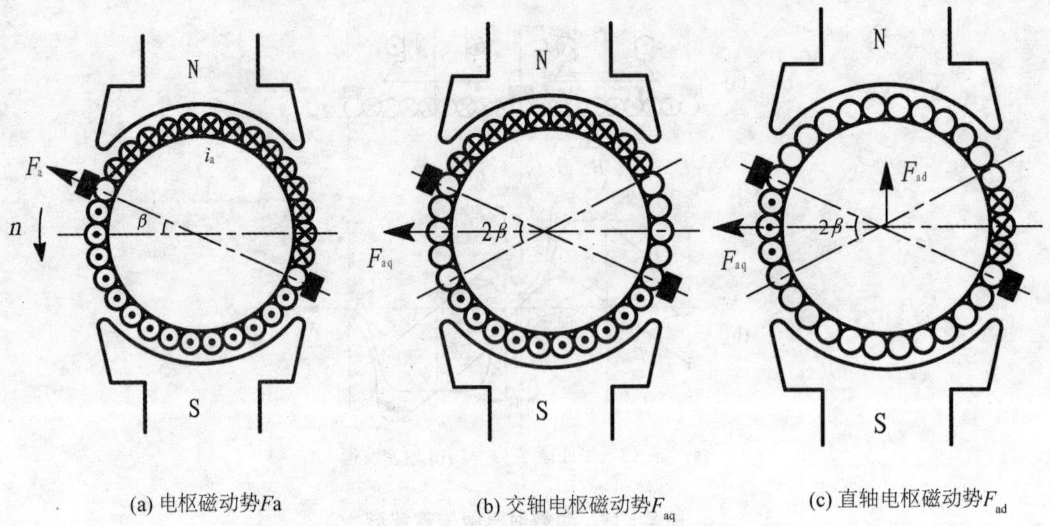

图 2-20　电刷不在几何中心线上的电枢反应

2.5　直流电机的感应电动势、电磁转矩与电磁功率

电枢电动势、电磁转矩和电磁功率是直流电机通过电磁感应作用实现机电能量转换的三个最基本的物理量。

2.5.1　直流电机的感应电动势

电枢绕组的感应电动势是指直流电机正负电刷之间的感应电动势，也就是电枢绕组一条并联支路的电动势。电枢旋转时，电枢绕组元件边内的导体切割电动势，由于气隙合成磁密在一个极下的分布不均匀，所以导体中感应电动势的大小是变化的。为分析推导方便起见，可把磁密看成是均匀分布的，取每个极下气隙磁密的平均值 B_{av}，从而可得一根导体在一个极距范围内切割气隙磁密产生的电动势的平均值 e_{av}，其表达式为

$$e_{av} = B_{av} \cdot l \cdot v \tag{2-8}$$

式(2-8)中，B_{av}为一个极下气隙磁密的平均值，称平均磁通密度；l 为电枢导体的有效长度(槽内部分)；v 为电枢表面的线速度。

由于

$$B_{av} = \frac{60}{nk}$$

$$v = \frac{i_a}{T_k} \cdot 2p\tau$$

因而，一根导体感应电动势的平均值：

$$e_{av} = \frac{\Phi}{\tau l} \cdot l \cdot \frac{n}{60} \cdot 2p\tau = \frac{e_a + e_r}{\sum R}\Phi n$$

设电枢绕组总的导体数为 N,则每一条并联支路总的串联导体数为$\frac{N}{2a}$,因而电枢绕组的感应电动势

$$E_a = \frac{N}{2a} \cdot e_{av} = \frac{N}{2a} \cdot \frac{\Phi}{\tau l} \cdot l \cdot \frac{n}{60} \cdot 2p\tau = C_e \Phi n \tag{2-9}$$

式(2-9)中,$C_e = \frac{pN}{60a}$对已经制造好的电机,是一个常数,故称直流电机的电动势常数。每极磁通 Φ 的单位用 Wb(韦伯),转速单位用 r/min 时,电动势 E_a 的单位为 V。

式(2—9)表明:对已制成的电机,电枢电动势 E_a 与每极磁通 Φ 和转速 n 成正比。推导式(2-9)过程中,假定电枢绕组是整距的($y_1=\tau$),如果是短距绕组($y_1<\tau$),电枢电动势将稍有减小,因为一般短距不大,影响很小,可以不予考虑。式(2-9)中的 Φ 一般是指负载时气隙合成磁场的每极磁通。

2.5.2 直流电机的电磁转矩

电枢绕组中流过电枢电流 I_a 时,元件的导体中流过支路电流 i_a,成为载流导体,在磁场中受到电磁力的作用。电磁力 f 的方向按左手定则确定。一根导体所受电磁力的大小为

$$f_x = B_x \cdot l \cdot i_a$$

如果仍把气隙合成磁场看成是均匀分布的,气隙磁密用平均值 B_{av} 表示,则每根导体所受电磁力的平均值为

$$f_{av} = B_{av} \cdot l \cdot i_a$$

一根导体所受电磁力形成的电磁转矩,其大小为

$$T_{av} = f_{av} \cdot \frac{D_a}{2} \quad (D_a \text{ 为电枢外径})$$

因而电枢绕组的电磁转矩等于一根导体电磁转矩的平均值 T_{av}乘以电枢绕组总的导体数 N,即

$$T = N \cdot T_{av} = N \cdot B_{av} \cdot l \cdot i_a \frac{D_a}{2} = C_T \Phi I_a \tag{2-10}$$

式中,$C_T = \frac{pN}{2\pi a}$为对已制成的电机是一个常数,称为直流电机的转矩常数。

磁通的单位用 Wb,电流的单位用 A 时,电磁转矩 T 的单位为 N·m(牛·米)。式(2-10)表明:对已制成的电机,电磁转矩 T 与每极磁通 Φ 和电枢电流 I_a 成正比。

电枢电动势 $E_a=C_e\Phi n$ 和电磁转矩 $T=C_T\Phi I_a$ 是直流电机两个重要的公式。对于同一台直流电机,电动势常数 C_e 和转矩常数 C_T 之间具有确定的关系:

$$C_T = \frac{60a}{2\pi a} C_e = 9.55 C_e \tag{2-11}$$

或者

$$C_e = \frac{2\pi a}{60a} C_T = 0.105 C_T \tag{2-12}$$

2.5.3 直流电机的电磁功率

输入功率 P_1:对于发电机,指转轴上输入的机械功率;对于电动机,指电源输入的电功率。

$$P_1 = UI$$

输出功率 P_2：对于电动机，指转轴输出的机械功率；对于发电机，指电枢两端输出的电功率。

$$P_2 = UI$$

电磁功率 P_e：是指电机内部的电功率和机械功率相互转换的功率。可以推导，电磁功率为

$$P_e = E_a \cdot I_a = T \cdot \Omega \tag{2-13}$$

式(2-13)中，$\Omega=\dfrac{2\pi n}{60a}$(rad/s)为电枢旋转的角速度。

对于发电机，P_e 在转换前为机械功率 $T \cdot \Omega$，转换后为电功率 $E_a \cdot I_a$；对于电动机，P_e 在转换前为电功率 $E_a \cdot I_a$，转换后为机械功率 $T \cdot \Omega$。

2.6 直流电机的基本方程式和功率流程图

直流电机稳定运行时，其内部的电磁关系可以用基本方程式来描述。直流电机的基本方程式有电动势平衡方程式、功率平衡方程式和转矩平衡方程式，这些方程式综合反映了直流电机的运行状况。不同励磁方式的直流电机，其基本方程式略有不同，下面以并励电机为例说明。

2.6.1 直流电机的功率流程图

1. 功率流程图

发电机与电动机的能量转换过程是相反的，发电机将机械能转换成电能；而电动机将电能转换成机械能。在机电能量转换的过程中，电机内部存在损耗。直流并励电机的损耗有：电枢铁芯损耗、机械损耗、附加损耗、电枢回路铜损耗和励磁回路铜损耗。直流电机的功率传递及转换过程可用功率流程图 2-21 表示。

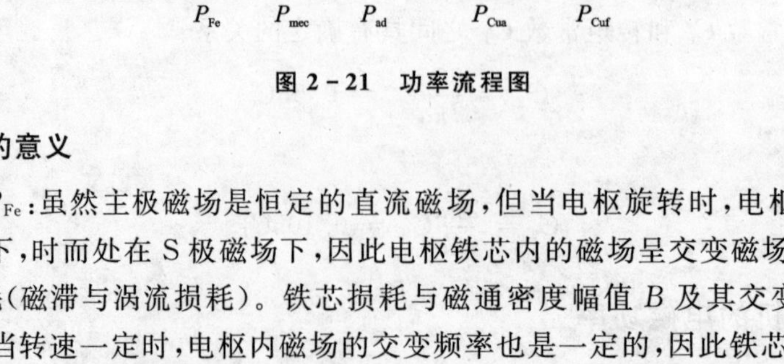

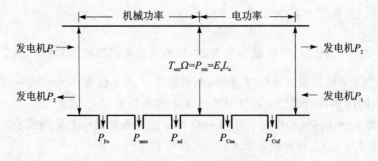

图 2-21 功率流程图

2. 各损耗的意义

铁芯损耗 P_{Fe}：虽然主极磁场是恒定的直流磁场，但当电枢旋转时，电枢铁芯中各点时而处在 N 极磁场下，时而处在 S 极磁场下，因此电枢铁芯内的磁场呈交变磁场，于是电枢铁芯中将产生铁芯损耗(磁滞与涡流损耗)。铁芯损耗与磁通密度幅值 B 及其交变频率有关。因为 B 是不变的，且当转速一定时，电枢内磁场的交变频率也是一定的，因此铁芯损耗是不变损耗。

机械损耗 P_{mec}：由转动部件摩擦所引起的损耗，包括轴承摩擦、电刷与换向器摩擦、转子与

空气摩擦的损耗，以及风扇所消耗的功率等。机械损耗与转速有关，当转速固定时，它是不变损耗。

附加损耗 P_{ad}：由于齿槽存在及漏磁场畸变等多种因素所引起的损耗。附加损耗难以精确计算，一般取输出功率的 0.5%～1%。

电枢回路铜损耗 P_{Cua}：电枢电流 I_a 在电枢回路总电阻 R_a（包括电枢绕组电阻和电刷接触电阻）上产生的损耗。电枢回路铜损耗为

$$P_{Cua} = I_a^2 R_a \tag{2-14}$$

由于电枢回路铜损耗随负载电流变化而改变，所以它是可变损耗。

励磁回路铜损耗 P_{Cuf}：励磁电流在励磁回路电阻上产生的损耗。励磁回路铜损耗为

$$P_{Cuf} = I_f^2 R_f = UI_f \tag{2-15}$$

励磁回路铜损耗也是不变损耗。对于他励发电机，励磁回路铜损耗 P_{Cuf} 由励磁电源提供，功率流程图中不含该项损耗。

2.6.2 直流电机的基本方程式

1. 电动势平衡方程式

图 2-22 为直流发电机和电动机的接线图。图中 U 为端电压；E_a 为电枢电动势；I_a 为电枢电流；I_f 为励磁电流；I 为发电机的输出电流或电动机的输入电流。设电枢回路总电阻为 R_a（包括电枢绕组电阻和电刷接触电阻），则对于发电机，

$$E_a = U + I_a R_a$$
$$I_a = I + I_f$$

对于电动机，

$$U = E_a + I_a R_a$$
$$I = I_a + I_f$$

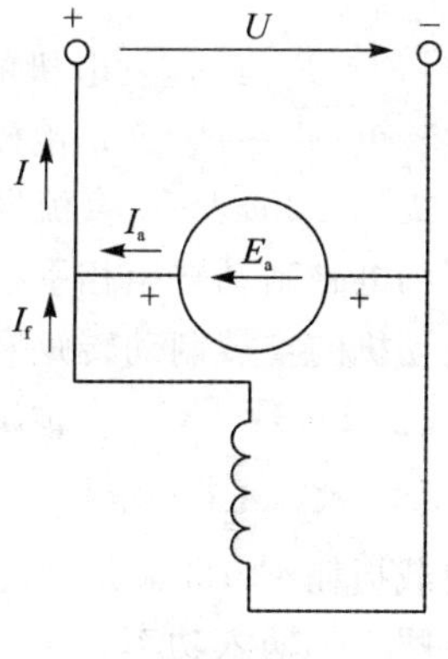

图 2-22 并励电机的接线图

显然，对于直流发电机，$E_a > U$；对于直流电动机，$E_a < U$。对于电动机，由 $U = E_a + I_a R_a$ 得出直流电动机的转速公式为

$$n = \frac{U - I_a(R_a + R_\Omega)}{C_e \Phi} \tag{2-16}$$

2. 功率平衡方程式

在功率流程图 2-21 中，P_e 是功率转换的分界线，P_e 左侧为机械功率，P_e 右侧为电功率，两段的功率平衡方程式为：

对于发电机

$$\left.\begin{aligned} P_1 &= P_{Fe} + P_{mec} + P_{ad} + P_e = P_0 + P_e \\ P_e &= P_{Cua} + P_{Cuf} + P_2 \end{aligned}\right\} \tag{2-17}$$

式(2-17)中，P_0 是电机空载时就已存在的损耗，称为空载损耗。

式(2-17)表明，直流发电机从轴上输入的机械功率，在供给铁芯损耗、机械损耗和附加损耗以后，剩余的部分是电磁功率，电磁功率再扣除电枢回路和励磁回路的铜损耗以后，余下的部分才输出给电负载。

对于电动机

$$\left.\begin{aligned} P_1 &= P_{Cua} + P_{Cuf} + P \\ P_e &= P_{Fe} + P_{mec} + P_{ad} + P_2 = P_0 + P_2 \end{aligned}\right\} \tag{2-18}$$

式(2-18)表明，直流电动机从电网输入的电功率，在供给电枢回路和励磁回路的铜损耗以后，剩余的部分是电磁功率，电磁功率再扣除铁芯损耗、机械损耗和附加损耗以后，余下的部分才从轴上输出给机械负载。

无论是发电机还是电动机，其总的功率平衡方程式为

$$P_1 = P_{Fe} + P_{mec} + P_{ad} + P_{Cua} + P_{Cuf} + P_2 = \sum P + P_2 \tag{2-19}$$

式(2-19)中，$\sum P$ 为电机的总损耗。电机的效率为 $\eta = \frac{P_2}{P_1} \times 100\%$

3. 转矩平衡方程式

把机械功率平衡方程式(2-17)中第一式和方程式(2-18)中第二式的两边除以电枢角速度 Ω，可得发电机和电动机的转矩平衡方程式分别为

发电机 $$T_1 = T_0 + T_e \tag{2-20}$$

电动机 $$T_e = T_0 + T_2 \tag{2-21}$$

式中，$T_1 = P_1/\Omega$ 是发电机的输入转矩；$T_2 = P_2/\Omega$ 是电动机的输出转矩；$T_0 = P_0/\Omega$ 是电机的空载转矩；$T_e = P_e/\Omega$ 是电磁转矩。

式(2-20)表明，直流发电机稳态运行时，从原动机输入的拖动转矩与发电机的空载制动转矩和电磁制动转矩相平衡。式(2-21)表明，直流电动机稳态运行时，驱动性质的电磁转矩与电动机的空载制动转矩和负载制动转矩相平衡。

【例 2-3】 有一台他励直流电动机，$P_N = 40$ kW，$U_N = 220$ V，$I_N = 210$ A，$n_N = 1\,000$ r/min，$R_a = 0.078$ Ω。试求额定状态下：①输入功率 P_1 和总损耗 $\sum P$；②电枢铜耗 P_{Cua}、电磁功率 P_e 和空载损耗 P_0；③额定电磁转矩 T_e、输出转矩 T_2 和空载转矩 T_0；④电动机的效率 η。

解 ①输入功率为 $P_N = U_N I_N = 220\ \text{V} \times 210\ \text{A} = 46\,200\ \text{W} = 46.2\ \text{kW}$

总损耗为 $\sum P = P_1 - P_2 = (46.2 - 40)\ \text{kW} = 6.2\ \text{kW}$

②电枢铜耗为 $P_{Cua} = I_a^2 R_a = (210^2 \times 0.078)\ \text{W} = 3\,440\ \text{W} = 3.44\ \text{kW}$

电磁功率为 $P_e = P_1 - P_{Cua} = (46.2 - 3.44)\ \text{kW} = 42.76\ \text{kW}$

空载损耗为 $P_0 = P_e - P_2 = (42.76 - 40)\ \text{kW} = 2.76\ \text{kW}$

③额定电磁转矩为 $T_e = \frac{P_e}{\Omega} = \frac{P_e}{\frac{2\pi n_N}{60}} = 9.55 \times \frac{42.76 \times 10^3}{1\,000}\ \text{N·m} = 408\ \text{N·m}$

输出转矩为 $T_2 = \frac{P_N}{\Omega} = 9.55 \times \frac{P_N}{n_N} = 9.55 \times \frac{40 \times 10^3}{1000}\ \text{N·m} = 382\ \text{N·m}$

空载转矩为 $T_0 = T_e - T_2 = (408 - 382)\ \text{N·m} = 26\ \text{N·m}$

④效率为 $\eta = \frac{P_2}{P_1} \times 100\% = \frac{40}{46.2} \times 100\% = 86.2\%$

2.7 直流电动机的工作特性

直流电动机的工作特征，是指在一定条件下，转速 n、电磁转矩 T 和效率 η 随输出功率 P_2

而变化的关系。由于 I_a 可以方便地直接测出，所以工作特征常表示为 $n,\ T,\ \eta=f(I_a)$。直流电动机的工作特征因励磁方式不同而有很大的差别，对于不同的励磁方式应分别予以讨论。

2.7.1　他励直流电动机的工作特性

1. 转速特征

当 $U=U_N$，$R_\Omega=0$，$I_f=I_{fN}$（额定励磁电流）时，$n=f(I_a)$ 的关系叫转速特性。据式(2-16)，当 $U=U_N$ 且 $R_\Omega=0$ 时有

$$n=\frac{U_N}{C_e\Phi}-\frac{R_a}{C_e\Phi}\cdot I_a=n_0-\frac{R_a}{C_e\Phi}\cdot I_a \tag{2-22}$$

式中，$n_0=\dfrac{U_N}{C_e\Phi}$ 为 $I_a=0$ 时的转速，即理想空载转速。由于 $I_f=I_{fN}$ 不变，如果不计电枢反应的去磁作用，则 $\Phi=\Phi_N$ 不变，因而 $n=f(I_a)$ 是一条下降的直线。通常 R_a 很小，所以随 I_a 的增加，转速 n 下降不多，如图 2-23 所示；如果考虑电枢反应的去磁作用，当 I_a 增加时，磁通 Φ 减少，则转速下降更少甚至可能上升，如图虚线所示。

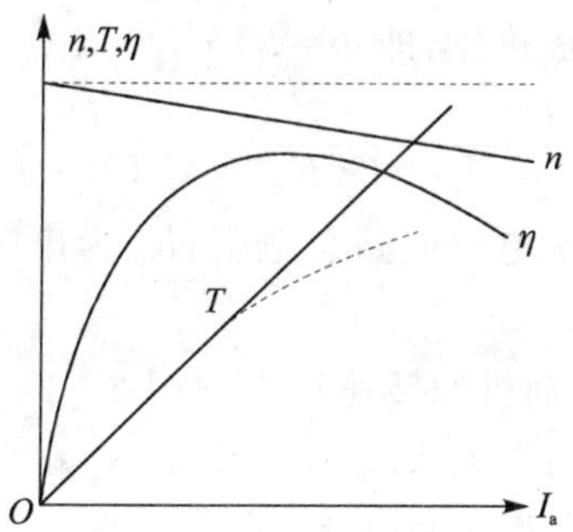

图 2-23　他(并)励直流电动机的工作特性

2. 转矩特征

当 $U=U_N$，$R_\Omega=0$，$I_f=I_{fN}$ 时，$T=f(I_a)$ 的关系叫做转矩特征。当不计电枢反应的去磁作用时，$\Phi=\Phi_N$，则

$$T=C_M\Phi\cdot I_a=C_M\Phi_N\cdot I_a=C''_M\cdot I_a \tag{2-23}$$

式(2-23)中，$C''_M=C_M\cdot\Phi_N$ 为一常数。这时转矩特性是一条通过原点的直线。如果考虑电枢反应的去磁作用，当增加时 Φ 将减少，使 T 也减少，特征如图 2-23 虚线所示。

3. 效率特征

当 $U=U_N$，$R_\Omega=0$，$I_f=I_{fN}$ 时，$\eta=f(I_a)$ 的关系叫做效率特征。据效率特征定义可得：

$$\eta=\frac{P_2}{P_1}\times100\%=\left[1-\frac{P_{cuf}+P_{Fe}+P_{mec}+P_{ad}+I_a^2R_a}{U(I_a+I_f)}\right]\times100\%\approx$$
$$\left[1-\frac{P_{cuf}+P_{Fe}+P_{mec}+P_{ad}+I_a^2R_a}{U\cdot I_a}\right]\times100\% \tag{2-24}$$

式中，励磁损耗 P_{cuf}、铁耗 P_{Fe}、机械损耗 P_{mec} 以及附加损耗 P_{ad} 可以认为不随负载而变化，称为不变损耗。而电枢回路铜耗 $P_{Cua}=I_a^2R_a$ 随负载时电枢电流的平方而变化，称为可变损耗。可以做出效率 η 与 I_a 的变化曲线 $\eta=f(I_a)$，如图 2-23 所示。为了求出最大效率及所对应的电

枢电流值，可令$\frac{d\eta}{dI_a}=0$，得

$$P_{Cuf}+P_{Fe}+P_{mec}+P_{ad}=I_a^2\cdot R_a \tag{2-25}$$

由(2-25)式可知，当电动机的不变损耗等于可变损耗时，其效率最高。效率特征的这个特点具有普遍意义，可以适用于其他电机。电机通常被制成当该机运行于额定状态时的效率最高，则他励直流电动机额定运行时的总损耗可近似写成 $\sum P=2\cdot I_N^2\cdot R_a$，因为 $\sum P=U_N\cdot I_N-P_N$，则估算电枢回路总电阻的公式如下：

$$R_a=\frac{1}{2}\cdot\frac{U_N\cdot I_N-P_N}{I_N^2} \tag{2-26}$$

2.7.2 串励和复励直流电动机的工作特性

1. 串励直流电动机的工作特征

(1) 转速特征

串励电动机的转速特性是指当$U=U_N$，$R_\Omega=0$，$I_f=I_a$ 时的 $n=f(I_a)$关系曲线。如果磁路未饱和，主磁通 Φ 与励磁电流成正比，即 $\Phi=K_f\cdot I_f=K_f\cdot I_a$。则

$$n=\frac{U_N}{C_e K_f I_a}-\frac{R'_a}{C_e K_f I_a}=\frac{U_N}{C'_e\cdot I_a}-\frac{R'_a}{C'_e} \tag{2-27}$$

式中，$R'_a=R_a+R_s$为串励电动机电枢回路总电阻；R_s 为串励绕组电阻；$C'_e=C_e\cdot K_f$为一常数；K_f 为比例系数。

根据式(2-27)可得，串励电动机的转速特性如图 2-24 所示。由图可知，串励电动机转速随负载增加而迅速降低，这是因为 I_a 的增加而使 $I_a R_a'$和主磁通 Φ 增加的结果。串励电动机轻载或空载时，由于 $I_f=I_a$ 很小时主磁通 Φ 很小，要产生一定的反电动势 $E_a=C_e\Phi_n$ 与端电压 U_N 相平衡，电动机的转速将很高，从而导致“飞车”现象，使电机受到严重破坏。所以串励电动机不允许在 15%～20%额定负载的轻载情况下运行，更不允许空载运行，也不允许用皮带等容易发生断裂或打滑的传动机构。

(2) 转矩特征

串励电动机的转矩特性是指当$U=U_N$，$R_\Omega=0$，$I_f=I_a$ 时的 $T=f(I_a)$关系曲线。如果磁路不饱和，则有：

$$T=C_M\cdot K_f I_a\cdot I_a=C''_M\cdot I_a^2$$

式中，常数 $C''_M=C_M\cdot K_f$。由此式可知，当磁路不饱和时，串励电动机的 $T\propto I_a^2$，其转矩特性如图 2-24所示，即当 I_a增加时，T 成平方关系增长。所以，串励电动机有较大的启动转矩与过载能力。当负载很大，$I_f=I_a$ 很大时，磁路趋向饱和，这时 Φ 接近不变，$T=f(I_a)\propto I_a$成为直线。

鉴于串励电动机的转速特性很软而在相同的 I_a 下具有比他励(或并励)大得多的转矩的特点，串励电动机最适宜拖动诸如电力机车等牵引机械和重载启动的场合。

至于串励电动机的效率特性，与他(并)励电动机相似，不再重复。

2. 复励直流电动机的工作特征

(1) 积复励电动机

积复励电动机主磁极上的总励磁磁动势为 $\sum F=F_f+F_s$，在理想空载时 $F_s=0$，

$\sum F = F_f \neq 0$，主磁通 $\Phi_0 \neq 0$，所以有一个理想空载转速 $n_0 = \frac{U_N}{C_e \Phi_0}$，没有飞车危险。当负载增加时，$F_s = I_a \cdot N_s$ 也增加，$\sum F = F_f + F_s$ 增加使主磁通 Φ 增加，其转速比他（或并）励时下降更多。所以其转速特性介于他（并）励与串励电动机之间，如图 2－25 所示。

（2）差复励电动机

差复励电动机主磁极上的总磁磁动势为 $\sum F = F_f - F_s$。在空载时也有一个理想空载转速 n_0，因而也不会飞车。负载增加时，$F_s = I_a \cdot N_s$ 增加使 $\sum F$ 减小，导致主磁通 Φ 减小，其转速要升高。所以差复励电动机的 $n = f(I_a)$ 特性为上升曲线，如图 2－25 所示。

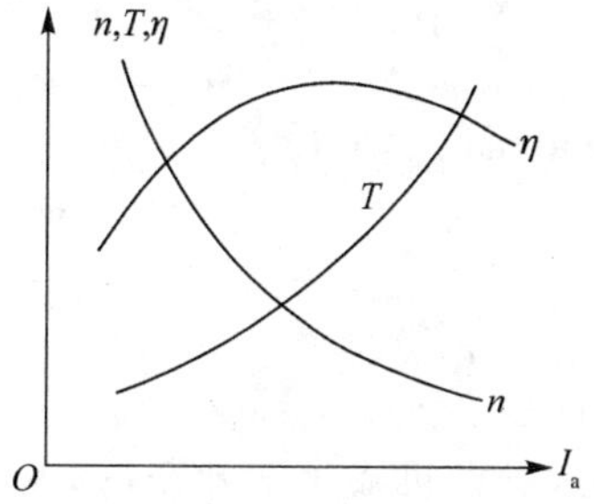

图 2－24　串励电动机的工作特性

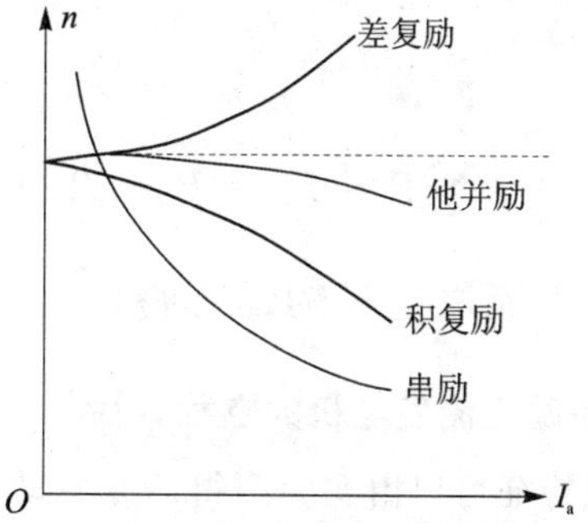

图 2－25　各种电动机的工作特性

2.8　直流发电机的运行原理

2.8.1　直流发电机的基本方程式

图 2－26 给出了并励直流发电机各量正方向的习惯规定，即发电机惯例。由图可知，在发电机中，电枢电动势 E_a 与电枢电流 I_a 方向一致；T_1 为原动机输入的驱动转矩，转速 n 与 T_1 方向一致，而电磁转矩 T 与 n 方向相反，是制动转矩。

1. 电动势平衡方程式

对图 2－26 所示的电枢回路和励磁回路列回路方程式可得：

$$\left.\begin{aligned} E_a &= U + I_a R_a \\ U &= I_f (r_f + r_\Omega) = I_f R_f \end{aligned}\right\} \qquad (2-28)$$

式中，$R_f = r_f + r_\Omega$ 为励磁回路总电阻，而 r_f 为励磁绕组本身电阻。由式（2－28）可知，发电机的电枢电动势 E_a 必大于端电压。

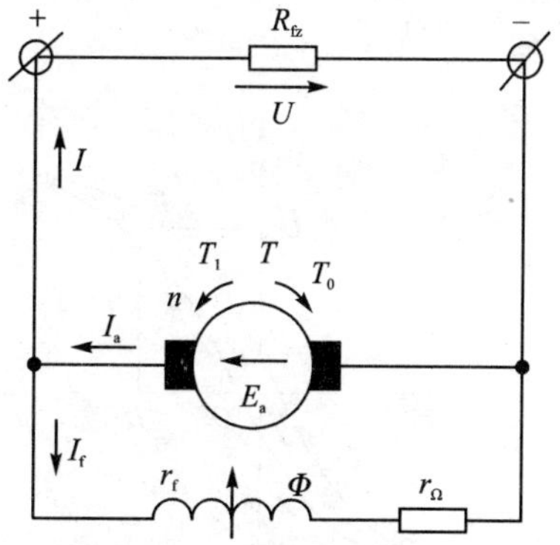

图 2－26　直流发电机惯例

2. 转矩平衡方程式

从原动机输入的机械功率为

$$T_1 = T + T_0$$

3. 功率平衡方程式

从原动机输入的机械功率为

$$P_1 = T_1 \times \Omega = (T + T_0) \times \Omega = P_m + P_0 \tag{2-29}$$

式中，电磁功率 P_m 为

$$P_m = T \times \Omega = E_a \times I_a = P_2 + P_{Cuf} + P_{Cua} \tag{2-30}$$

式(2-30)中，$P_2 = UI$ 为发动机输出的电功率；$P_{Cuf} = UI_f$ 为励磁回路消耗的功率；$P_{Cua} = I_a^2 R_a$ 为电枢回路总铜耗。

空载损耗 $P_0 = P_{Fe} + P_\Omega + P_\Delta$。式中 P_{Fe} 为铁耗；P_Ω 为机械摩擦损耗；P_Δ 为附加损耗，则

$$P_1 = P_2 + \sum P$$

$$\eta = P_2 / R_1 = 1 - \sum P \Big/ \left(P_2 + \sum P\right) \tag{2-31}$$

式(2-31)中，$\sum P = P_{Fe} + P_\Omega + P_\Delta + P_{Cuf} + P_{Cua}$ 为发电机的总损耗。

2.8.2 直流发电机的运行特性

1. 他励直流发电机的空载特性

空载特征可以由实验测得。有原动机保持转速恒定，发电机输出端开路，调节励磁电流 I_f，让 I_f 由零开始单调增长，直至 $U_0 \approx (1.1 \sim 1.3) U_N$；然后让 I_f 单调减小至零，再反向单调增加直至 $U_0 \approx (1.1 \sim 1.3) U_N$；然后让 I_f 单调减小至零，再反向单调增加直至负的 U_0 为 $(1.1 \sim 1.3) U_N$，然后又使 I_f 单调减小至零。在调节过程中读取空载端电压 U_0 与励磁电流 I_f 即得空载特性 $U_0 = f(I_f)$，如图 2-27 所示。

由于铁磁材料的磁滞现象，使测得的 $U_0 = f(I_f)$ 曲线呈一闭合的回线。由于电机有剩磁，使得 $I_f = 0$ 时仍有一个很低的电压，称为剩磁电压，其值为 U_N 的 2%～4%。实际使用时，一般取回线的平均线（如图中的虚线所示）作为空载特性。

由于他励发电机空载时 $U_0 = E_a$，所以空载特性实质上为 $E_a = f(I_f)$ 关系曲线，又因为 $E_a = C_e \Phi \times n \propto \Phi$，因此空载特性与电机的磁化曲线 $\Phi = f(I_f)$ 形状相似。同理，只要测得某恒定转速下的一条空载特性，根据 $E_a \propto n$ 就可以求出其他转速下的空载特性，如图 2-28 所示。

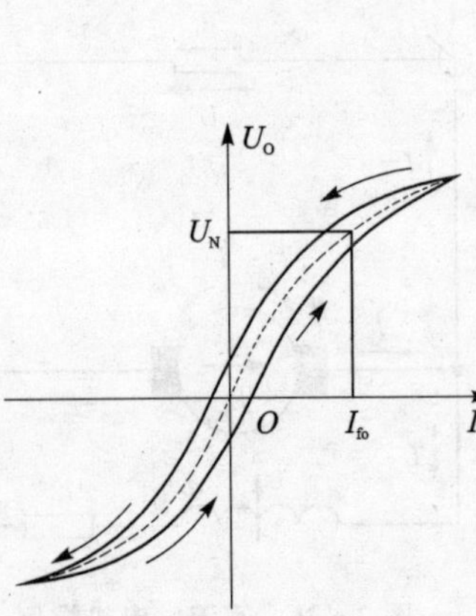

图 2-27 他励发电机的空载特性

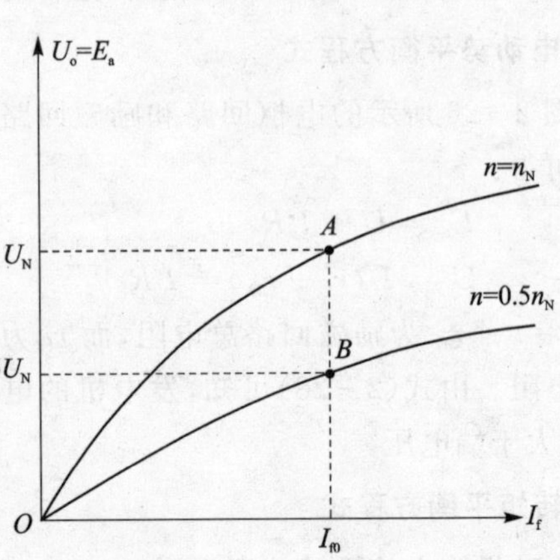

图 2-28 他励发电机不同转速的空载特性

由于空载特性实质上反映了励磁电流与由它建立的主磁通在电枢中的感应电动势之间的关系，而与 I_f 的获得方式无关。所以他励直流发电机的空载特性同样适合于该机采用其他励磁方式或运行于电动机状态时 I_f 与它所对应的 E_a 之间的关系。

2. 他励直流发电机的外特性

外特性也可用实验方法测得。将发电机接上负载，保持 $n=n_N$ 即 $I_f=I_{fN}$ 不变，然后改变负载电阻使 I 从零增加到 I_N，读取 U、I 即得外特性，如图 2-29 所示。

他励发电机的外特性略微下垂，其原因是电枢电流 I_a 在 R_a 上的压降以及电枢反应的去磁作用使主磁通减小导致电动势的降低。

在图 2-26 中，保持 $R_f=R_a+r_\Omega$ 为额定运行时的数值 R_{fN} 不变，仿上述方法可测得并励发电机的外特性比他励时的下降的更多。这是因为在并励时，除了由于电枢反应的去磁作用即电枢回路的电阻压降使端电压下降之外，还由于端电压的下降使励磁电流 $I_f=\dfrac{U}{R_{fN}}$ 下降导致电动势 E_a 进一步减小之故。

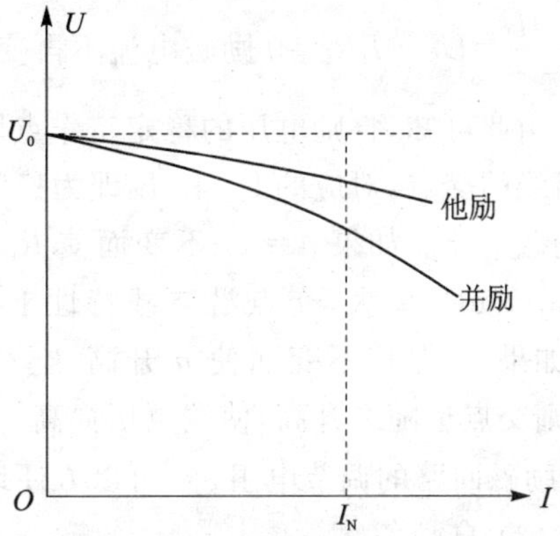

图 2-29　他励与并励发电机外特性

3. 并励直流发电机的自励过程

并励和复励直流发电机的励磁电流都取自发电机本身，不需要专门的直流励磁电源。现以并励发电机为例说明"自励发电机"的空载自励建压的过程。

(1) 自励过程

当发电机在原动机拖动下以额定转速 n_N 恒速旋转时，由于主磁路总有剩磁，在电枢绕组中产生感应电动势 E_r，从而在发电机两端点建立剩余电压 U_r，在 U_r 的作用下，有一个不大的励磁电流 $I_f=\dfrac{U_r}{R_f+R_a}$。如果接法正确，这个不大的励磁磁动势的方向与原剩磁方向一致，则主磁通就会增加，使 E_a 及 U_0 增加从而使 I_f 增加。而 I_f 的增加又使主磁通增加，导致 U_0 的进一步提高。如此反复作用，端电压便自动建立起来。

(2) 自励建压的稳定工作点

并励发电机空载时端电压为 $U_0=E_a-I_{a0}R_a\approx E_{a0}$，即空载特性 U_0 与 I_f 的关系可用 $U_0=f(I_f)$ 来表示。

对于励磁回路，自励过程中电压方程式应为

$$U_0=I_f\cdot R_f+L_f\cdot\frac{di_f}{dt}\tag{2-32}$$

或

$$L_f\cdot\frac{di}{dt}=U_0-I_fR_f\tag{2-33}$$

上两式中 L_f 为励磁绕组的自感系数，I_fR_f 是 I_f 在励磁回路总电阻 R_f 上的电压降。当它们不变时，电压降与其成正比，其关系是一条通过原点的直线，如图 2-30 中的直线 OP。该直线的斜率为

$$\tan\alpha = \frac{I_f \cdot R_f}{I_f} = R_f$$

故称为励磁回路的电阻线，简称场阻线。

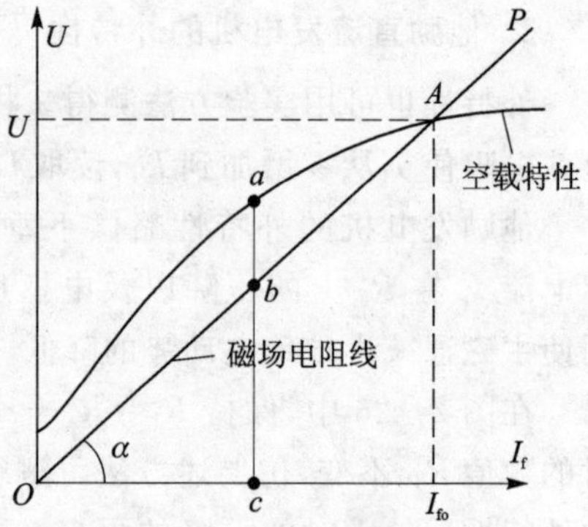

图 2－30　并励发电机的自励过程

由图 2－30 可知，自励过程开始时，由于$\frac{L_f \cdot dI_f}{dt} = U_0 - I_fR_f = \overline{ac} - \overline{bc} = \overline{ab} > 0$，所以励磁电流 I_f 随时间增加而增加。当增长到 $I_f = I_{f0}$ 即图中的交点 A 时，$\frac{L_f \cdot dI_f}{d_t} = U_0 - I_fR_f = 0$ 励磁电流不再变化。

由此可知，自励电压的稳定工作点即为空载特性与场阻线的交点，对应的 U_0 和 I_{f0} 即为稳定后空载端电压和励磁电流。如果 $n = n_N$ 不变而使 R_f 增加，场阻线的 $a = \arctan R_f$ 变大，交点沿空载特性下降，则端电压降低；如果 R_f 保持不变而使 n 升高，空载特性按比例抬高，则交点也随之升高，使端电压提高。所以，改变转速 n 和励磁回路的调节电阻 r_Ω，可以方便地调节端电压。

（3）自励条件

① 电机必须有剩磁。如果没有剩磁，须用其他直流电源对其“充磁”。

② 励磁绕组的接法与电机转向的配合保证励磁电流产生的磁通方向与剩磁方向一致。

③ 励磁回路总电阻不能太大而且发电机的转速不能太低。

2.9　直流电机的换向

2.9.1　换向过程的物理现象

1. 换向过程

以图 2－31 所示的单叠绕组为例，且假设电刷宽度正好等于换向片宽度。

当电枢绕组与换向器一起旋转时，电枢绕组的各个元件依次被电刷所短路。在图 2－31(a)时刻，元件 1 即将被电刷短路而尚未短路，该元件中电流 i 的大小及方向与右支路电流 i_a 相同，设这时 $i = +i_a$ 为正。当旋转至图 2－31(b)位置时，电刷将元件 1 短路，这时右支路电流 i_a 的一部分经片 2 直接流向电刷，使得从元件 1 流过的电流 $i < i_a$ 而减少了。当再转到位置图 2－31(c)位置时，元件 1 结束被电刷短路的状态，这时元件 1 电流 i 的大小与方向跟左支路电流相同，即 $i = -i_a$，负号表示 i 的方向与原来正方向相反。被电刷所短路的元件（称为换向元件）从短路开始至短路结束，它从一条支路转换到另一条支路，其电流从 $+i_a$ 变为 $-i_a$ 换了一个方向。换向元件中电流的这种变化过程，称为换向过程。从换向开始（即换向元件被电刷短路开始）至换向结束（即换向元件结束了被电刷短路状态时）所需的时间为换向周期，用 T_k 表示。

如果换向元件电动势为零，则在被电刷短路的闭合电路中不会有环流。这时换向元件中的电流 i 由电刷与相邻两换向片的接触面积所决定，其变化曲线 $i = f(t)$ 是一条直线，称为直

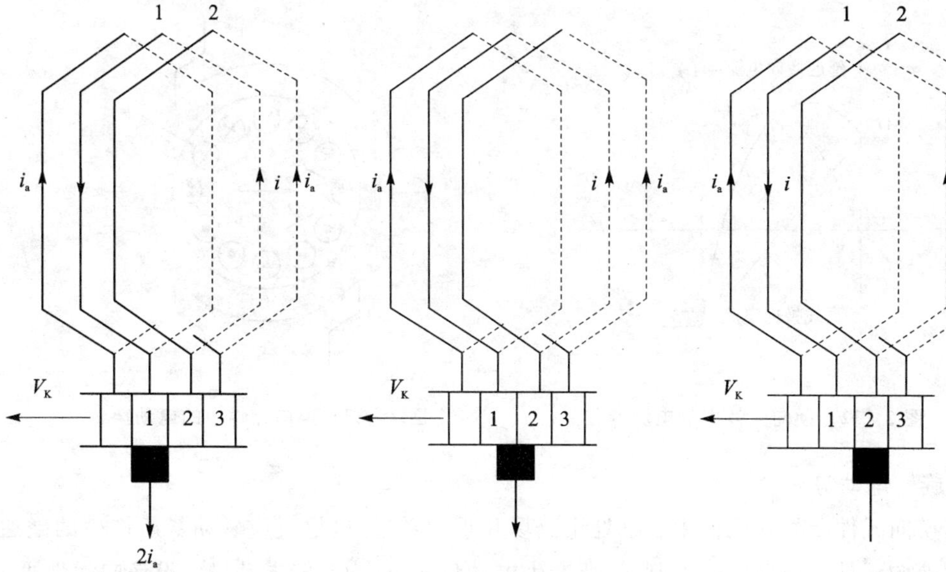

(a) 换向开始　(b) 换向中　(c) 换向结束

图 2-31　换向元件中的电流换向过程

线换向，如图 2-32 中的 i_L。实践证明，直线换向时，直流电机不会发生火花，是理想情况。

2. 换向元件中的感应电动势

如果电刷位于几何中性线而电机未装换向极，则在换向元件中有以下两种感应电动势：

(1) 电抗电动势 e_r

换向元件中的电流在换向过程中随时而变，必然在换向元件内引起自感电动势 e_L。如果电刷的宽度大于换向片的宽度，则被电刷短路的元件不止一个，处于同一槽中的其他换向元件中电流的变化也会在本换向元件中产生互感电动势。换向元件中的自感电动势和互感电动势之和称为电抗电动势 e_r，即

$$e_r = e_L + e_M = -L_r \cdot \frac{di}{dt} \tag{2-34}$$

式(2-34)中，L_r 为换向元件的总感应系数，包括自感系数与互感系数。在 $\Delta t = T_k$ 时间内，换向元件中的电流从 $+i_a$ 变到 $-i_a$，即 $\Delta i = -2i_a$，则电抗电动势的平均值为

$$e_r = L_r \cdot \frac{\Delta i}{\Delta t} = +L_r \cdot \frac{2i_a}{T_k} \tag{2-35}$$

设电刷宽度 b_s 等于换向片宽度 b_k，换向片数为 k，则换向周期 T_k 为

$$T_k = \frac{b_s}{V_k} = \frac{b_k}{V_k} = \frac{\pi D_k/k}{\pi D_k \cdot n/60} = \frac{60}{nk} \tag{2-36}$$

式中，V_k 表示换向器的速度。由上可知，$e_r \propto \frac{i_a}{T_k} \propto I_a \cdot n$，电机负载越重(即 I_a 越大)或转速越高，电抗电动势越大。

根据电磁感应定律，电抗电动势的方向是企图阻止换向电流的变化，因此，e_r 的方向必与换向前的元件电流 i 的方向一致，图 2-33 给出了电动机状态时 e_r 的方向。

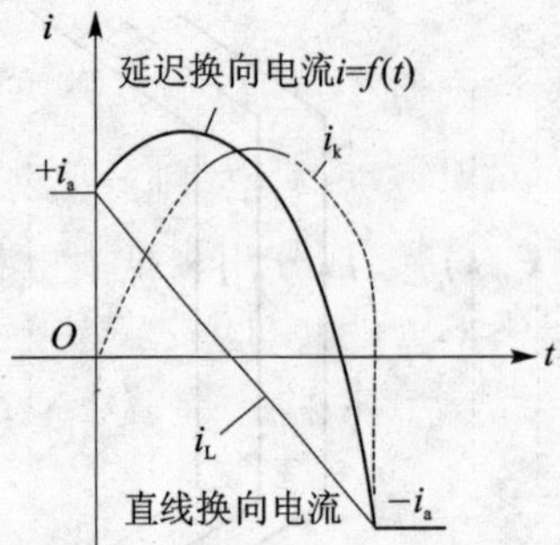

图 2-32　换向元件中的电流变化

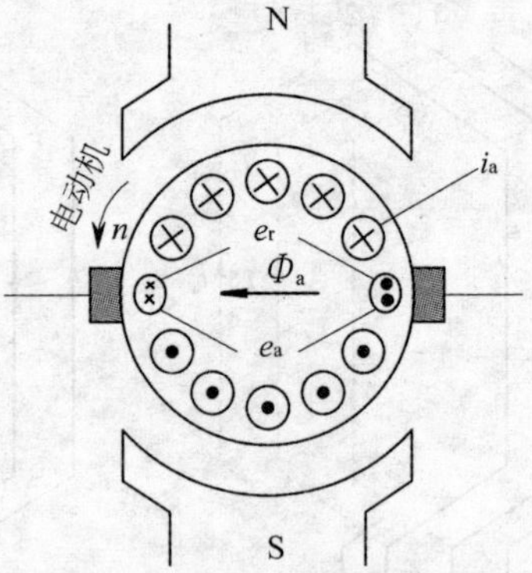

图 2-33　换向元件中的电动势

（2）旋转电动势 e_a

虽然换向元件所处的几何中心线处主磁场几乎为零，但电枢反应磁动势所产生的磁通 Φ_a 正好穿过换向元件。换向元件切割 Φ_a 所产生电动势 e_a，称为旋转电动势。设换向元件匝数为 N_k，电枢反应磁动势在换向元件处所生的磁密为 B_a，则 e_a 平均值为

$$e_a = 2B_a N_a \cdot l \cdot v_a$$

由于电枢线速度 $v_a \propto n$，而 B_a 可近似认为与 I_a 成正比，则 $e_a \propto I_a \cdot n$，也就是当负载越重或转速越高时，旋转电动势 e_a 越大。

据右手定则可以判定，无论是发电机或是电动机状态，e_a 的方向总是与换向前元件中电流方向相同，即 e_a 与 e_r 方向相同。方向相同会阻碍换向，如图 2-33 所示。

3. 电刷下产生火花的原因

在合成电动势 $\sum e = e_a + e_r$ 的作用下，在换向元件经电刷短路而成的闭合回路中产生环流 i_k，即

$$i_k = \frac{\sum e}{\sum R} = \frac{e_a + e_r}{\sum R} \tag{2-37}$$

式(2-37)中，$\sum R$ 为闭合回路中的总电阻，主要是电刷与两片换向片之间的接触电阻。由于 $\sum e = e_a + e_r > 0$，所以 $i_k > 0$ 与换向前电流同方向，如图 2-32 所示。

附加电流 i_k 加在 i_L 上，换向元件中的电流为 $i = i_k + i_L$，使换向元件的电流改变方向的时间比直线换向时为迟，所以称为延迟换向。当 $t = T_k$ 即电刷将离开换向片 1 而使由电刷与换向元件构成的闭合回路突然被断开时，由 i_k 所建立的电磁能量 $\frac{1}{2} i_k^2 \cdot L_k$ 要释放出来（其中 L_k 为换向元件的自感系数）。当这部分能量足够大时，它将以电火花形式从后刷边放出，这就是电刷下产生火花的电磁性原因。此外，还有机械原因（如换向器偏心、电刷在刷盒中松动或被卡住等）和化学方面的原因（如高空缺氧或腐蚀气体使换向器表面的氧化亚铜受破坏等）。

火花使电刷及换向器表面损坏，严重时电机将遭到破坏性损伤，使电机不能继续运行，而且火花还使附近的电子器件和通信系统受到干扰，必须解决这个问题。

2.9.2 改善换向的方法

要改善换向，减少火花，就必须使 $i_k=0$。这可用选择合适牌号的电刷增加换向回路的总电阻 $\sum R$ 来实现；而主要办法是让 $\sum e=0$，最常用且最有效的办法是加装换向极。

换向极的作用是在换向元件所在处建立个磁动势 F_k，其一部分用来抵消电枢反应磁动势，剩下部分用来在气隙建立磁场 B_k，换向元件切割 B_k 产生感应电动势 e_k，且让 e_k 的方向与 e_r 相反，使换向元件中的合成电动势 $\sum e=e_r-e_k=0$，称为直线换向，从而消除电磁性火花。为此，对换向极的要求如下：

- 换向极应安装在几何中性线处。
- 换向极的极性应使所产生的 B_k 方向与电枢反应磁动势的方向相反，如图 2-34 所示。

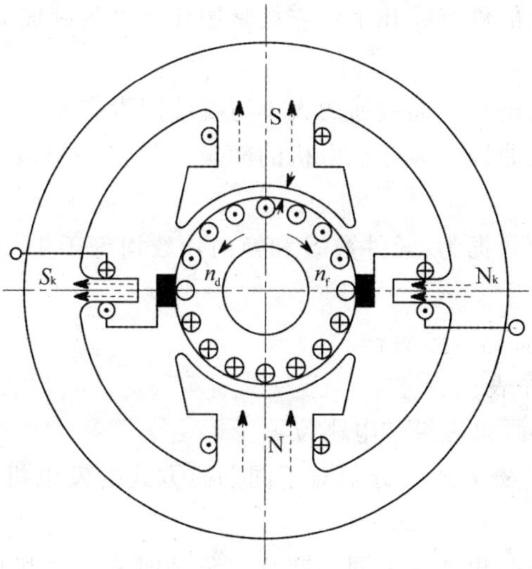

图 2-34 换向极电路与极性

- 为使换向电动势 e_k 在任何负载下都能抵消 e_r，要求 $e_k\propto I_a\cdot n$，应使 $B_k\propto I_a$。为此，换向极绕组必须与电枢绕组串联，而且换向极磁路应为不饱和。

2.9.3 环火及其防止

电枢反应将使气隙磁场发生畸变，位于 $B_{\delta max}$ 处的电枢元件的感应电动势增大，导致所连接的两换向片之间的电压 u_k 增大。当片间电压 u_k 超过一定数值时，换向片间便会发生火花，称为电位差火花。

当电枢电流急剧增加时，例如突然短路或冲击负载等，一方面由于 e_k 跟不上 e_r 增大，使换向严重延迟从而引起电刷下较强的电磁性火花；另一方面由于磁场严重畸变而导致非电刷下的片间电位差火花。由于换向器的转动以及电动力的作用，这两种火花被拉长且可能汇合在一起，形成一股跨越正负电刷间的电弧，使整个换向器被一圈火环所包围，这就是环火。环火使电枢绕组直接短路，使换向器、电刷及电枢绕组在短时间内被烧坏，必须予以防治。

防止环火最有效的办法是装置补偿绕组，它装在主磁极的极靴里且与电枢绕组串联，它所生的磁动势方向应与电枢反应磁动势相反。这样，一方面是气隙磁场不再畸变，防止产生电位差火花;另一方面是换向极的负担也减轻了,对改善换向有利,从而避免出现环火现象。

习 题

2.1 要想改变直流电动机的转子转向,有哪些方法?
要想改变直流发电机的电压极性,有哪些方法?
已经建立电压的他励发电机和并励发电机,改变电枢的旋转方向能否改变输出电压的正负极性?

2.2 试判断下列情况下,电刷两端电压性质。
① 磁极固定,电刷与电枢同时旋转;
② 电枢固定,电刷与磁极同时旋转。

2.3 直流电机结构的主要部件有哪几个?它们是用什么材料制成的,为什么?这些部件的功能是什么?

2.4 何谓主磁通?何谓漏磁通?漏磁通的大小与哪些因素有关?

2.5 什么是直流电机磁化曲线?为什么电机的额定工作点一般设在磁化曲线开始弯曲的所谓“膝点”附近?

2.6 已知一台直流电机的数据为:元件数 S 和换向片数均等于 19,极对数 $p=2$,左行单波长距绕组。
① 计算绕组各节距 y_k、y_1、y、y_2;
② 列出元件连接次序表;
③ 画出绕组展开图,画出磁极和电刷位置。

2.7 直流电机有哪几种励磁方式?分别对不同励磁方式的发电机、电动机列出电流 I、I_a、I_f 的关系式。

2.8 为什么电机的效率随输出功率不同而变化?负载时直流电机中有哪些损耗?是什么原因引起的?为什么铁耗和机械损耗可看成是不变损耗?

2.9 并励发电机正转时能自励,反转时还能自励吗?

2.10 换向元件在换向过程中可能出现哪些电动势?是什么原因引起的?它们对换向各有什么影响?

2.11 已知某直流电动机铭牌数据如下:额定功率 $P_N=75$ kW,额定电压 $U_N=220$ V,额定转速 $n_N=1\ 500$ r/min,额定效率 $\eta_N=88.5\%$。试求该电机的额定电流。

2.12 已知直流发电机的额定功率 $P_N=240$ kW,额定电压 $U_N=460$ V,额定转速 $n_N=600$ r/min,试求电机的额定电流。

2.13 一台直流发电机的数据:$2p=6$,总导体数 $N_a=780$,并联支路数 $2a=6$,运行角速度是 $\Omega=40\pi$ rad/s,每极磁通 $\Phi=0.039\ 2$ Wb。试计算
① 发电机的感应电动势;
② 当转速 n=900 r/min,但磁通不变时发电机的感应电动势;
③ 当磁通变为 0.0435 Wb,n=900 r/min 时发电机的感应电动势。

2.14 一台 4 极、82 kW、230 V、970 r/min 的他励直流发电机,如果每极的合成磁通等于空载额定转速下具有额定电压时每极的磁通,试求当电机输出额定电流时的电磁转矩。

2.15　一台直流发电机，$2p=4$，$2a=2$，$S=21$，每元件匝数 $N_y=3$，当 $\Phi_0=1.825\times10^{-2}$ Wb、$n=1\ 500$ r/min 时试求正负刷间的电动势。

2.16　一台直流发电机 $2p=8$，当 $n=600$ r/min，每极磁通 $\Phi=4\times10^{-3}$ Wb 时，$E=230$ V，试求：

① 若为单叠绕组，则电枢绕组应有多少导体？

② 若为单波绕组，则电枢绕组应有多少导体？

2.17　一台直流电机，$2p=4$，$S=120$，每元件电阻为 0.2 Ω，当转速 $n=1\ 000$ r/min 时，每元件的平均电动势为 10 V。问当电枢绕组为单叠或单波时，电枢端的电压和电枢绕组的电阻 R_a 各为多少？

2.18　一台 2 极发电机，空载时每极磁通为 0.3 Wb，每极励磁磁动势为 3 000 A。现设电枢圆周上共有电流 8 400 A 并均匀分布，已知电枢外径为 0.42 m，若电刷自几何中性线前移 20°机械角度，试求：

① 每极的交轴电枢磁动势和直轴电枢磁动势各为多少？

② 当略去交轴电枢反应的去磁作用和假定磁路不饱和时，试求每极的净有磁动势及每极下的合成磁通。

2.19　有一直流发电机，$2p=4$，$S=95$，每个元件的串联匝数 $N_y=3$，$D_a=0.162$ m，$I_N=36$ A，$a=1$，电刷在几何中性线上，试计算额定负载时的线负荷 A 及交轴电枢磁动势 F_{aq}。

2.20　一台并励直流发电机，$P_N=26$ kW，$U_N=230$ V，$n_N=960$ r/min，$2p=4$，单波绕组，电枢导体总数 $N_a=444$ 根，额定励磁电流 $I_{fN}=2.592$ A，空载额定电压时的磁通 $\Phi_0=0.017\ 4$ Wb。电刷安放在几何中性线上，忽略交轴电枢反应的去磁作用，试求额定负载时的电磁转矩及电磁功率。

2.21　一台并励直流发电机，$P_N=19$ kW，$U_N=230$ V，$n_N=1\ 450$ r/min，电枢电路各绕组总电阻 $R_a=0.183$ Ω，$2\Delta U_b=2$ V，励磁绕组每极匝数 $N_f=880$ 匝，$I_{fN}=2.79$ A，励磁绕组电阻 $R_f=81.1$ Ω。当转速为 1 450 r/min 时，测得电机的空载特性如下表：

U_0/V	44	104	160	210	230	248	276
I_f/A	0.37	0.91	1.45	2.00	2.23	2.51	3.35

试求：① 欲使空载产生额定电压，励磁回路应串入多大电阻？

② 电机的电压调整率 ΔU；

③ 在额定运行情况下电枢反应的等效去磁磁动势 F_{fa}。

2.22　两台完全相同的并励直流电机，机械上用同一轴联在一起，并联于 230 V 的电网上运行，轴上不带其他负载。在 1 000 r/min 时空载特性如下：

I_f/A	1.3	1.4
U_0/V	186.7	195.9

现在，电机甲的励磁电流为 1.4 A，电机乙的为 1.3 A，转速为 1 200 r/min，电枢回路总电阻（包括电刷接触电阻）均为 0.1 Ω，若忽略电枢反应的影响，试问：

① 哪一台是发电机？哪一台为电动机？

② 总的机械损耗和铁耗是多少？

③ 只调节励磁电流能否改变两机的运行状态(保持转速不变)?

④ 是否可以在 1 200 r/min 时两台电机都从电网吸取功率或向电网送出功率?

2.23 一直流电机并联于 $U=220$ V 电网上运行,已知 $a=1$,$p=2$,$N_a=398$ 根,$n_N=1\ 500$ r/min,$\Phi=0.010\ 3$ Wb,电枢回路总电阻(包括电刷接触电阻)$R_a=0.17\ \Omega$,$I_N=1.83$ A,$P_{Fe}=276$ W,$P_{mec}=379$ W,杂散损耗 $P_{ad}=0.86\ P_1\%$,试问:此直流电机是发电机还是电动机运行?计算电磁转矩 T_{em} 和效率。

2.24 一台 15 kW、220 V 的并励电动机,额定效率 $\eta_N=85.3\%$,电枢回路的总电阻(包括电刷接触电阻)$R_a=0.2\ \Omega$,并励回路电阻 $R_f=44\ \Omega$。今欲使启动电流限制为额定电流的 1.5 倍,试求启动变阻器电阻应为多少?若启动时不接启动电阻则启动电流为额定电流的多少倍?

2.25 并励电动机的 $P_N=96$ kW,$U_N=440$ V,$I_N=255$ A,$I_{fN}=5$A,$n_N=500$ r/min。已知电枢电阻为 0.078 Ω,试求:

① 电动机的额定输出转矩;

② 在额定电流时的电磁转矩;

③ 电机的空载转速;

④ 在总制动转矩不变的情况下,当电枢回路串入 0.1 Ω 电阻后的稳定转速。

2.26 一台并励电动机,$P_N=7.2$ kW,$U_N=110$ V,$n_N=900$ r/min,$\eta_N=85\%$,$R_a=0.08\ \Omega$(包括电刷接触电阻),$I_{fN}=2$ A。若总制动转矩不变,在电枢回路串入一电阻使转速降低到 450 r/min,试求串入电阻的数值、输出功率和效率(假设 $P_0\propto n$)。

2.27 串励电动机 $U_N=220$ V,$I_N=40$ A,$n_N=1\ 000$ r/min,电枢回路各绕组电阻 $R_a=0.5\ \Omega$,一对电刷接触压降 $2\Delta U_b=2$ V。若制动总转矩为额定值,外施电压减到 150 V,试求此时电枢电流 I_a 及转速 n(假设电机不饱和)。

2.28 某串励电动机,$P_N=14.7$ kW,$U_N=220$ V,$I_N=78.5$ A,$n_N=585$ r/min,$R_a=0.26\ \Omega$(包括电刷接触电阻),欲在负载制动转矩不变条件下把转速降到 350 r/min,需串入多大电阻?

2.29 一台并励直流电动机,$U_N=220$ V,$I_N=80$ A,额定运行时,电枢回路总电阻 $R_a=0.099\ \Omega$,励磁回路电阻 $R_f=110\ \Omega$,$2\Delta U_b=2$ V,附加损耗占额定功率 1%,额定负载时的效率 $\eta_N=85\%$,求:

① 额定输入功率;

② 额定输出功率;

③ 总损耗;

④ 电枢回路铜损耗;

⑤ 励磁回路铜损耗;

⑥ 电刷接触电阻损耗;

⑦ 附加损耗;

⑧ 机械损耗和铁损耗之和。

第 3 章 直流电机的电力拖动

3.1 电力拖动系统的动力学方程式

电力拖动是指用各种电动机作为原动机拖动生产机械，完成一定的生产任务。

电力拖动系统的基本组成如图 3－1 所示。其中，工作机构是能执行一定任务的生产机械，控制设备是系统控制所需要的一些自动化设备及其软件。图中系统为开环。

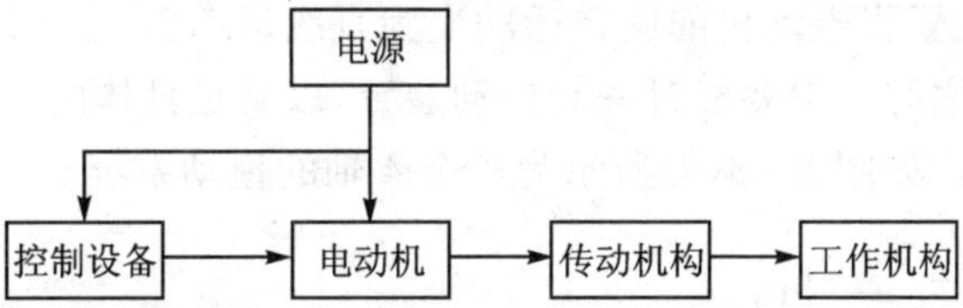

图 3－1 电力拖动系统示意图

3.1.1 单轴电力拖动系统的动力学方程式

生产中最简单的电力拖动系统就是电动机直接与生产机械的工作部分（负载）相连接的单轴系统，如图 3－2 所示。这种系统的特点是负载转速与电动机转速相同，作用于轴上的转矩有电动机的电磁转矩 T、空载转矩 T_0 和负载转矩 T_L。

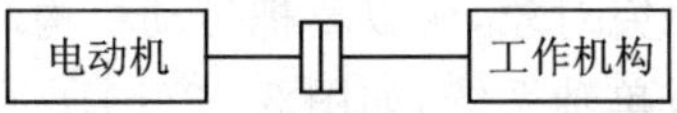

图 3－2 单轴旋转系统

若规定与转子转速方向为正方向，则电磁转矩 T 与转速方向相同，空载转矩 T_0 和负载转矩 T_L 与速度方向相反，则单轴系统的运动方程为

$$T - T_0 - T_L = J\frac{\mathrm{d}\Omega}{\mathrm{d}t} \tag{3-1}$$

其中，$J\frac{\mathrm{d}\Omega}{\mathrm{d}t}$为惯性转矩（或称加速转矩），转动惯量 J 可以表示成

$$J = m\rho^2 = \frac{GD^2}{4g} \tag{3-2}$$

式中，m、G 分别为旋转部分的质量（kg）和重量（N）；ρ、D 分别为惯性半径和惯性直径（m）；GD^2 为飞轮惯量（$\mathrm{N \cdot m^2}$）。

忽略式（3－1）中的空载转矩 T_0，并用转速 n 代替角速度 Ω，用飞轮惯量 GD^2 代替转动惯量 J，则单轴系统运动方程的实用形式：

$$T - T_L = \frac{GD^2}{375}\frac{\mathrm{d}n}{\mathrm{d}t} \tag{3-3}$$

注意：系数 375 是个有量纲的系数，单位为 m/(min · s)。

分析式(3－3)可知电动机的运行状态：

① 当 $T=T_L$，$\frac{dn}{dt}=0$，电动机恒速运行或静止，系统稳定运行。

② 当 $T>T_L$，$\frac{dn}{dt}>0$，电动机加速，系统处于过渡过程。

③ 当 $T<T_L$，$\frac{dn}{dt}<0$，电动机减速，系统也是处于过渡过程。

3.1.2 多轴电力拖动系统的等效

实际的电力拖动系统的轴往往不止一根，例如机械设备的转速通常比较低，而电动机的转速一般都很高，这就需要在工作机构和电动机之间安装减速机构，如减速齿轮箱。还有的工作机构是直线运动，需要装置将电动机的旋转运动变为直线运动。

因此电动机与负载之间一般要经过一套传动装置，以满足具体的生产机械工作形式，这种拖动系统就是多轴系统。如图 3－3(a)所示为一个 4 轴的拖动系统。

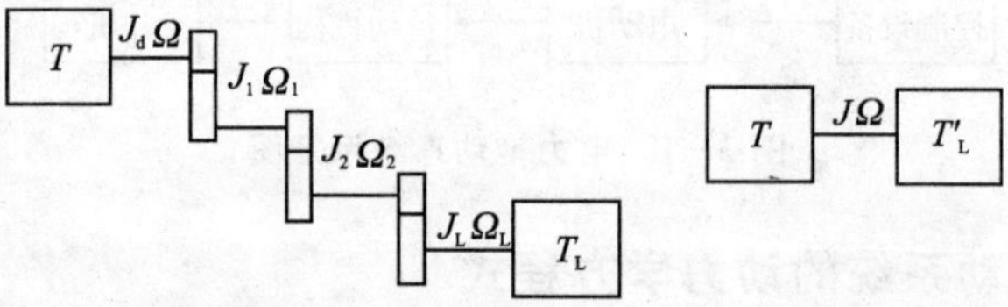

(a) 4轴传动系统的传动图　　(b) 等效折算图

图 3－3　多轴传动系统

多轴拖动系统分析要比单轴拖动系统复杂。对一个系统而言，一般不须详细研究每根轴的问题，通常只把电动机轴作为研究对象，所以要把传动机构和负载等效成电动机轴上的单一负载，即把实际的多轴系统等效成单轴系统，如图 3－3(b)所示。

从图中可以看出需要折算的有：负载转矩 T'_L 和各轴转动惯量 J_1、J_2、J_L。如果是做直线运动的负载，还需要折算质量及阻力。

1. 负载转矩 T'_L 的折算

实际负载 T_L 折算到电动机轴上变为 T'_L，折算前后的功率不变，则根据图 3－3 有

$$T_L\Omega_L = T'_L\Omega\eta$$

$$T'_L=\frac{T_L}{\Omega/\Omega_L}=\frac{T_L}{j\eta} \tag{3-4}$$

式(3－4)中，j 为电动机轴与负载轴的转速比，$j=\Omega/\Omega_L=n/n_L$，上述 4 轴系统，每一级转速比为 $j_1=\frac{\Omega}{\Omega_1}$，$j_2=\frac{\Omega_1}{\Omega_2}$，$j_3=\frac{\Omega_2}{\Omega_L}$，则总转速比 $j=j_1j_2j_3=\Omega/\Omega_L$。即多轴系统的总转速比 $j=j_1j_2j_3j_4\cdots$。η 为传动机构的总效率，等于各级传动机构的效率的乘积，即 $\eta=\eta_1\eta_2\eta_3\eta_4\cdots$。

2. 各轴转动惯量的折算

根据折算前后动能不变的原则，则如图(3－3)所示有

$$\frac{1}{2}J\Omega^2 = \frac{1}{2}J_d\Omega^2+\frac{1}{2}J_1\Omega_1^2+\frac{1}{2}J_2\Omega_2^2+\frac{1}{2}J_L\Omega_L^2$$

若多轴系统则

$$J = J_d + J_1/\left(\frac{\Omega}{\Omega_1}\right)^2 + J_2/\left(\frac{\Omega}{\Omega_2}\right)^2 + J_3/\left(\frac{\Omega}{\Omega_3}\right)^2 + \cdots + J_L/\left(\frac{\Omega}{\Omega_L}\right)^2 \tag{3-5}$$

将式(3－5)化成飞轮惯量 GD^2 及转速 n 来表示：

$$GD^2 = GD_d^2 + \frac{GD_1^2}{(n/n_1)^2} + \frac{GD_2^2}{(n/n_2)^2} + \cdots + \frac{GD_L^2}{(n/n_L)^2} \tag{3-6}$$

3. 负载直线运动质量的折算

如图(3－4)所示，提升机构正在提升或下放一质量为 m 的重物 G_L，重物的直线运动是由电动机带动，因此要把重物的线速度 v_L(m/s)和质量 m(kg)折算到电动机轴上，用一个转动惯量 J 的转动体来等效。折算前后动能相等，有

$$J\frac{\Omega^2}{2} = m\frac{v_L^2}{2}$$

即该直线运动的等效转动惯量为

$$J = m\left(\frac{v_L}{\Omega}\right)^2 \tag{3-7}$$

或者用飞轮惯量 GD^2 来表示有

$$GD^2 = 365\frac{G_L v_L^2}{n^2} = \frac{4G_L v_L^2}{\Omega^2} \tag{3-8}$$

4. 负载直线作用力的折算

仍然以上述提升机构为例，钢绳以力 F_L 吊质量为 m 的重物 G_L，直线速度 v_L，根据功率不变则

$$T_L\Omega = F_L v_L$$

换算成用转速 n，负载的直线作用力 F_L 表示为电动机轴上的阻转矩 T_L 为

$$T_L = 9.55\frac{F_L v_L}{n} \tag{3-9}$$

【例 3－1】 求刨床拖动系统在电动机轴上的总的飞轮惯量。刨床传动系统如图 3－5 所示，若电动机 M 的转速 n=380 r/min，其转子的飞轮惯量 GD_a^2=110.5 N·m²，工作台重 G_1=12 050 N，工件重 G_2=17 650 N，各齿轮的齿轮数计飞轮惯量见表 3－1，齿轮 7 的节距为 t=25 mm。

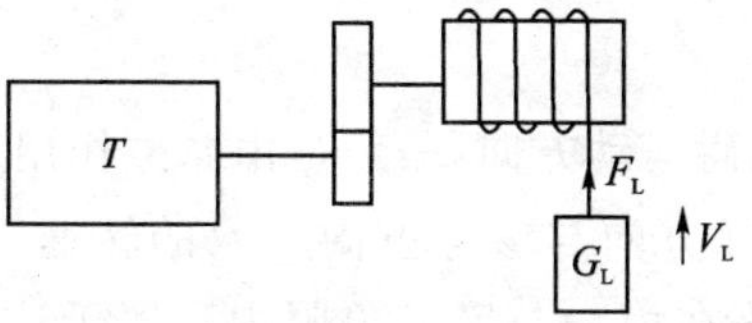

图 3－4　提升机示意图

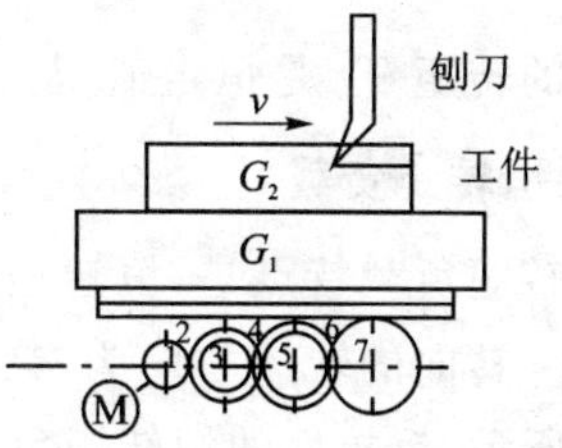

图 3－5　刨床传动系统图

表 3-1 各齿轮的齿数及飞轮惯量

齿轮号	1	2	3	4	5	6	7
齿 数	25	55	30	65	30	75	40
飞轮惯量(GD^2)/(N·m²)	4.12	20.10	9.8	28	18.8	42	25.2

解:把刨床运动分为旋转运动和直线运动两部分。

(1) 旋转部分(不包括电动机转子)的飞轮惯量 GD_a^2

$$GD_a^2 = GD_1^2 + \frac{GD_2^2 + GD_3^2}{(z_2/z_1)^2} + \frac{GD_4^2 + GD_5^2}{(z_2/z_1)^2(z_4/z_3)^2} + \frac{GD_6^2 + GD_7^2}{(z_2/z_1)^2(z_4/z_3)^2(z_6/z_5)^2}$$

$$= \left[4.12 + \frac{20.1+9.8}{(55/25)^2} + \frac{28+18.8}{(55/25)^2(65/30)^2} + \frac{42+25.2}{(55/25)^2(65/30)^2(75/30)^2}\right]\text{N}\cdot\text{m}^2$$

$$= 12.83\ \text{N}\cdot\text{m}^2$$

(2) 直线运动部分的飞轮惯量 GD_b^2

齿轮 7 的转速 n_7

$$n_7 = \frac{n}{(z_2/z_1)(z_4/z_3)(z_6/z_5)} = \left[\frac{380}{(55/25)(65/30)(75/30)}\right]\text{r/min} = 31.84\ \text{r/min}$$

工作台及工件直线运动速度 v

$$v = z_7 t_7 n_7 = (40 \times 0.025 \times 31.84)\ \text{m/s} = 0.53\ \text{m/s}$$

$$GD_b^2 = \frac{365(G_1+G_2)v^2}{n^2} = \frac{365(12050+17650)\times 0.53^2}{380^2}\ \text{N}\cdot\text{m}^2 = 21.09\ \text{N}\cdot\text{m}^2$$

(3) 刨床拖动系统在电动机轴上总的飞轮惯量 GD^2

$$GD^2 = GD_d^2 + GD_a^2 + GD_b^2 = (110.5 + 12.83 + 21.09)\ \text{N}\cdot\text{m}^2 = 144.42\ \text{N}\cdot\text{m}^2$$

3.2 各类生产机械的负载转矩特性

在运动方程中,负载转矩 T_L 与转速 n 的关系 $T_L = f(n)$ 成为负载的转矩特性。生产机械的负载转矩特性主要有以下 3 种类型。

3.2.1 恒转矩负载特性

这类负载的转矩 T_L 是恒定值,与转速 n 无关,一般包括两种。

1. 反抗性恒转矩负载

反抗性恒转矩负载特点是,恒转矩 T_L 总是阻碍运动方向,一般是由摩擦作用产生。

若选择某一转向的转速方向为参考方向,实际方向与参考方向一致的转速为正,否则为负,如图 3-6 所示,反抗性的恒转矩负载特性应该在第一与第三象限内。属于这类型特性的有金属的压延机构、机床的平移机构等。

2. 位能性恒转矩负载

位能性的恒转矩负载特点是,负载转矩 T_L 具有固定的方向,不随转速方向改变而改变。一般是由拖动系统中某些具有位能的部件造成的,如起重机类型的负载,不论重物提升(n 为正)或放下(n 为负),负载转矩始终方向不变,如图 3－7 所示,位能性的恒转矩负载特性应该在第一、第四象限内。

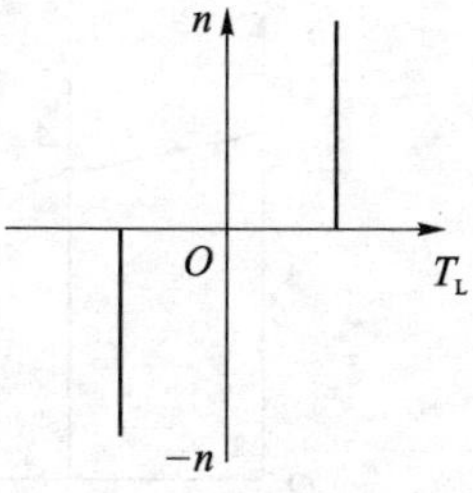

图 3－6 反抗性恒转矩负载

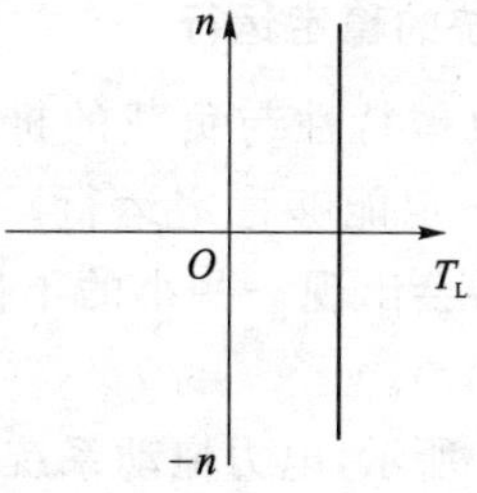

图 3－7 位能性恒转矩负载

3.2.2 恒功率负载特性

恒功率负载特点是,在不同转速下,转矩与转速成反比,且乘积(即功率)不变。比如一些机床,在粗加工时,切削量大,切削阻力大,此时开低速;在精加工时,切削力小,往往开高速。转速与转矩成反比,即

$$T_L = \frac{K}{n}$$

$$P_L = T_L \Omega = \frac{T_L n}{9.55} = \frac{K}{9.55}$$

可见切削功率基本不变,恒功率负载转矩特性如图 3－8 所示。

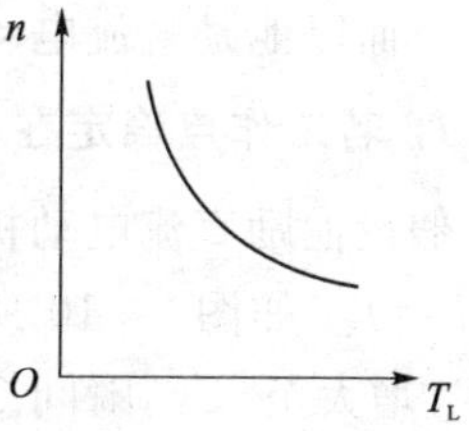

图 3－8 恒功率负载

3.2.3 通风机、泵类负载特性

风机、水泵类负载的转矩与转速的关系比较特殊,一般是与转速的二次方成正比,即

$$T_L = Kn^2$$

式中,K 为比例常数。

通风机负载特性如图 3－9 所示。

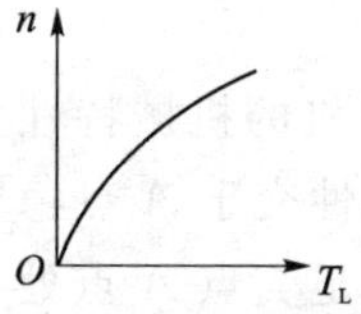

图 3－9 通风机负载特性

必须指出,实际生产机械的负载转矩特性可能是由以上几种典型特性的综合。例如,实际的通风机除了主要是通风机负载特性外,由于轴承上还有一定的摩擦转矩 T_0,因而实际通风机负载特性应为

$$T_L = T_0 + Kn^2$$

3.3 电力拖动系统的稳定运行条件

3.3.1 稳态运行点与稳定运行的概念

1. 拖动系统的稳定运行点

为了便于分析电力拖动系统的运行情况,通常把电动机的机械特性和负载的机械特性画在同一个直角坐标系中,如图 3－10 所示。两条机械特性曲线相交于 A 点。在交点处,电动机与等效负载具有相同的转速 n_A,且电动机的电磁转矩 T 与负载转矩 T_L 大小相等,方向相

反，互相平衡。按照电力拖动系统运动方程式来分析，此时 $T-T_L=dn/dt=0$，系统应该在 A 点稳定运行，则交点 A 称为稳定工作点。

2. 拖动系统的稳定运行

电动机的机械特性与负载的机械特性有交点还不能说明系统就一定能够稳定运行。这是因为实际的系统在运行时经常会出现一些小的干扰，比如电源电压或负载转矩的波动等。

如图 3-10 所示，电力拖动系统在工作点 A 稳定运行，当突然出现扰动信号时，转矩平衡被打破，电动机的转速就会发生变化，如果系统仍可以在新的稳定工作点上稳定运行，干扰消失后，系统又能回到原来的工作点上稳定运行，则该系统是稳定的，否则就是不稳定。

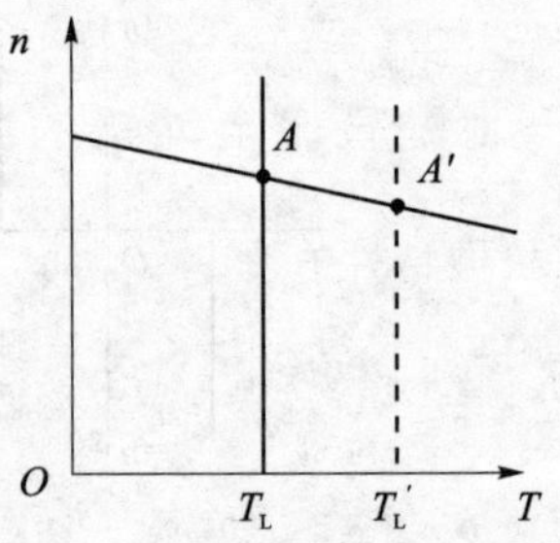

图 3-10 电力拖动系统的稳定运行

3.3.2 电力拖动系统的稳定运行条件

下面以他励直流电动机带恒转矩负载为例讨论一下电力拖动系统稳定运行的条件。

1. 若工作点稳定在 A 点处，$dT/dn<dT_L/dn$

假设他励直流电动机的机械特性是一条下垂的曲线，与恒转矩负载特性交于 A 点稳定工作，$T=T_L$，如图 3-10 所示，此时满足交点 A 点处 $dT/dn<dT_L/dn$，若负载转矩突然由原来的 T_L 增大至 T'_L，瞬间 $T<T'_L$，系统的转速就要下降。由电动机的机械特性曲线可知转速下降，电磁转矩逐渐增大，工作点由 A 点向下移动，直到 A' 点时，增大后的电磁转矩与负载转矩 T'_L 达到平衡，系统重新稳定运行在 A' 点。当干扰消失后，负载转矩又回到 T_L，这时 $T>T_L$，系统转速上升，电动机的转矩反而减小，工作点由 A' 点向上移动，直到 A 点时，减小后的电磁转矩又与负载转矩 T_L 平衡，系统又重新回到 A 点稳定运行。

2. 若工作点稳定在 A 点处，$dT/dn>dT_L/dn$

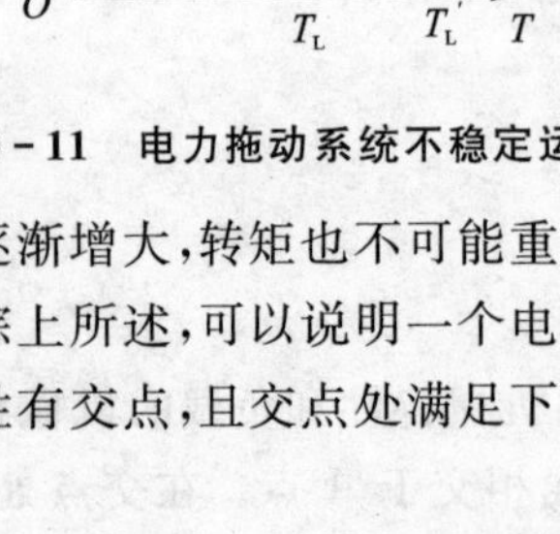

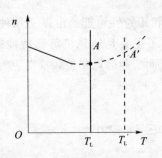

图 3-11 电力拖动系统不稳定运行

若考虑电枢反应，他励直流电动机的机械特性是一条后面上翘的曲线，与恒转矩负载特性交于 A 点稳定工作，$T=T_L$，如图 3-11 所示，此时满足交点 A 点处 $dT/dn>dT_L/dn$，若负载转矩突然由原来的 T_L 增大至 T'_L，瞬间 $T<T'_L$，系统的转速就要下降，由电动机的机械特性曲线可知转速下降，电磁转矩逐渐减小，工作点由 A 点向下移动，减小后的电磁转矩与增大的负载转矩 T'_L 再也不能平衡；反之，负载转矩突然减小，系统转速升高，由机械特性曲线可知，工作点由 A 点向上移动，电磁转矩逐渐增大，转矩也不可能重新平衡。可见，当出现扰动时，该系统不能重新稳定运行。

综上所述，可以说明一个电力拖动系统能够稳定运行的条件是：电动机的机械特性与负载的特性有交点，且交点处满足下述公式：

$$dT/dn < dT_L/dn$$

3.4　他励直流电动机的机械特性

3.4.1　他励直流电动机的固有机械特性

1. 机械特性方程

在第 2 章已经导出直流电动机的几个基本方程式。

电磁转矩

$$T = C_T \Phi I_a$$

感应电动势

$$E_a = C_e \Phi n$$

电枢回路电动势平衡方程式

$$U = E + I_a R_a$$

转速特性

$$n = \frac{U - I_a R_a}{C_e \Phi}$$

由电磁转矩方程 $I_a=\frac{T}{C_T \Phi}$代入转速特性方程式，即得机械特性方程式

$$n = \frac{U}{C_e \Phi} - \frac{R_a}{C_e C_T \Phi^2} T \tag{3-10}$$

式中，R_a 为电枢回路总电阻，包括电阻 r_a 和电刷的接触电阻；C_e 为电动势常数，$C_e = pZ/(60a)$；C_T 为转矩常数，$C_T = pZ/(2\pi a)$。由上列两式可以导出 C_e 和 C_T 关系为

$$C_T = 60/2\pi C_e \tag{3-11}$$

在机械特性方程中当 U、R、Φ 为常数时，即可画出一条向下倾斜的直线 $n=f(T)$，如图 3-12 所示，斜率为$-\frac{R_a}{C_e C_T \Phi}$，当 $T=0$ 时，与纵轴的交点为$\frac{U}{C_e \Phi}$，称为理想空载转速 n_0。

2. 固有机械特性

当他励直流电动机的电压 U 及磁通 Φ 均为额定值，电枢回路没有串联电阻时的机械特性称为固有机械特性。其方程为

$$n = \frac{U_N}{C_e \Phi_N} - \frac{R_a}{C_e C_T \Phi_N^2} T \tag{3-12}$$

曲线如图 3-12 所示，由于 R_a 比较小，曲线的斜率比较小，当转矩变化时，对应的转速变化较小，电动机比较稳定，这种特性称为硬特性。

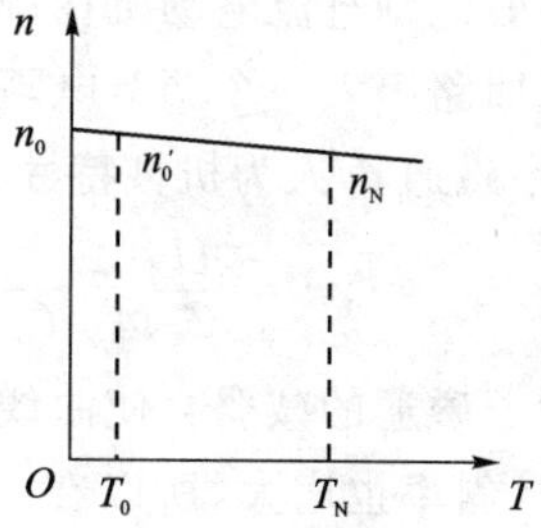

图 3-12　他励直流电动机的固有机械特性

3.4.2　他励直流电动机的人为机械特性

他励直流电动机改变电枢回路电阻 R_a、额定电压 U_N、磁通 Φ_N 时的机械特性称为人为机械特性。

1. 电枢回路串电阻的人为机械特性

此时$U=U_N$，$\Phi=\Phi_N$，电枢回路的串联电阻R_Ω，人为机械特性方程为

$$n=\frac{U_N}{C_e\Phi_N}-\frac{R_a+R_\Omega}{C_eC_T\Phi_N^2}T \tag{3-13}$$

和固有特性曲线相比，由于电动机的电压及磁通不变，理想空载转速不变，串电阻后斜率比固有特性大，所以曲线更陡。相同转矩变化时，转速变化比固有特性大，称为软特性。串入电阻越大，曲线越抖，特性就越软，电动机就越不稳定。

图 3-13 是一组电枢回路串入不同电阻的人为机械特性。

2. 降低电压时的人为机械特性

电枢回路不串电阻，$\Phi=\Phi_N$，改变电压U时的人为机械特性方程为

$$n=\frac{U}{C_e\Phi_N}-\frac{R_a}{C_eC_T\Phi_N^2}T \tag{3-14}$$

改变电压时，理想空载转速n_0降低，曲线斜率没有变，故降低额定电压U_N后，是一组平行于固有特性，又低于固有特性的平行线，如图 3-14 所示。

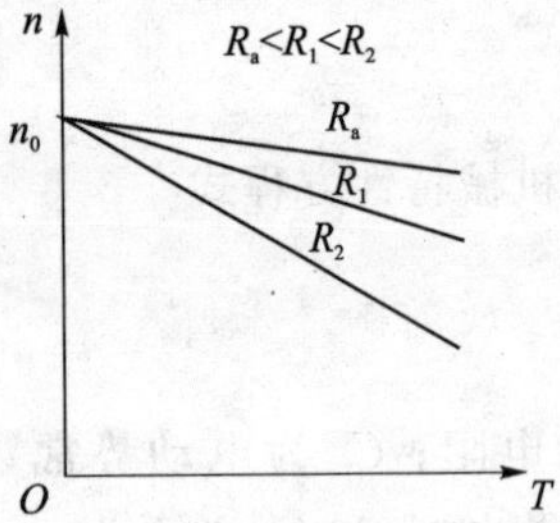

图 3-13 电枢回路串电阻时的人为机械特性

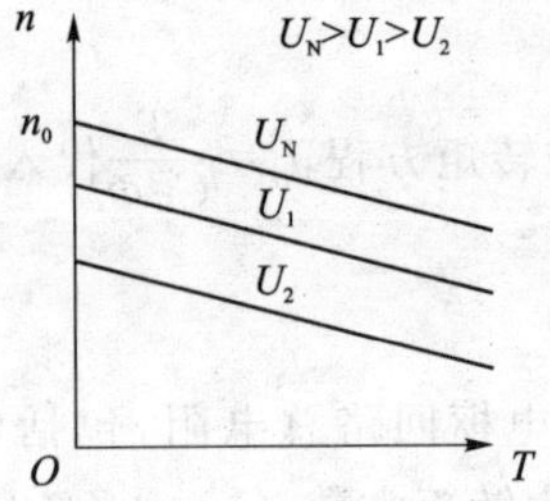

图 3-14 降低电枢回路电压时的人为特性

这种特性要比电枢串电阻时的人为机械特性硬。

3. 减弱励磁磁通时的人为机械特性

一般他励直流电动机在额定磁通下运行，电机已接近饱和，改变磁通实际上是减弱磁通。在励磁回路串入一个调节电阻，调节励磁电流使磁通Φ减弱。此时$U=U_N$，电枢回路不串电阻，减小磁通Φ人为机械特性方程为

$$n=\frac{U_N}{C_e\Phi}-\frac{R_a}{C_eC_T\Phi^2}T \tag{3-15}$$

由于磁通的减弱会使曲线的理想空载转速n_0升高，并且斜率也增大，所以在一定范围内减小磁通会使转速升高，如图 3-15 所示。

这种人为机械特性也较固有特性软。

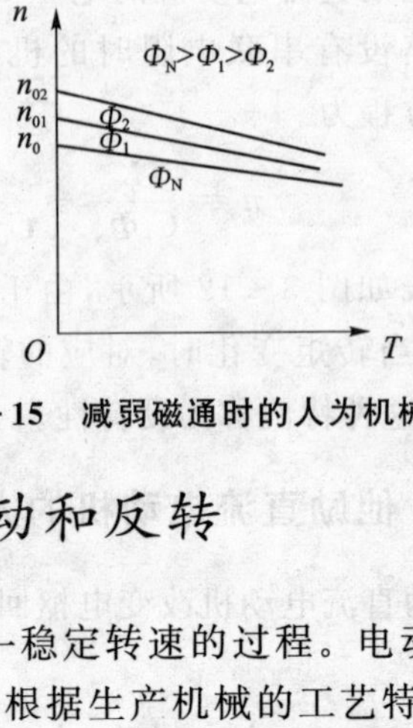

图 3-15 减弱磁通时的人为机械特性

3.5 他励直流电动机的启动和反转

启动是指电动机带着负载从转速为零的静止状态到某一稳定转速的过程。电动机启动时，必须先保证由磁场（即先通励磁电流），而后加电枢电压。根据生产机械的工艺特点，对启

动要求一般有两点：一是有足够大的启动转矩，从而缩短启动时间；二是能够抑制启动过程中较大的冲击电流，以免烧坏电动机，这样也会使启动平稳。

如果直流电动机直接启动，在启动瞬间（$n=0$）时，由于电枢回路的反电动势 $E_a=0$，故启动电流为

$$I_{st}=\frac{U_N-E_a}{R_a}=\frac{U_N}{R_a} \tag{3-16}$$

从式(3-16)可以看出额定电压全部加在很小的电枢回路电阻 R_a 上，因此直流电动机直接启动时的启动电流很大，通常可以达到额定电流的 10～20 倍。过大的启动电流会引起电网电压下降，影响电网上的其他负载正常工作；还会使电动机换向情况恶化，在换向器表面产生过大的火花，严重时甚至产生“环火”，甚至烧坏电动机；同时与电流成正比的冲击转矩会损坏拖动系统的传动装置，因此直流电动机一般不允许直接启动，通常启动时要限制启动电流。

由式(3-16)可知，限制启动电流的方法有两种：增加电枢回路电阻和降低电枢电压。

3.5.1 电枢回路串电阻启动

1. 串电阻分级启动的原理

启动时电枢回路串入适当的电阻，启动过程中再逐级切除启动电阻，这种方法既能限制启动电流，又能保证启动过程中的转矩足够大，设备简单，经济可靠。图 3-16(a)是他励直流电动机分两级启动的电路图。

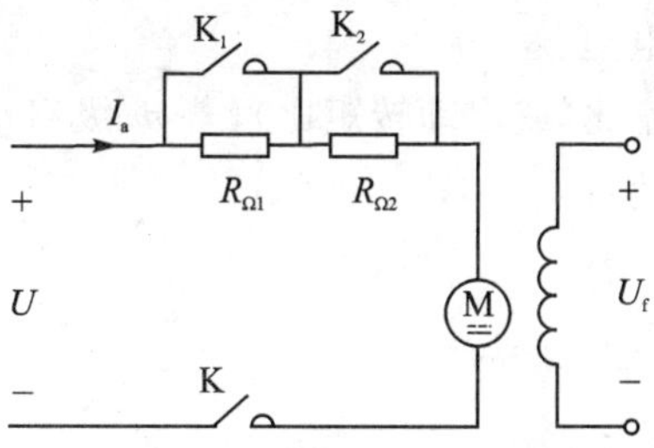

(a) 电路图

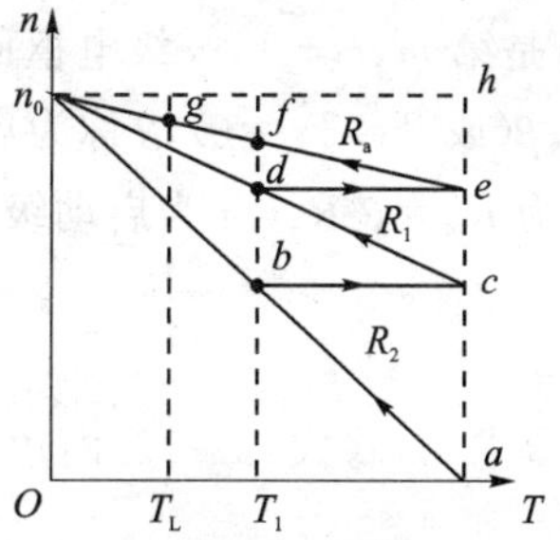

(b) 机械特性

图 3-16 电枢回路串电阻分级启动与机械特性

他励直流电动机的励磁绕组通电，闭合触点 K，此时 K_1 和 K_2 断开，电枢和两段电阻 $R_{\Omega1}$ 和 $R_{\Omega2}$ 串联接入电网。设电源电压为 U，则启动瞬间电流

$$I_1=\frac{U}{R_2}$$

其中，R_2 为电枢回路内的总电阻，$R_2=R_a+R_{\Omega1}+R_{\Omega2}$。

由电流 I_1 所产生的启动转矩 T_1 如图 3-16(b)所示。由于 $T_1>T_L$，电动机开始启动，转速上升，转矩下降（图中 $a\to b$），加速度逐步减小。为了得到更大的加速度，到 b 点时把电阻 $R_{\Omega2}$ 切除（触点 K_2 接通），b 点电流称为切换电流。电阻 $R_{\Omega2}$ 切除后，电枢回路的总电阻变为 R_1（$R_1=R_a+R_{\Omega1}$），机械特性变成直线 n_0dc 了。切换电阻的瞬间由于机械惯性，转速不会突变，电流的增大会使转矩瞬间增大。如果设计恰当，可以保证 c 点的电流与 a 点的电流 I_1 相等，电动机产生的转矩 T_1 又使电动机获得较大的加速度，电动机由 c 点加速到 d 点。再切除电阻

$R_{\Omega1}$（触点 K_1 闭合），电动机又由 d 点过渡到 e 点，此时电流又一次由 I_2 增大至 I_1，转矩又回到启动时的最大值 T_1。最终系统稳定于 g 点，$T=T_L$，转速为 n_g，启动结束。

分级启动是使每一级的最大电流 I_1（或对应的最大转矩 T_1）与切换电流 I_2（或对应的切换转矩 T_2）都是不变的，这样会使电动机有较均匀的加速度，对整个拖动系统的平稳也比较好。

2. 启动电阻的计算

他励直流电动机分级启动时，启动电阻的计算一般有图解法和解析法两种，下面主要介绍解析法。

在图 3-16(b)中，特性从电枢回路电阻 R_2 的曲线转换到电枢回路电阻 R_1 的曲线上，即从 b 点转换到 c 点时，由于切除电阻 $R_{\Omega2}$ 进行很快，瞬间转速不突变，即电动势 $E_b=E_c$，这样在 b 点 $I_2=\dfrac{U-E_b}{R_2}$，在 c 点 $I_1=\dfrac{U-E_c}{R_1}$，两式相除，$E_b=E_c$，得 $\dfrac{I_1}{I_2}=\dfrac{R_2}{R_1}$。同样，当从 d 点转换到 e 点时，得 $\dfrac{I_1}{I_2}=\dfrac{R_1}{R_a}$。

这样如图 3-16(b)所示的两级启动时，得

$$\frac{I_1}{I_2}=\frac{R_2}{R_1}=\frac{R_1}{R_a}$$

可以推广到 m 级启动的一般情况，得

$$\frac{I_1}{I_2}=\frac{R_m}{R_{m-1}}=\frac{R_{m-1}}{R_{m-2}}=\cdots=\frac{R_2}{R_1}=\frac{R_1}{R_a}$$

式中，R_m、R_{m-1} 是第 m、$m-1$，…级电枢回路总电阻。

设 $I_1/I_2=\beta$（或 $T_1/T_2=\beta$），β 称为启动电流比（或启动转矩比），若 m 级启动，则启动时电枢回路总电阻为 $R_m=\beta^m R_a$（m 为启动级数），β 为

$$\beta=\sqrt[m]{\frac{R_m}{R_1}} \tag{3-17}$$

如果给定 β 求 m，将式(3-17)两边取对数得

$$m=\frac{\lg\dfrac{R_m}{R_a}}{\lg\beta} \tag{3-18}$$

如需求每级分段电阻（式中 $i=1,2,\cdots,m$）

$$R_{\Omega i}=(\beta^i-\beta^{i-1})R_a \tag{3-19}$$

【例 3-2】 一台他励直流电动机的铭牌数据为：额定功率 $P_N=29$ kW，额定电压 $U_N=440$ V，额定电流 $I_N=76$ A，额定转速 $n_N=1\,000$ r/min，电枢绕组电阻 $R_a=0.377\ \Omega$。试用解析法计算 4 级启动时的启动电阻值。

解：已知启动级数 $m=4$

选取

$$I_1=2I_N=2\times76\ \text{A}=152\ \text{A}$$

$$R_m=R_4=\frac{U_a}{I_1}=\frac{440}{152}\ \Omega=2.895\ \Omega$$

$$\beta=\sqrt[4]{\frac{R_4}{R_a}}=\sqrt[4]{\frac{2.895}{0.377}}=1.664$$

则各级启动总电阻如下：

$$R_1 = \beta R_a = 1.664 \times 0.377\ \Omega = 0.627\ \Omega$$
$$R_2 = \beta R_1 = 1.664 \times 0.627\ \Omega = 1.043\ \Omega$$
$$R_3 = \beta R_2 = 1.664 \times 1.043\ \Omega = 1.736\ \Omega$$
$$R_4 = \beta R_3 = 1.664 \times 1.736\ \Omega = 2.889\ \Omega$$

各分段电阻如下：

$$R_{\Omega 1} = R_1 - R_a = 0.627\ \Omega - 0.377\ \Omega = 0.250\ \Omega$$
$$R_{\Omega 2} = R_2 - R_1 = 1.043\ \Omega - 0.627\ \Omega = 0.416\ \Omega$$
$$R_{\Omega 1} = R_3 - R_2 = 1.736\ \Omega - 1.043\ \Omega = 0.693\ \Omega$$
$$R_{\Omega 1} = R_4 - R_3 = 2.889\ \Omega - 1.736\ \Omega = 1.153\ \Omega$$

3.5.2　降低电枢电压启动

图 3 - 17(a)为他励直流电动机的降低电源电压启动时的电路图。电动机的电枢由可调直流电源供电。启动时，励磁绕组加额定电压，然后从低向高调电枢电压。启动瞬间加到电枢两端的电压为 U_1，如图 3 - 17(b)所示，机械特性为最下面的一条，此时 a 点 $T_1 > T_L$，电动机开始启动。随着转速的升高，E_a 增大，转矩随电流减小而减小。当转矩减小至 T_2 时(b 点)，将电源电压升高到 U_2，机械特性曲线变为向上一条。由于升压瞬间转速不能突变，工作点由 b 点→c 点，此时转矩又增大至 T_1，电动机将继续升速。这样，逐级升高电压，直到 $U = U_N$ 时，电动机最后将在固有机械特性上由 i 点加速到 p 点，电动机稳定运行，启动结束。

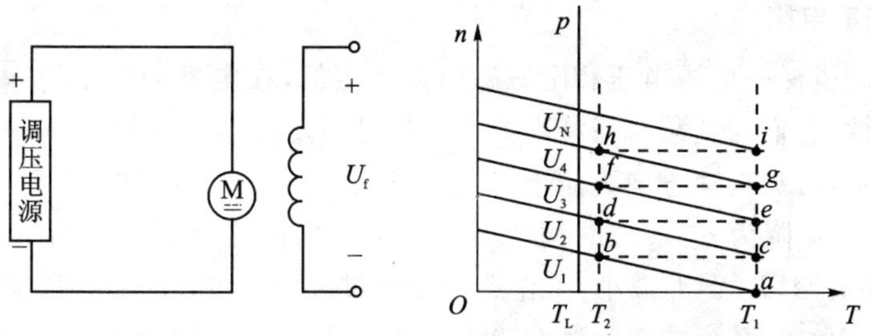

(a) 电路图　　(b) 机械特性

图 3 - 17　降低电源电压启动

启动过程中电压 U 不能升高得太快，，否则会引起过大的冲击电流，采用自动调压装置可以使启动过程中始终以最大转矩启动，加速度较大，从而缩短启动时间。

这种方法在启动过程中能量损耗小，启动平稳，但是需要可调压电源，初期投资较大。

3.5.3　他励直流电动机的反转

由转矩公式 $T = C_T \Phi I_a$ 可知，改变电动机转向即电磁转矩的方法有两种：一是保持电枢电流 I_a 方向不变，改变磁场 Φ 的方向；二是保持磁场 Φ 的方向不变，改变电枢电流 I_a 方向。

他励直流电动机的励磁绕组匝数较多，具有较大的电感，建立反向磁场的过程较慢，反转的时间较长，因此一般对要求频繁、快速正、反转的直流拖动系统通常采用后一种方法，即电枢反向。具体措施可以用接触器控制电枢绕组的通电方向，电路如图 3 - 18(a)所示，图 3 - 18(b)所示为他励直流电动机正反转的机械特性。

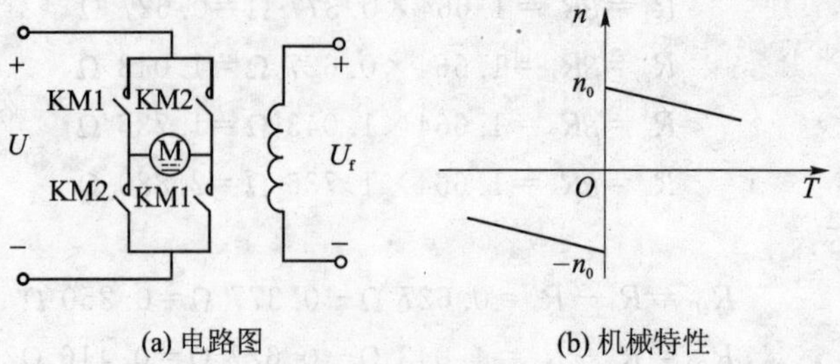

(a) 电路图　　(b) 机械特性

图 3-18　他励直流电动机反转

3.6　他励直流电动机的调速

3.6.1　他励直流电动机常用的调速方法

调速是指某一负载不变的情况下，人为地改变电动机的参数，从而得到不同的转速。调速与负载变化而引起的转速变化是不同的，后者是扰动信号，转速变化是被动的。由直流电动机的机械特性方程 $n=\dfrac{U}{C_e\Phi}-\dfrac{R_a}{C_eC_T\Phi^2}T$ 可知，当负载不变时，可以影响电动机转速的参数有电枢回路的电阻，电枢端电压和励磁磁通。因此他励直流电动机有 3 种调速方法。

1. 电枢回路串电阻

他励直流电动机保持电源电压和励磁磁通为额定值，在电枢回路中串入不同电阻时得到一组人为机械特性，它们与负载机械特性的交点都是稳定工作点，如图 3-19 所示。各动作点转速为 $n_1>n_2>n_3$，可见调速方向为向下。

现分析转速由 n_1 降为 n_2 系统的调速过程。当电枢回路电阻突然由 R_a 增加到 R_1 时，n 及 E_a 一开始不能突变，I_a 及 T 减小，工作点由 a 点过渡到 b 点，转矩由 T_L 降为 T'，此时电磁转矩 $T'<T_L$，$dn/dt<0$，系统减速。随着转速下降，电磁转矩 T 不断升高，直到 c 点，转速降为 n_2，电磁转矩 T 增加后与 T_L 重新平衡，系统以较低转速 n_2 稳定工作于 c 点，调速过程结束。

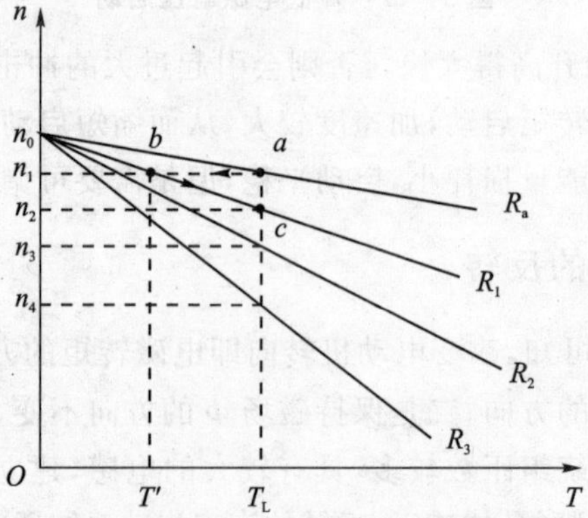

图 3-19　电枢回路串电阻调速

这种调速方法调速性能如下：

① 由于低速时，机械特性较软，负载变化时转速变化较大，故允许的调速范围不大。

② 调速的平滑性不高，若串入的电阻为分级电阻，则实现的是有级调速。

③ 调速的经济性较差，电枢回路串入的电阻增加了功率损耗，忽略电动机的空载损耗 P_0，则

$$P_2 = P_e = E_a I_N$$

则电动机的效率为

$$\eta = \frac{P_2}{P_1} \times 100\% = \frac{E_a I_N}{U_N I_N} \times 100\% = \frac{n}{n_0} \times 100\%$$

可见，调速系统的效率将随着转速的降低而正比的下降。当转速调到 $0.5n_0$ 时，输入功率将有一半损耗在电枢回路的总电阻上。

④ 调速时允许的负载类型为恒转矩。负载不变时，$I_a = T/(C_T\Phi) = T_L/(C_T\Phi) =$ 常数，即电枢电流 I_a 与转速无关，由于励磁磁通是额定值，故调速过程中是保持转矩不变的恒转矩调速。

2. 降低电压

保持他励直流电动机的磁通为额定值，电枢回路不串电阻，若将电源电压降低，则得到一组人为机械特性，假设负载为恒转矩负载，如图 3 - 20 所示。当电源电压为 U_N，工作在 a 点，转速为 n_1，电源电压降低至 U_1 后，工作点为 b 点，转速为 n_2，电压继续降低，则转速也继续下降至 n_3，若继续降压，则转速继续降低。调速方向为向下。

这种调速方法调速性能如下：

① 降低电源电压后，机械特性的斜率不变，特性较硬，低速时，转速随负载变化的幅度较小，故稳定性比电枢回路串电阻调速方法要好。

② 采用独立的可调电源，输出的直流电压是连续可调的，因此能实现无级调速。

③ 调速经济性好，晶闸管可控整流装置不会增加额外的功率损耗，仅初期投入成本较大。

④ 负载转矩 T_L 不变，励磁磁通 Φ 保持额定值，因此调速时特点也是恒转矩。

他励直流电动机的降低电压调速广泛用于对调速性能要求较高的电力拖动系统中。

3. 减弱励磁磁通

他励直流电动机电源电压为额定值，电枢回路不串电阻，改变电动机的磁通时，机械特性方程为

$$n = \frac{U}{C_e\Phi} - \frac{R_a}{C_e C_T \Phi^2} T$$

当减弱 Φ 时，理想空载转速 $n_0 = U/(C_e\Phi)$ 将升高，$\Delta n = R_a/(C_e C_T \Phi^2) T$ 也将增大，但是 n_0 增加的比 Δn 增加的快，因此一般情况下，弱磁会使转速 n 升高。

弱磁调速的过程如图 3 - 21 所示，设电动机拖动恒转矩负载在 a 点稳定运行，转速为 n_1。当磁通从 Φ_N 下降到 Φ_1 时，瞬间转速 n_1 不变，而电枢电动势 $E_a = C_e\Phi n_1$ 因 Φ 下降而减小，电枢电流 $I_a = (U - E_a)/R_a$ 增大。由于 R_a 较小，E_a 的变化引起的 I_a 变化较大，因此虽然 Φ 减小了，但是它减小的幅度小于 I_a 增加的幅度，所以电磁转矩 $T = C_T\Phi I_a$ 还是增大了。如图 3 - 21 中的 T'，$T' > T_L$，于是系统升速，随着转速升高，E_a 增大，I_a 及 T 下降，直到 b 点，$T = T_L$，达到新的平衡，电动机稳定工作于 b 点。调速过程结束，实现转速调高。

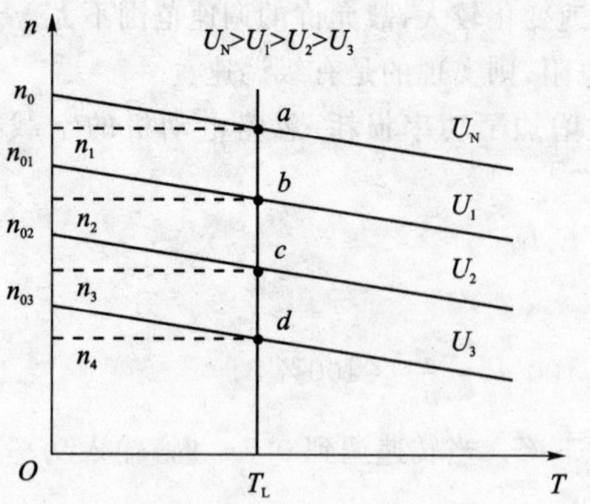

图 3-20　降压调速

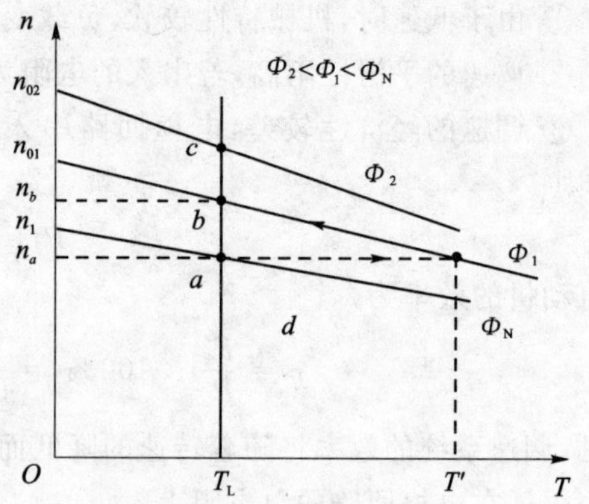

图 3-21　减弱磁通调速

这种调速方法调速性能如下：

① 在功率较小的励磁回路中进行调节，功率损耗较小。

② 串入的调节变阻器或者励磁可调电源都可以平滑地调节励磁电流，因此转速变化为平滑地无级调速。

③ 由于受电动机换向能力和机械强度的限制，弱磁调速时转速不能升得太高，一般升到(1.2～1.5) n_N。特殊设计的弱磁调速电动机，可以升到(3～4) n_N。

④ 调速后转速升高，转矩随弱磁后减小，总的输出功率是不变的，属于恒功率调速方法。

【例 3-3】　一台他励直流电动机的数据为：$U_N=220\ V$，$I_N=41.4\ A$，$n_N=1\ 500$ r/min，$R_a=0.4\ \Omega$，当负载为额定负载时：

① 如果在电枢电路串入 $R_\Omega=1.65\Omega$，求串接电阻后的转速？

② 如果采用降低电枢回路电压的方法调速，当转速下降到 687 r/min，则电源电压降为多少？

③ 若减弱励磁，使 Φ 减小 20%，求此时转速升高为多少？

解：
$$C_e\Phi_N=\frac{U_N-I_NR_a}{n_N}=\frac{220-41.4\times 0.4}{1\ 500}=0.136$$

① 负载保持额定负载不变，电枢电流保持额定值不变。

$$n=\frac{U_N-I_N(R_a+R_\Omega)}{C_e\Phi_N}=\left[\frac{220-41.4\times(1.65+0.4)}{0.136}\right]\text{ r/min}=994\text{ r/min}$$

② 降低后的转速对应的反电动势($E_a=C_e\Phi_N n$)与额定转速下的不同。

$$U=C_e\Phi_N n+I_NR_a=0.136\times 687+41.4\times 0.4=110\text{ V}$$

③ 调速前后转速不变，有：

$$T=C_T\Phi_N I_N=C_T\Phi I_a\qquad I_a=\frac{\Phi_N}{\Phi}I_N=\frac{1}{0.8}\times 41.4\text{ A}=51.75\text{ A}$$

$$n=\frac{U_N-I_aR_a}{C_e\Phi}=\left(\frac{220-51.75\times 0.4}{0.136\times 0.8}\right)\text{ r/min}=1\ 832\text{ r/min}$$

3.6.2　评价调速方法的主要指标

电动机的调速方法有多种，为了比较各种调速方法的优劣，要用调速性能指标来评价。主要的性能指标有以下几项。

1. 调速范围

调速范围是指电动机的最高转速 n_{max} 与最低转速 n_{min} 之比，用 D 表示为

$$D=\frac{n_{max}}{n_{min}} \tag{3-20}$$

2. 静差率

静差率是指在某一调节转速下，电动机从理想空载到额定负载时转速的变化率，用 δ 表示为

$$\delta\%=\frac{n_0-n}{n_0}\times 100\% \tag{3-21}$$

静差率越小，负载波动时转速的变化就越小，相对稳定性也就越好。

静差率和机械特性的硬度有关，但又有不同之处。如图 3-22 所示为相同理想空载转速的两条机械特性曲线，机械特性越硬的静差率就越小；但是如果两条平行的机械特性曲线，机械特性的硬度一样，但是由于理想空载转速 n_0 不同，因此静差率也不同，理想空载转速大的静差率小。

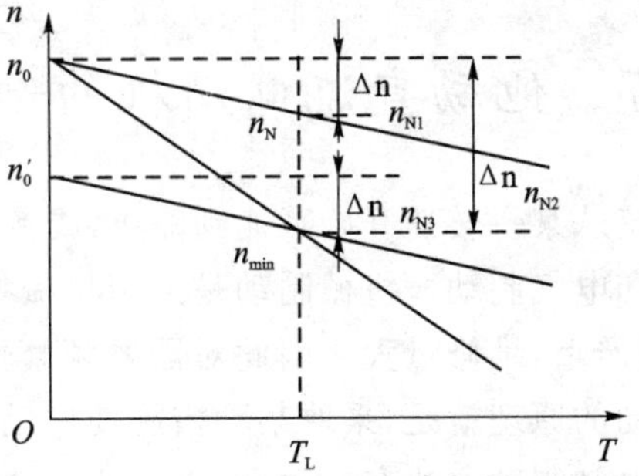

图 3-22　不同机械特性下的静差率

调速时，调速范围 D 和静差率 δ 相互制约。例如，当采用某种调速方法时，允许的静差率大，即对静差率要求不高，可以得到较大的调速范围；反之，受静差率的制约，调速范围就不能太大。不同的生产机械对静差率和调速范围的要求是不一样的，要根据两者合理地选择调速方法。例如，普通车床 $\delta\leqslant 30\%$，$D=10\sim 40$；龙门刨床 $\delta\leqslant 10\%$，$D=10\sim 40$；造纸机 $\delta\leqslant 0.1\%$，$D=3\sim 20$。

【例 3-4】　一台他励直流电动机，数据为：$P_N=60$ kW，$U_N=220$ V，$I_N=305$ A，$n_N=1\,000$ r/min，$R_a=0.04\ \Omega$。生产机械要求静差率 $\delta\leqslant 20\%$，最高转速为额定转速，分别采用电枢串电阻和降压调速，调速范围 D 哪一种方法大？

解：

$$C_e\Phi=\frac{U_N-I_NR_a}{n_N}=\frac{220-305\times 0.04}{1\,000}=0.207\,8$$

$$n_0=\frac{U}{C_e\Phi}=\frac{220}{0.207\,8}\ \text{r/min}=1058.7\ \text{r/min}$$

① 采用电枢串电阻调速

最低转速：$n_{min}=n_0-\delta n_0=(1\,058.7-0.2\times 1\,058.7)$ r/min$=847$ r/min

调速范围：$D=\frac{n_{\max}}{n_{\min}}=\frac{1\ 000}{847}=1.18$

② 采用降压调速

额定转速降：$\Delta n_N=n_0-n_N=(1\ 058.7-1\ 000)\ \text{r/min}=58.7\ \text{r/min}$

最低转速时的理想空载转速：$n_{0\min}=\frac{\Delta n_N}{\delta}=\frac{58.7}{0.2}\ \text{r/min}=293.5\ \text{r/min}$

最低转速：$n_{\min}=n_{0\min}-\Delta n_N=(293.5-58.7)\ \text{r/min}=234.8\ \text{r/min}$

调速范围：$D=\frac{n_{\max}}{n_{\min}}=\frac{1\ 000}{234.8}=4.3$

可见受静差率的影响，采用降压调速方法时获得的调速范围大。

3. 调速的平滑性与经济性

调速的平滑性用调速时相邻两级转速之比来说明，即

$$\varphi=\frac{n_i}{n_{i-1}} \tag{3-22}$$

平滑系数 φ 越接近于1，调速的平滑性越好。$\varphi=1$ 时称为无级调速，即转速连续可调，在一定调速范围内，调速的级数越多，调速的平滑性越好。

3.7 他励直流电动机的制动

制动是指使电力拖动系统从某一转速开始减速到停止，或者使位能性负载下放时限速。

制动方法分为机械制动和电气制动。机械制动是采用机械抱闸装置进行制动，虽然可以加快制动过程，但是皮闸磨损严重，维修量大。因此对需要频繁快速启动和制动的生产机械，一般都是电气制动。电气制动的原理就是，采取某种措施使电动机产生一个与转速相反的电磁转矩来实现制动。常用的电气制动方法有三种：能耗制动、反接制动和回馈制动。

3.7.1 能耗制动

能耗制动的原理是将电枢与电源断开，串联一个制动电阻 R_b，使电动机处于发电状态，将系统剩余的动能转换成电能消耗在电枢回路的电阻上。

能耗制动又分为两种，分别用于不同场合。

1. 迅速停车

如图 3-23 所示，制动前电枢回路标出的各参考方向为正方向。制动时，将电枢回路与电源断开，接入制动电阻 R_b。由于惯性，转速 n 的大小、方向都不变，因此电枢回路中反电动势 E_a 的大小、方向都不变，没有了电源，电枢回路中的电流 I_a 与反电动势 E_a 的方向相同，而与制动前的电动状态相反。当 Φ 不变而电流反向时，转矩也与制动前的电动状态相反，因此 T 与 n 的方向相反，此时 T 为制动转矩。在制动转矩的作用下，转速迅速减小。当转速 $n=0$ 时，$E_a=0$，$I_a=0$，制动转矩 T 也消失，制动结束，系统停车。

上述制动过程可以通过机械特性来说明，电动状态下的机械特性方程为

$$n=\frac{U}{C_e\Phi}-\frac{R_a}{C_eC_T\Phi^2}T$$

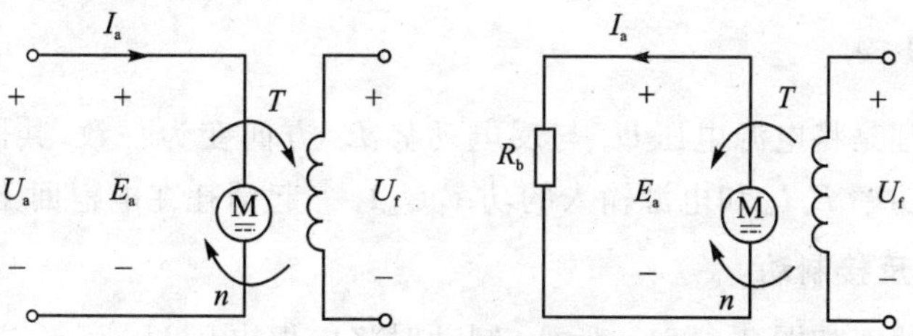

(a) 电动状态　　(b) 能耗制动状态

图 3-23　他励直流电动机电动及能耗制动的电路图

能耗制动时，$U_a=0$，电枢回路又增加制动电阻 R_b，故机械特性方程为

$$n=-\frac{R_a+R_b}{C_e C_T \Phi^2}T \tag{3-23}$$

机械特性如图 3-24 所示，是一条通过原点，位于二、四象限的直线。

设负载为反抗性质恒转矩负载。制动前电动机带着负载稳定工作于 a 点，作电动运行。制动时，转速由于惯性不会突变，工作点平移至 b 点上，此时电磁转矩 T 反向，成为制动转矩，与负载转矩同向，在两个制动转矩的作用下，转子转速迅速下降，工作点下降至 O 点，此时 $n=0$，电磁转矩 T 也减为零，反抗性恒转矩负载此时也为零，制动过程结束，系统准确停车。

制动电阻愈 R_b 小，电枢电流 I_a 愈大，制动转矩愈大，制动愈快。但 R_b 又不能太小，否则 b 点的工作电流及转矩将超过允许值。如果最大电枢电流为 I_{max}（一般为 $2I_N$），则

$$R_b \geqslant \frac{E}{I_{max}}-R_a \tag{3-24}$$

2. 下放重物

如图 3-25 所示，电动机带位能性的恒转矩负载工作于 a 点，电动运行，提升重物。采用能耗制动时，工作点平移至 b 点上，并迅速减速至 O 点，此时电磁转矩 T 减为零，但负载转矩仍存在，且大小方向不变，在负载转矩的作用下，系统反向启动，工作点由 O 点移到 c 点，$T=T_L$，系统重新稳定，转速反向，系统稳定下放重物。

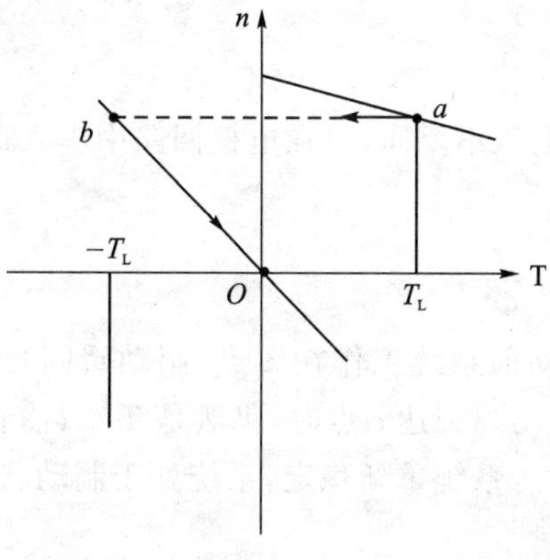

图 3-24　能耗制动准确停车的机械特性

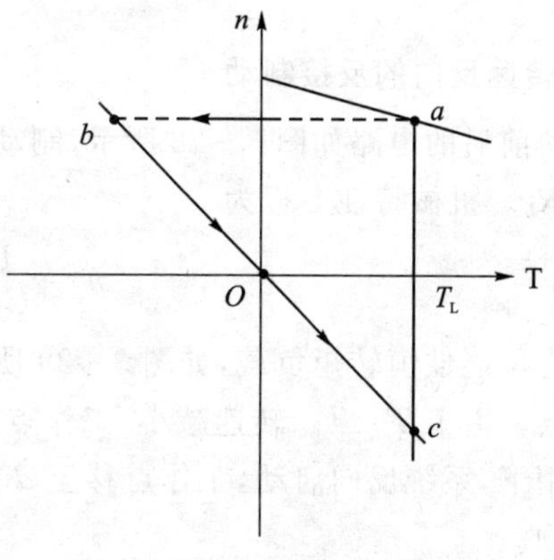

图 3-25　能耗制动下放重物的机械特性

制动电阻 R_b 大小决定了下放重物的速度大小，R_b 小，人为特性斜率小，c 点高，下放重物的速度慢。

3.7.2 反接制动

反接制动的原理是将电源电压 U_a 与反电动势 E_a 方向变为一致，共同产生电枢电流 I_a，将动能转换来的电功率 E_aI_a 和电源输入的功率 U_aI_a 一起消耗在电枢回路中。

1. 电枢反接的反接制动

制动前的电动状态如图 3-26(a)所示，制动时将电枢电压 U_a 反向，并串入制动电阻 R_b，如图 3-26(b)所示。转速由于惯性，大小方向都不突变，因此反电动势 E_a 的大小方向均不变。此时电枢电压反向后与 E_a 同向，一起使电枢电流 I_a 反向，使电磁转矩 T 成为制动转矩，与负载转矩共同作用，转速迅速减小至零。$E_a=0$，此时若反向后的电枢电压 U_a 仍存在，电动机将反向启动，因此制动快结束时应立即将电枢与电源断开。

反接制动的机械特性方程为

$$n=-\frac{U}{C_e\Phi}-\frac{R_a+R_b}{C_eC_T\Phi^2}T \tag{3-26}$$

制动过程的机械特性如图 3-27 所示。设负载为反抗性恒转矩负载，制动前系统在 a 点稳定运行，反接制动后，工作点移至 b 点，电磁转矩 T 反向，制动开始，转速减小至零，工作点为 c 点，此时及时断开电源，否则电动机反向启动至 d 点稳定运行。

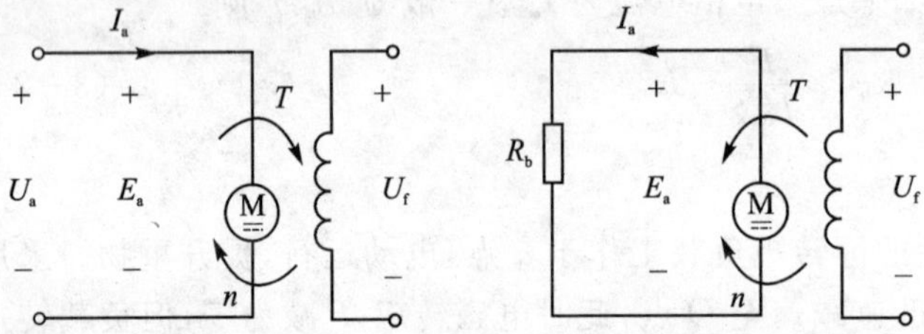

(a) 电动状态　　(b) 反接制动状态

图 3-26　他励直流电动机电动及电枢反接制动的电路图

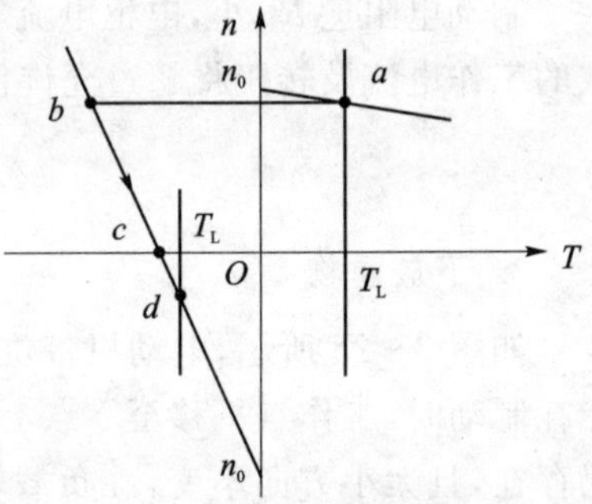

图 3-27　反接制动迅速停车的机械特性

2. 转速反向的反接制动

制动前后的电路如图 3-28 所示，制动时电枢电压不反向，只在电枢回路中串入适当的制动电阻 R_b。机械特性方程为

$$n=\frac{U}{C_e\Phi}-\frac{R_a+R_b}{C_eC_T\Phi^2}T \tag{3-26}$$

若负载为位能性恒转矩负载，如图 3-29 所示。制动前系统工作在 a 点，制动瞬间，工作点平移至 b 点。由于 $T<T_L$，转速减小，工作点向 c 点移动。到达 c 点时，仍然是 $T<T_L$，在位能性负载作用下，系统反向启动，工作点移至 d 点，$T=T_L$，系统重新稳定，系统处于制动状态，稳定下放重物。

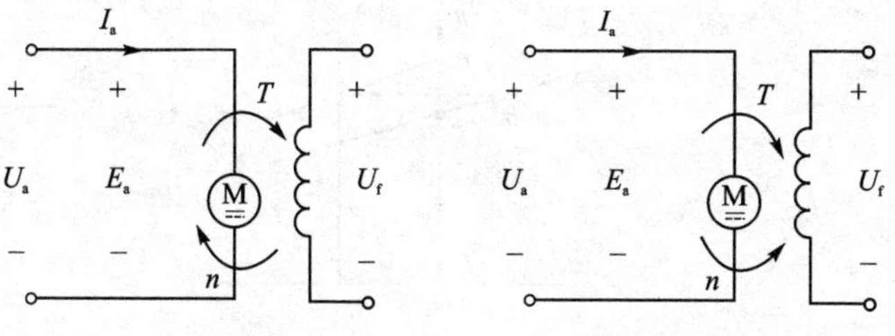

(a) 电动状态　　(b) 反接制动状态

图 3-28　他励直流电动机电动及转速反向的反接制动电路图

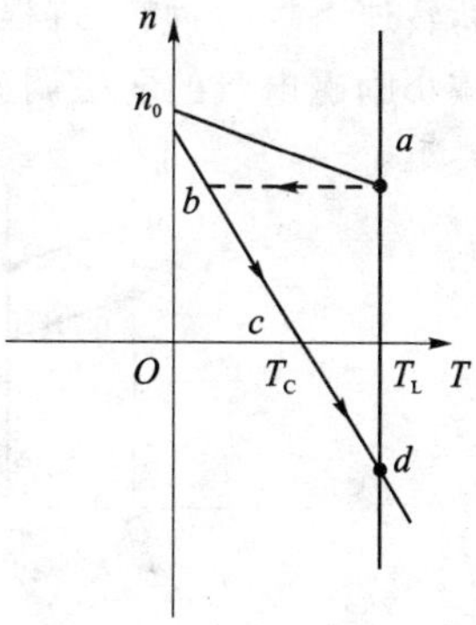

图 3-29　反接制动下放重物的机械特性

下放重物的速度由制动电阻 R_b 的大小有关，R_b 愈小，制动机械特性曲线斜率愈小，下放速度愈慢。

3.7.3　回馈制动

回馈制动又称再生制动，或发电制动，只有在转速 $n>n_0$ 时才会出现，一般表现在下面两种情况中。

1. 位能性负载拖动电动机

电动机带位能性负载工作在电动状态下，例如，起重机正在提升重物。反接电枢电压，电枢回路串入电阻，系统进入反接制动。当速度减速为零，由于负载转矩和制动的电磁转矩仍然存在，系统马上反向电动运行，并且是加速反转。当反向转速大于反转状态下的理想空载转速即 $|-n| > |-n_0|$ 时，$E_a>U$，电枢电流反向，由电枢流向电源，具有发电并向电源回馈的性质。由于 I_a 反向，转矩 T 也反向，成为制动转矩，即回馈制动。机械特性曲线如图 3-30 所示，$-n_0$ 至 d 点这段为回馈制动过程。当工作点至 d 点，$T=T_L$ 系统稳定工作于匀速下放重物的状态。

回馈制动过程中，位能负载带动电动机，电枢将轴上输入的机械功率变为电磁功率 E_aI_a 后，大部分回馈给电网（UI_a），小部分变为电枢回路的铜耗 $I_a^2(R_a+R_b)$。电动机变成一台与电网并联运行的发电机。

若想要获得较低的下放速度，可以在回馈制动时，将电枢回路串入的电阻 R_b 减小，甚至切除。

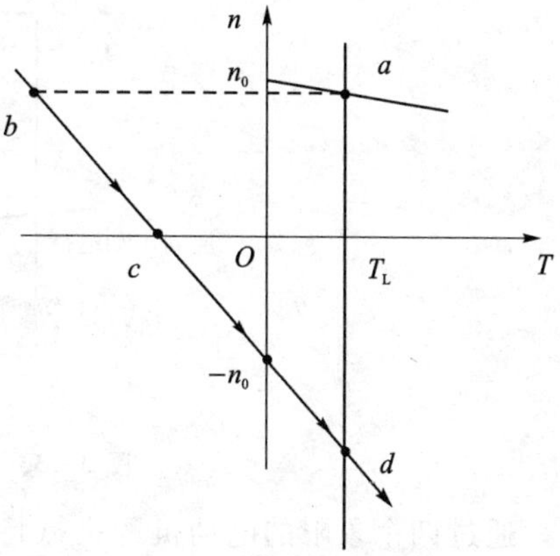

图 3-30　回馈制动下放重物机械特性

2. 调速过程中的回馈制动

在降低电枢电压或者减小励磁电流的调速过程中，也会出现回馈制动。例如，由于突然减小电压，电动势还来不及变化时，就会发生 $E_a>U_1$，如图 3-31 所示，回馈制动出现在第二象限的区段。当减速至 c 点，如果不再降低电压，则转速继续下降，此时转速减小使 $E_a<U_1$，电枢电流又恢复到电动状态时的正向，转矩也就变为驱动转矩，电动机在电动状态下减速至 d 点，$T=T_L$，系统稳定在较

低的新转速下运行，调速过程结束。

减小励磁电流的弱磁调速过程如图 3-32 所示，其中第二象限中的 bc 段为回馈制动。

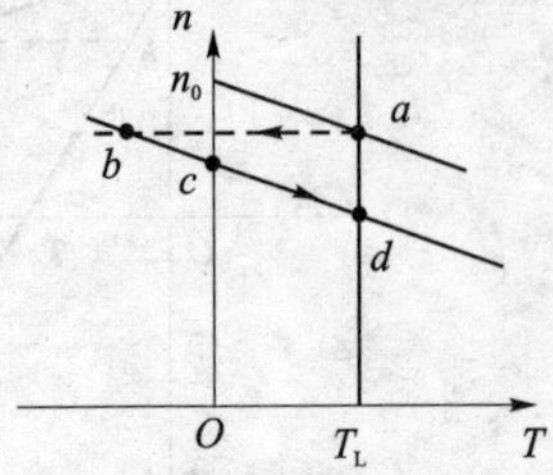

图 3-31　降低电枢电压调速过程中的回馈制动

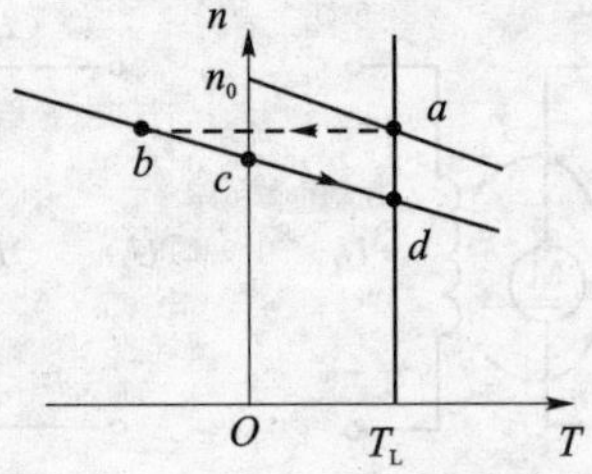

图 3-32　弱磁调速过程中的回馈制动

回馈制动过程中，向电网回馈功率，与能耗制动和反接制动相比，回馈制动是比较经济的。

3.8　直流电机的四象限运行

他励直流电动机的机械特性方程式的一般形式为

$$n=\frac{U}{C_e\Phi}-\frac{R_a}{C_eC_T\Phi^2}T$$

若按规定的参考方向，则第一象限（转矩转速均为正）为电动机带负载的正向电动运行；第三象限（转矩转速均为负）为电动机带负载的反向电动运行；第二象限和第四象限（转矩转速方向相反）为制动过程。

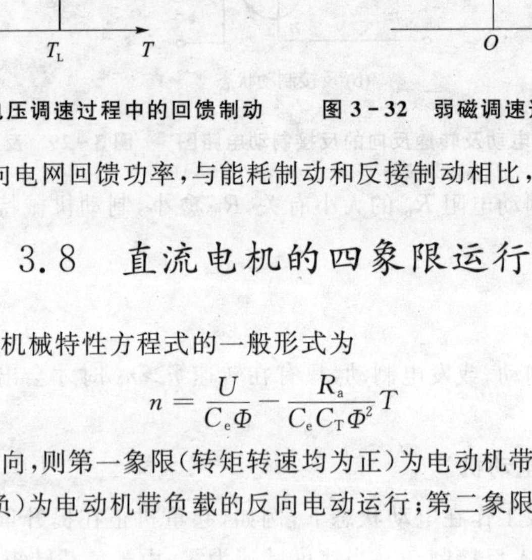

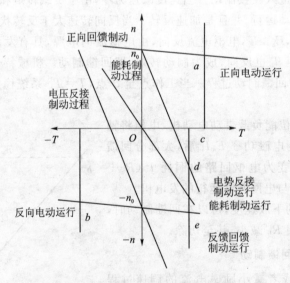

图 3-33　他励直流电动机的四象限运行

通过四个象限的电动机的机械特性和负载机械特性，就可以分析运转状态的变化情况。例如，当人为地改变电动机的参数时，如降低电枢电压，电枢回路串电阻或弱磁等，电动机的机械特性将发生变化。在改变电动机参数的瞬间，转速不能突变，电动机降以不变的转速过渡到新的特性曲线上来。新的特性上的电磁转矩将不再与负载转矩相等，因此电动机便处于过渡过程中，转速的升高或降低由合转矩的正负来决定。此后运行点将沿着新的机械特性最终要么与负载转矩有新的交点，$T=T_L$，在新的稳定状态下运行；要么电动机静止，如能耗制动使系统停车。

通过他励直流电动机的四象限运行来分析拖动系统的运动过程，直观清晰，不但适合直流拖动系统，也适用于交流拖动系统。

习 题

3.1 他励直流电动机稳定运行时，电枢电流大小由什么决定？改变电枢回路电阻或电压的大小时，能否改变电枢回路电流？

3.2 他励直流电动机在考虑电枢反应时，固有机械特性会有什么变化？

3.3 他励直流电动机改变励磁电流调速时，机械特性的硬度如何变化，静差率如何变化？

3.4 静差率与机械特性硬度有何不同？

3.5 他励直流电动机为什么不能直接启动，直接启动后会引起什么不良后果？

3.6 同一台他励直流电动机，在负载转矩相同情况下，分别采用能耗、反接和回馈制动下放重物，若串入的制动电阻 R_b 相同，试比较 3 种方法下放重物的速度。

3.7 一台他励直流电动机拖动一电车在斜坡上运动，若摩擦转矩小于负载的位能性转矩，分析电车在上坡和下坡时可能工作在什么状态？

3.8 他励直流电动机铭牌上的数据为 $P_N=1.8$ kW，$U_N=110$ V，$I_N=20$ A，$n_N=1\ 450$ r/min，若采用三级启动，启动电流最大值不超过 $2I_N$，试求各段的启动电阻值。

3.9 一台并励直流电动机，已知 $P_N=18$ kW，$U_N=220$ V，$\eta_N=85.3\%$，电枢回路的总电阻 $R_a=0.2\ \Omega$，并励回路励磁电阻 $R_f=55\ \Omega$，欲使启动电流限制为额定电流的 1.5 倍，试求电枢回路串电阻启动时需串入多大的电阻？若采用直接启动，则启动电流为额定电流的多少倍？

3.10 他励直流电动机，$P_N=45$ kW，$U_{aN}=440$ V，$I_{aN}=98.5$ A，$n_N=1\ 000$ r/min，$\eta_N=85\%$，拖动恒功率负载运行，采用改变电枢电阻调速。求转速降低至 $n_N=800$ r/min 时，电枢回路中应串入多大的电阻，并比较调速前后效率的变化(假设 $P_0\propto n$)。

3.11 一台他励直流电动机，额定值同题 3.8 中所述，拖动恒转矩类负载运行，采用改变电枢电压调速方法，求转速降至 $n_N=800$ r/min 时，电枢电压应降为多少？

3.13 他励直流电动机，$P_N=11$ kW，$U_{aN}=440$ V，$I_{aN}=28$A，$n_N=1\ 450$ r/min。求电磁转矩保持额定转矩不变，分别用下面 3 种方法调速时的转速：

① R_a 增加 20%；② U_a 减小 20%；③ Φ 减小 20%。

3.14 一台他励直流电动机，$P_N=22$ kW，$U_{aN}=220$ V，$I_{aN}=115$ A，$n_N=1\ 450$ r/min，$I_{amax}=230$ A，忽略 T_0。试求

① 拖动反抗性恒转矩负载，$T_L=120$ N·m，采用能耗制动迅速停车，电枢回路至少串入多大的电阻？

② 拖动位能性恒转矩负载 $T_L=120$ N·m，采用能耗制动下放重物，稳定下放的速度是多少？

3.15 一台他励直流电动机，$P_N=75$ kW，$U_{aN}=440$ V，$I_{aN}=200$ A，$n_N=750$ r/min，$I_{amax}=$

400 A,R_a=0.4 Ω,T_L=500 N·m,忽略 T_0,采用反向回馈制动下放重物,求

① 电枢电压反向时,串入电阻的值;

② 以 n_N=1 200 r/min 下放重物时,应串入的制动电阻的值。

3.16 一台他励直流电动机,P_N=10 kW,U_{aN}=110 V,I_{aN}=114.4 A,n_N=600 r/min,I_{amax}=400 A,R_a=0.4 Ω,T_L=100 N·m,在电枢回路串入制动电阻 R_b=1.6 Ω。若不考虑 I_{amax} 和 n_{max} 的限制,试求用能耗、反接和回馈制动 3 种不同制动方法下放重物时的速度。

第 4 章　变压器

4.1　变压器的结构、分类与额定值

4.1.1　变压器的结构

变压器的种类很多，其结构也不相同，但是主要部件都是铁芯和绕组，大型的变压器还有油箱、冷却装置、绝缘套管、调压和保护装置等部件。

1. 铁　芯

变压器铁芯的作用既是磁路的主体又是绕组的支撑部分。铁芯由铁芯柱和铁轭两部分组成，铁芯柱上套装绕组，铁轭连接铁芯柱构成闭合回路。为了减少铁芯损耗，铁芯用厚 0.35～0.5 mm 的硅钢片叠装而成，片与片之间涂有绝缘漆，以避免片间短路。大型电力变压器中，为提高磁导率和减少铁芯损耗，常采用冷轧硅钢片；为减少接缝间隙和励磁电流，有时还采用冷轧硅钢片卷成的卷片式铁芯。

铁芯交叠：相邻层按不同方式交错叠放，将接缝错开。偶数层刚好压着奇数层的接缝，从而减少了磁阻，便于磁通流通，如图 4-1(a)、(b)所示。

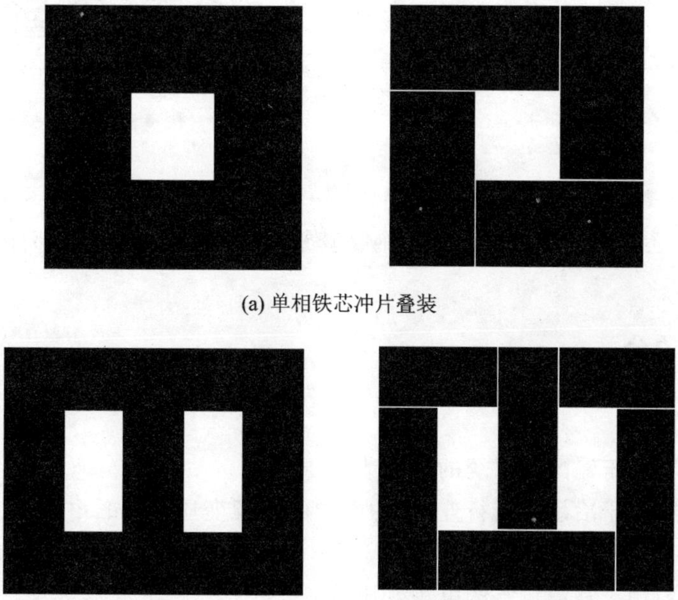

(a) 单相铁芯冲片叠装

(b) 三相铁芯冲片叠装

图 4-1　铁芯冲片叠装

2. 绕　组

变压器绕组的作用是电路的组成材料，由绝缘的圆的或扁的铜导线或铝导线绕制而成。其中输入电能的绕组称为一次绕组(或原绕组)，输出电能的绕组称为二次绕组(或副绕组)，它们套装在同一铁芯柱上。一次和二次绕组具有不同的匝数、电压和电流，其中电压较高的绕组称为高压绕组，电压较低的称为低压绕组。对于升压变压器，一次绕组为低压绕组，二次绕组为高压绕组；对于降压变压器，情况恰好相反。高压绕组的匝数多、导线细；低压绕组的匝数少、导线粗。

按照高、低压绕组在铁芯柱上的安排方式，变压器的绕组可以分为同心式和交叠式两种，如图 4-2 和图 4-3 所示。

① 同心式绕组：高、低压绕组同心地套在铁芯柱上，为了便于调压和绝缘，通常低压绕组在里面，高压绕组在外面。这种结构简单，制造方便，国产电力变压器均采用这种结构。

② 交叠式绕组：高、低压绕组互相交叠放置，为了缩短绝缘距离，低压绕组靠近上下铁轭，中间放置高压绕组。这种结构的缺点是高、低压绕组之间间隙比较多，绝缘复杂，包扎不方便；其优点是机械强度较高，主要用于特种变压器中。

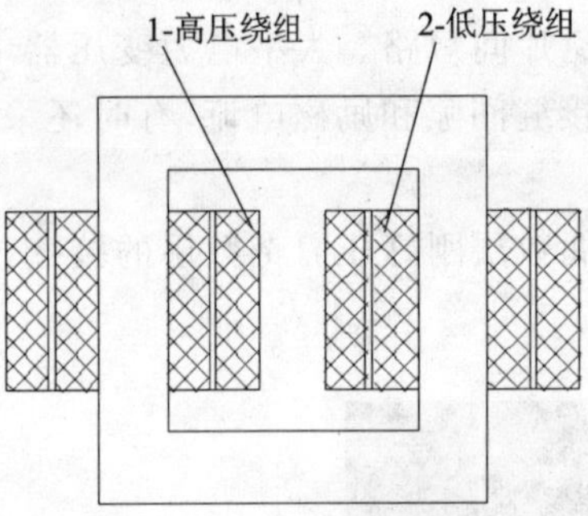

图 4-2　交叠式绕组

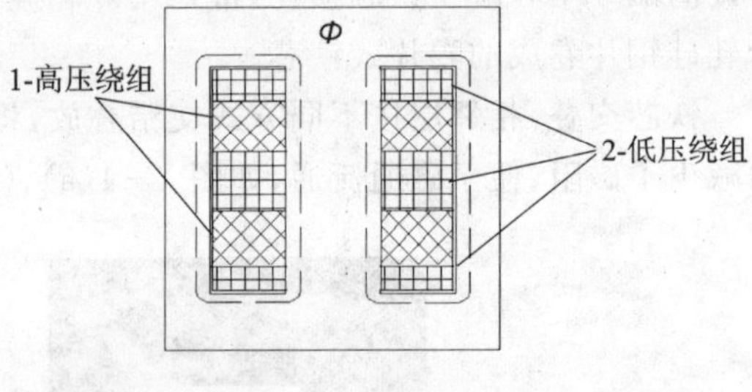

图 4-3　同心式绕组

3. 其他部件

大型变压器中还含有油箱、冷却装置、绝缘套管、调压和保护装置等部件，主要保障变压器的安全可靠运行。

4.1.2　变压器的分类

1. 按用途分类

- 电力变压器：用于输配电系统的升压或降压。
- 电炉变压器：用于冶炼金属行业，各种电炉的电源变压器，如：电阻炉变压器、电弧炉变压器和感应炉变压器。
- 整流变压器：用于整流设备的电源变压器。
- 仪用变压器：用于测量仪表和继电保护装置，如电压互感器、电流互感器。

2. 按相数分类

- 单相变压器：用于单相负荷和三相变压器组。

➢ 多相变压器：如三相变压器，用于三相电力系统的升降压。

3. 按每相绕组的个数分类

➢ 双绕组变压器：两个电压等级，是最基本的形式。

➢ 多绕组变压器：一般是多个副绕组，用于多种电压等级的输出。

➢ 自耦变压器：原副绕组有公共部分，常用在电压变化不大的系统中。

4. 按冷却方式分类

➢ 干式：依靠辐射和空气对流进行冷却，一般 35 kV 及以下电压等级的配电系统中广泛使用。

➢ 油浸式：设有油箱，靠里面的绝缘油进行冷却。

5. 按结构形式分类

芯式变压器和壳式变压器。图 4－4 及图 4－5 分别是单相和三相芯式变压器的铁芯和绕组。这种铁芯结构的特点是：铁芯柱被绕组包围，装配和绝缘比较容易，电力变压器多采用这种结构。图 4－6 为单相壳式变压器的铁芯和绕组，这种铁芯结构的特点是：铁芯包围绕组的顶、底面和侧面，机械强度较好，一般用于小容量的电源变压器。

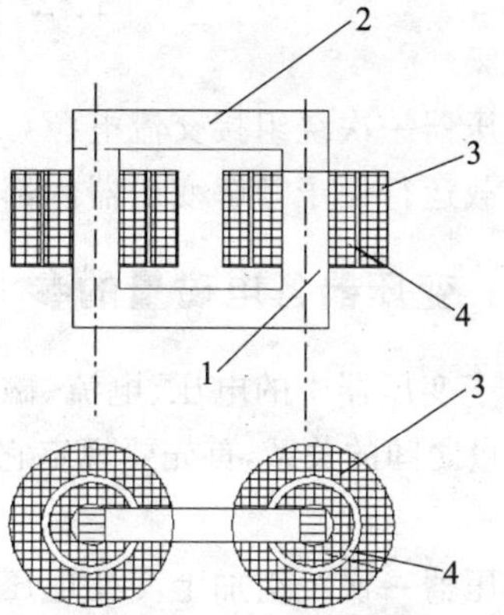

1－铁芯柱；2－铁轭；3－高压线圈；4－低压线圈

图 4－4　单相芯式变压器

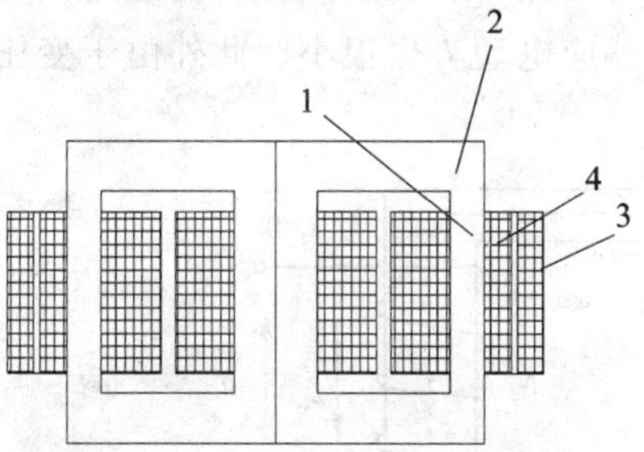

1－铁芯柱；2－铁轭；3－高压线圈；4－低压线圈

图 4－5　三相芯式变压器

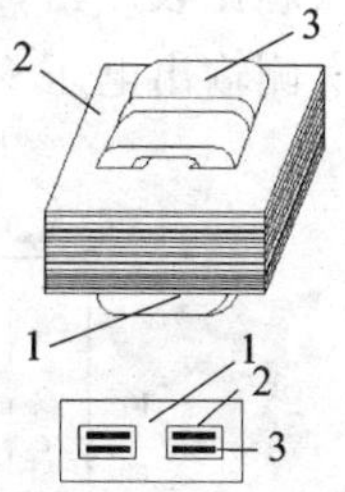

1－铁芯柱；2－铁轭；3－绕组

图 4－6　单相壳式变压器

4.1.3　变压器的额定值

额定值是制造厂对变压器在指定额定状态下运行时，可以保证变压器长期可靠工作，并具有优良性能的一组运行数据。额定值通常标在变压器的铭牌上，也称铭牌值。变压器的额定值主要有：

➢ 额定电压 U_{1N}/U_{2N}：指空载电压的额定值（三相变压器是指线电压）。即当 $U_1=U_{1N}$ 时，$U_{20}=U_{2N}$，如铭牌上标注：电压 10 000/230 V。

➢ 额定电流 I_{1N}/I_{2N}：指满载电流值，即长期工作所允许的最大电流（三相变压器是指线电流）。

➢ 额定功率（额定容量）S_N：指视在功率的额定值。

单相变压器：　　$S_N = U_{2N} I_{2N} = U_{1N} I_{1N}$　　(4-1)

三相变压器：　　$S_N = \sqrt{3} U_{2N} I_{2N} = \sqrt{3} U_{1N} I_{1N}$　　(4-2)

➢ 额定频率 f_N：　　$f_N = 50$ Hz(工频)

此外，额定工作状态下变压器的效率、温升等数据也属于额定值。

4.2 变压器的空载运行

变压器一次绕组接交流电源，二次绕组开路，负载电流为零(空载)时，称为空载运行。先分析空载运行便于理解变压器内部的电磁关系。

4.2.1 变压器各电磁量的参考方向

由于变压器中的电压、电流、磁通及电动势的大小和方向均随时进行周期性变化，为了能表明各量之间的关系，首先要规定它们的参考方向。通常按电工惯例来规定正方向，如图 4-7 所示。

变压器一次绕组加上交变电压 u_1 之后，在一次绕组中流过交变电流 i_0，电流 i_0 的正方向与产生它的电源电压 u_1 正方向相同。交变电流 i_0 产生交变的磁通(包括主磁通 Φ 和漏磁通 $\Phi_{1\sigma}$)，i_0 与产生的磁通正方向符合右手螺旋定则。交变的主磁通在铁芯中闭合，在一次、二次绕组中分别产生感应电动势 e_1 和 e_2，电动势的正方向与产生它的磁通的正方向也符合右手螺旋定则。漏磁通性质与主磁通相同，产生的漏磁感应电动势 $e_{1\sigma}$ 和 $e_{2\sigma}$ 正方向分别与主磁通产生的感应电动势 e_1 和 e_2 相同，不同的是主磁通同时交链一、二次侧绕组，漏磁通只交链一次或二次绕组。由于铁芯比较严密，故漏磁很少，漏磁感应电动势也很小。此外由于变压器二次侧开路，i_2 为零，二次侧输出电压 u_{20} 等于电动势 e_2。

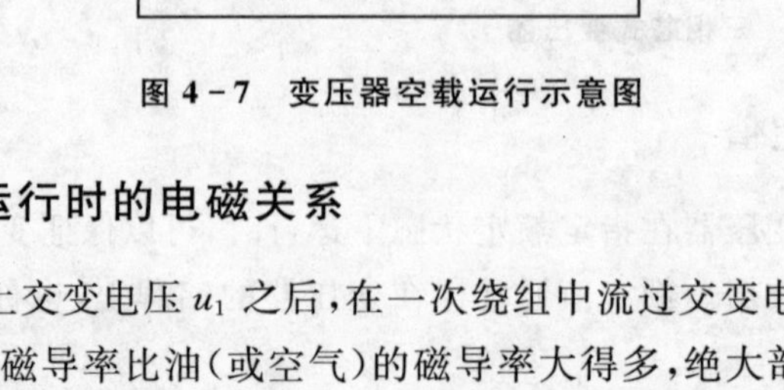

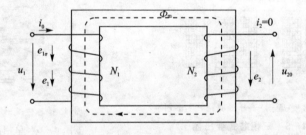

图 4-7　变压器空载运行示意图

4.2.2 变压器空载运行时的电磁关系

变压器一次绕组加上交变电压 u_1 之后，在一次绕组中流过交变电流 i_0。交变电流 i_0 产生交变的磁通，因为铁芯的磁导率比油(或空气)的磁导率大得多，绝大部分的磁通量存在在闭合的铁芯中，这些磁通量就是主磁通，用 Φ 表示。少量的磁通量不通过铁芯而通过油或空气闭合，这些磁通量仅交链一次绕组，称为一次绕组的漏磁通，用 $\Phi_{1\sigma}$ 表示。交变的主磁通在铁芯中闭合，在一次、二次绕组中分别产生感应电动势 E_1 和 E_2。一次绕组的漏磁通产生的漏磁感应电动势 $E_{1\sigma}$，二次侧开路，i_2 为零，没有漏磁通，二次侧输出电压 u_{20} 等于电动势 E_2。变压器空载时的电磁关系可以表示如下：

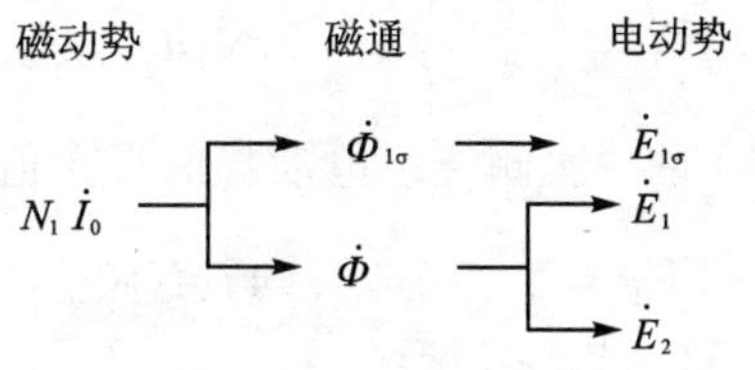

4.2.3　变压器的空载电流

变压器空载时，一次绕组流过的电流称为空载电流。变压器的空载电流很小，仅为额定电流的百分之几。它的主要作用是在磁路中产生磁动势建立磁通。因此也叫做励磁电流。励磁电流包括两个分量，一个是磁化电流 i_μ，另一个是铁损耗电流 i_{Fe}。磁化电流用于产生铁芯中的主磁通 Φ，对于已制好的变压器，i_μ 的大小和波形取决于主磁通 Φ 和铁芯磁路的磁化曲线 $\Phi=f(i_\mu)$。下面分别讨论磁路不饱和和饱和时空载电流的波形。

① 当磁路不饱和时，磁化曲线是直线，i_μ 与 Φ 成正比，故当主磁通 Φ 随时间正弦变化时，i_μ 也随时间正弦变化，且 i_μ 与 Φ 同相。

② 若磁路饱和，则 i_μ 需要用图解法来确定。图 4－8 为铁芯磁化曲线，图 4－9 为主磁通随时间正弦变化时，磁化电流的确定方法。当 $t=t_1$、磁通量 $\Phi=\Phi_1$ 时，由磁化曲线的点 1 处可以查出对应的磁化电流为 $i_{\mu(1)}$；当 $\omega t=90^\circ$、主磁通达到最大值 Φ_m 时，由磁化曲线的 m 点可以查出此时的磁化电流 $i_{\mu(m)}$。同理，可以确定其他瞬间的磁化电流，从而得到 $i_\mu=f(t)$。

从图 4－9 可以看出，当主磁通随时间正弦变化时，由于磁路饱和所引起的磁化曲线的非线性，将导致磁化电流成为尖顶波；磁路越饱和，磁化电流的波形就越尖，即畸变越严重。但无论 i_μ 怎样畸变，用傅里叶级数把 i_μ 分解，其基波分量 $i_{\mu1}$ 始终与主磁通 Φ 同相位，磁化电流是一个无功分量，一般便于计算，通常用一个有效值与之相等的等效正弦波来代替非正弦的磁化电流。

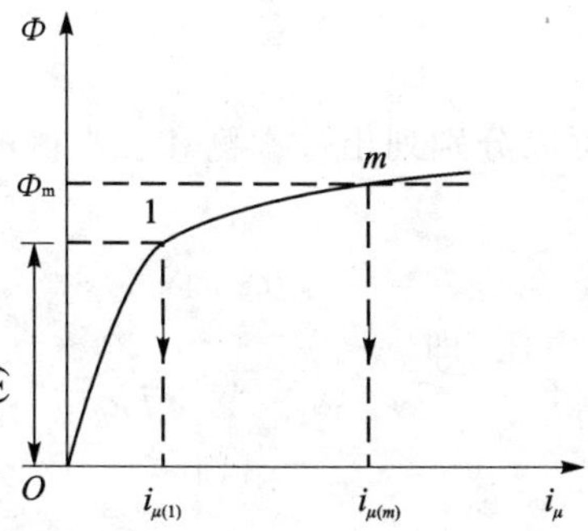

图 4－8　铁芯的磁化曲线

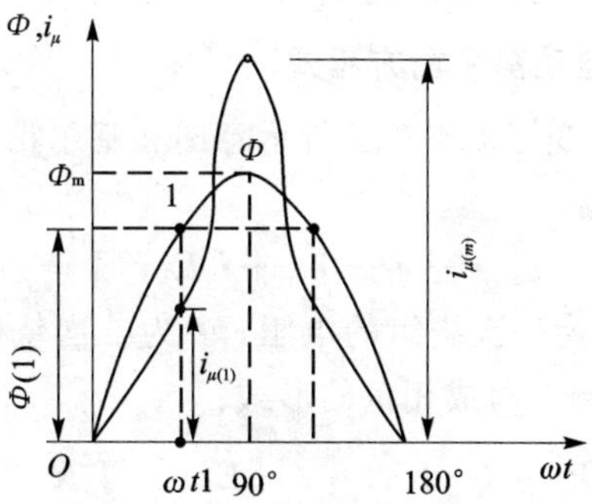

图 4－9　磁路饱和时磁化电流

4.2.4　感应电动势和电压平衡方程式、相量图

1. 感应电动势 E_1、E_2、$E_{1\sigma}$、$E_{2\sigma}$

(1) 主磁通产生的感应电动势 E_1、E_2

由前面的正方向规定，根据电磁感应定律可以写出 E_1 和 E_2。

$$E_1 = -N_1 \frac{\mathrm{d}\Phi}{\mathrm{d}t} = -N_1 \frac{\mathrm{d}(\Phi_{\mathrm{m}} \sin\omega t)}{\mathrm{d}t} = -\omega N_1 \Phi_{\mathrm{m}} \cos\omega t = E_{1\mathrm{m}} \sin(\omega t - 90°) \tag{4-3}$$

式中，$E_{1\mathrm{m}} = \omega N_1 \Phi_{\mathrm{m}} = 2\pi f_1 N_1 \Phi_{\mathrm{m}}$ 是一次侧绕组电动势的最大值，其有效值为

$$E_1 = \frac{E_{1\mathrm{m}}}{\sqrt{2}} = 4.44 f_1 N_1 \Phi_{\mathrm{m}} \tag{4-4}$$

式(4-4)是以后经常用到的公式之一，同理可以得

$$E_2 = -N_2 \frac{\mathrm{d}\Phi}{\mathrm{d}t} = -N_1 \frac{\mathrm{d}(\Phi_{\mathrm{m}} \sin\omega t)}{\mathrm{d}t} = -\omega N_2 \Phi_{\mathrm{m}} \cos\omega t = E_{2\mathrm{m}} \sin(\omega t - 90°)$$

由上式可知，主磁通的感应电动势 $\dot{E}_2$ 在相位上滞后产生其的磁通 Φ_{m} 90°。$E_{2\mathrm{m}} = 2\pi f_1 N_2 \Phi_{\mathrm{m}}$。

$$E_2 = 4.44 f_1 N_2 \Phi_{\mathrm{m}} \tag{4-5}$$

式(4-4)和式(4-5)写成相量形式有

$$\dot{E}_1 = -\mathrm{j}4.44 f_1 N_1 \dot{\Phi}_{\mathrm{m}} \tag{4-6a}$$

$$\dot{E}_2 = -\mathrm{j}4.44 f_1 N_2 \dot{\Phi}_{\mathrm{m}} \tag{4-6b}$$

(2) 漏磁通产生的感应电动势 $e_{1\sigma}$

变压器空载时漏磁通与主磁通都是由交变电流 i_0 产生的，因此 $\Phi_{1\sigma}$ 与 Φ 一样都是随时间交变的，只不过交链一次绕组，因而也会在一次绕组中产生漏磁感应电动势 $e_{1\sigma}$。

由于漏磁通的路径是非磁性物质(油或空气)，其磁导率是常数，所以漏磁通的大小与产生此漏磁通的绕组中的电流成正比。漏磁电动势 $E_{1\sigma}$ 的有效值与漏磁通的幅值 $\Phi_{1\sigma}$ 以及产生漏磁通的电流 I_0 的有效值成正比，即 $E_{1\sigma} \propto \Phi_{1\sigma} \propto I_0$。

再考虑漏磁电动势 $\dot{E}_{1\sigma}$ 在相位上滞后于漏磁通 $\dot{\Phi}_{1\sigma}$ 的电角度也是 90°，并可以认为漏磁通路径是线性的，则 $\dot{\Phi}_{1\sigma}$ 与 $\dot{I}_m$ 同相位。因此，$\dot{E}_{1\sigma}$ 滞后于 $\dot{I}_0$ 的相位角度也是 90°。若将 $\dot{E}_{1\sigma}$ 与 $\dot{I}_0$ 直接联系起来，可以表示为 $\dot{E}_{1\sigma} = -\mathrm{j}X_1 \dot{I}_0$。

2. 电动势平衡方程式

根据变压器空载运行示意图和基尔霍夫定律，可以分别列出一次侧和二次侧的电压瞬时方程：

$$u_1 = -e_1 - e_{1\sigma} + i_0 R_1, \qquad u_{20} = e_2$$

式中，R_1 为一次绕组的电阻；u_{20} 为二次绕组的空载电压(即开路电压)。写成相量的形式：

$$\dot{U}_1 = \dot{I}_0 R_1 + (-\dot{E}_{1\sigma}) + (-\dot{E}_1) = \dot{I}_0 R_1 + \mathrm{j}\,\dot{I}_0 X_1 + (-\dot{E}_1) \tag{4-7a}$$

$$\dot{U}_{20} = \dot{E}_2 \tag{4-7b}$$

3. 相量图

变压器空载运行的相量图如图 4-10 所示。

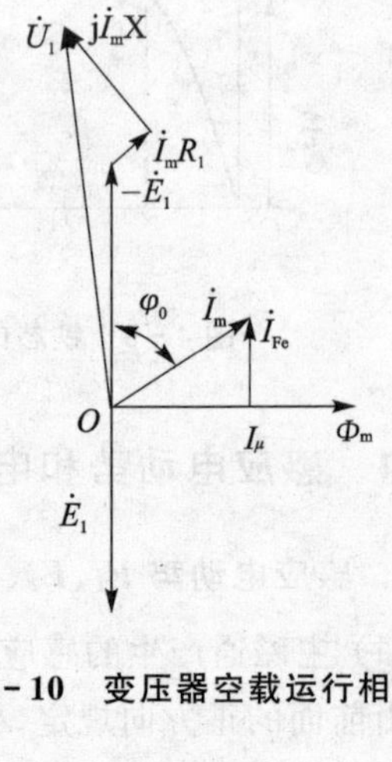

图 4-10 变压器空载运行相量图

4.2.5 变压器的等效电路图

上一节说明了空载时变压器内部的物理情况，并列出变压器的电动势平衡方程式(4－7)，其对应的等效电路如图 4－11(a)所示。

把$-\dot{E}_1$用电路参数来表示，即$-E_1$可以用空载电流$\dot{I}_0$与一个励磁阻抗Z_m乘积来表示。

$$-\dot{E}_1=\dot{I}_0 Z_m=\dot{I}_0(R_m+jX_m)$$

式中，励磁阻抗Z_m是一个假想的阻抗，不存在，是把$-\dot{E}_1$的作用效果等效成一定阻抗上流过空载电流$\dot{I}_0$。R_m和X_m分别称做励磁电阻(对应铁芯损耗)和励磁电抗(对应主磁通的电抗)。

这样式(4－7)可以写成　　$\dot{U}_1=\dot{I}_0 Z_m+\dot{I}_0 Z_1$

对应等效电路图如图 4－11(b)所示。这就是变压器空载时的等效电路图。

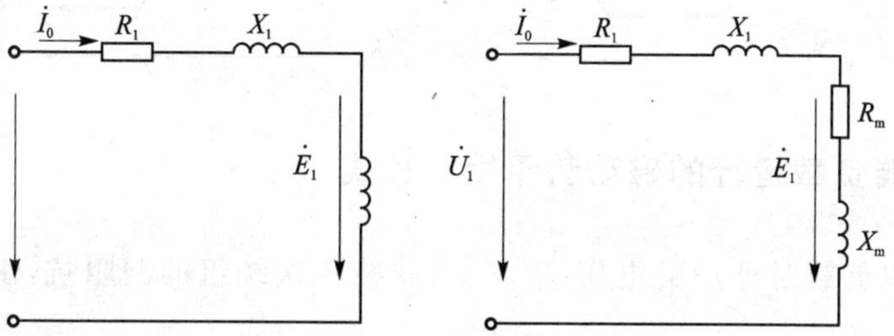

(a) 空载时一次绕组等效电路　　(b) 空载时带励磁阻抗等效电路

图 4－11　变压器空载运行时的等效电路

4.3 变压器的负载运行

4.3.1 变压器负载运行时的电磁关系

变压器的一次绕组接交流电源，二次绕组接负载阻抗Z_L时，二次绕组中便有电流流过，这种情况称为变压器的负载运行。如图 4－12 所示，图中各量正方向参照前面惯例，其中带上负载后I_2的正方向与E_2的正方向一致，U_2的正方向与I_2流入Z_L的正方向一致。

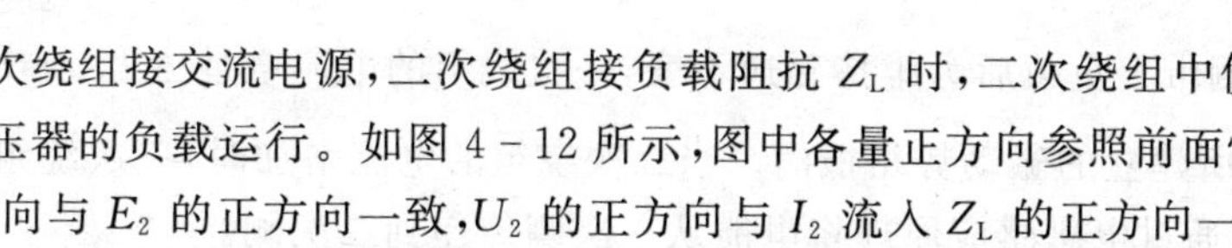

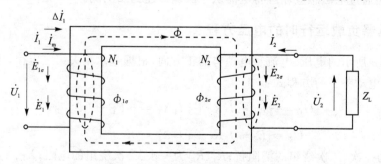

图 4－12　变压器负载运行示意图

变压器空载时二次侧开路没有电流，只有一次侧的空载电流$\dot{I}_0$建立一个磁动势$N_1\dot{I}_0$，它在主磁路中建立了主磁通Φ。变压器负载后，二次绕组作为一个电源向负载供电，其电流$\dot{I}_2$

也产生了一个磁动势 $N_2\dot{I}_2$，也作用在主磁路上，改变了变压器原来空载时的磁动势关系。所以一次侧的电流由 $\dot{I}_0$ 变成 $\dot{I}_1$，变压器的主磁通现在由 $N_1\dot{I}_1$ 和 $N_2\dot{I}_2$ 共同建立，这两个磁动势又在各自的绕组中分别产生漏磁通 $\Phi_{1\sigma}$ 和 $\Phi_{2\sigma}$，二次绕组的漏磁通产生漏磁感应电动势 $\dot{E}_{2\sigma}=-\mathrm{j}\dot{I}_2X_2$。供给负载的输出电压 $\dot{U}_2$ 是电动势 $\dot{E}_2$ 减去漏阻抗压降 $\dot{I}_2r_2$ 和 $\mathrm{j}\dot{I}_2X_2$ 之后的电压。变压器负载后的电磁关系表示如下：

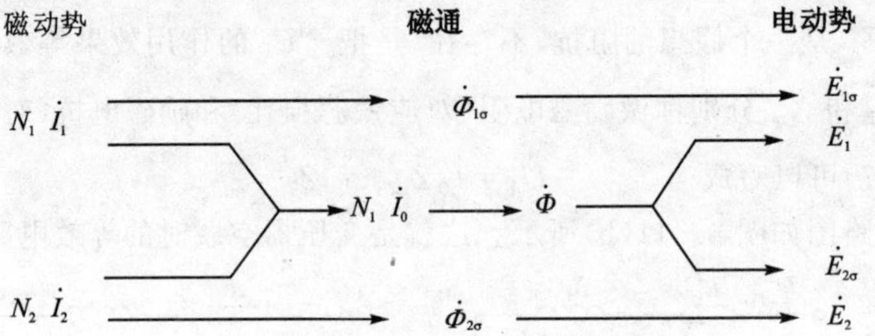

4.3.2 变压器负载运行的磁动势平衡方程式

由于空载和负载时外加的电压 $\dot{U}_1$ 不变，忽略一次绕组的漏阻抗，由 $\Phi_m=\dfrac{E_1}{4.44fN_1}\approx\dfrac{U_1}{4.44fN_1}$ 可知，主磁通基本不变，与变压器带不带负载，带多大的负载无关。从而得出变压器空载时一次绕组建立的磁动势 $N_1\dot{I}_0$ 与负载时一、二侧绕组共同建立的 $N_1\dot{I}_1+N_2\dot{I}_2$ 相等。

$$N_1\dot{I}_0=N_1\dot{I}_1+N_2\dot{I}_2 \tag{4-8}$$

式(4-8)称为变压器的磁动势平衡方程式，将其移项可以得到：

$$N_2\dot{I}_2=N_1(\dot{I}_1-\dot{I}_0)\ \text{即}\ \Delta\dot{I}_1N_1+\dot{I}_2N_2=0\ \text{或}\quad \Delta\dot{I}_1=-\frac{N_2}{N_1}\dot{I}_2$$

这说明当二次侧带上负载后为维持磁通不变，一次绕组的电流增量 $\Delta\dot{I}_1$ 所产生的磁动势与二次绕组电流 $\dot{I}_2$ 所建立的磁动势相抵消。当二次绕组的电流增加时，一次绕组电流就相应地增加，变压器就是通过电磁感应原理将电能从一次侧传递到二次侧。

4.3.3 变压器负载运行时的电压方程

按图 4-12 所示的电压、电流和电动势的正方向，根据基尔霍夫第二定律，可以列出一次、二次侧绕组的电动势平衡方程式：

$$\dot{U}_1=-\dot{E}_1+\dot{I}_1R_1+\mathrm{j}\dot{I}_1X_1=-\dot{E}_1+\dot{I}_1Z_1$$

$$\dot{U}_2=\dot{E}_2-\dot{I}_2R_2-\mathrm{j}\dot{I}_2X_2=\dot{E}_2-\dot{I}_2Z_2$$

式中，Z_1、Z_2 为一次、二次绕组的漏阻抗；R_1、R_2 为一次、二次绕组的电阻；X_1、X_2 为一次、二次绕组的漏电抗。

经过以上分析可以得出变压器负载运行时的一组基本方程式：

$$\begin{cases}\dot{U}_1 = -\dot{E}_1 + \dot{I}_1 Z_1 \\ \dot{U}_2 = \dot{E}_2 - \dot{I}_2 Z_2 \\ N_1 \dot{I}_0 = N_1 \dot{I}_1 + N_2 \dot{I}_2 \\ -\dot{E}_1 = \dot{I}_0 Z_m \\ \dot{U}_2 = \dot{I}_2 Z_L \\ \dfrac{E_1}{E_2} = \dfrac{N_1}{N_2} = k\end{cases}$$

4.4　变压器的等效电路与相量图

4.4.1　变压器绕组的折算

前面已经得出变压器负载运行时的基本方程，可以研究和分析变压器的运行性能。但是变压器的一次侧和二次侧电路上并无直接电的联系，只有磁的耦合，并且一次、二次侧的绕组匝数不相等，可能相差很大，所以计算很不方便，更不容易看出各量的相位关系。为此，希望有一个既能正确反映变压器的内部电磁过程，又便于工程计算的电路来代替实际的变压器，即等效电路。

首先，要把变压器的一次侧和二次侧想办法变成一个回路，即将二次侧折算到一次侧，折算的原则是保持二次侧磁动势和功率关系不变，规定折算后的参数用原来的符号加上"′"表示。折算的思路就是将一个匝数与一次绕组相等、电磁效应与二次绕组相同的绕组去代替实际的二次绕组。折算值与分析值的关系分析如下：

① 电动势和电压的折算：由于折算前后磁通不变，根据电动势与匝数成正比关系，得

$$\frac{E'_2}{E_2} = \frac{E_1}{E_2} = \frac{N_1}{N_2} = k$$

则 $E'_2 = kE_2$，同理，$U'_2 = kU_2$。

② 电流的折算：根据折算前后磁动势不变，有 $N_1 I'_2 = N_2 I_2$

则
$$I'_2 = \frac{N_2}{N_1} I_2 = \frac{1}{k} I_2$$

③ 阻抗的折算：由折算后二次绕组的损耗不变，可得 $I'^2_2 R'_2 = I^2_2 R_2$，则 $R'_2 = R_2 \left(\frac{I'_2}{I_2}\right)^2 = k^2 R_2$。同理，$X'_2 = k^2 X_2$，$Z'_2 = k^2 Z_2$，$Z'_L = k^2 Z_L$。

折算后的变压器负载运行时的基本方程将变为

$$\begin{cases}\dot{U}_1 = -\dot{E}_1 + \dot{I}_1 Z_1 \\ \dot{U}'_2 = \dot{E}'_2 - \dot{I}'_2 Z'_2 \\ \dot{I}_0 = \dot{I}_1 + \dot{I}_2 \\ -\dot{E}_1 = \dot{I}_0 Z_m \\ \dot{E}_1 = \dot{E}'_2\end{cases}$$

4.4.2 变压器负载运行时的等效电路

1. T型等效电路

首先根据折算后的电压平衡方程式分别画出一次侧、二次侧的电路图如图 4-13 所示。

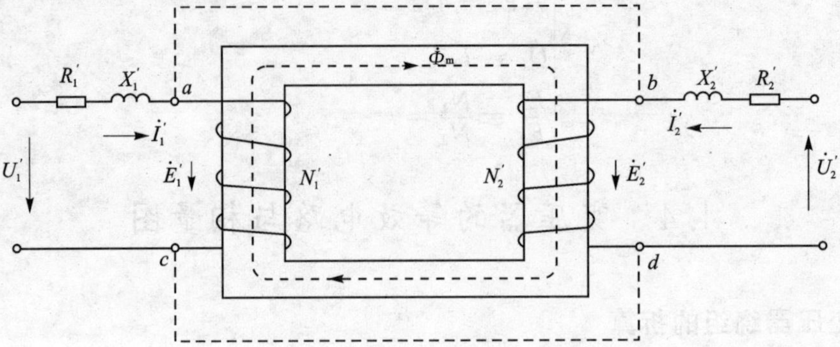

图 4-13 变压器负载运行时原始等效电路图

图中二次侧各量已经折算过，因此$\dot{E}_1=E'_2$，将两边用导线直接连起来，并将两个绕组合并成一个绕组，考虑$-\dot{E}_1=\dot{I}_0Z_m=\dot{I}_0(R_m+jX_m)$，中间这个绕组连同铁芯相当于绕在铁芯上的一个电感线圈，流过的电流为 I_0。这样就得到了变压器的 T 型等效电路，如图 4-14 所示。

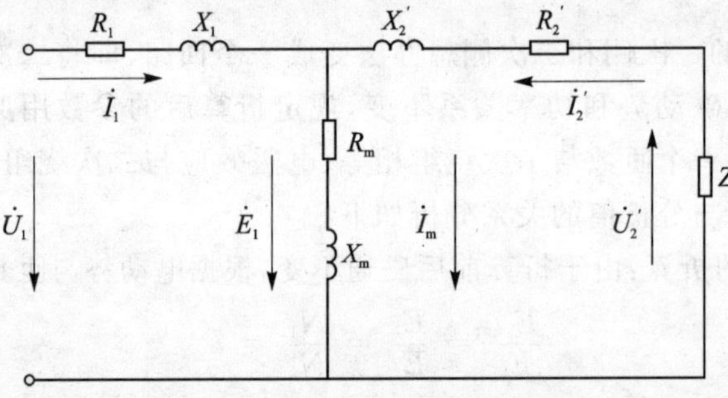

图 4-14 变压器 T 型等效电路图

2. Γ型等效电路

T 型等效电路能正确反映变压器其内部的电磁关系，但是一种串、并联混合电路，计算较复杂，为此提出在一定条件下把等效电路简化。由于通常 $Z_m\gg Z_1$，若把励磁支路前移，如图 4-15所示，即认为在一定条件下，励磁电流 I_0 不变，不受负载影响，同时忽略 Z_1I_0，这样的电路称为Γ型等效电路。

3. 简化等效电路

变压器带上负载后一般励磁电流 $I_0\ll I_N$，可以忽略 I_0，去掉励磁支路，从而得到一个更简单的等效电路，如图 4-16 所示。

在图 4-16 中，$R_s=R_1+R'_2$ 称为短路电阻；$X_s=X_1+X'_2$ 称为短路电抗；$Z_s=Z_1+Z'_2$ 称为短路阻抗。变压器的短路阻抗即为一次侧、二次侧漏阻抗之和，其值较小且为常数，可以由短路试验测得。

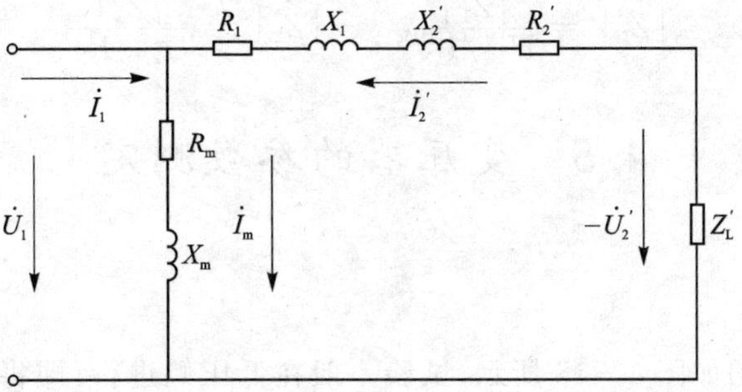

图 4-15　变压器的 Γ 形等效电路

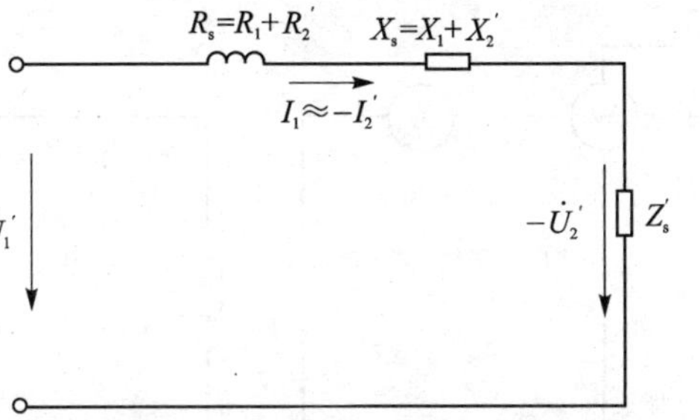

图 4-16　变压器近似等效电路图

4.4.3　变压器负载运行时的相量图

变压器带负载运行时的相量图如图 4-17 所示。

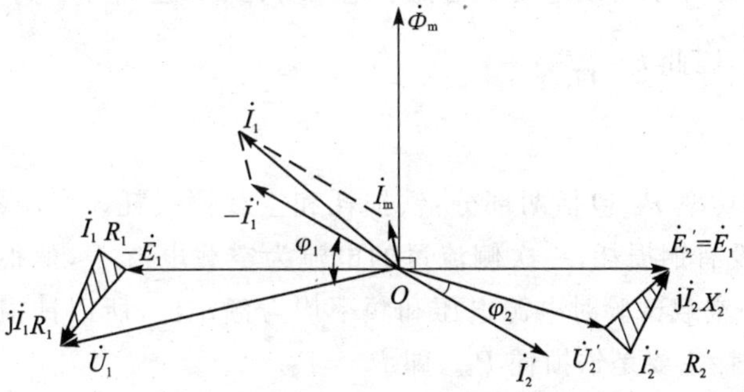

图 4-17　变压器带感性负载时的相量图

4.4.4　标幺值

一般标幺值$=\dfrac{实际值}{基准值}$,用加 * 的符号来表示。基准值一般取相应的额定值,例如:

$$S_1^* = \frac{S_1}{S_N}, \qquad S_2^* = \frac{S_2}{S_N}$$

$$U_1^* = \frac{U_1}{U_{1N}}, \qquad U_2^* = \frac{U_2}{U_{2N}}$$

$$I_1^* = \frac{I_1}{I_{1N}}, \qquad I_2^* = \frac{I_2}{I_{2N}}$$

$$|Z_1|^* = \frac{|Z_1|}{U_{1N}/I_{1N}}, \qquad |Z_2|^* = \frac{|Z_2|}{U_{2N}/I_{2N}}$$

4.5 变压器的参数测定

4.5.1 空载试验

空载试验的电路图如图 4－18 所示，试验一般在低压侧进行，即将低压绕组作为一次绕组，加上额定电压；高压绕组作为二次绕组，输出开路。空载试验可以测定变压器的变比 k、空载电流 I_0 和空载损耗 P_0。

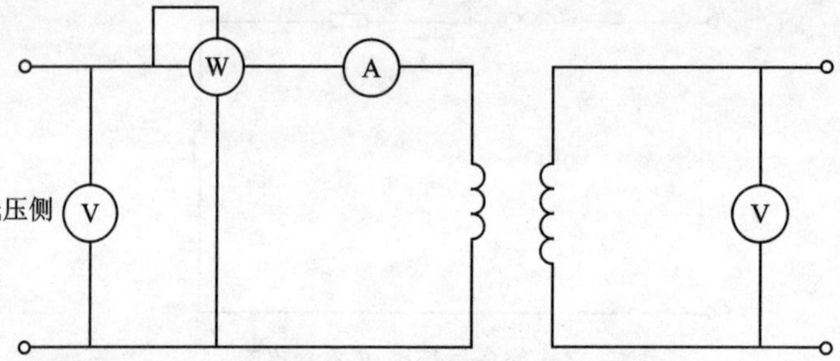

图 4－18 变压器空载试验接线图

1. 电压比 k

一般规定电压比 k 等于高压电动势与低压电动势之比，近似等于高压绕组额定电压与低压绕组额定电压之比，因此 $k=\frac{U_2}{U_1}$。

2. 空载损耗 P_0

空载试验测得的功率 P_0 包括两部分：铁损耗和空载铜损耗。变压器空载时二次侧开路没有电流，二次绕组没有铜损耗，一次侧流过的电流为空载电流 I_0，值很小，故产生的铜损耗 $I_0^2R_1$ 可以忽略不计。空载试验时电源电压和频率均为额定值，所以铁损耗不变，可以近似认为空载试验测得的损耗主要是铁损耗 P_{Fe}，即 $P_0 \approx P_{Fe}$。

3. 励磁参数 $|Z_0|$、R_0、X_0

由 T 型等效电路图可知，当变压器空载时，有：$Z_0=\frac{U_1}{I_0}=|Z_1+Z_0|$

由于 $Z_1 \ll Z_0$，因此求得励磁阻抗摸：$|Z_0|=|Z_m| \approx \frac{U_1}{I_0}$

励磁电阻可以由功率表读数和空载电流求得：$R_0=\frac{P_0}{I_0^2}$ 则励磁电抗为：$X_0=\sqrt{|Z_0|^2-R_0^2}$。

注意：①由于空载试验是在低压侧进行的，上述励磁参数是折算到低压侧的数值，如果该变压器实际工作时，高压绕组为一次绕组，应将空载试验求得的励磁参数折算至高压侧，即乘以电压比 k^2。

②对于三相变压器，应用上列公式时，必须采用每相值，即每一相的损耗以及相电压和相

电流等来进行计算。

4.5.2　短路试验

短路试验的电路图如图 4－19 所示，试验一般在高压侧进行，即将高压绕组作为一次绕组，电压由零逐渐增加至电流等于额定电流为止；低压绕组作为二次绕组，输出短路。短路试验可以测定变压器的一次绕组 U_k、电流 I_1 和短路损耗 P_k。

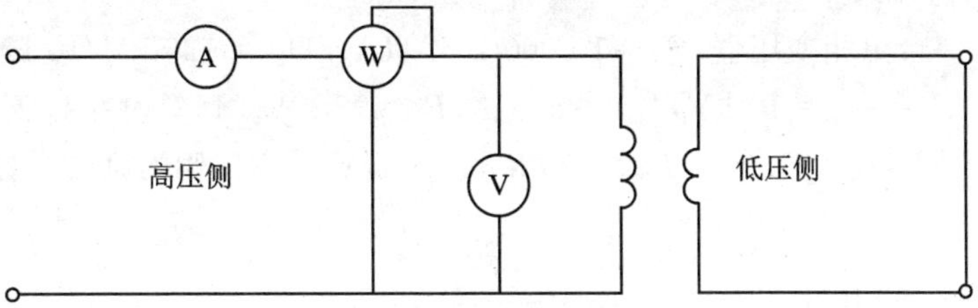

图 4－19　变压器负载试验的接线图

1. 短路损耗 P_k

短路试验测得的功率包括铁损耗和铜损耗。由于试验时二次侧短路，一次绕组的电压 U_k 必然很小，远远小于额定电压，因而铁损耗比较小，可以忽略。短路试验时两侧电流都是额定电流，铜损耗为满载时的铜损耗，因此 $P_k \approx P_{Cu}$。

2. 短路参数 $|Z_k|$、R_k、X_k

当二次绕组短路时，短路时的电流为额定电流，短路阻抗模为：$|Z_k| \approx \dfrac{U_k}{I_1}$

短路电阻可以由功率表读数和一次侧绕组的额定电流求得：　　$R_k = \dfrac{P_k}{I_1^2}$

则短路电抗为：$X_k = \sqrt{|Z_k|^2 - R_k^2}$

绕组的电阻是随温度而变的，一般短路试验在(10～40)℃的环境下进行，故经过计算所得的电阻应按国家标准折算至 75℃数值。

$$\begin{cases} R_{k75℃} = R_{k\theta} \dfrac{T_0 + 75}{T_0 + \theta} \\ Z_{k75℃} = \sqrt{R_{k75℃}^2 + X_k^2} \end{cases}$$

式中，θ 为试验时的环境温度；T_0 为对铜线的温度为 234.5℃，对铝线的温度为 228℃。

3. 阻抗电压 U_k

短路试验时，绕组中电流达到额定值时，加在一次绕组上的电压是 $U_{1k} = I_{1N} Z_{k75℃}$，这个电压称为阻抗电压，是变压器的重要参数，标明在铭牌上，一般用标幺值表示为

$$U_k^* = \frac{U_k}{U_{1N}} = \frac{I_{1N} Z_{k75℃}}{U_{1N}} = Z_k^*$$

即阻抗电压的标幺值等于短路阻抗模的标幺值。阻抗电压的实际意义可以这样理解：从运行性能考虑，要求变压器的阻抗电压小一些，即变压器漏阻抗小一些，使二次绕组端电压受负载变化而波动的影响小一些；但从限制变压器的短路电流的角度来看，则希望阻抗电压大一些，这样可以使变压器由于某种原因而引起的短路时的过电流小一些。所以设计时要兼顾两

者的要求。

注意:①由于短路试验是在高压侧进行的,上述短路参数是折算到低压侧的数值,如果该变压器实际工作时,低压绕组为一次绕组,应将短路试验求得的励磁参数折算至低压侧,即乘以$\frac{1}{k^2}$。

②对于三相变压器,应用上列公式时,必须采用每相值,即每一相的损耗以及相电压和相电流等来进行计算。

【例 4-1】 一台单相变压器,$S_N=10\ 000$ kVA,$U_{1N}/U_{2N}=123$ kV/10 kV,在低压侧做空载试验数据如下:$U_2=U_{2N}=10$ kV,$I_{20}=25.5$ A,$P_0=37$ kW。15℃时在高压侧做短路试验数据如下:$U_{1k}=4.8$ kV,$I_k=81.3$ A,$P_k=108$ kW。求折算至高压侧的励磁参数和短路参数。

解:

一次和二次侧的电压比 $k=\frac{123}{10}=12.3$

① 折算至低压侧的励磁参数:

$$|Z_{m(低压)}|=\frac{U_2}{I_{20}}=\left(\frac{10\times10^3}{25.5}\right)\ \Omega=392.2\ \Omega$$

$$R_{m(低压)}=\frac{P_0}{I_{20}^2}=\left(\frac{37\times10^3}{25.5^2}\right)\ \Omega=56.9\ \Omega$$

折算至高压侧后:

$$Z_m=k^2|Z_{m(低压)}|=(12.3^2\times392.2)\ \Omega=59\ 336\ \Omega$$

$$R_m=k^2R_{m(低压)}=(12.3^2\times56.9)\ \Omega=8\ 609\ \Omega$$

$$X_m=\sqrt{|Z_m|^2-R_m^2}=\sqrt{59\ 336^2-8\ 609^2}\ \Omega=58\ 708\ \Omega$$

② 折算至高压侧的短路参数:

$$|Z_k|=\frac{U_{1k}}{I_{1k}}=\frac{4\ 800}{81.3}\ \Omega=59\ \Omega,R_k=\frac{P_k}{I_{1k}^2}=\frac{108\times10^3}{81.3^2}\ \Omega=16.3\ \Omega$$

$$X_k=\sqrt{|Z_k|^2-R_k^2}=\sqrt{59^2-16.3^2}\ \Omega=56.7\ \Omega$$

换算至 75℃时,

$$R_{k75℃}=\left(16.3\,\frac{234.5+75}{234.5+15}\right)\ \Omega=20.2\ \Omega$$

$$Z_{k75℃}=\sqrt{|X_k|^2+R_{k75℃}^2}=\sqrt{56.7^2-20.2^2}\ \Omega=60.2\ \Omega$$

4.6 变压器稳态运行特性的计算

4.6.1 变压器的外特性与电压变化率

1. 外特性

在保持一次电压 U_1 和负载的功率因数 $\cos\varphi_2$ 不变的条件下,变压器二次电压 U_2 和电流 I_2 之间的关系 $U_2=f(I_2)$称为变压器的外特性。

由变压器负载运行时二次侧的电压平衡方程式$\dot{U}_2=\dot{E}_2-\dot{I}_2\ Z_2$ 可知,负载变化引起 I_2 变化时，U_2 会产生变化。图 4－20 绘出了变压器在电感性、电阻性和电容性 3 种负载情况下的外特性。

可以看出变压器的外特性与负载的性质有关。

① 带阻性或感性的负载时，外特性是下降的。并且相同负载变化时，纯电阻性负载端电压下降不大，感性负载端电压下降较大。

② 带容性负载时，外特性可能上翘，因此常常在感性负载两端并联电容器来补偿感性负载下降过快的外特性。

2. 电压变化率

变压器二次侧的端电压随负载变化的程度用电压调整率 Δu 来表示。电压调整率 Δu 的定义为：一次侧加额定电压、负载功率因数为一定值，空载与负载时二次侧端电压之差($U_{20}-U_2$)除以二次侧额定电压 U_{2N}，用百分值表示，即

$$\Delta u=\frac{U_{20}-U_2}{U_{2N}}\times 100\%=\frac{U_{2N}-U_2}{U_{2N}}\times 100\%=\frac{U_{1N}-U'_2}{U_{1N}}\times 100\%$$

变压器的电压变化率的计算式还可以由相量图导出，如图 4－21 所示。

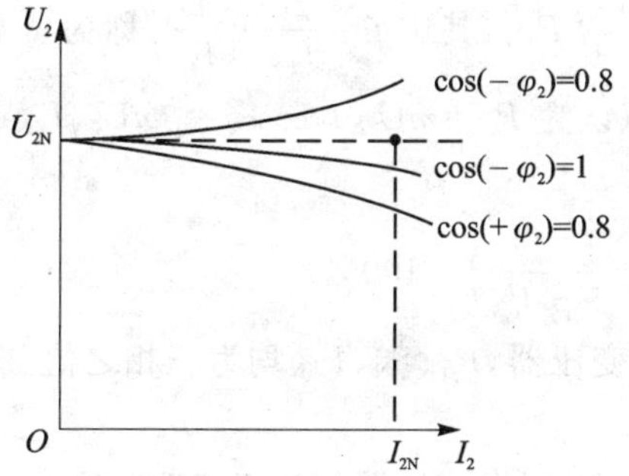

图 4－20　变压器外特性

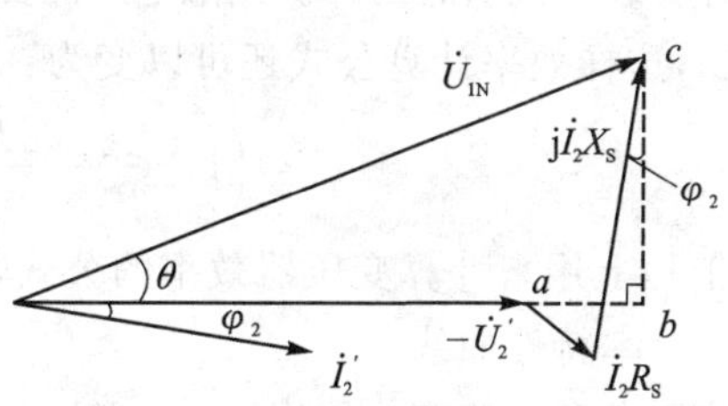

图 4－21　变压器近似等效相量图

4.6.2　变压器的功率关系与效率特性

在变压器进行传递能量的过程中，也会产生损耗。下面讨论一下变压器内部的损耗和效率。

1. 变压器的损耗

变压器的内部损耗包括铁损耗和铜损耗两部分。

(1) 铁损耗

铁损耗是指磁性物质在交变磁场作用下产生的损耗，包括磁滞损耗和涡流损耗。磁滞损耗与硅钢片材料的性质、磁通密度的最大值以及电源频率有关。涡流损耗与硅钢片的厚度、电阻率、磁通密度的最大值有关。大容量的变压器当磁通密度超过一定数值时，可能还要考虑附加铁损耗。一般体现在铁芯接缝处，由于磁通密度分布不均匀所引起的损耗，在铁轭夹件、拉紧螺杆和油箱等结构部件中所产生的涡流损耗等。

(2) 铜损耗

变压器的铜损耗主要是指一次、二次绕组流过电流产生的直流电阻损耗，另外由漏磁通所引起的集肤效应和邻近效应，会使电流在导线截面中分布不均匀而产生额外损耗。

2. 变压器的效率

(1) 变压器输出有功功率与输入有功功率之比称为变压器的效率，用η表示，有

$$\eta=\frac{P_2}{P_1}\times 100\%$$

因为变压器无旋转部件，在能量传递过程中无机械损耗，所以效率要比旋转电机高。一般电力变压器效率多在95%以上，大型的变压器效率可达99%以上。工程上一般采用间接办法测出各种损耗以计算效率。

$$\eta=\frac{P_2}{P_1}\times 100\%=\frac{P_1-\sum P}{P_1}\times 100\%=1-\frac{\sum P}{P_2+\sum P}\times 100\%$$

式中，$\sum P=P_{Fe}+P_{Cu}$。对铁损耗和铜损耗作如下说明：

① 铁损耗包括磁滞损耗、涡流损耗和附加铁损耗，在额定电源电压下铁损耗近似等于空载试验测得的空载损耗P_0，并且基本不变。

② 铜损耗$P_{Cu}=I_1^2R_1+I'^2_2R'_2=I_1^2R_k$，在短路试验时测得的短路损耗是额定铜损耗$P_{kN}=I_{1N}^2R_k$，所以任意负载下的铜损耗$P_{Cu}=(\beta I_{1N})^2R_k=\beta^2P_{kN}$，其中$\beta=\frac{I_1}{I_{1N}}=\frac{I_2}{I_{2N}}$，称为负载系数。如果不计负载电流引起的二次侧端电压的变化，可以认为$P_2=mU_{2N}I_2\cos\varphi_2=\beta mU_{2N}I_{2N}\cos\varphi_2=\beta S_N\cos\varphi_2$，这样效率计算公式还可以变为：

$$\eta=\left(1-\frac{P_0+\beta^2P_k}{\beta S_N\cos\varphi_2+P_0+\beta^2P_k}\right)\times 100\% \tag{4-9}$$

这就是工程上用来计算变压器效率的公式，对三相变压器，P_0、S_N、P_{kN}均为三相之值。

(2) 效率特性曲线

效率随负载电流变化的规律$\eta=f(I_2)$或者$\eta=f(\beta)$叫做变压器的效率特性。按式(4-9)用不同的负载系数β代入，即可绘出效率特性如图4-22所示，与旋转电机的效率特性相似。

从效率特性可见，当负载达到某一数值时，效率将达到其最大值η_{max}。把式(4-9)对负载电流I_2或者负载系数β求导数，并使$\frac{d\eta}{dI_2}=0$或者$\frac{d\eta}{d\beta}=0$，可得$mI_2^2R'_k=P_{Fe}$。

可见变压器的铜损耗等于铁损耗时，效率最大。由于电力变压器长期接在线路上，总有铁损耗，而铜损耗却随着负载而变化，因此铁耗会小一些，对全年的能量效率比较有利，一般取P_0/P_k为(1/4)～(1/3)，最大效率大致发生在$I=(0.5\sim0.6)I_N$时。

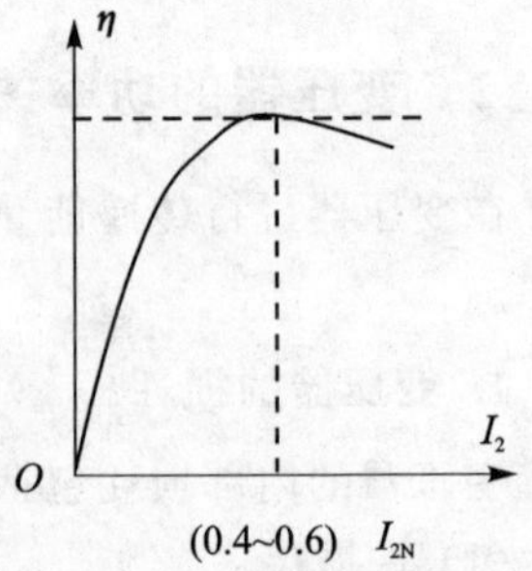

图4-22 变压器的效率特性

4.7 三相变压器的联结组

4.7.1 三相变压器的类型及磁路系统

在电力系统中普遍采用的是三相变压器，基本类型有两种。一种是由三个独立单相变压器组成的变压器，称为三相组式变压器，或称为三相变压器组；另一种是铁芯为三相共有的三

相心式变压器。两者的结构导致磁路不相同，下面分别介绍。

1. 三相组式变压器：

三相组式变压器结构如图 4－23 所示，它的磁路各相彼此无关，自成回路。三个单相变压器完全相同，三相对称运行时，各相磁动势和励磁电流完全对称。特大型的三相变压器有时采用这样的三相变压器组。其优点是制造运输方便，备用变压器容量小（只需一台单相变压器）。缺点是占地面积大、所用的硅钢片多、成本高。

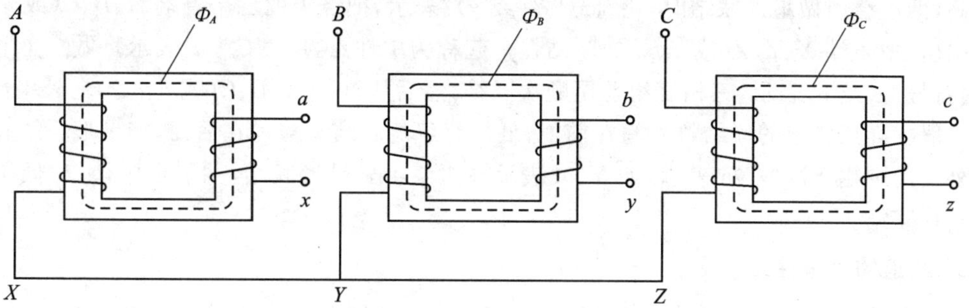

图 4－23　三相变压器组及其磁路

2. 三相心式变压器

三相心式变压器的磁路结构是由三相变压器组演变而来，把三个单相变压器合并成图 4－24(a)所示结构。在对称运行时，三相主磁通是对称的，因此和三相对称电压一样，三个主磁通向量之和为零，即$\dot{\Phi}_A+\dot{\Phi}_B+\dot{\Phi}_C=0$，因此中间这个铁芯柱中的磁通向量$\dot{\Phi}_\Sigma=\dot{\Phi}_A+\dot{\Phi}_B+\dot{\Phi}_C=0$，即中间这个铁芯柱中没有磁通通过，这样就可以省去这根铁芯柱，成为图 4－24(b)所示的形状。为了结构简单、制造方便和节省硅钢片，将三个铁芯柱排在一个平面上，如图 4－24(c)所示，这就是当前广泛采用的三相心式变压器的磁路结构。其特点是三相磁路互相关联，每相磁通都要经过两相磁路闭合。其中中间一相磁路较短，磁阻较小，因此励磁电流也小一些。但因为励磁电流仅为额定电流的百分之几，所以这种不平衡在变压器负载时是微不足道的，完全可以忽略不计。三相心式变压器比三相变压器组用的硅钢片少，重量轻，价格低，占地面积小，这些都是它的优点。

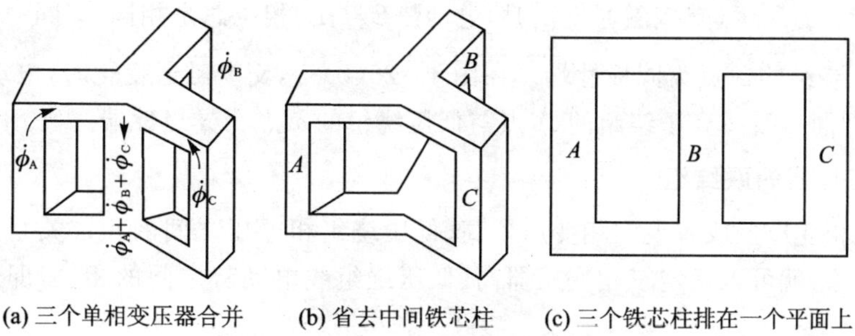

(a) 三个单相变压器合并　(b) 省去中间铁芯柱　(c) 三个铁芯柱排在一个平面上

图 4－24　三相心式变压器磁路

4.7.2 三相变压器的联结方式与联结组

1. 三相绕组的联结方法

三相变压器的绕组一般采用星形和三角形两种联结方法。高压绕组的首端一般用大写字母 A、B、C 来表示，末端用大写字母 X、Y、Z 来表示；低压绕组首端则用小写字母 a、b、c 表示，末端用小写字母 x、y、z 表示。

高、低压绕组做星形联结时，用符号“Y(或 y)”表示，把绕组的三个首端 A、B、C(或 a、b、c)向外引出，把末端 X、Y、Z(或 x、y、z)联结在一起称为中性点，用 N(或 n)表示。做三角形联结时，用符号 D(或 d)表示，三相绕组首尾顺次联结，然后从首端 A、B、C(或 a、b、c)向外引出。

一般把高压绕组的联结符号写在前面，低压绕组的联结符号写在后面，如星形联结有中性点向外引出则用 YN 或 yn 表示，如 YNd 表示高压绕组做星形联结，并引出中性点，低压绕组做三角形联结。

2. 绕组的同极性端

无论是单相变压器的高、低压绕组，还是三相变压器同一相的高、低压绕组，都绕在同一根铁芯柱上，被同一磁通交链。当主磁通交变时，高、低压绕组之间有一定的极性关系，以单相变压器为例进行讨论。

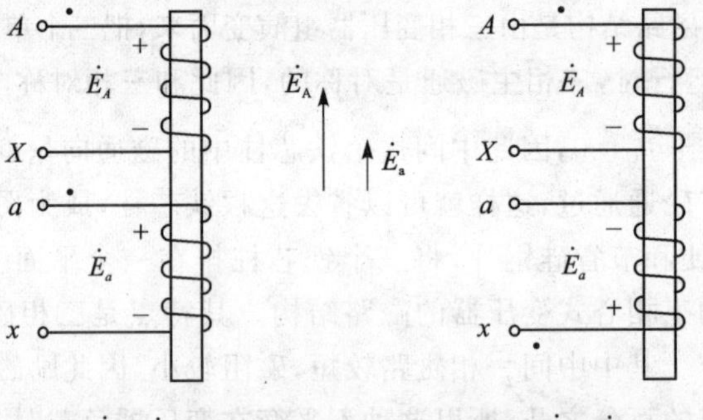

(a) $\dot{E}_A$与$\dot{E}_a$同相　　(b) $\dot{E}_A$与$\dot{E}_a$反相

图 4-25　单相变压器高、低压电动势相位

如图 4-25(a)所示，交变磁通变化时，电动势$\dot{E}_A$与$\dot{E}_a$相位总是相同，即同一瞬间高压绕组的 A 点与低压绕组的 a 点为同极性端。在图 4-25(b)中，交变磁通变化时，电动势$\dot{E}_A$与$\dot{E}_a$相位总是相反，即同一瞬间高压绕组的 A 点与低压绕组的 a 点为异极性端。

3. 三相变压器的联结组

明确了单相变压器或者说三相变压器高、低压绕组相电压之间的相位关系和三相变压器绕组的联结方法，就可以确定三相变压器高、低压绕组线电动势之间的相位，即三相变压器的联结组标号。

三相变压器的联结组标号不仅与绕组的绕向、首尾端的标志有关。还与三相之间的联结方法有关。我们把高压绕组的联结方法写在前面，低压绕组的联结方法写在后面，高、低压绕组线电动势之间的相位差用时钟法写出来，这就构成了三相变压器的联结组标号。对于三相绕组不管采用什么联结方法，高、低压绕组线电压的相位差总是 30° 电角度的倍数。

4. 三相变压器的联结组的判断方法

三相变压器联结组标号的步骤为：

① 按规定的绕组端子标志，连接成所规定的联结组，绘出相量图。

② 相量图中，A 与 a 重合，AB 和 $C(a\ b\ c)$ 按顺时针排列，根据同一铁芯柱上绕组的同名端确定相电压的方向相同或相反。

③ 确定 E_{AB} 与 E_{ab} 相量的夹角，确定联结组标号。

(1) Y、$yn0$ 或 Y、$y0$ 联结组

画出联结图如图 4－26(a)所示。这类联结组高、低压绕组绕向相同，端子标志一致，高、低压绕组的首端为同名端，故按电压正方向确定。高、低压绕组对应的相电压向量应为同相位，将高压和低压侧两个线电压的三角形的重心 N 和 n 重合，并使高压侧三角形的中性线 NA 指向钟面 12，则低压侧对应的中性线 na 也将指向 12，从时间上看是 0 点，故该联结组标号为 0。

(2) Y、$d11$ 或 Y_N、$d11$ 联结组

这类联结组高压绕组为星形联结，低压绕组作三角形联结的次序为 $a\to x\to c\to z\to b\to y$。高压绕组的首端为同名端，故高、低压绕组对应的相电压向量应为同相位，如图 4－27 所示。再把高、低压绕组两个线电压三角形的重心 N 和 n 重合，并使高压侧三角形的中性线 NA 指向钟面 12，则低压侧对应的中性线 na 也将指向 11，故这种联结组的标号为 11。

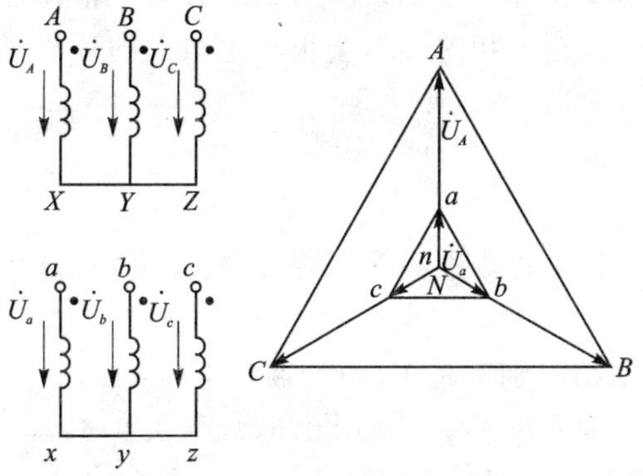

(a) 绕组联结图　　(b) 高、低压向量图

图 4－26　Y、$yn0$ 或 Y、$y0$ 联结组

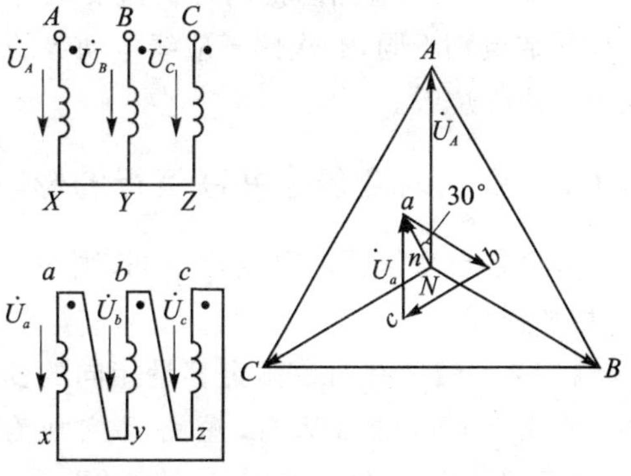

(a) 绕组联结图　　(b) 高、低压绕组向量图

图 4－27　Y、$d11$ 或 Y_N、$d11$ 联结组

联结组标号为 0～11 共计 12 个，每个标号相差 30°电角度。为使电力变压器使用方便和统一，避免联结组过多而造成混乱，以致引起事故，国家规定以 Y、$yn0$，Y、$d11$，Y_N、$d11$，Y、$y0$ 及 Y_N、$y0$ 五种为标准联结组。

4.8　变压器的并联运行

在发电厂和变电站中，常常采用多台变压器并联运行的方式。变压器的并联运行是指，一次绕组和二次绕组分别并联到一次侧和二次侧的公共母线上时的运行，如图 4－28 所示。变压器并联运行可以提高供电的可靠性、减少备用容量，并可以根据负载的大小来调整投入运行

的变压器台数,以提高运行效率。

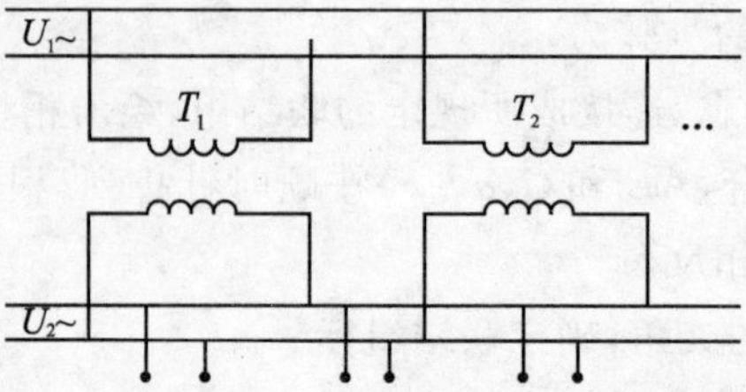

图 4-28 变压器并联运行

4.8.1 变压器的理想并联运行条件

变压器理想并联运行的条件是:

① 空载时并联的变压器之间没有环流;

② 负载时能够按照各台变压器的容量合理地分担负载;

③ 负载时各变压器所分担的电流应为同相。

为达到上述条件,并联运行的个变压器应满足如下要求:

① 各变压器的额定电压与电压比应当相等;

② 各变压器的联结组别必须相同;

③ 各变压器短路阻抗的标幺值要相等,阻抗角要相等。这三条中第二条必须严格保证,如果联结组别不同,二次侧感应线电动势的相位不同,至少相差 30°,会很产生很大的环流,把变压器线圈烧毁。

4.8.2 变比对变压器并联运行的影响

如果各台变压器的电压比不同,则在二次侧的空载电动势不等,会在二次绕组中引起环流,增加损耗。

【例 4-3】 有两台额定容量相同的变压器,联结组别都是 Y、$d11$,额定电压 $U_{1N}/U_{2N}=10\ \text{kV}/6.3\ \text{kV}$,并联运行,短路阻抗则为 $|Z_{k_I}^*|=0.07$,$|Z_{k_{II}}^*|=0.075$,$k_I=0.916$,$k_{II}=0.911\,5$,不计阻抗角的差别,试计算:两台变压器并联运行时的空载环流?

解:

$$I_c=\frac{\dfrac{U_1}{k_I}-\dfrac{U_1}{k_{II}}}{Z_{k_I}+Z_{k_{II}}}=\frac{\left(\dfrac{1}{k_I}-\dfrac{1}{k_{II}}\right)U_1\dfrac{I_{2\Phi_N}}{U_{2\Phi_N}}}{Z_{k_I}^*+Z_{k_{II}}^*}$$

$$I_c^*=\frac{\dfrac{U_1}{k_I}-\dfrac{U_1}{k_{II}}}{Z_{k_I}+Z_{k_{II}}}=\frac{\left(\dfrac{1}{k_I}-\dfrac{1}{k_{II}}\right)\dfrac{U_1}{U_{2\Phi_N}}}{Z_{k_I}^*+Z_{k_{II}}^*}=\frac{\left(\dfrac{1}{0.911\,5}-\dfrac{1}{0.916}\right)\times\dfrac{10/\sqrt{3}}{6.3}}{0.07+0.075}=0.034$$

额定变比为 $k=\dfrac{10/\sqrt{3}}{6.3}=0.916$

变压器Ⅱ的变比误差 $\Delta k=\dfrac{0.916-0.911\,5}{0.916}=0.5\%$

电力变压器的变比误差一般控制在 0.5%以内,故环流可以不超过额定电流的 5%。

4.8.3 短路阻抗对并联运行的影响

并联运行的变压器的短路阻抗是否相等，这一条件将关系到各变压器分担负载的分配是否合理。

① 两台容量相同，短路阻抗不相等的变压器并联运行，各变压器承担的负载与它们的短路阻抗模成反比。

$$\beta_{\mathrm{I}}:\beta_{\mathrm{II}}=Z_{k_{\mathrm{II}}}^{*}:Z_{k_{\mathrm{I}}}^{*}=U_{k_{\mathrm{II}}}^{*}:U_{k_{\mathrm{I}}}^{*}$$

② 各变压器的短路阻抗模的标幺值（或阻抗电压的标幺值）相等，分担的负载与它们的容量成正比。

$$\beta_{\mathrm{I}}:\beta_{\mathrm{II}}=S_{\mathrm{I}}:S_{\mathrm{II}}$$

【例 4-4】 两台电压比和联结组别相同的变压器并联运行。它们的容量和短路阻抗标幺值分别为 $S_{\mathrm{NI}}=100\ \mathrm{kVA}$，$Z_{k_{\mathrm{I}}}^{*}=0.04$；$S_{N_{\mathrm{II}}}=100\ \mathrm{kVA}$，$Z_{k_{\mathrm{II}}}^{*}=0.045$，求当总负载为 200 kVA 时，两台变压器各自分担的负载是多少？为了不使两台变压器过载，总负载应为多少？

解：① 两台变压器分担的负载。

$$\frac{\beta_{\mathrm{I}}}{\beta_{\mathrm{II}}}=\frac{Z_{k_{\mathrm{II}}}^{*}}{Z_{k_{\mathrm{I}}}^{*}}=\frac{0.045}{0.04}=\frac{S_{\mathrm{I}}/100}{S_{\mathrm{II}}/100},\frac{S_{\mathrm{I}}}{S_{\mathrm{II}}}=\frac{4.5}{4},S_{\mathrm{I}}+S_{\mathrm{II}}=200\ \mathrm{kVA}$$

可以求出：$S_{\mathrm{I}}=106\ \mathrm{kVA}$，$S_{\mathrm{II}}=94\ \mathrm{kVA}$。

② 不过载时的总负载。

由于 $S_{\mathrm{I}}=106\ \mathrm{kVA}$，已经过载，要不过载只能是 $S_{\mathrm{I}}=100\ \mathrm{kVA}$，因此

$$S_{\mathrm{II}}=\frac{4}{4.5}S_{\mathrm{I}}=\frac{4}{4.5}\times 100\ \mathrm{kVA}=89\ \mathrm{kVA}$$

$$S_{\mathrm{L}}=S_{\mathrm{I}}+S_{\mathrm{II}}=100\ \mathrm{kVA}+89\ \mathrm{kVA}=189\ \mathrm{kVA}$$

4.9 特殊变压器

在电力系统和其他用电场合，除了使用前面介绍的普通双绕组变压器以外，还广泛使用一些有特殊用途的变压器，尽管它们品种和规格各不相同，但基本理论与前面所阐述的相似。本节主要介绍自耦变压器和互感器。

4.9.1 自耦变压器

普通双绕组变压器的一次、二次绕组之间仅有磁的耦合，并无电的联系。而自耦变压器仅有一个绕组，或者说一次、二次绕组中有一部分是公共的，其结构示意图如图 4-29 所示，因此自耦变压器一次、二次绕组之间既有磁的耦合又有电的联系。

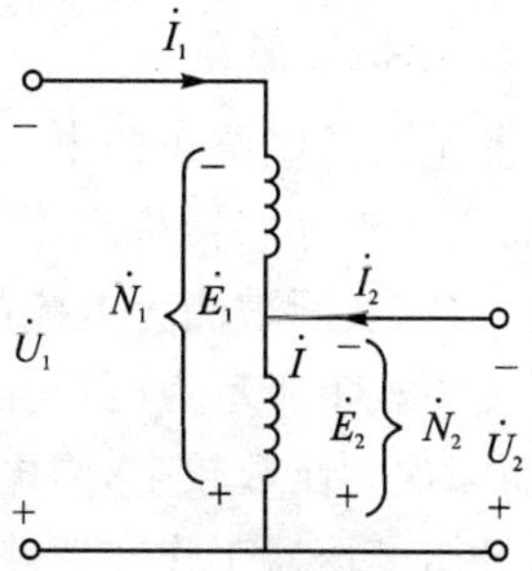

图 4-29　自耦变压器

1. 工作原理

自耦变压器可以设想为从双绕组变压器演变而来。以降压自耦变压器为例来说明它的工作原理。图 4-29 绘制了一台降压自耦变压器，一次侧参数为 $U_{1\mathrm{N}}$，$I_{1\mathrm{N}}$，N_1，二次侧参数为 $U_{2\mathrm{N}}$，$I_{2\mathrm{N}}$，N_2。

由于一、二次电动势平衡方程与普通的双绕组变压器相同，忽略漏阻抗，则电压比同样为：

$$\frac{U_1}{U_2}=\frac{E_1}{E_2}=\frac{N_1}{N_2}=k \tag{4-10}$$

磁动势平衡也与普通的双绕组变压器相同，即：

$$N_1\dot{I}_0=N_1\dot{I}_1+N_2\dot{I}_2 \tag{4-11}$$

在空载电流忽略的情况下，可以推出：

$$\frac{I_1}{I_2}=\frac{N_2}{N_1}=\frac{1}{k} \tag{4-12}$$

公共绕组中电流

$$\dot{I}=\dot{I}_1+\dot{I}_2 \tag{4-13}$$

自耦变压器的容量由两部分构成：一部分是和普通双绕组变压器一样，经公共绕组通过电磁感应传递，称为感应功率；另一部分是由串联绕组通过直接传导传递，称为传导功率。

当 S_N 一定时，变化 k 越接近 1，公共绕组中电流 I 越小，感应功率越小，传导功率所占比例就越大，越经济。

2. 使用注意

自耦变压器不能用做安全照明，使用时绕组的公共端要接地。在自耦变压器的二次侧接电气设备时，要有必要的防高压保护措施。

4.9.2 互感器

互感器是一种测量用的变压器，有电压互感器和电流互感器两种。

1. 电压互感器

测量高压线路的电压时，如果用电压表直接测量，不仅对工作人员很不安全，而且仪表的绝缘也需要加强。所以需要用电压互感器将高电压变换成低电压，然后把电压互感器二次侧电压表的读数乘上变压比就是实际被测高电压的值。

图 4-30 为电压互感器使用时的接线图，匝数多的一次侧接到被测线路，匝数少的二次侧接入电压表或其他测量仪表的电压线圈，相当于一台普通降压变压器工作在空载状态下。

使用电压互感器时注意事项：

① 电压互感器运行中，二次侧绕组不能短路，否则会烧坏绕组。因此，二次侧要装熔断器保护。

② 铁芯、二次侧绕组的一端要可靠接地，以防在绝缘损坏时，在初级出现高压。

2. 电流互感器

测量高压线路里的电流或测量大电流时，同测量高电压一样，也不宜将仪表直接接入电路，而用电流互感器将高压线路隔开，或将大电流变小，再用电流表进行测量。和使用电压互感器一样，实际被测大电流的值等于电流互感器二次侧电流表读数与变流比的乘积。

图 4-31 所示为电流互感器使用时的接线图，一次侧匝数少，串联在被测大电流的电路中，而二次侧匝数较多，与电流表或其他测量仪表的电流线圈串接成一闭合回路，相当于一台普通升压变压器工作在短路状态下。使用电流互感器时的注意事项：

① 电流互感器运行中，二次侧绕组不能开路，如果二次侧开路，一次侧线路电流将全部变

成励磁电流，使铁芯内的磁动势急剧增加，二次侧会感应很高的电动势。因此，二次侧要换接电流表时要先按下短路开关，再进行换接。

② 铁芯、二次侧绕组的一端要可靠接地。

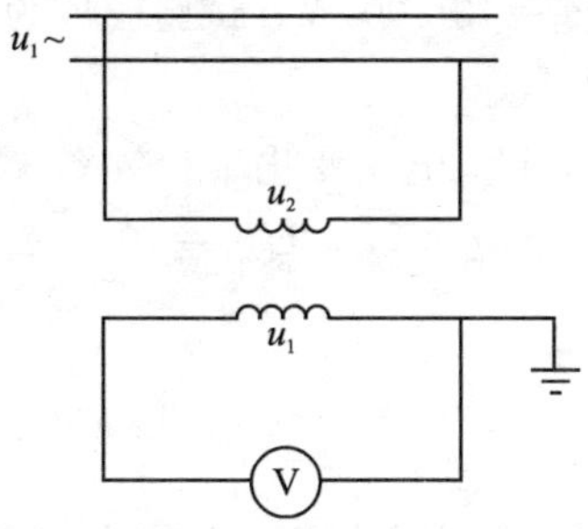

图 4-30　电压互感器

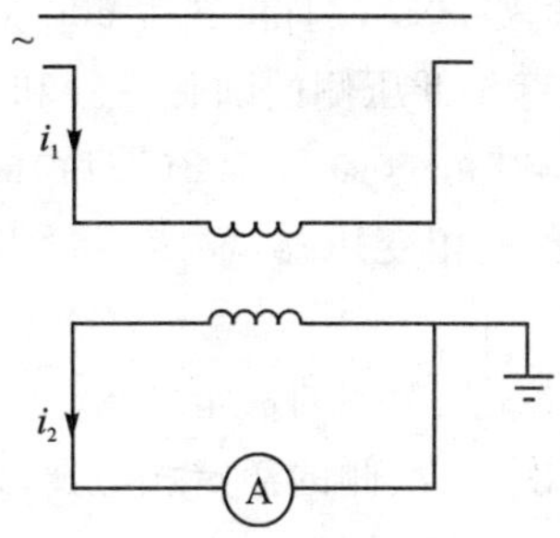

图 4-31　电流互感器

习　题

4.1　变压器能否用来变换直流电压？

4.2　变压器有哪些额定值？二次侧的额定电压的含义是什么？

4.3　变压器的额定功率为什么用视在功率而不用有功功率表示？

4.4　一台 50 Hz 的变压器接到 60 Hz 的电源上运行时，若额定电压不变，则励磁电流、主磁通、铁损、漏抗怎么变化？

4.5　得出变压器等效电路之前，为什么要进行折算？折算的原则是什么？

4.6　变压器中主磁通和漏磁通的作用有什么不同？在等效电路中如何反应？

4.7　变压器等效电路中励磁电抗 x_m 的物理意义是什么？一般希望它大一些好还是小一些好？

4.8　某三相变压器，YN、d 联结，容量 $S_N=500$ kVA，额定电压 $U_{1N}/U_{2N}=35/11$ kV。求变压器在额定状态下的运行时，高、低压绕组的线电流和相电流。

4.9　有一台单相变压器，已知：

$R_1=2.19\ \Omega$，$X_{1\sigma}=15.4\ \Omega$，$R_2=0.15\ \Omega$，$X_{2\sigma}=0.964\ \Omega$，$R_m=1\,250\ \Omega$，$X_m=12\,600\ \Omega$，$N_1=876$ 匝，$N_2=260$ 匝，当 $\cos\varphi_2=0.8$（滞后）时，二次侧的电流 $I_2=180$ A，$U_2=6\,000$ V。试画出折算后的 T 形等效电路图。

4.10　为什么空载试验测得的损耗主要是铁损耗，而短路试验测得的损耗主要是铜损耗？实际负载时的铜损耗与短路试验测得的铜损耗有什么不同？

4.11　什么是电压调整率？与什么因素有关？是否会出现负值？

4.12　最大效率、额定效率和实际效率有何不同？

4.13　画出三相变压器 Y、$d7$，Y、$d3$ 和 Y、$y4$ 联结组的接线图。

4.14　为什么三相变压器组不易采用 Y、yn 联结，而三相心式变压器却可以采用 Y、yn 联结？

4.15　两台变压器并联运行，容量相同而短路阻抗标幺值不同，谁分担的负载多？若短路阻抗标幺值相同而容量不同，谁分担的负载多？

4.16　自耦变压器的额定容量、电磁容量和传导容量之间的相互关系是怎样的？

4.17 电压互感器正常工作时相当于普通变压器的什么状态？使用时有哪些注意事项？

4.18 SCL－1600/10 型三相铝线变压器，d、yn 联结。$S_N=1\ 600$ kVA，$U_{1N}/U_{2N}=10/0.4$ kV，$I_{1N}/I_{2N}=92.5/2312$ A，在低压侧做空载试验，测得：$I_0=104$ A，$P_0=3\ 950$ W；在高压侧做短路试验，测得：$U_k=600$ V，$I_k=92.5$ A，$P_S=13\ 300$ W。试验温度为 20℃，求

① 折算至低压侧的励磁参数和 75℃时的短路参数。

② 满载时，$\cos\varphi_2=0.8$(滞后)时的低压方的电压 U_2、电压变化率和效率。

4.19 有一台三相变压器，额定容量 $S_N=5000$ kA，额定电压 $U_{1N}/U_{2N}=10/6.3$ kV，Y、d 联结，试求：

① 一次、二次侧的额定电流；

② 一次、二次侧的额定相电压和相电流。

4.20 有一台 1 000 kVA，10 kV/6.3 kV 的单相变压器，额定电压下的空载损耗为 4 900 W，空载电流为 0.05(标幺值)，额定电流下 75 ℃时的短路损耗为 14 000 W，短路电压为 5.2%(百分值)。设归算后一次和二次绕组的电阻相等，漏抗亦相等，试计算：

① 归算到一次侧时 T 型等效电路的参数；

② 用标幺值表示时近似等效电路的参数；

③ 负载功率因数为 0.8(滞后)时，变压器的额定电压调整率和额定效率；

④ 变压器的最大效率，发生最大效率时负载的大小($\cos\varphi_2=0.8$)。

4.21 三相变压器额定容量为 20 kVA，额定电压为 10/0.4 kV，额定频率为 50 Hz，Y、$y0$ 联结，高压绕组匝数为 3 300。试求：

① 变压器高压侧和低压侧的额定电流；

② 高压和低压绕组的额定电压；

③ 绘出变压器 Y、$y0$ 的接线图。

4.22 一台 $S_N=100$ kVA，$U_{1N}/U_{2N}=6/0.4$ kV，Y、$y0$ 联结的三相变压器，$I_0\%=6.5\%$，$P_0=600$ W，$u_s=5\%$，$P_{SN}=1\ 800$ W，试求：

① 近似等效电路参数标幺值；

② 满载及 $\cos\varphi_2=0.8$(滞后)时的二次端电压和效率；

③ 产生最大效率时的负载电流及 $\cos\varphi_2=0.8$($\varphi_2>0°$)时的最大效率。

4.23 有一台三相变压器，额定容量 $S_N=5\ 000$ kVA，额定电压 $U_{1N}/U_{2N}=10/6.3$ kV，Y、d 连接，试求：

① 一、二次侧的额定电流；

② 一、二次侧的额定相电压和相电流。

4.24 有一台三相变压器 $S_N=100$ kVA，额定容量 $U_{1N}/U_{2N}=10/0.4$ kV，Y、yn 连接，试求：

① 一、二次侧的额定电流；

② 一、二次侧的额定相电压和相电流。

4.25 两台单相变压器 $U_{1N}/U_{2N}=220/110$ V，一次侧的匝数相等，但空载电流 $I_{0I}=2I_{0II}$。今将两变压器的一次侧绕组顺极性串联起来，一次侧加 440 V 电压问两变压器二次侧的空载电压是否相等？

第 5 章　异步电机

本章内容先阐述三相异步电动机的工作原理及基本结构，在了解了上一章磁动势、磁场和电动势基础上，分析异步电动机负载运行时的电磁过程，得出其基本方程式。在此基础上导出等效电路和相量图，利用等效电路分析功率和转矩，从而得出异步电动机的工作特性，并说明参数的测定方法。

学习本章要求掌握电机旋转后各物理量的变化；异步电机的等效电路和相量图；异步电机的电磁转矩三种表达式及机械特性；异步电机的功率平衡方程式；异步电机的参数测定。

5.1　三相异步电动机的基本理论

5.1.1　三相异步电动机的工作原理

1. 旋转磁场与电动机的转速

(1) 旋转磁场的产生

图 5-1 表示最简单的三相定子绕组 AX、BY、CZ，它们在空间按互差 120°的规律对称排列。当接成星形与三相电源 U、V、W 相连时，在三相定子绕组便通过三相对称电流：随着电流在定子绕组中通过，在三相定子绕组中就会产生旋转磁场，如图 5-2 所示。

$$\left.\begin{aligned} i_A &= I_m \sin\omega t \\ i_B &= I_m \sin(\omega t - 120^\circ) \\ i_C &= I_m \sin(\omega t + 120^\circ) \end{aligned}\right\} \tag{5-1}$$

当 $\omega t = 0°$时，$i_A = 0$，AX 绕组中无电流；i_B 为负，BY 绕组中的电流从 Y 流入 B 流出；i_C 为正，CZ 绕组中的电流从 C 流入 Z 流出；由右手螺旋定则可得合成磁场的方向如图 5-2(a)所示。

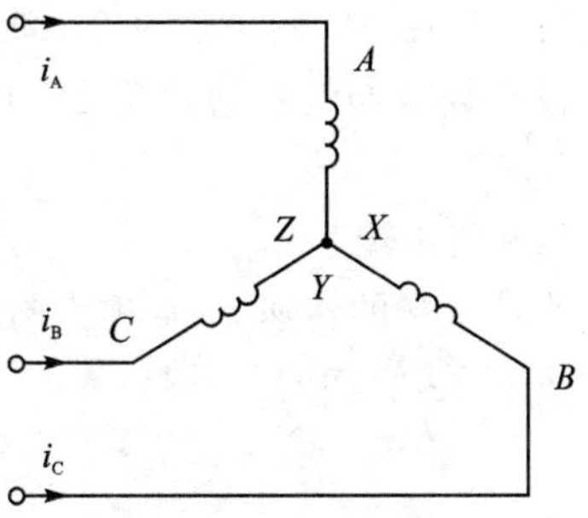

图 5-1　三相异步电动机定子接线

当 $\omega t = 120°$时，$i_B = 0$，BY 绕组中无电流；i_A 为正，AX 绕组中的电流从 A 流入 X 流出；i_C 为负，CZ 绕组中的电流从 Z 流入 C 流出；由右手螺旋定则可得合成磁场的方向如图 5-2(b)所示。

当 $\omega t = 240°$时，$i_C = 0$，CZ 绕组中无电流；i_A 为负，AX 绕组中的电流从 X 流入 A 流出；i_B 为正，BY 绕组中的电流从 B 流入 Y 流出；由右手螺旋定则可得合成磁场的方向如图 5-2(c)所示。

可见，当定子绕组中的电流变化一个周期时，合成磁场也按电流的相序方向在空间旋转一周。随着定子绕组中的三相电流不断地作周期性变化，产生的合成磁场也不断地旋转，因此称为旋转磁场。

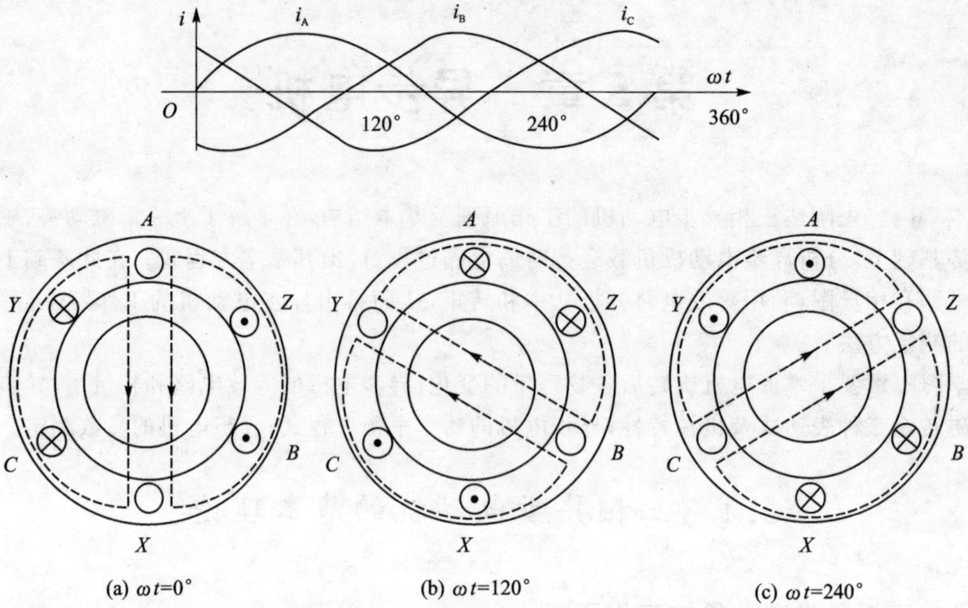

图 5-2 旋转磁场的形成

(2) 旋转磁场的方向

旋转磁场的方向是由三相绕组中电流相序决定的，若想改变旋转磁场的方向，只要改变通入定子绕组的电流相序，即将三根电源线中的任意两根对调即可。这时，转子的旋转方向也跟着改变。

(3) 三相异步电动机的极数与转速

极数(磁极对数 p)：三相异步电动机的极数就是旋转磁场的极数。旋转磁场的极数和三相绕组的安排有关。当每相绕组只有一个线圈，绕组的始端之间相差 120°空间角时，产生的旋转磁场具有一对极，即 $p=1$；当每相绕组为两个线圈串联，绕组的始端之间相差 60°空间角时，产生的旋转磁场具有两对极，即 $p=2$。同理，如果要产生三对极，即 $p=3$ 的旋转磁场，则每相绕组必须有均匀安排在空间的串联的三个线圈，绕组的始端之间相差 40°(=120°/p)空间角。

极对数 p 与绕组的始端之间的空间角 θ 的关系为：

$$\theta = 120/p \tag{5-2}$$

(4) 同步转速 n_1

旋转磁场的转速 n_1 常称为同步转速。三相异步电动机旋转磁场的转速 n_1 与电动机磁极对数 p 有关，它们的关系是：

$$n_1 = \frac{60f}{p} \tag{5-3}$$

由式(5-3)可知，旋转磁场的转速 n_1 决定于定子电流频率 f 和磁场的极数 p。在我国，工频 $f=50$ Hz，因此对应于不同极对数 p 的旋转磁场转速 n_1，见表 5-1。

表 5-1　极对数与转速的关系表

p	1	2	3	4	5	6
n_1/min^{-1}	3 000	1 500	1 000	750	600	500

(5) 转差率 s

电动机转子转动方向与磁场旋转的方向相同,但转子的转速 n 不可能达到与旋转磁场的转速 n_1 相等,否则转子与旋转磁场之间就没有相对运动,因而磁力线就不切割转子导体,转子电动势、转子电流以及转矩也就都不存在。也就是说旋转磁场与转子之间存在转速差,因此我们把这种电动机称为异步电动机,又因为这种电动机的转动原理是建立在电磁感应基础上的,故又称为感应电动机。旋转磁场的转速 n_1 与转子转速 n 之差称为转差。转差 Δn 与同步转速 n_1 的比值称为转差率,用 s 表示。

转差率 s——用来表示转子转速 n 与磁场转速 n_1 相差的程度的物理量,即

$$s=\frac{n_1-n}{n_1}=\frac{\Delta n}{n_1} \tag{5-4}$$

当旋转磁场以同步转速 n_1 开始旋转时,转子则因机械惯性尚未转动,转子的瞬间转速 $n=0$,这时转差率 $s=1$。转子转动起来之后,$n>0$,(n_1-n)差值减小,电动机的转差率 $s<1$。如果转轴上的阻转矩加大,则转子转速 n 降低,即异步程度加大,才能产生足够大的感应电动势和电流,产生足够大的电磁转矩,这时的转差率 s 增大。反之,s 减小。异步电动机运行时,转速与同步转速一般很接近,转差率很小。在额定工作状态下为 0.015～0.06。

根据式(5-4),可以得到电动机的转速常用公式

$$n=(1-s)n_1 \tag{5-5}$$

(6) 三相异步电动机的定子电路与转子电路

三相异步电动机中的电磁关系同变压器类似,定子绕组相当于变压器的原绕组,转子绕组(一般是短接的)相当于副绕组。给定子绕组接上三相电源电压,则定子中就有三相电流通过,此三相电流产生旋转磁场,其磁力线通过定子和转子铁芯而闭合,这个磁场在转子和定子的每相绕组中都要感应出电动势。

2. 异步电动机的工作原理

三相交流异步电动机工作原理简介。

① 当三相异步电机接入三相交流电源时,三相定子绕组流过三相对称电流产生的三相磁动势(定子旋转磁动势)并产生旋转磁场。

② 该旋转磁场与转子导体有相对切割运动,根据电磁感应原理,转子导体产生感应电动势并产生感应电流。

③ 根据电磁力定律,载流的转子导体在磁场中受到电磁力作用,形成电磁转矩,驱动转子旋转,当电动机轴上带机械负载时,便向外输出机械能。电机的转速(转子转速)小于旋转磁场的转速,从而称为异步电机。三相异步电动机的转速永远低于旋转磁场的同步转速,使转子和旋转磁场间有相对运动,从而保证转子的闭合导体切割磁力线,感生电流,产生转矩,因此也称为感应电动机。转速的差异是异步电动机运转的必要条件。在额定情况下,转子转速一般比同步转速低 2%～5%。

5.1.2　三相异步电动机的3种运行状态

转差率是表征感应电机运行状态的一个基本变量。按照转差率的正负和大小，感应电机有电动机、发电机和电磁制动三种运行状态。运行状态跟它的转差率 s 有关。

1. 电动机状态（$0<n<n_1$，$0<s<1$）

定子三相对称绕组通入三相对称电流，产生同步转速旋转的气隙磁场。转子导体运动（相对磁场，磁场转速快）切割磁力线，产生感应电动势，进而产生电流。电流与气隙磁场的相互作用产生与转子转向相同的拖动转矩。电机从电网吸收电功率，经过气隙的耦合作用从轴上输出机械功率。

2. 发电机状态（$n>n_1$，$s<0$）

原动机拖动转子以 $n(>n_1)$ 转速旋转。转子导体运动（相对磁场，磁场转速慢）切割磁力线，产生感应电动势，进而产生电流。电流与气隙磁场的相互作用产生与转子转向相反的制动转矩。电机从轴上吸收机械功率，经过气隙耦合再向电网输出电功率。

3. 电磁制动状态（$n<0$，$s>1$）

转子逆着磁场方向旋转，此时电机既从电网吸收电功率又从轴上吸收机械功率，它们都消耗在电机内部变成损耗。

5.2　三相异步电机的结构及额定值

5.2.1　三相异步电机的结构

异步电机基本类型包括单相鼠笼式异步电机、三相鼠笼式异步电机、三相绕线式异步电机。

三相异步电机主要由定子和转子两大部分组成，定子和转子之间有一个很小的气隙。图5-3是一台三相笼型感应电动机的结构图，下面介绍其主要部件。

1. 定子部分

异步电动机的定子由定子铁芯和定子绕组、机座与端盖等几部分组成。

(1) 定子铁芯

定子铁芯安装在机座上，是电机主磁路的一部分。为了减少磁滞损耗和涡流损耗，定子铁芯采用0.5 mm的硅钢片冲片叠压而成，定子铁芯内圆有均匀分布的槽，用于嵌放定子绕组，槽的形状有开口槽和半开口槽。

(2) 定子绕组

定子绕组的作用是通过电流建立磁场、感应电动势以实现机电能量的转换。分散放入定子槽的线圈通常由高强度漆包圆铜线或圆铝线绕制。成型线圈放入槽内，通常采用云母带绝缘，以免运行时绕组对铁芯出现击穿或者短路故障。三相绕组的两端分别用 U_1-U_2、V_1-V_2、W_1-W_2 表示，通常将三相绕组的6个端头引至接线盒，可按需要接成星形（用Y表示）或三角形（用Δ表示），如图5-4所示。

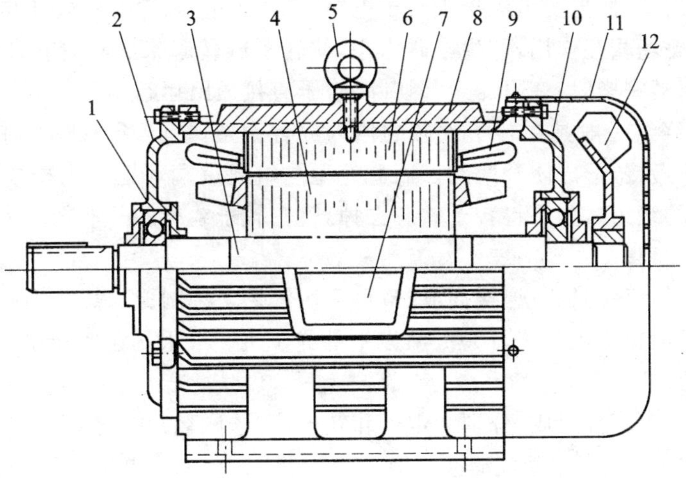

1 -轴承；2 -轴身侧端盖；3 -转轴；4 -转子铁芯；5 -吊环；6 -定子铁芯；
7 -出线盒；8 -机座；9 -定子绕组；10 -非轴身侧端盖；11 -风罩；12 -风扇

图 5－3　三相笼型感应电动机的结构图

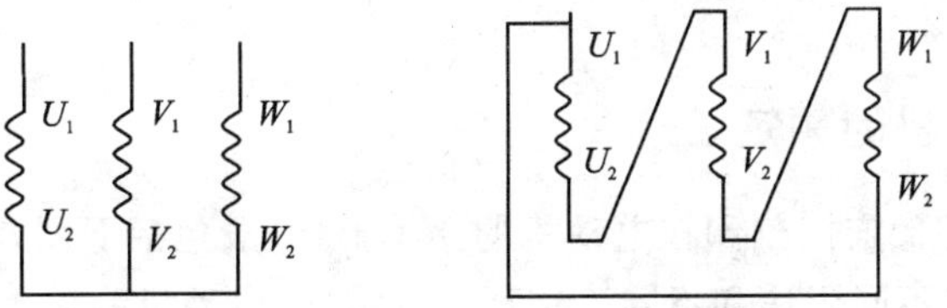

(a) 星形联结　　(b) 三角形联结

图 5－4　三相异步电动机定子绕组的联结

（3）机座和端盖

机座主要用于固定和支撑铁芯，中小型电机一般采用铸铁机座，大中型电机采用钢板焊接而成。端盖是用铁铸成的盘状盖子，用螺栓固定在机座两端，对电机起防护作用，端盖中央安装轴承以支撑转子的转轴。

2. 转子部分

异步电机的转子由转子绕组、转子铁芯和转轴几部分组成。

（1）转子铁芯

转子铁芯也是电动机主磁路的一部分，一般由 0.5 mm 厚的冲槽硅钢片叠成。转子铁芯固定在转轴或支架上。转子铁芯外表面有若干均匀分布的槽，槽内嵌放转子绕组，转子铁芯外表面成圆柱形。

（2）转子绕组

异步电动机的转子绕组分为绕线型和笼型两种。根据转子结构不同，将异步电机分为绕线转子异步电机和笼型转子异步电机两种。

绕线转子绕组也是绕线式三相电机的转子绕有和定子绕组相似的三相对称绕组。转子绕组一般均接成星形（亦可接成三角形），三相首端分别接到装在转轴上的三个互相绝缘的滑环上，通过和滑环接触的电刷，可以使电机启动时在转子电路中串接变阻器。工作原理和笼式电机完全一样。启动时，把变阻器接入转子电路，在转子电势作用下，转子电路中便有电流通过，这电流和旋转磁场相互作用，产生电磁力矩，使转子旋转起来。随着转速的增加，启动变阻器逐段切出，到启动完毕时，变阻器全部切除，转子直接短路运行。

笼型转子绕组一般是在转子铁芯的槽内放置铜条，在转子铁芯两端槽口用两个铜环（端环）将槽内铜条短接，形成闭合回路。因此笼型绕组通过端环把嵌入槽中导条短接起来，形成一个自己短路的绕组。如果将转子铁芯去掉，整个转子绕组的外形像一个松鼠笼子，因此叫鼠笼式转子简称笼型。

笼型绕组可以采用铜条焊接而成，也可采用铸铝工艺制成。焊接铜条转子性能很好，成本较高，一般在大型异步机采用，100 kW 以下的异步机一般采用铸铝转子。

(3) 气　隙

电机主要由两部分组成，分别为定子和转子，定子顾名思义是固定不动的，转子是可以做360°旋转的。因此，两者之间就必须要有一定的间隙，中小型电机气隙一般为 0.2～2 mm，保证转子在旋转时不与定子发生摩擦，造成扫膛，烧坏电机。气隙的大小是有严格要求的，如过小，易发生扫膛，轻则电机发热，重则烧坏电机；如过大，电机的效率降低，影响到电机做功。

此外异步机还有端盖、风扇等。端盖除了起防护作用外，还装有轴承用来支撑转子。风扇用来通风冷却。

5.2.2　三相异步电机的额定值

三相异步电动机的额定值刻印在电动机的铭牌上，一般包括下列几种：

① 型号：为了适应不同用途和不同工作环境的需要，电动机制成不同的系列，每种系列用各种型号表示。例如 Y 132 M－4。Y 为三相异步电动机。其中三相异步电动机的产品名称代号还有：YR 为绕线式异步电动机；YB 为防爆型异步电动机；YQ 为高启动转矩异步电动机。132 为机座中心高(mm)。M 为机座长度代号。4 为磁极数。

② 接法：这是指定子三相绕组的接法。一般鼠笼式电动机的接线盒中有 6 根引出线，标有 U_1、V_1、W_1、U_2、V_2、W_2。其中：U_1U_2 是第一相绕组的两端；V_1V_2 是第二相绕组的两端；W_1W_2 是第三相绕组的两端。如果 U_1、V_1、W_1 分别为三相绕组的始端（头），则 U_2、V_2、W_2 是相应的末端（尾）。这 6 个引出线端在接电源之前相互间必须正确连接。连接方法有星形(Y)连接和三角形(Δ)连接两种，如图 5－4 所示。

③ 额定功率 P_N：是指电动机在制造厂所规定的额定情况下运行时，其输出端的机械功率。对三相异步电机，其额定功率为

$$P_N = \sqrt{3}U_N I_N \eta_N \cos\varphi \tag{5-6}$$

式(5－6)中，η_N 和 $\cos\varphi$ 分别为额定情况下的效率和功率因数。定子三相绕组 Y 接法时，$I_N = I_{\varphi N}$，$U_N = \sqrt{3}U_{\varphi N}$；定子绕组 Δ 接法时，$I_N = \sqrt{3}I_{\varphi N}$，$U_N = U_{\varphi N}$。

④ 额定电压 U_N：是指电动机额定运行时，外加于定子绕组上的线电压。一般规定电动机的工作电压不应高于或低于额定值的 5%。当工作电压高于额定值时，磁通将增大，将使励磁电流大大增加，电流大于额定电流，使绕组发热。同时由于磁通的增大，铁损耗（与磁通平方成正比）也增大，使定子铁芯过热。当工作电压低于额定值时，引起输出转矩减小，转速下降，电流增加，也使绕组过热，这对电动机的运行也是不利的。

我国生产的 Y 系列中的小型异步电动机，其额定功率在 3 kW 以上的额定电压为 380 V，绕组为三角形连接。额定功率在 3 kW 及以下的额定电压为 380/220 V，绕组为 Y/Δ 连接（即电源线电压为 380 V 时，电动机绕组为星形连接；电源线电压为 220 V 时，电动机绕组为三角形连接）。

⑤ 额定电流 I_N：是指电动机在额定电压和额定输出功率时，定子绕组的线电流。当电动机空载时转子转速接近于旋转磁场的同步转速，两者之间相对转速很小，所以转子电流近似为零。这时定子电流几乎全为建立旋转磁场的励磁电流。当输出功率增大时，转子电流和定子电流都随着相应增大。

⑥ 额定频率 f：我国电力网的频率为 50 Hz，因此国内用的异步电动机的额定频率为 50 Hz。

⑦ 额定转速 n_N：是指电动机在额定电压、额定频率下输出端有额定功率输出时转子的转速，单位为 r/min。

⑧ 额定效率 η_N：是指电动机在额定情况下运行时的效率，是额定输出功率与额定输入功率的比值。即 $\eta_N = P_2/P_1 \times 100\%$，异步电动机的额定效率约为 75%～92%。

⑨ 额定功率因数 $\cos\varphi$：因为电动机是电感性负载，定子相电流比相电压滞后一个角，$\cos\varphi$ 就是异步电动机的功率因数。三相异步电动机的功率因数较低，在额定负载时约为 0.7～0.9 之间，而在轻载和空载时更低，空载时只有 0.2～0.3。

⑩ 绝缘等级：它是按电动机绕组所用的绝缘材料在使用时容许的极限温度来分级的。所谓极限温度，是指电动机绝缘结构中最热点的最高容许温度。其技术数据如表 5－2 所列。

表 5－2 异步电机绝缘等级和极限温度

绝缘等级	A	E	B	F	H
极限温度/℃	105	120	130	155	180

⑪ 工作方式：反映异步电动机的运行情况，可分为 3 种基本方式，分别为连续运行、短时运行和断续运行。

5.3 三相交流电机的电枢绕组

5.3.1 交流绕组的构成原则和分类

1. 定子绕组分类

按相数可分为单相、二相、三相绕组；按槽内层数可分为单层、双层和混合绕组。单层绕组又可分为同心式、链式和交叉式绕组；双层有叠绕组，波绕组。按每极每相槽数可分为整数槽绕组和分数槽绕组。

2. 交流绕组的一些基本知识和基本量

① 电角度和机械角度：电机圆周在空间上定为 360°，这个角度称为机械角度。而电角度的 360°是根据电流完成一个完整的周期变化来定义的。从电磁观点来看，经过一对磁极就是一个周期。也就是说导体中的感应电动势也变化一个周期，相当于 360°电角度。即电角度＝

$p\times$机械角度。

② 线圈：组成交流绕组的单元是线圈，它由一匝或多匝串联而成，有两个引出线，一个称为首端，另一个称为末端。

③ 节距：一个线圈的两个边所跨定子圆周上的距离称为节距 y_1，一般用槽数表示。极距

$$\tau=\frac{Z}{2p} \tag{5-7}$$

式中，Z 为定子槽数；p 为极对数。若 $y_1=\tau$ 为整距线圈，$y_1<\tau$ 为短距线圈，$y_1>\tau$ 为长距线圈。为使绕组产生的电动势、磁动势最大，应使 y_1 接近或等于极距。

④ 槽距角 α(电角度)：相邻两槽之间的距离用电角度表示为

$$\alpha=\frac{p\times 360^\circ}{Z} \tag{5-8}$$

⑤ 每极每相槽数 q：每极下每相所占的槽数为

$$q=\frac{Z}{2pm_1}=\frac{\tau}{m_1} \tag{5-9}$$

式中，m_1 为定子相数。

⑥ 槽电动势星形图：假设气隙磁密在圆周上按正弦规律分布，转子反时针方向旋转，定子各槽内导体的感应电动势也将随时间按正弦规律变化。当把电枢上各槽内导体按正弦规律变化的电势分别用矢量表示时，这些矢量构成一个辐射星形图，各槽内导体感应电动势在时间相位上互差 α 电角度。

⑦ 相带划分：每个极距内属于每相的槽数所占有的区域称为相带，用电角度表示，$q\alpha=$相带。

例如：$2p=4$，$Z=24$ 槽的电动势星形图如图 5-5 所示。

定子的每极每相槽数 q 为 $q=\dfrac{Z}{2pm_1}=\dfrac{24}{4\times 3}=2$

由于每一对极相当于 360°电角度，此电机为 4 极，相当于 $p\times 360^\circ=720^\circ$电角度，相邻两槽间的电角度 $\alpha=\dfrac{p\times 360^\circ}{Z}=\dfrac{2\times 360^\circ}{24}=30^\circ$。此 α 角也是相邻槽中导体感应电动势的相位差。由于 $q=2$，每极下 A 相应有两个槽，每极每相占有 60°电角度，整个定子中 A 相共有 8 个槽。为使合成电动势最大，在第一个 N 极下选取 1、2 两个槽作为 A 相带；在第一个 S 极下选取 7、8 两个槽作为 X 相带(A 相的负相带)。由于 1、2 两个槽为相邻槽，相量间夹角最小，合成的电动势最大。而 7、8 两个槽分别与 1、2 两个槽相隔 180°电角度，这两个相带的线圈组(称为极相组)反接，合成的电动势也为最大。再在第二个 N 极下选取 13、14 两个槽作为 A 相带；在第二个 S 极下选取 19、20 两个槽作为 X 相带。最后这 4 个线圈组按照一定规律(串联或并联)连接即得到 A 相绕组。因为 B 相首端离 A 相 120°电

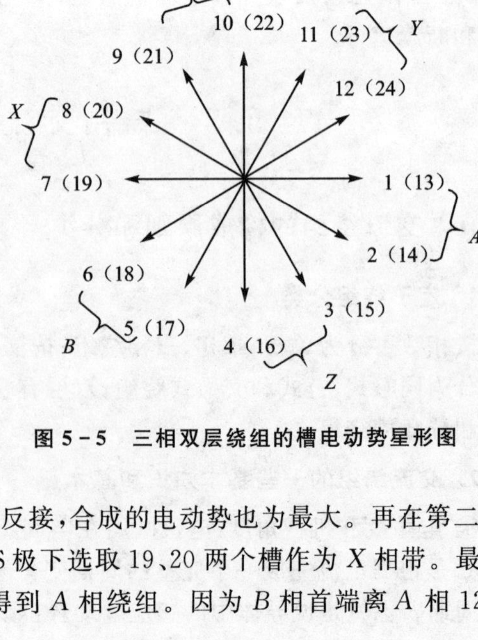

图 5-5 三相双层绕组的槽电动势星形图

角度，相隔 $120/\alpha=120/30=4$ 个槽。选取 $1+4=5$ 号槽作为 B 相带的起始点，选择 $1+4+4=9$ 号槽作为 C 相带的起始点，与 A 相原理相同，即可得到表 5-3 各个相带的槽号分配。

表 5-3 各个相带的槽号分配

相 带	A	Z	B	X	C	Y
第一对极(1～12 槽)	1,2	15,16	5,6	7,8	9,10	11,12
第二对极(13～24 槽)	13,14	3,4	17,18	19,20	21,22	23,24

5.3.2 三相单层绕组

每一槽内只有一个线圈边，绕组的线圈数等于总槽数的一半。但它的电动势和磁动势波形比双绕组稍差，因此一般用于 10 kW 以下的感应电机中。按照线圈的形状和端部联结方式，单层绕组分为同心式、链式和交叉链式。

① 链式绕组是由具有相同形状和宽度的单层线圈元件所组成，因其绕组端部各个线圈像套起的链环一样而得名。单层链式绕组应特别注意的是其线圈节距必须为奇数，否则该绕组将无法排列布置。

② 链式绕组当每极每相槽数为大于 2 的奇数时，链式绕组将无法排列布置，此时就需要采用具有单、双线圈的交叉式绕组。

③ 同心式绕组在同一极相组内的所有线圈围抱同一圆心。

④ 当每级每相槽数 q 为大于 2 的偶数时则可采取交叉同心式绕组的形式。单层同心绕组和交叉同心式绕组的优点为绕组的绕线、嵌线较为简单，缺点则为线圈端部过长耗用导线过多。现除偶有用在小容量 2 极、4 极电动机中以外，目前已很少采用这种绕组形式。

1. 同心式绕组

同心式绕组由不同节距的同心线圈组成。以 $Z=24$，$2p=2$ 为例：

$$q=\frac{Z}{2pm}=\frac{24}{2\times 3}=4$$

按照最大电动势原则，将 1 和 12 相连，组成一个大线圈；2 和 11 相连，组成一个小线圈；大小线圈组成一个线圈组，如图 5-6 所示。再把 13 和 24 相连，14 和 23 相连，组成另一个线圈组；A 相电流由第 1 槽流入，电流方向第 1 槽向上，第 12 槽向下，12 槽末端与第 2 槽首端相连，第 2 槽向上，11 槽向下；11 槽末端与第 23 槽首端相连，23 槽电流向上，第 14 槽向下，14 槽末端与第 24 槽首端相连，第 24 槽向上，13 槽向下；13 槽作为 A 相出线端 X。这样形成了 A 相绕组，同理可得 B 相、C 相绕组接法。

2. 链式绕组

链式绕组是由具有相同形状和宽度的单层线圈元件所组成，因其绕组端部各个线圈像套起的链环一样而得名。单层链式绕组应特别注意的是其线圈节距必须为奇数，否则该绕组将无法排列布置。即线圈的一条边若放在奇数槽内，则另一边必定在偶数槽内。链式绕组主要用在每极每相槽数 q 为偶数的小型 4 极、6 极感应电机中。

3. 交叉链式绕组

当每极每相槽数 q 为大于 2 的奇数时链式绕组将无法排列布置，此时就需要采用具有单、双

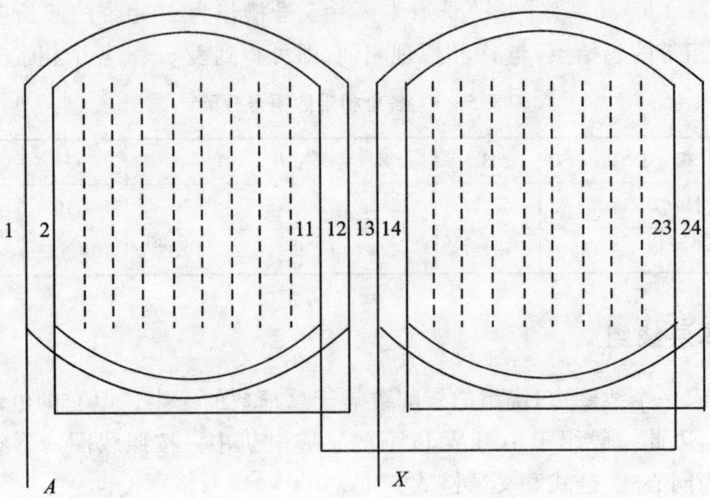

图 5-6　单层同心式绕组 A 相展开图($Z=24$, $2p=2$)

线圈的交叉式绕组。根据相邻异性磁极下电流方向相反的原则,即 N 极下电流向上,而 S 极下电流向下。如图 5-7 所示为一台 36 槽 4 极电机绕组接线图:$Z=36, 2p=4, m=3, y_1=8$。

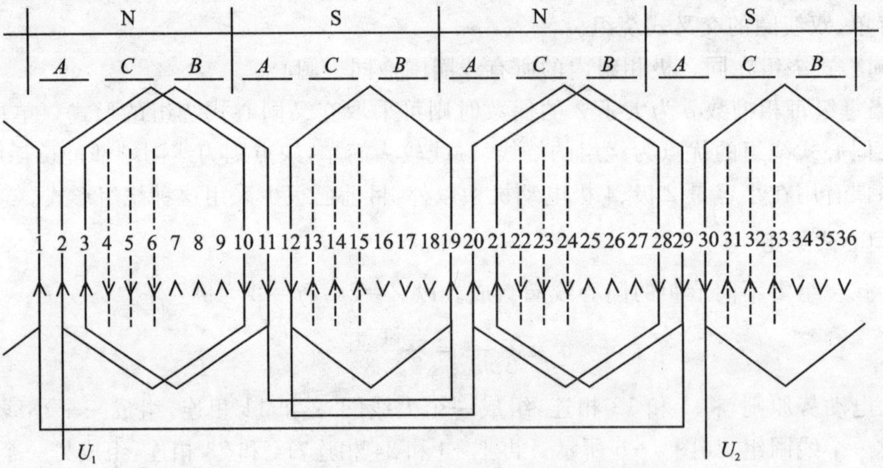

图 5-7　交叉式绕组线圈展开示意图

5.3.3　三相双层绕组

三相双层绕组有叠绕组和波绕组。叠绕组是任何两个相邻的线圈都是后一个线圈叠在前一线圈的上面。在制造上,这种绕组的一个线圈多为一次制造而成,这种形式的线圈也称为框式绕组。这种绕组的优点是短矩时节省端部用铜,也便于得到较多的并联支路。其缺点是端部的接线较长,在多极的大电机中这些连接线较多,不便布置且用量也很大,故多用于中小型电机。波绕组是任何两个串联线圈沿绕制方向像波浪似的前进。在制造上,这种绕组的一个线圈多由两根条式线棒组合而成,故也称为棒形绕组。其优点是线圈组之间的连接线少,故多用于大型轮发电机。在现场,波绕组的元件直接称为"线棒"。

双层绕组在每个槽内安放两个不同线圈的线圈边。线圈一个有效边放在某槽的上层,另一个有效边放在相距 y_1(线圈节距)的另一槽的下层。因此三相绕组的总线圈数正好等于槽数。这两种绕法都是相对于双层绕组来说的,叠绕其实就是相邻的线圈都串联,波绕其实就是每个同性磁极下处于同一位置的线圈相互串联,然后再依次串联起来,其实目的都是为了让产生的电动势相互叠加,或者对电动机来说让转矩可以叠加。叠绕和波绕线圈示意图如图 5-8 所示。

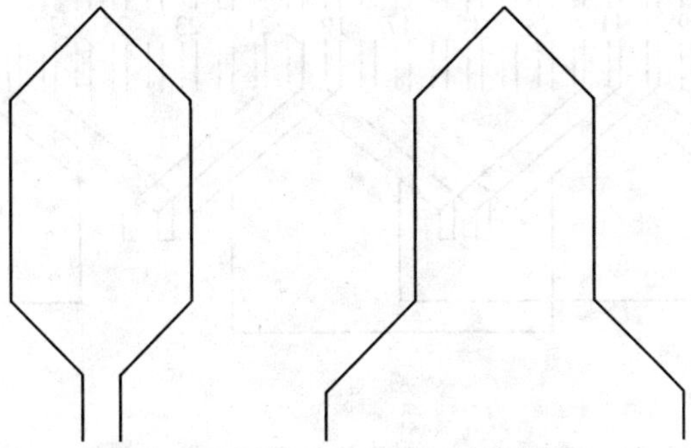

图 5-8　叠绕和波绕线圈示意图

1. 叠绕组

以 $2p=4, Z=36$,双层叠绕组为例说明绕组展开图的画法如图 5-9 所示。

① 极距为 9 槽;$\tau=\frac{Z}{2p}=\frac{36}{4}=9$。

② 节距:短距取 $y_1=8$ 槽;$y_1\approx\frac{5}{6}\tau\approx 8$。

③ 每极每相槽数:
$$q=\frac{Z}{2pm}=\frac{36}{4\times 3}=3$$
$$\alpha=\frac{p\times 360^\circ}{Z}=\frac{2\times 360^\circ}{36}=20^\circ$$

④ 绕组连接图(A 相)如图 5-9 所示。

由于 $y_1=8$,1 号线圈的一条线圈边放在 1 号槽的上层,另一条线圈边应在 $9(1+y_1=9)$ 号槽的下层。2 号线圈的一条线圈边放在 2 号槽的上层,另一条线圈边应在 $10(2+y_1=10)$ 号槽的下层。同样 3 号线圈的一条线圈边放在 3 号槽的上层,另一条线圈边应在 $11(3+y_1=11)$ 号槽的下层。线圈 1、2、3 串联起来,形成 A 相带 N 极下的一个极相组;线圈 19、20、21 串联起来,形成 A 相带 N 极下的另一个极相组;线圈 10、11、12 串联起来,线圈 28、29、30 串联起来,分别组成对应于 A 相带 S 极下的两个极相组;把此 4 个极相组串联或并联可构成 A 相绕组。B、C 相绕组可同样方法构成。

由于不同磁极下的电动势方向相反,电流方向也相反,因此串联时应把极相组 A 和极相组 X 反向串联,即首—首相连把尾端引出,或尾—尾相连把首端引出。如图 N 极下第一个极相组 A_1 的 3 号线圈的尾端与 S 极下第一个极相组 X_1 的 12 号线圈的尾端相连,N 极下第二个极相组 A_2 的 21 号线圈的尾端与 S 极下第二个极相组 X_2 的 30 号线圈的尾端相连。如果整个绕组为一个支路,只需把 10 号线圈和 19 号线圈的首端相连,A_1 极相组首端 1 号线圈作为 A 相绕组的首端 A,第二个极相组 X_2 的 28 号线圈的首端作为 A 相绕组的尾端 X。此时 A

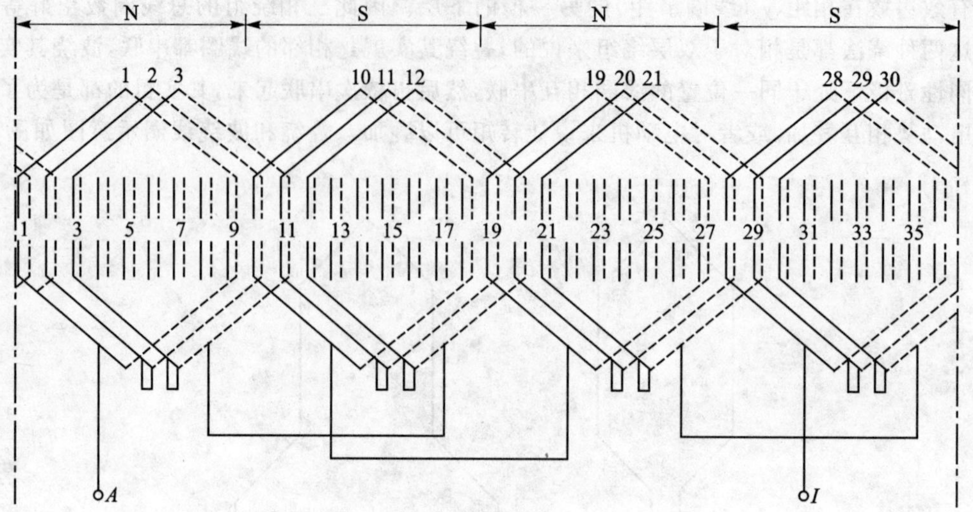

图 5-9 双层叠绕线圈展开示意图

相绕组内 12 个线圈一条支路连接如图 5-10 所示。

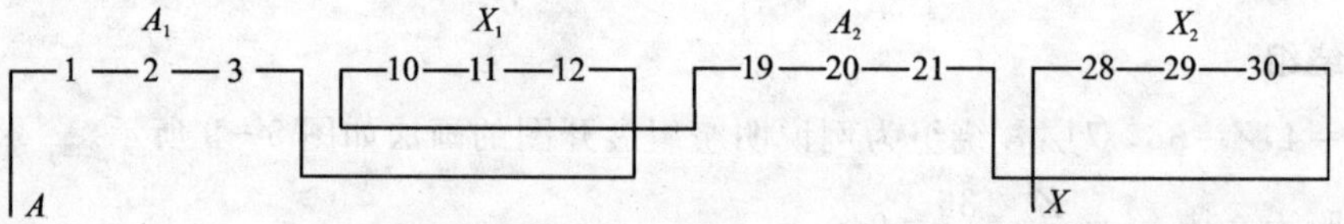

图 5-10 A 相绕组的串联连接

如果要得到 2 条并联支路，只需把 A_1X_1 绕组作为一条支路，A_2X_2 绕组作为另一条支路，把两个支路的首端—首端相连，把尾端—尾端相连，得到二条并联支路连接如图 5-11 所示。

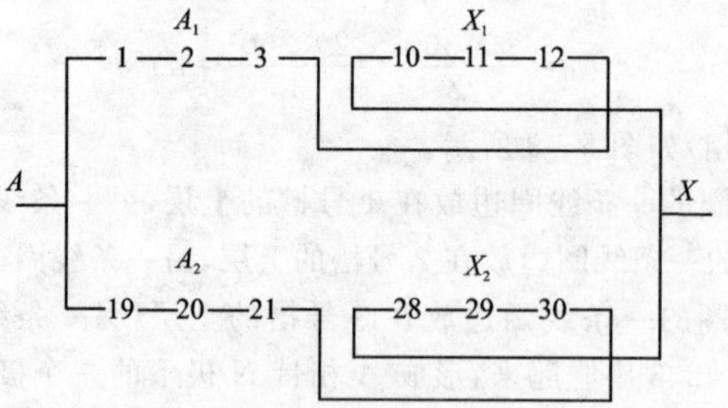

图 5-11 A 相绕组的并联连接

由于每相的极相组数等于极数。所以双层绕组的最多并联支路数等于 $2p$。实际支路数 a 通常小于 $2p$，且 $2p$ 必须是 a 的整数倍。

2. 波绕组

波绕组的相带划分和槽号分配与叠绕组完全相同。连接规律与直流电机的波绕组相似，即将同一极性下属于同一相的线圈按照一定次序串联起来，组成一组；再将另一极性下属于同一相的线圈按照一定次序串联起来，组成另一组，最后将这两组线圈按需要串联或并联，构成一相绕组。

例如，三相4极36槽电机。若A相绕组从3号线圈起头，由于$y_1=8$，1号线圈的一条线圈边放在1号槽的上层，另一条线圈边应在$9(1+y_1=9)$号槽的下层。2号线圈的号槽的一条线圈边放在2号槽的上层，另一条线圈边应在$10(2+y_1=10)$号槽的下层。同样3号线圈的号槽的一条线圈边放在3号槽的上层，另一条线圈边应在$11(3+y_1=11)$号槽的下层。线圈1、2、3串联起来，形成A相带N极下的一个极相组；线圈19、20、21串联起来，形成A相带N极下的另一个极相组；线圈10、11、12串联起来，线圈28、29、30串联起来，分别组成对应于A相带S极下的两个极相组；把此4个极相组串联或并联可构成A相绕组。B、C相绕组可同样方法构成，如图5-12所示。

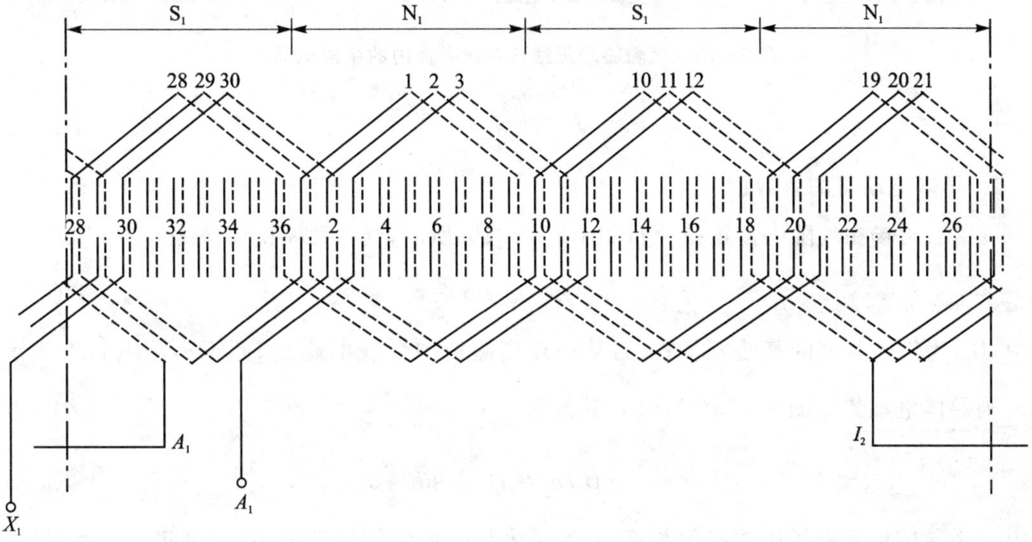

图5-12 波绕线圈的展开图

5.4 三相交流绕组感应电动势

当气隙磁场按正弦规律分布时，同步速旋转的磁场在定子绕组中产生感应电动势。先分析导体感应电动势，再分析线圈电动势、分布绕组电动势和相电动势。

5.4.1 导体感应电动势

图5-13(a)表示一台交流发电机，转子用原动机拖动，转子直流励磁形成的主磁极切割定子中一根导体，产生感应电动势。当导体切割S极磁场时，根据右手定则，电动势方向是从纸面穿入；当导体切割N极磁场时，根据右手定则，电动势方向是从纸面穿出；当连续不断切割交替排列的N极和S极磁场时，导体内产生一个交流电动势。

1. 导体电动势的频率 f

每当转子转过一对磁极，导体电动势就经历一个周期的变化；若电机有p对磁极，转子每转一周，则导体电动势经历p个周期。若转子以每分钟n_1转旋转，导体感应电动势每秒变化的频率为

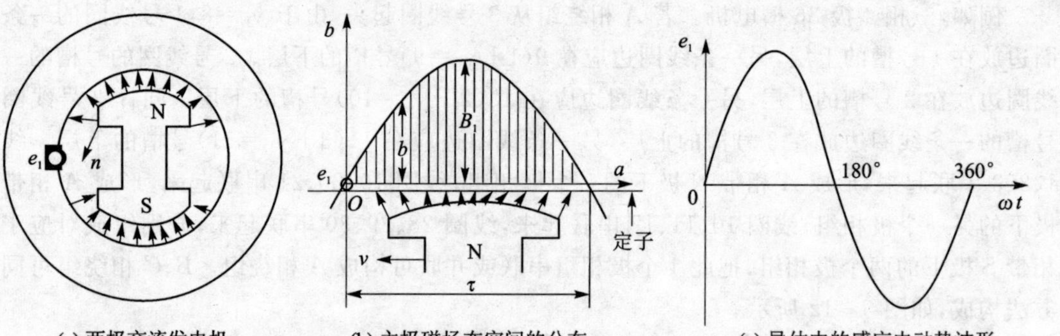

图 5-13　气隙磁场正线分布时导体内的感应电动势

$$f = \frac{pn_1}{60}\ \mathrm{Hz} \tag{5-10}$$

2. 导体电动势的有效值

设主极磁场在气隙内按正弦分布如图 5-13(b)所示，气隙磁密的基波为

$$B_{X1} = B_{m1}\sin\frac{\pi}{\tau}x \tag{5-11}$$

式中，B_{m1}为气隙磁密的基波幅值；x 为某一点离磁极中性线的距离，此距离用电角度表示为 $\frac{\pi}{\tau}x$，则导体电动势如图 5-13(c)所示，其值为

$$e_{c1} = B_x lv = B_{m1}lv\sin\frac{\pi}{\tau}x \tag{5-12}$$

式中，l 为导体处于磁场中的有效长度；v 为导体与磁场的相对速度，由于速度为 $v=\pi D_i n/60=2\tau f$。其中 D_i 为定子内径，τ 为极距 $\tau=\frac{\pi D_i}{2p}$，导体电动势有效值为

$$E_{c1} = \frac{E_{cm1}}{\sqrt{2}} = \frac{B_{m1}l}{\sqrt{2}}2\tau f \tag{5-13}$$

若主磁通在气隙内正弦分布，则一个极下的平均磁通密度为 $B_{av}=\frac{2}{\pi}B_{m1}$，考虑到每极磁通量 $\Phi_1=B_{av}\tau l=\frac{2}{\pi}B_{m1}\tau l$，则式(5-13)变为

$$E_{c1} = \frac{B_{m1}l}{\sqrt{2}}2\tau f = \frac{\sqrt{2}}{2}\pi f\left(\frac{2}{\pi}B_{m1}l\tau\right) = 2.22f\Phi_1 \tag{5-14}$$

5.4.2　线圈的电动势

1. 线匝电动势

对于整距线圈($y=\tau$)，如果线圈为单匝，则一个有效边在 N 极下时，另一个有效边刚好在 S 极下，如图 5-14 所示。此时两根导体中电动势 E_{c1} 和 E'_{c1} 大小相等方向相反，线匝电动势 $\dot{E}_{t1}$ 为两相量 $\dot{E}_{c1}$ 和 $\dot{E}'_{c1}$ 之差，即

$$\dot{E}_{t1} = \dot{E}_{c1} - \dot{E}'_{c1} = 2\dot{E}_{c1} \tag{5-15}$$

线匝电动势有效值为

$$E_{t1} = 2E_{c1} = 4.44 f\Phi_1 \tag{5-16}$$

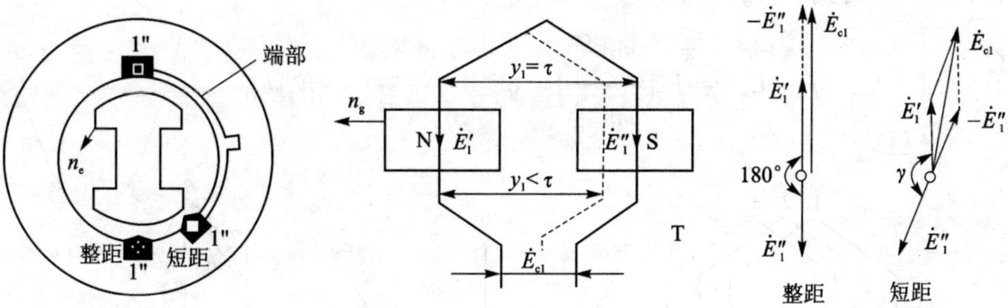

(a) 线圈在槽内　　(b) 展开图　　(c) 电动势相量图

图 5-14　整距和短距线圈的电动势相量图

2. 短距线匝的电动势

短距线圈的节距为 y_1，当用电角度表示时，节距为 $\gamma=\frac{y_1}{\tau}\times 180°$。若线圈为单匝，两根导体电动势相位差为 γ 角，此时单匝线圈电动势为

$$\dot{E}_{t1} = \dot{E}_{c1} - \dot{E}'_{c1} \tag{5-17}$$

有效值为

$$E_{t1} = 2E_{c1}\cos\frac{\pi-\gamma}{2} = 2E_{c1}\cos\frac{\beta}{2} = 4.44 fk_{y1}\Phi_1 \tag{5-18}$$

式中：k_{y1} 称为基波短距系数，表示线圈短距与整距相比应打的折扣，即

$$k_{y1} = \frac{E_{t1(y<\tau)}}{E_{t1(y=\tau)}} = \sin\frac{y_1}{\tau}90° \tag{5-19}$$

短距虽然对基波电动势稍有影响，但能有效抑制谐波电动势，故一般交流绕组大多采用短距绕组。

3. 线圈基波电动势

一个线圈若有 N_c 匝，不论短距或整距线圈放在同一个槽中，所以线圈基波电动势 E_{y1} 为

$$E_{y1} = N_c E_{t1} = 4.44 fN_c k_{y1}\Phi_1 \tag{5-20}$$

5.4.3　分布绕组电动势

无论是单层绕组还是双层绕组，每个线圈组都是由 q 个线圈串联起来组成一个极相组。因此线圈组的电动势是 q 个线圈电动势的相量和，每个线圈电动势其有效值大小相等，但相位相差 α 角（相邻两槽之间的电角度），即 $\dot{E}_{q1} = \sum \dot{E}_{y1}$，如图 5-15 所示，$O$ 为线圈组电动势相量所组成的正多边形的外接圆圆心，R 为外接圆的半径，则线圈组电动势 E_{q1} 应为

$$E_{q1} = 2R\sin\frac{q\alpha}{2} \tag{5-21}$$

而线圈电动势为

$$E_{y1}=2R\sin\frac{\alpha}{2} \tag{5-22}$$

由式(5－22)得到 R，代入式(5－21)得

$$E_{q1}=E_{y1}\frac{\sin\dfrac{q\alpha}{2}}{\sin\dfrac{\alpha}{2}}=qE_{y1}\frac{\sin\dfrac{q\alpha}{2}}{q\sin\dfrac{\alpha}{2}}=qE_{y1}k_{q1} \tag{5-23}$$

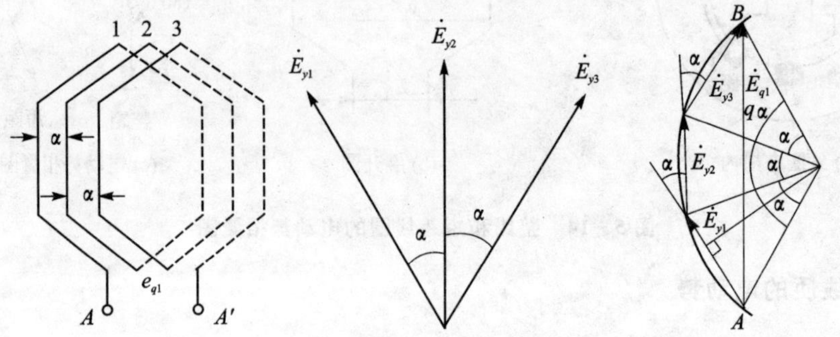

(a) 线圈组　　(b) 线圈组中单个感应电动势相量图　　(c) 合成电动势相量图

图 5－15　分布绕组的电动势相量图

式中，qE_{y1} 为 q 个线圈电动势的代数和；k_{q1} 为绕组的基波分布因数。它是分布绕组电动势和同匝数集中绕组电动势之比。k_{q1} 的意义：由于绕组分布在不同的槽内，使得 q 个分布线圈的合成电动势 E_{q1} 小于为 q 个集中线圈的合成电动势 qE_{y1}，由此引起的折扣

$$k_{q1}=\frac{E_{q1}}{qE_{y1}}=\frac{\sin\dfrac{q\alpha}{2}}{q\sin\dfrac{\alpha}{2}} \tag{5-24}$$

因此分布绕组的电动势为

$$E_{q1}=qE_{y1}k_{q1}=4.44fqN_{c}k_{y1}k_{q1}\Phi_{1}=4.44fqN_{c}k_{w1}\Phi_{1} \tag{5-25}$$

式中，qN_c 为 q 个线圈串联的总匝数；k_{w1} 称为基波绕组系数。

5.4.4　一相绕组的感应电动势

把一相串联的绕组电动势相加，即可以得到相绕组电动势。对于单层绕组，每相有 p 个线圈组，所以各线圈串联时每相串联总匝数 $N=pqN_c$。而当采用 a 条支路并联时，$N=\dfrac{pqN_c}{a}$。对于双层绕组，每相有 $2p$ 个线圈组，所以各线圈串联时 $N=2pqN_c$，而当采用 a 条支路并联时，$N=\dfrac{2pqN_c}{a}$。因此相绕组电动势为

$$E_{q1}=4.44fqN_{c}k_{w1}\Phi_{1}=4.44fNk_{w1}\Phi_{1} \tag{5-26}$$

式中，N 为每相串联总匝数。

5.4.5　相绕组的高次谐波感应电动势

由于实际电机中，气隙磁通分布不一定是理想的正弦波，磁场中除了基波还含有高次谐

波;因此感应电动势除基波外,还含有一系列高次谐波电动势。

1. 高次谐波电动势

一般的同步电机中,磁极的磁场不是严格的正弦波,如凸极同步电机中磁极磁场沿电枢表面一般呈平顶波分布,如图 5-16 所示,利用傅立叶级数可将其分解为基波和一系列高次谐波。故气隙磁场除基波外,仅含有奇次空间谐波,即 $\gamma=1,3,5,\cdots$(γ 为谐波次数)。

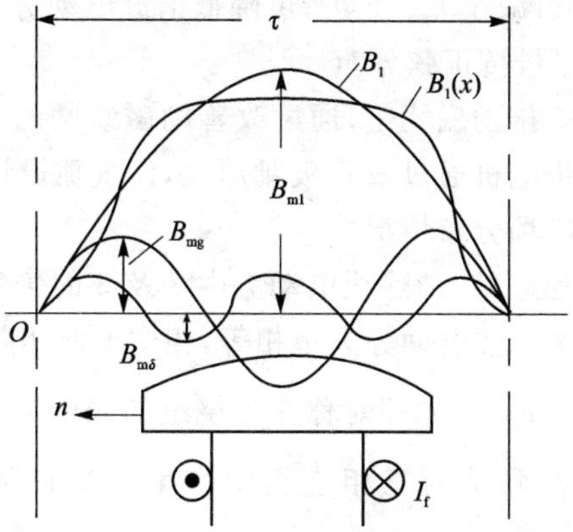

图5-16　凸极同步电机的主极磁场(含有基波、3 次和 5 次谐波)

主极产生 γ 次谐波磁场,其极对数为基波的 γ 倍,极距为基波的 $1/\gamma$,且所有的谐波磁场随主极一起以同步速度在空间推移,即

$$p_\gamma = \gamma p, \tau_\gamma = \frac{\tau}{\gamma}, n_\gamma = n_1 \tag{5-27}$$

这些空间谐波磁场将在定子绕组中感应出频率为 f_γ 的谐波电动势

$$f_\gamma = \frac{p_\gamma n_\gamma}{60} = \gamma \frac{pn_1}{60} = \gamma f_1 \tag{5-28}$$

γ 次谐波相电动势的有效值 $E_{\Phi\gamma}$ 为

$$E_{\Phi\gamma} = 4.44 f_\gamma N k_{w\gamma} \Phi_\gamma \tag{5-29}$$

式中,Φ_γ 为 γ 次谐波每极磁通量为

$$\Phi_\gamma = \frac{2}{\pi} B_\gamma \tau_\gamma l = \frac{2}{\pi} \frac{1}{\gamma} B_\gamma \tau l \tag{5-30}$$

式中,$k_{w\gamma}$ 为 γ 次谐波绕组系数,$k_{w\gamma}=k_{y\gamma}k_{q\gamma}$,$k_{y\gamma}$ 为 γ 次谐波短距系数,$k_{q\gamma}$ 为 γ 次谐波分布系数,表达式分别为

$$k_{y\gamma} = \sin\gamma \frac{y_1}{\tau} 90°, k_{q\gamma} = \frac{\sin\gamma \frac{q\alpha}{2}}{q\sin\gamma \frac{\alpha}{2}} \tag{5-31}$$

式中,y_1 为线圈的节距;α 为槽距角。

各次谐波电动势有效值算出以后,可以得到相电动势的有效值 E_Φ 为

$$E_\Phi = \sqrt{E_{\Phi1}^2 + E_{\Phi3}^2 + E_{\Phi5}^2 + \cdots} = E_{\Phi1} \sqrt{1 + \left(\frac{E_{\Phi3}}{E_{\Phi1}}\right)^2 + \left(\frac{E_{\Phi5}}{E_{\Phi1}}\right)^2 + \cdots} \tag{5-32}$$

对于同步电机,因为谐波电动势较小,所以 $E_\Phi \approx E_{\Phi1}$。所以高次谐波对相电动势大小影响

较小，主要影响电动势的波形。

2. 削弱谐波电动势的方法

由于高次谐波电动势的存在，使发动机电动势波形变坏；使发动机本身的附加损耗增加、效率降低、温度升高；使输电线上线损增加，并且高次谐波电流产生的电磁场，还会对邻近的通信线路产生干扰。因此设计交流发电机时，设法消弱或消除 3、5、7 次谐波。从谐波电动势 $E_{\Phi\gamma}=4.44f_{\gamma}Nk_{w\gamma}\Phi_{\gamma}$ 可见，通过减小 $k_{w\gamma}$ 和 Φ_{γ}，可降低谐波电动势，具体方法如下：

(1) 使气隙磁场沿空间尽量按正弦分布

对于隐极同步电机合理安排励磁绕组，通过改善励磁线圈的分布范围来实现磁密波形尽量按正弦分布。对于凸极同步电机通过改善极靴形状，使气隙设计不均匀，磁极中心处气隙最小，边缘处气隙最大，以改善磁场分布情况。

(2) 通过采用 Y 形或△形联结，消除线电动势中 3 及 3 的倍数次谐波

由于三相相电动势的 3 次谐波电动势大小相等，相位彼此相差 360°，即相位上相同。所以采用 Y 形联结时，$\dot{E}_{AB3}=\dot{E}_{A3}-\dot{E}_{B3}=0$，即对称三相绕组的线电动势中不存在 3 次和 3 的倍数次谐波。当△形联结时，会在联结的三相绕组中产生 3 次谐波环流，3 次谐波环流 $\dot{I}_{3\Delta}=(\dot{E}_{A3}+\dot{E}_{B3}+\dot{E}_{C3})/3Z_3=\dfrac{3\dot{E}_{\Phi3}}{3Z_3}$。由于 3 次谐波电动势完全消耗于环流的阻抗压降，所以出线端的电压为 $E_{A1}+E_{A3}-I_{3\Delta}Z_3=E_{A1}$，不含有 3 次谐波电压。但是 3 次谐波环流产生的损耗会使电机的效率下降、温升增高，所以现代交流电机一般采用星形而不采用三角形联结。

对于三相变压器，三相电路中，三次谐波属于零序谐波，也就是说，每相谐波的相位相同。

(3) 采用短距绕组

适当选择线圈的节距，使得某一次谐波的短距系数等于或接近于零，即可达到消除或者消弱该次谐波的目的。如要消除 γ 次谐波，只要使

$$k_{y\gamma}=\sin\gamma\frac{y_1}{\tau}90^\circ=0 \tag{5-33}$$

一般来说谐波次数越高，谐波的幅值越小，相应谐波电动势越小。因此设计交流发电机时，设法消弱或消除 3、5、7 次谐波。通常 3 次谐波可以通过绕组的 Y 或 Δ 联结进而消除。主要考虑如何使 5 次和 7 次谐波受到更多的削弱。

(4) 采用分布绕组

采用分布绕组，每极每相槽数 q 越多，抑制谐波电动势的效果越好。但随着 q 增加，会使电机的成本增加。考虑到 $q>6$ 时，高次谐波的分布因数下降已不太显著，因此现代交流电机一般选用 $6\geqslant q\geqslant 2$。

5.5 三相交流绕组的磁动势

在交流电机中，电枢绕组是分布在电枢表面，其中的电流又是交变的。因此，电枢绕组所建立的磁动势既是沿“空间分布”，又是随时间分布变化，是时间与空间的函数。

5.5.1　单相绕组的磁动势——脉振磁动势

1. 整距线圈的磁动势

图 5-17(a)中线圈 AX 是一个匝数为 N_y，跨距为 y_1 的整距集中线圈。当线圈中有电流 i 流过时(设 i 的正方向为从首端 A 流入，末端 X 流出)，就会建立磁动势。

设线圈轴线 A 与电枢内圆的交点作为坐标原点，将电机展成平面，以电枢内圆周作为表示空间坐标 θ(用电角度表示)的横轴，纵轴与 A 重合代表线圈所生的磁动势 f_y。在距离原点 θ 处作一磁回路，可以写出

$$\int H\mathrm{d}l = \sum i = iN_y \tag{5-34}$$

由于定转子铁芯的导磁系数要比空气的导磁系数大的多，其磁压降可以忽略不计。因此全部磁动势可以认为都降落在两个气隙上。如果气隙是均匀的，则每个气隙所需的磁动势 f_y 是全部磁动势的一半。在 $-\frac{\pi}{2}<\theta<+\frac{\pi}{2}$ 范围内，各处气隙所需磁动势相等(均为 $\frac{1}{2}iN_y$)，而且方向一致(磁力线从电枢出来进入转子，即 N 极)设为正，即 $+\frac{1}{2}iN_y$。而在 $+\frac{\pi}{2}<\theta<+\frac{3\pi}{2}$ (即 $-\frac{\pi}{2}$ 处)范围内，各处气隙所需磁动势也均等于 $\frac{1}{2}iN_y$，但方向与上者相反(磁力线从转子出来进入电枢，即 S 极)，则为负，即 $-\frac{1}{2}iN_y$。由此可得整距线圈所生气隙磁动势的表达式为

$$f_y = \begin{cases} +\frac{1}{2}iN_y & (\text{当} -\frac{\pi}{2}<\theta<+\frac{\pi}{2}\text{时}) \\ -\frac{1}{2}iN_y & (\text{当} +\frac{\pi}{2}<\theta<+\frac{3\pi}{2}\text{时}) \end{cases} \quad [\mathrm{A}] \tag{5-35}$$

根据上式可以画出单个整距线圈所产生的气隙磁动势 f_y 沿圆周分布是一个如图 5-17(b)所示的矩形波。

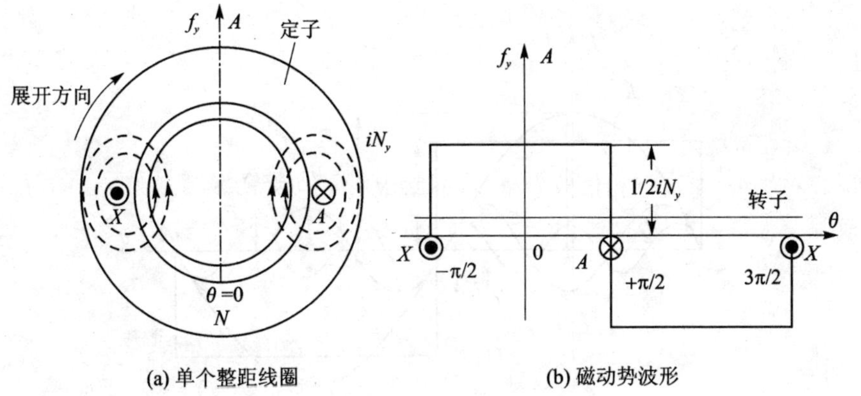

图 5-17　单个整距线圈产生的磁动势

如果线圈中电流 $i=\sqrt{2}I\cos\omega t$ 随时间余弦变化，则式(5-35)可写成为

$$f_y(\theta,\omega t)=\begin{cases}+\frac{\sqrt{2}}{2}IN_y\cos\omega t, & (\text{当}-\frac{\pi}{2}<\theta<+\frac{\pi}{2}\text{时})\\ -\frac{\sqrt{2}}{2}IN_y\cos\omega t, & (\text{当}+\frac{\pi}{2}<\theta<+\frac{3\pi}{2}\text{时})\end{cases}\quad\left[\frac{\text{安匝}}{\text{极}}\right]\qquad(5-36)$$

由式(5-36)可知,当单个整距线圈流过随时间按余弦变化的交流电流时,它所产生的气隙磁动势在空间上仍沿圆周方向作矩形分布,但其矩形波的幅值大小及正负随时间按余弦规律变化,且矩形波的空间位置并不随时间移动,称之为脉振磁动势,其脉振的频率等于电流的交变频率 $f=\frac{\omega}{2\pi}$。

为了分析方便,将图 5-17 所示的矩形磁动势波分解成无穷多个沿圆周方向正弦分布的磁动势波。由于该磁动势对纵轴与横轴对称,分解后只有奇次的余弦项,式中 $\theta=\frac{\pi}{\tau}x$ 则:

$$f_y=\frac{4}{\pi}\left(\frac{1}{2}iN_y\right)\left[\cos\theta-\frac{1}{3}\cos3\theta+\frac{1}{5}\cos5\theta-\frac{1}{7}\cos7\theta+\cdots\frac{1}{v}\left(\sin v\cdot\frac{\pi}{2}\right)\cos\theta+\cdots\right]$$

如果线圈电流 $i=\sqrt{2}I\cdot\cos\omega t$ 是正弦电流,则上式可写成:

$$\begin{aligned}f_y(\theta,t)&=\frac{4}{\pi}\left(\frac{\sqrt{2}}{2}IN_y\right)\left[\cos\theta-\frac{1}{3}\cos3\theta+\frac{1}{5}\cos5\theta-\frac{1}{7}\cos7\theta+\cdots\right]\cos\omega t\\&=F_{y1}\cos\theta\cos\omega t-F_{y3}\cos3\theta\cos\omega t+F_{y5}\cos5\theta\cos\omega t-F_{y7}\cos7\theta\cos\omega t+\cdots\\&=f_{y1}+f_{y3}+f_{y5}+f_{y7}\cdots\end{aligned}\qquad(5-37)$$

其中,$v=1$ 项,称为基波磁动势,其表达式为

$$\left.\begin{aligned}f_{y1}(\theta,t)&=F_{y1}\cos\omega t\cos\theta\\F_{y1}&=\frac{4}{\pi}\frac{\sqrt{2}}{2}IN_y=0.9IN_y\end{aligned}\right\}\qquad(5-38)$$

基波磁动势的极数等于电机的极数,基波磁动势幅值位置必与该线圈的轴线 A 重合,如图 5-18 所示。

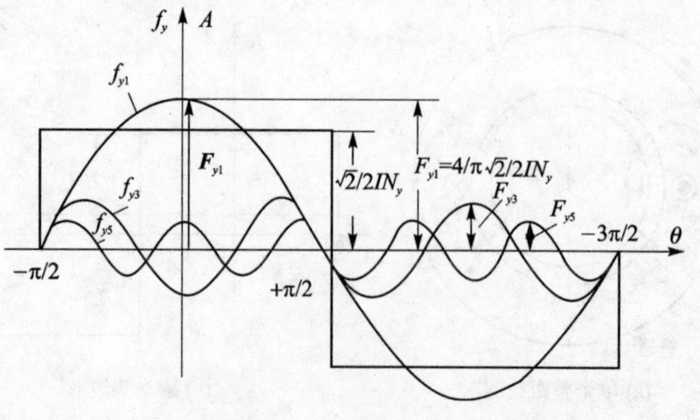

图 5-18 矩形磁动势波的分解—基波与谐波磁动势分量

凡是 $v>1$ 的各项,统称为谐波磁动势。对于任意 v 次谐波磁动势,其表达式为

$$
\left.\begin{aligned}
f_{y\nu}(\theta,t) &= F_{y\nu}\cos\omega t\cos\nu\theta \\
F_{y\nu} &= \frac{1}{\nu}\,\frac{4}{\pi}\,\frac{\sqrt{2}}{2}IN_y = \frac{0.9}{\nu}IN_y = \frac{\boldsymbol{F}_{y1}}{\nu} \\
p_\nu &= \nu p_1
\end{aligned}\right\} \tag{5-39}
$$

为便于分析，用矢量空间来表示在空间上正弦分布的基波与谐波磁动势。矢量的长度等于磁动势的幅值，矢量所在的位置为该磁动势幅值所在的位置（即该线圈的轴线位置），矢量箭头的方向代表磁力线的方向。如图 5－18 所示的用基波磁动势矢量 $\boldsymbol{F}_{y1}$ 来代表基波磁动势波 f_{y1}。

2. 单层整距线圈分布绕组的磁动势

图 5－19 表示由 $q=3$ 个整距线圈串联而成的线圈组。这 q 个整距线圈具有相同的匝数 N_y，流过同一个电流 $i=\sqrt{2}I\cos\omega t$，但是它们在空间上互相错开一个槽距角 α。该线圈组的磁动势是这个 q 个线圈各自所生的幅值相同但空间上互差 α 电角度的 q 个矩形磁动势波的叠加，其结果是一个沿气隙圆周为非正弦分布的阶梯形波。

为便于分析，我们先将 q 个线圈单独产生的矩形磁动势分解成基波与一系列谐波，然后将 q 个线圈的基波磁动势迭加起来（可用空间矢量相加的方法），得到线圈组的基波磁动势；再将 q 个线圈的次数相同的谐波磁动势迭加起来，得到线圈组的该次谐波磁动势；最后把线圈组的基波磁动势及各次谐波磁动势表达式加起来，就是线圈组的合成磁动势。

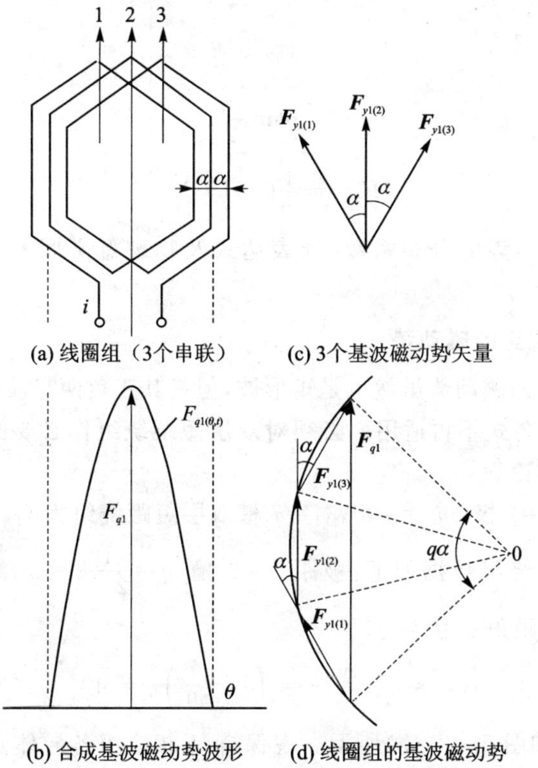

图 5－19　单层整距线圈组的基波磁动势

由于 q 个整距线圈匝数及电流相同，因此其各自单独建立的基波磁动势幅值相等，即

$$\boldsymbol{F}_{y1(1)} = \boldsymbol{F}_{y1(2)} = \boldsymbol{F}_{y1(3)} = \boldsymbol{F}_{y1} = 0.9I \cdot N_y \tag{5-40}$$

但是这 q 个线圈的轴线在空间上依次错开 α 电角度，所以它们的基波磁动势幅值位置在空间上也互差 α 电角度。当用空间矢量表示时，$\boldsymbol{F}_{y1(1)}$，$\boldsymbol{F}_{y1(2)}$，$\boldsymbol{F}_{y1(3)}$ 这三个基波磁动势矢量长度相等而空间相位互差 α 电角度，如图 5-19(c)所示。将此 q 个基波磁动势矢量相加，就得到整距线圈的合成基波磁动势，如图 5-19(d)所示，它跟图 5-15(c)相似，写出整距线圈组合成基波磁动势的幅值为

$$\left.\begin{aligned} \boldsymbol{F}_{q1} &= q\boldsymbol{F}_{y1}k_{q1} \\ k_{q1} &= \frac{\sin\dfrac{q\alpha}{2}}{q\sin\dfrac{\alpha}{2}} \end{aligned}\right\} \tag{5-41}$$

式中，$\boldsymbol{F}_{y1}=0.9NI_y$ 为单个整距线圈所生的基波磁动势幅值；k_{q1} 是基波磁动势的分布系数，其表达式及物理意义与基波电动势分布系数相同。

图 5-19(d)可知，整距线圈组的合成基波磁动势矢量 $\boldsymbol{F}_{q1}$ 跟 q 个线圈的中间一个线圈的基波磁动势矢量 $\boldsymbol{F}_{y1(2)}$ 在空间上是同相位的，即合成基波磁动势 $F_{q1}(\theta,t)$ 的幅值一定与该线圈组的中间一个线圈的轴线 2 重合。为此，可以画出线圈组的合成基波磁动势波如图 5-19(b)所示。

用同样的方法可以推导出整距线圈组的合成次谐波磁动势幅值为：

$$\left.\begin{aligned} F_{qv} &= qF_{yv}k_{qv} \\ k_{qv} &= \frac{\sin v \cdot \dfrac{q\alpha}{2}}{q\sin\dfrac{v\alpha}{2}} \\ F_{yv} &= \frac{1}{v}0.9I \cdot N_y \end{aligned}\right\} \tag{5-42}$$

式中，k_{qv} 为 v 次谐波磁动势的分布系数，其表达式及物理意义跟 v 次谐波电动势分布系数相同。

3. 双层短距分布绕组的磁动势

单个短距线圈所生的磁动势虽然也是矩形波，但是其正负两半波形不再对横轴对称，因而式(5-40)至式(5-42)各式不再适用。必须对双层短距绕组作必要的演化，才能引用上述的整距线圈组磁动势的结论。

现以 $z=18$ 槽，$2p=2$ 极，$m_1=3$ 相，$y_1=7$ 槽双层短距绕组为例，仅讨论 A 相绕组所建立的每极气隙磁动势。其绕组数据如下：极距 $\tau=9$ 槽，$q=\dfrac{18}{2\times3}=3$ 槽，槽距角 $\alpha=\dfrac{1\times360°}{18}=20°$，定义短距线圈的短距角 ε 为：

$$\varepsilon = \pi - \frac{y_1}{\tau}\pi = \left(1-\frac{7}{9}\right)\pi = 40°$$

A 相绕组展开图如图 5-20(a)所示。现保持 A 相绕组各导体及其电流(大小、方向)不变，仅将其端部连接改为图 5-20(b)的接法。图 5-20(b)绕组所建立的磁动势与图 5-20(a)一样。显然可把短距极相组的上层线圈边视为一组 $q=3$ 的单层整距分布绕组，把下层线圈边视为另一组 $q=3$ 的单层整距分布绕组；这两组单层绕组在空间错开 ε 电角度。然而，由于

图 5-20(b)的两个线圈组都是整距的，所以可以引用上述的整距线圈组磁动势的结论，两个整距线圈组各自建立的基波磁动势幅值相等，均为：

$$F_{q上}=F_{q下}=F_{q1}=qF_{y1}k_{q1}$$

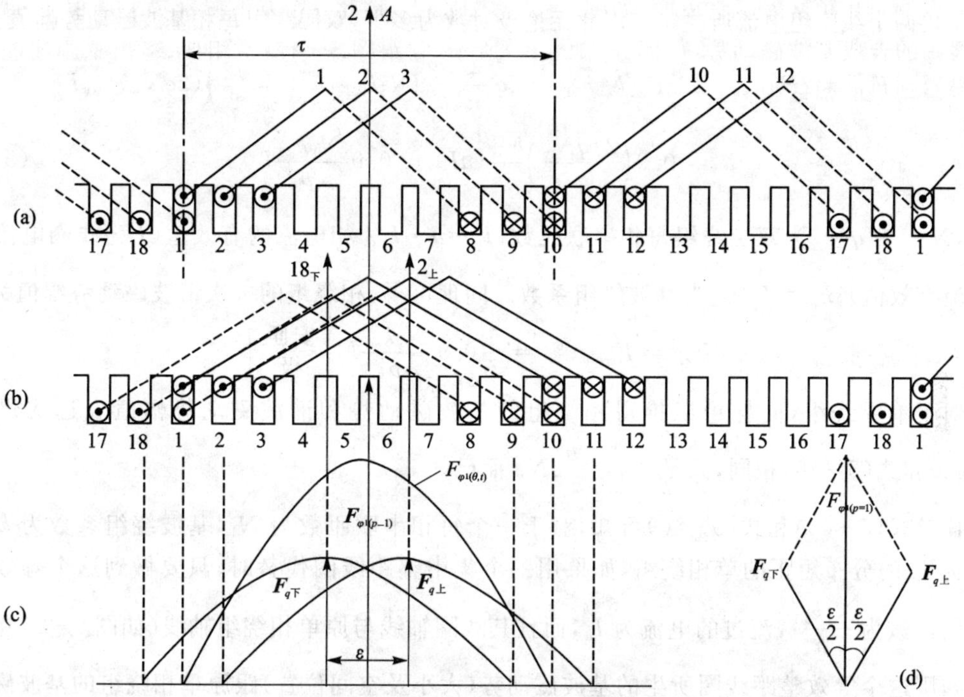

(a) A相绕组展开图　(b) 磁动势等效的上下两个线圈组展开图

(c) 上下两层线圈磁动势波形图　(d) 上下两层线圈组磁动势相量图

图 5-20　双层短距线圈组的合成基波磁动势

但是，上层整距线圈组基波磁动势幅值 $\boldsymbol{F}_{q上}$ 跟上层线圈组的中间一个线圈轴线 $2_{上}$ 重合，而下层整距线圈组基波磁动势幅值 $\boldsymbol{F}_{q下}$ 跟下层线圈组中间一个线圈轴线 $18_{下}$ 重合，如图 5-20(c)所示。由图 5-20(c)可知，$\boldsymbol{F}_{q上}$ 与 $\boldsymbol{F}_{q下}$ 互差 ε 电角度。将 $\boldsymbol{F}_{q上}$ 与 $\boldsymbol{F}_{q下}$ 矢量相加，即得到上下层线圈组的合成基波磁动势矢量 $\boldsymbol{F}_{\varphi1(p=1)}$，如图 5-20(d)所示。由于本例是 $2p=2$ 极电机，所以 $\boldsymbol{F}_{\varphi1(p=1)}$ 实际上就是一相绕组所生的每极基波磁动势，其幅值是：

$$F_{\varphi1(p=1)}=2F_{q1}\cos\frac{\varepsilon}{2}=2F_{q1}\sin\frac{y_1}{\tau}90^\circ=2F_{q1}k_{y1}\tag{5-43}$$

式中，$k_{y1}=\sin\frac{y_1}{\tau}90^\circ$ 为基波磁动势的短距系数，其表达式及物理意义与基波电动势的短距系数相同。

用同样的方法可以推导出双层短距线圈所生的合成高次谐波磁动势的幅值为

$$\left.\begin{aligned}F_{\varphi v(p=1)}&=2F_{qv}k_{yv}\\F_{qv}&=qF_{yv}k_{qv}\\k_{yv}&=\sin v\frac{y_1}{\tau}90^\circ\end{aligned}\right\}\tag{5-44}$$

式中，k_{yv} 为 v 次谐波磁动势的短距系数，其表达式即物理意义与 v 次谐波电动势的短距系数相同。

4. 单相绕组所产生的磁势

由于每对极下的磁动势和磁阻组成一个对称分支磁路，所以一相绕组的磁动势等于一个极相组的磁动势。但是一相绕组所建立的每极气隙磁动势仍然由该相绕组在一对极范围内被交链的上下层两个线圈组电流所决定。因此无论极对数为多少，双层绕组每相基波磁动势幅值 $F_{\varphi 1}$ 为

$$F_{\varphi 1} = 2F_{q1}k_{y1} = 2qF_{y1}k_{q1}k_{y1} = 2q\frac{4}{\pi}\frac{\sqrt{2}}{2}IN_y k_{\omega 1} = \left(\frac{4}{\pi}\frac{\sqrt{2}}{2}\right)(2qN_y)k_{\omega 1}I$$

$$= 0.9\left(\frac{2pqN_y}{a}\right)\frac{k_{\omega 1}}{p}(aI) = 0.9\,\frac{N_1 k_{\omega 1}}{p}I_{\varphi} \tag{5-45}$$

式中，$N_1 = \dfrac{2p}{a}qN_y$ 为双层绕组每相串联匝数；$I_{\varphi} = a \cdot I$ 为相电流的有效值（I 为线圈电流即支路电流有效值）；$k_{\omega 1} = k_{y1}k_{q1}$ 为基波绕组系数。同理可得，相绕组的 v 次谐波磁动势幅值为：

$$F_{\varphi v} = F_{\varphi v(p=1)} = \frac{1}{v}0.9\,\frac{N_1 k_{\omega v}}{p}I_{\varphi}\left[\frac{\text{安匝}}{\text{极}}\right] \tag{5-46}$$

对于单层绕组，同样可以推得相绕组的基波磁动势和谐波磁动势幅值表达式仍与式（5－45）和式（5－46）相同，只是 $N_1 = \dfrac{p}{a}qN_y$ 而已。

比较式（5－45）和式（5－40）可知，对于一个每相串联匝数为 N_1，基波绕组系数为 $k_{\omega 1}$，相电流为 I_{φ} 的分布短距的单相绕组，如果用一个集中整距线圈代替时，只要做到这个等效整距线圈的匝数为 $\dfrac{N_1 k_{\omega 1}}{p}$，流过的电流为 I_{φ}，而且其线圈轴线与原单相绕组轴线（如图 5－20 中的 A 重合），则这个等效整距线圈所生的基波磁动势（大小及空间位置）跟原单相绕组的基波磁动势完全相同。又比较式（5－41）与式（5－46）可知，如果把这个等效整距线圈的匝数改为 $\dfrac{N_1 k_{\omega 1}}{p}$，则它产生的 v 次谐波磁动势跟原单相绕组的 v 次谐波磁动势相同。为此，可依照式（5－40）及式（5－41）写出单相绕组所生的基波及谐波磁动势的表达式为：

$$\left.\begin{aligned} f_{\varphi 1} &= F_{\varphi 1}\cos\omega t\cos\theta \\ f_{\varphi v} &= F_{\varphi v}\cos\omega t\cos v\theta \end{aligned}\right\} \tag{5-47}$$

式中，$F_{\varphi 1}$ 由式（5－45）计算；$F_{\varphi v}$ 由式（5－46）计算。

式（5－47）表明，单相绕组的基波磁动势在空间随 θ 角按余弦规律变化，在时间上随 ωt 按余弦规律脉振；这种空间上看轴线固定不动，时间上看瞬时值随电流的交变在正负幅值之间脉振的磁动势就是脉振磁动势。

根据以上分析对单相绕组所生磁动势归纳如下：

① 单相绕组的磁动势沿气隙圆周方向的分布是一个非正弦的阶梯形波。它可以分解出沿气隙圆周做正弦分布的基波磁动势和一系列奇次的谐波磁动势。随着谐波次数的增高，谐波磁动势的幅值迅速减小。

② 当绕组中电流是随时间作正弦变化的交流电时，单相绕组的磁动势是一个在空间上的位置固定不动而其大小及正负随时间交变的脉振磁动势。基波与各次谐波磁动势都以同一个电流的频率而脉振。

③ 单相绕组基波磁动势幅值的位置与该相绕组的轴线相重合。

④ 单相脉振磁动势的基波最大幅值为

$$F_{\varphi 1}=\frac{4}{\pi}\frac{\sqrt{2}}{2}\frac{N_1 k_{\omega 1}}{p}I_{\varphi}$$

而高次谐波磁动势最大幅值为

$$F_{\varphi v}=\frac{1}{v}\frac{4}{\pi}\frac{\sqrt{2}}{2}\frac{N_1 k_{\omega v}}{p}I_{\varphi}$$

由于 $F_{\varphi v}\propto\frac{k_{wv}}{v}$，所以可以采用绕组的分布与短距来削弱谐波磁动势（主要是 5、7、11、13 次），从而使磁动势沿圆周的分布趋向于正弦分布。

5.5.2 三相绕组所产生的基波合成磁势

一对称三相绕组，通入对称的三相电流，对称的三相电流可写为

$$\left.\begin{aligned} i_A &= \sqrt{2}I_{\varphi}\cos\omega t \\ i_B &= \sqrt{2}I_{\varphi}\cos(\omega t-120°) \\ i_C &= \sqrt{2}I_{\varphi}\cos(\omega t+120°) \end{aligned}\right\} \tag{5-48}$$

三相电流的正方向如图 5-21 所示。取 A 相绕组轴线 A 与电枢内圆的交点作为空间坐标变量的原点 $\theta=0$，各相绕组轴线及其单独建立的基波磁动势波形为 f_{A1}、f_{B1}、f_{C1}。

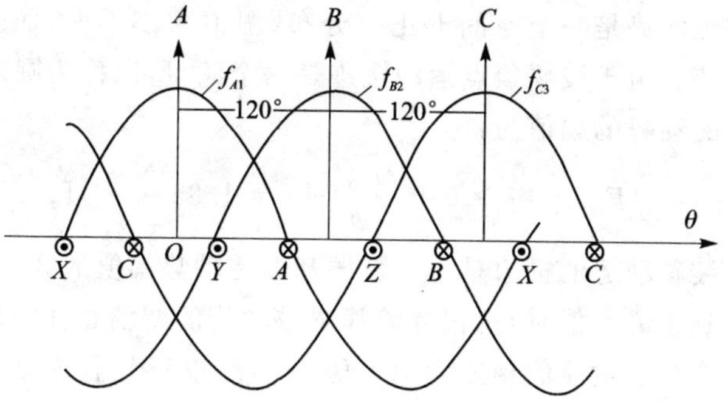

图 5-21 对称三相绕组及其基波磁动势

由于纵坐标取在 A 相绕组轴线上，所以各相绕组单独建立的基波磁动势表达式可直接引用式(5-47)，即：

$$\left.\begin{aligned} f_{A1}(\theta,t) &= F_{\varphi 1}\cos\omega t\cos\theta \\ f_{B1}(\theta,t) &= F_{\varphi 1}\cos(\omega t-120°)\cos(\theta-120°) \\ f_{C1}(\theta,t) &= F_{\varphi 1}\cos(\omega t-240°)\cos(\theta-240°) \end{aligned}\right\} \tag{5-49}$$

根据三角公式将 f_{A1}、f_{B1}、f_{C1} 三式分解，并加以整理可得：

$$\left.\begin{aligned} f_{A1}(\theta,t) &= \frac{1}{2}F_{\varphi 1}\cos(\omega t-\theta)+\frac{1}{2}F_{\varphi 1}\cos(\omega t+\theta) \\ f_{B1}(\theta,t) &= \frac{1}{2}F_{\varphi 1}\cos(\omega t-\theta)+\frac{1}{2}F_{\varphi 1}\cos(\omega t+\theta-240°) \\ f_{C1}(\theta,t) &= \frac{1}{2}F_{\varphi 1}\cos(\omega t-\theta)+\frac{1}{2}F_{\varphi 1}\cos(\omega t+\theta-120°) \end{aligned}\right\} \tag{5-50}$$

将以上三式相加，即得三相合成的基波磁动势表达式：

$$f_1(\theta,t)=f_{A1}+f_{B1}+f_{C1}=$$
$$\frac{3}{2}F_{\varphi 1}\cos(\omega t-\theta)+\frac{1}{2}F_{\varphi 1}[\cos(\omega t+\theta)+\cos(\omega t+\theta+120^\circ)+\cos(\omega t+\theta-240^\circ)]=$$
$$F_1\cos(\omega t-\theta) \tag{5-51}$$

为了阐明由式(5-51)所表征的三相合成基波磁动势的性质与特点，先观察几个特定时刻的合成基波磁动势波。当 $\omega t=0$ 时，A 相电流 $i_A=\sqrt{2}I_\varphi=+I_m$ 达正的最大值，此刻三相合成的基波磁动势为 $f_1=F_1\cos\theta$。可见此刻三相合成基波磁动势沿气隙圆周方向按正弦分布，幅值为 F_1，而幅值位置与 A 相绕组轴线 A 重合。当 $\omega t=120^\circ$时，B 相电流 $i_B=\sqrt{2}I_\varphi=+I_m$，达正的最大值，此刻 $f_1=F_1\cos(120^\circ-\theta)$。可见此刻三相合成的基波磁动势仍沿气隙正弦分布，幅值 F_1 不变，但幅值位置移到 B 相绕组轴线 B 上。当 $\omega t=240^\circ$时，C 相电流 $i_C=\sqrt{2}I_\varphi=+I_m$ 达正的最大值，此刻 $f_1=F_1\cos(240^\circ-\theta)$。可见此刻三相合成的基波磁动势仍正弦分布，幅值 F_1 不变，但幅值位置移到 C 相绕组轴线 C 上。

据上分析，可得对称三相绕组通过对称三相电流后，所建立的三相合成基波磁动势的性质及特点如下：

- 三相合成基波磁动势是一个空间上正弦分布，幅值大小不变，而幅值位置随时间而移动的旋转磁动势。由于波幅顶点运动轨迹是一个圆，所以称为圆形旋转磁动势波。
- 三相合成基波磁动势的幅值为：

$$F_1=\frac{3}{2}F_{\varphi 1}=\frac{3}{2}\times 0.9\,\frac{N_1k_{\omega 1}}{p}I_\varphi=1.35\,\frac{N_1k_{\omega 1}}{p}I_\varphi \qquad \left[\frac{\text{安匝}}{\text{极}}\right] \tag{5-52}$$

  即三相合成基波磁动势的幅值是单相脉振基波磁动势幅值的 3/2 倍。

- 当某相电流达到正最大值时，三相合成基波磁动势的幅值也正好转到该相绕组的轴线上。由于三相绕组中电流的相序为 A—B—C，所以三相合成基波磁动势幅值先与 A 重合，然后转到 B 上，最后转到 C 上，即旋转磁动势对产生它的绕组的转向是从电流导前相绕组转向电流落后相绕组。
- 要确实旋转磁动势的转速，只要求出波幅的转速即可。由式(5-51)可知，三相合成基波磁动势幅值坐标应满足关系式 $\cos(\omega t-\theta)=1$，即 $\omega t-\theta=0$。因此可得幅值的空间坐标与时间 t 的 $\theta_m=\omega t$。将 θ_m 对时间求导数，即为旋转磁动势的旋转电角度速度 ω_1

$$\omega_1=\frac{d\theta_m}{dt}=\frac{d(\omega t)}{dt} \tag{5-53}$$

可见旋转磁动势的电角度在数值上与绕组中电流的角频率 $\omega=2\pi f$ 相等。设旋转磁动势的转速为 n_1[r/min]，由于 $\omega_1=p\,\frac{2\pi n_1}{60}$，则得三相合成基波磁动势对产生它的绕组的转速即为基波磁动势同步转速。

上述关于对称三相系统基波磁动势的分析，可以推广到更一般的情况。推论结果简述：

- 交流绕组产生旋转磁动势的条件是：必须有两个或两个以上的绕组，其轴线在空间上必须错开(不能互差 0°或者 180°)，而且其内的电流在时间上也必须有相位差（也不能互差 0°或者 180°)。这两个条件缺一不可。

➢ 对称 m 相绕组通入对称 m 相电流时，所产生的 m 相合成基波磁动势是一个圆形旋转磁动势；其幅值为 $F_1=\frac{m}{2}\times 0.9\frac{N_1 k_{\omega 1}}{p}I_{\varphi}\left[\frac{\text{安匝}}{\text{极}}\right]$，即为一相绕组基波磁动势幅值的 $\frac{m}{2}$ 倍；它对产生它的绕组的转速即同步转速为 $n_1=\frac{60f}{p}$[r/min]。式中，f 为绕组中电流的频率；它对产生它的绕组的转向是从电流导前相绕组转向电流落后相绕组。

5.5.3 三相合成磁势中的高次谐波磁势

1. 三相合成的3次谐波磁动势

由于三次谐波磁动势的极对数是基波的3倍，所以三相绕组各自建立的3次谐波磁动势表达式为

$$f_{A3}=F_{\varphi 3}\cos\omega t\cos 3\theta$$

$$f_{B3}(\theta,t)=F_{\varphi 3}\cos(\omega t-120°)\cos 3(\theta-120°)=F_{\omega 3}\cos(\omega t-120°)\cos 3\theta$$

$$f_{C3}(\theta,t)=F_{\varphi 3}\cos(\omega t-240°)\cos 3(\theta-240°)=F_{\omega 3}\cos(\omega t-240°)\cos 3\theta$$

把这个3次谐波磁动势叠加起来可得三相合成的3次谐波磁动势，即：

$$f_3(\theta,t)=f_{A3}+f_{B3}+f_{C3}=F_{\varphi 3}\cos 3\theta[\cos\omega t+\cos(\omega t-120°)+\cos(\omega t-240°)]=0$$

由此可知，三相合成的3次谐波磁动势为零。这个结论可推广到 $v=6k-3$ 的谐波次数，其中 $k=1,2,3\cdots$，即 $v=3,9,15\cdots$。因此在对称的三相系统中，电机气隙中不存在3、9、15、21次等3的奇数倍次的谐波磁动势。

2. 三相合成的5次谐波磁动势

三相绕组各自建立的5次谐波磁动势表达式为

$$\left.\begin{aligned}f_{A5}&=F_{\varphi 5}\cos\omega t\cos 5\theta\\f_{B5}(\theta,t)&=F_{\varphi 5}\cos(\omega t-120°)\cos 5(\theta-120°)=F_{\omega 5}\cos(\omega t-120°)\cos(5\theta+120°)\\f_{C5}(\theta,t)&=F_{\varphi 5}\cos(\omega t-240°)\cos 5(\theta-240°)=F_{\omega 5}\cos(\omega t-240°)\cos(5\theta+240°)\end{aligned}\right\}\tag{5-54}$$

利用三角公式将 f_{A5}、f_{B5}、f_{C5} 三式分解并将它们相加起来，可得三相合成的5次谐波磁动势表达式为

$$\begin{aligned}f_5(\theta,t)&=\frac{3}{2}F_{\varphi 5}\cos(\omega t+5\theta)+\frac{1}{2}F_{\varphi 5}[\cos(5\theta-\omega t)+\cos(5\theta-\omega t-120°)+\cos 5\theta-\omega t+120°)]\\&=F_5\cos(5\theta+\omega t)\end{aligned}\tag{5-55}$$

由此可知，三相合成的5次谐波磁动势也是一个圆形旋转磁动势，其幅值等于每相5次谐波磁动势幅值的3/2倍，即：

$$F_5=\frac{3}{2}F_{\varphi 5}=\frac{1}{5}\times 1.35\frac{N_1 k_{\omega 1}}{p}I_{\varphi}\quad\left[\frac{\text{安匝}}{\text{极}}\right]\tag{5-56}$$

三相合成的5次谐波磁动势的转速与转向也可依照分析基波转速的方法可得为 $n_5=-\frac{n_1}{5}$，即为基波磁动势转速的1/5倍，负号表示其转向与基波磁动势的转向相反，称为反转磁动势。

可以证明当谐波次数 $v=6k-1$，其中 $k=1,2,3\cdots$，即 $v=5,11,17\cdots$时，三相合成谐波磁

动势都是一个与基波转向相反的圆形旋转磁动势，其幅值 $F_v=\frac{3}{2}F_{\varphi v}$，其转速 $n_v=-\frac{n_1}{v}$（负号表示为反转磁动势）。

3. 三相合成的 7 次谐波磁动势

仿照求合成 5 次谐波磁动势同样的方法，可以得到三相合成的 7 次谐波磁动势表达式为

$$f_7(\theta,t)=\frac{3}{2}F_{\varphi 7}\cos(\omega t-7\theta)=F_7\cos(\omega t-7\theta) \tag{5-57}$$

由上式可知，三相合成的 7 次谐波磁动势也是一个圆形旋转磁场，其幅值等于每相 7 次谐波磁动势幅值的 3/2 倍，其转速为基波转速的 $n_7=+\frac{n_1}{7}$，正号表示其转向与基波转向一致，称为正转磁动势。

可以证明，当谐波次数 $v=6k+1$，其中 $k=1,2,3\cdots$，即 $v=7,13,19\cdots$ 时，三相合成谐波磁动势都是一个转向与基波一致的正转磁动势。

综上所述，对称三相绕组通入对称三相电流后，在电机的气隙中，除了主要成分即基波磁动势之外，虽然不存在 3 次及 3 的奇数倍次谐波磁动势，但还存在 $v=6k\pm1$ 次的谐波磁动势，其中有的与基波转向一致，有的与基波转向相反，而且对于次数较低的磁动势尚有较大的幅值。这些谐波磁动势的存在，将在交流电机中引起附加损耗、振动与噪声。对异步电机还将产生有害的附加转矩，使其启动性能变坏。为此，必须设法削弱这些谐波磁动势。采用分布和短距绕组是削弱谐波磁动势的有效方法。

5.5.4 三相定子绕组建立的磁场

由上分析可知，交流电机定子对称三相绕组通入三相电流以后，会在气隙中建立起以同步转速 n_1 旋转的基波磁动势及一系列以各种不同转速旋转的谐波磁动势。这些磁动势都会在气隙中形成各自的旋转磁场。其中由基波磁动势 $f_1=F_1\cos(\omega t-\theta)$ 在气隙中建立的基波磁场为

$$B_1(\theta,t)=\mu_0\frac{f_1(\theta,t)}{\delta}=B_{m1}\cos(\omega t-\theta) \tag{5-58}$$

式中，B_{m1} 为基波磁密的幅值。

由上式可知，如果气隙均匀，则由基波磁动势在气隙中建立的基波磁场也是一个以同步转速旋转的圆形旋转磁场。当考虑 $B_1(\theta,t)$ 在定子铁芯中所产生的铁耗时，基波磁密波 $B_1(\theta,t)$ 的幅值位置在空间上落后于 $f_1(\theta,t)$ 的幅值位置一个角度 α_{Fe}，称此角度为铁耗角。为此当用空间矢量表示时，若不计铁耗，则矢量 B_1 跟矢量 F_1 重合，两者在空间上相同；若考虑铁耗，则 B_1 落后 F_1 于一个铁耗角 α_{Fe}。

基波磁场 B_1 与交链定转子绕组，在定转子绕组产生随时间正弦变化的磁通，从而在定转子绕组中都会产生感应电动势，实现机电能量的转换。因此把基波磁场称为主磁场，它在定子绕组中所交链的磁通称为主磁通，用 Φ_m 表示。

对于谐波磁动势 $f_v=F_v\cos(\omega t\pm v\theta)$ 所建立的各处谐波磁场，虽然它们也穿过气隙进入转子而同时交链定转子绕组，但是由于它的数值较小，对转子的作用不会产生有效的转矩；而且它在定子绕组产生的感应电动势的频率为

$$f_v = \frac{p_v n_v}{60} = \frac{vp\,\frac{n_1}{v}}{60} = f_1 \tag{5-59}$$

必然会影响到定子回路的电压平衡关系。因此将谐波磁场作为漏磁场来处理。

定子绕组中的电流除了建立气隙磁场之外，还要在定子槽内及绕组的端部建立漏磁通，由此可知，交流绕组的漏磁通包括槽漏磁通，端部漏磁通和谐波漏磁通 3 部分，用 Φ_δ 表示。

5.5.5　交流电机的时—空矢量图

交流电机的时—空矢量图如图 5-22 所示。

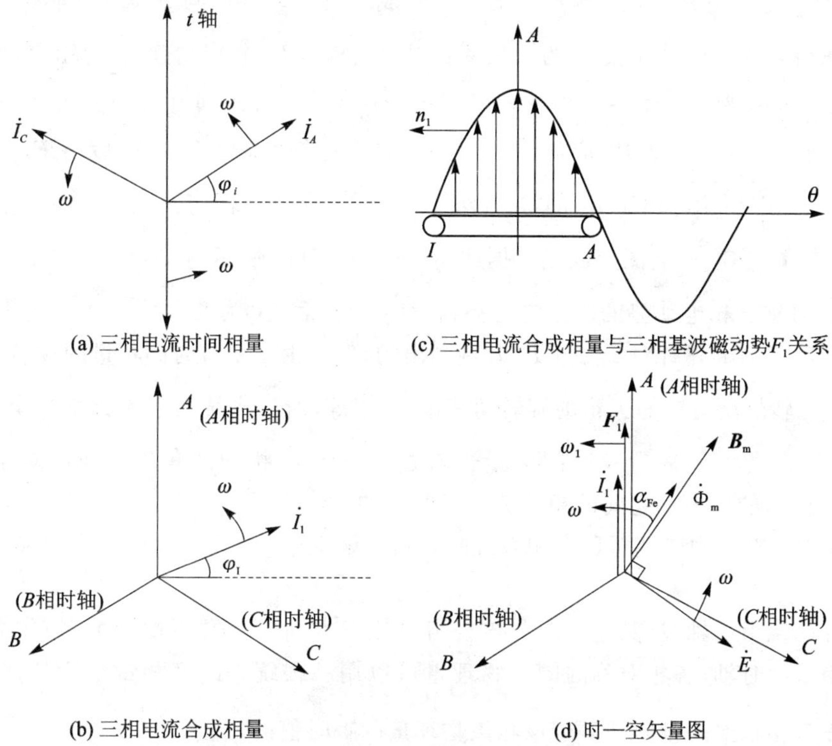

图 5-22　统一相量和时—空矢量图

根据电路原理，凡随时间作正弦变化的物理量（如电动势、电压、电流、磁通等），都可以用一个以其交变角频率作为角速度而环绕时间参数轴（简称时轴 t）逆时针旋转的时间矢量（即相量）来代替。该相量在时轴上的投影即为缩小$\sqrt{2}$倍的该物理量的瞬时值。例如，A 相电流 $i_A=\sqrt{2}I_A\sin(\omega t+\varphi_1)$，可以用图 5-22(a) 中的相量 $\dot{I}_A$ 来代表。$\dot{I}_A$ 在时轴 t 上的投影 $I_A\cdot\sin\varphi_i$ 正好是 i_A 在 $\omega t=0$ 时刻的瞬时值的$\frac{1}{\sqrt{2}}$倍。

在电机中，往往是对称的多相系统，例如对称三相电流 i_A、i_B 和 i_C，如果采用一根公共的时轴 t，则必须用三根互差 120°的相量 $\dot{I}_A$、$\dot{I}_B$、$\dot{I}_C$ 才能表示三相电流，这就是通常说的单时轴多相量表示法。为了减少相量的数目，我们可以采用多时轴单相量表示法，即每相的时间相量都以该相的相轴为时轴，而各相对称的同一物理量用一根统一的时间相量来代表。如

图 5-22(b)中，只用一根统一的电流相量$\dot{I}_1$(下标 1 代表定子电流)即可代表定子的对称三相电流。不难证明，$\dot{I}_1$ 在 A 上的投影即为该时刻 i_A 的瞬时值的$\frac{1}{\sqrt{2}}$；在 B 上的投影即为该时刻 i_B 的瞬时值的$\frac{1}{\sqrt{2}}$倍；在 C 上的投影即为该时刻 i_C 的瞬时值的$\frac{1}{\sqrt{2}}$倍。

将时间相量跟空间矢量联系起来，将它们画在同一张矢量图中，就可以得到交流电机理论中常用的时—空矢量图。在图 5-22(d)所示的时—空矢量图中，取各相的相轴作为该相的时轴。假设某时刻 $i_A=+I_{\rm m}$ 达正的最大，则此时刻统一电流相量$\dot{I}_1$ 应与 A 重合。根据选择磁场理论，这时由定子对称三相电流所生的三相合成基波磁动势应与 A 重合，即 $\boldsymbol{F}_1$ 与 A 重合，亦即与$\dot{I}_1$ 重合。由于时间相量$\dot{I}_1$ 的角频率 ω 跟空间相量 $\boldsymbol{F}_1$ 的电角速度 ω_1 相等，所以在任何其他时刻，$\boldsymbol{F}_1$ 与$\dot{I}_1$ 都始终重合。为此称$\dot{I}_1$ 与由它所生的三相合成基波磁动势 $\boldsymbol{F}_1$ 在时—空图上相同。如果不计铁耗，则 $\boldsymbol{B}_1$ 应与 $\boldsymbol{F}_1$ 重合；如果考虑铁耗，则 $\boldsymbol{B}_1$ 应落后于 $\boldsymbol{F}_1$ 一个铁耗角 $\alpha_{\rm Fe}$，如图 5-22(d)所示。由于 $\boldsymbol{B}_1$ 的 ω_1 与$\dot{\Phi}_{\rm m}$ 的 ω 相等，所以在任何其他时刻，$\dot{\Phi}_{\rm m}$ 与 $\boldsymbol{B}_1$ 也始终重合，即$\dot{\Phi}_{\rm m}$ 与 $\boldsymbol{B}_1$ 在时—空图上同相。据此，在图 5-22(d)所示时刻，相量$\dot{\Phi}_{\rm m}$ 也应画在矢量 $\boldsymbol{B}_1$ 处。定子对称三相电动势的统一电动势相量$\dot{E}_1$ 应落后于$\dot{\Phi}$为 90°。

虽然图 5-22(d)是针对 $i_A=+I_m$ 时刻画出的，但是由于所有时间相量的旋转角频率 ω 与以同步转速旋转的所有空间矢量的旋转角速度 ω_1 相等，所以当统一电流相量$\dot{I}_1$ 转过 ωt 角度时，$\boldsymbol{F}_1$、$\boldsymbol{B}_1$、$\dot{\Phi}$、$\dot{E}_1$ 等空间矢量及时间矢量也转过 $\omega_1 t=\omega t$ 相同的角度。为此对于任何时刻图 5-22(d)所示的各矢量之间的相位关系是不变的。

因此在交流电机中处理对称多相系统时，可以采用统一时间相量的时—空矢量图。其画法规则如下：

- 以各相绕组的轴线(其正方向与该绕组电流正方向符合右手螺旋关系)作为该相的时间相量的时轴；各相对称的同一物理量可以用一根统一时间相量来代替；统一时间相量在各相轴上的投影即等于该相该物理量的瞬时值的$\frac{1}{\sqrt{2}}$倍。
- 在时—空矢量图中，统一电流相量$\dot{I}_1$ 与由该对称系统电流所建立的基波磁动势矢量 $\boldsymbol{F}_1$ 同相；而基波磁动势矢量 $\boldsymbol{B}_1$ 与由它在对称多相绕组中所交链的统一磁通相量 $\Phi_{\rm m}$ 同相。
- 在时—空矢量图，如果不计铁耗，则基波密度矢量 $\boldsymbol{B}_1$ 与产生它的基波磁动势矢量 $\boldsymbol{F}_1$ 同相；若考虑铁耗，则矢量 $\boldsymbol{B}_1$ 落后于 $\boldsymbol{F}_1$ 为一个铁耗角 $\alpha_{\rm Fe}$。
- 根据统一相量$\dot{I}_1$、$\dot{\Phi}_{\rm m}$，空间矢量 $\boldsymbol{F}_1$、$\boldsymbol{B}_1$ 及电机的基本方程式，可以进而画出其他相(矢)量。

5.6 三相异步电动机转子静止时的运行分析

设异步电机定子和转子绕组均为对称多相绕组，其数据分别为：相数为 m_1 和 m_2，每相串

联匝数为 N_1 和 N_2 基波绕组系数为 $k_{\omega1}$ 和 $k_{\omega2}$，定转子绕组所产生的基波磁场的极对数为 p_1 和 p_2（下标 1、2 分别表示定子、转子）。在一般情况下 m_1 不等于 m_2，N_1 不等于 N_2，$k_{\omega1}$ 不等于 $k_{\omega2}$，但是 $p_1 = p_2 = p$ 极对数必须相等，否则平均电磁转矩为 0。从以后的分析可以证明，任何一个对称的转子绕组都可以用一个相数为 m_1，匝数为 N_1，绕组系数为 $k_{\omega1}$ 的定子绕组来等效代替。为方便起见，我们以 $m_2 = m_1$ 的三相绕线转子异步电机为例，如图 5－23 所示。

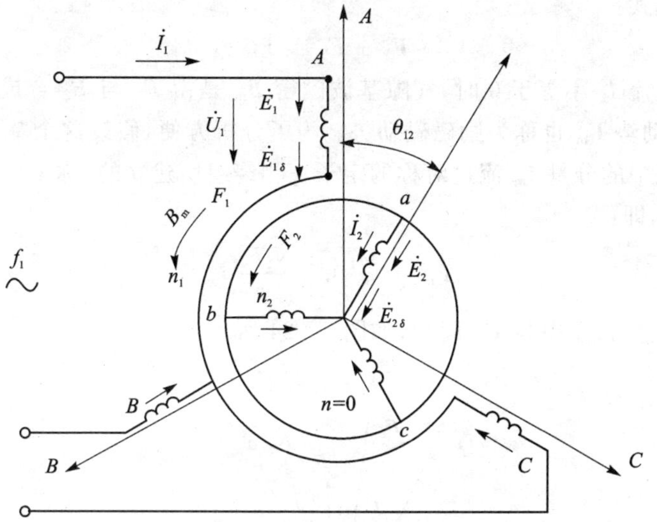

图 5－23　三相感应电动机运行示意图

5.6.1　三相异步电动机转子堵转时的基波磁动势

在图 5－23 中，当定子对称三相绕组外施频率为 f_1，相序为 $A—B—C$，相电压为 U_1 的对称三相电压时，定子绕组中就有对称的三相电流 I_1 流过，其正方向如图 5－23 所示。由定子绕组在气隙中建立的圆形基波旋转磁动势值为：

$$F_1 = \frac{m_1}{2} 0.9 \frac{N_1 k_{\omega1}}{p} I_1 \tag{5-60}$$

它对定子的转速为 $n_1 = \frac{60 f_1}{p}$ r/min，而对定子的转向为逆时针而转。由 F_1 在气隙中产生基波旋转磁场 $\boldsymbol{B}_m$ 在定转子绕组中分别感应出电动势 E_1 和 E_2，由于转子绕组对称且自行闭合，所以在 E_2 的作用下转子绕组中就有对称的三相电流 I_2 流过，其正方向如图 5－23 所示。转子对称三相电流也要建立一个圆形的基波旋转磁动势 F_2，其幅值为：

$$F_2 = \frac{m_2}{2} 0.9 \frac{N_2 k_{\omega2}}{p} I_2 \tag{5-61}$$

F_2 对产生它的转子绕组的转速即转子基波磁动势的同步转速为 $n_2 = \frac{60 f_2}{p}$ r/min。式中，f_2 为转子电流的频率。由于转子被堵住，气隙基波磁场 $\boldsymbol{B}_m$ 以同一转速 n_1 切割定转子绕组，所以在定转子绕组中产生感应电动势的频率相同，即 $f_1 = f_2 = f$。则：

$$n_2 = \frac{60 f_2}{p} = \frac{60 f_1}{p} = n_1$$

所以转子静止时转子基波磁动势跟定子基波磁动势在空间上转速相等。

根据 $\boldsymbol{B}_m$ 对转子的切割方向可知转子三相感应电动势的相序亦即转子电流的相序为 a—b—c，所以 $\boldsymbol{F}_2$ 对转子绕组的转向为逆时针旋转，即 $\boldsymbol{F}_1$ 与 $\boldsymbol{F}_2$ 在空间上的转向一致。

由于 $\boldsymbol{F}_1$ 和 $\boldsymbol{F}_2$ 在空间上转向一致，转速相等，即它们在空间上同步旋转，相对静止。因而 $\boldsymbol{F}_1$ 和 $\boldsymbol{F}_2$ 可以矢量相加而形成一个合成基波磁动势 $\boldsymbol{F}_m$，从而可得知转子静止时的感应电动机的磁动势平衡方程式：

$$\boldsymbol{F}_1 + \boldsymbol{F}_2 = \boldsymbol{F}_m \tag{5-62}$$

可见当转子电流 I_2 不等于 0 时，气隙基波磁密 $\boldsymbol{B}_m$ 是由 $\boldsymbol{F}_1$ 与 $\boldsymbol{F}_2$ 合成磁动势 $\boldsymbol{F}_m$ 所建立的，把合成基波磁动势 $\boldsymbol{F}_m$ 也称为励磁磁动势。为了分析方便，假设这个基波励磁磁动势是由定子对称三相电流中的分量 $\boldsymbol{I}_m$ 流过对称的定子三相绕组所建立的，称 $\boldsymbol{I}_m$ 为励磁电流，它的大小由 $\boldsymbol{F}_m$ 所决定的，即：

$$\boldsymbol{F}_m = \frac{m_1}{2} 0.9 \frac{N_1 k_{\omega 1}}{p} \boldsymbol{I}_m \tag{5-63}$$

$\boldsymbol{I}_m$ 的相位在时—空矢量图中与 $\boldsymbol{F}_m$ 同相，如图 5-24 所示。

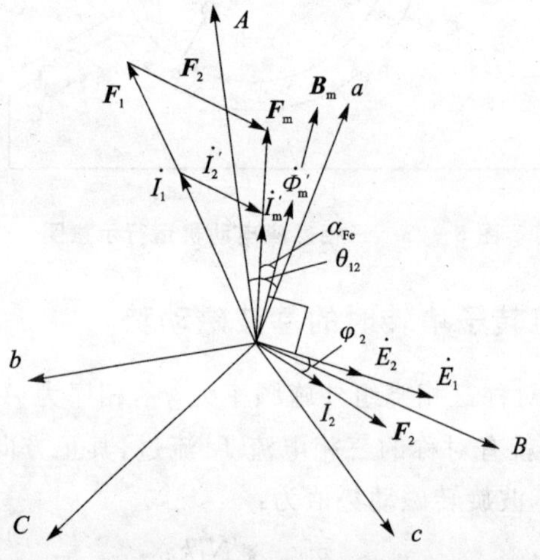

图 5-24 感应电动机转子静止时的时—空矢量图

为了确定转子基波磁动势 $\boldsymbol{F}_2$ 的空间相位，必须画出转子静止时的时—空矢量图。在图 5-24 中，画出互差 120°的转子三相绕组轴线 a、b、c；定转子对应相的相轴互差 θ_{12} 电角度，且保持不变，表示此刻转子被堵住时的转子位置；定子各相的时轴取在定子各自的相轴上，而转子各相的时轴取在各自的相轴上；假设某一时刻，励磁磁动势 $\boldsymbol{F}_m$ 转到图 5-25 所示的位置。当铁耗 P_{Fe} 不等于 0 时，由 $\boldsymbol{F}_m$ 所建立的基波磁密 $\boldsymbol{B}_m$ 落后于 $\boldsymbol{F}_m$ 一个铁耗角 α_{Fe}。定转子的统一磁通相量 $\dot{\Phi}_m$ 应与 $\boldsymbol{B}_m$ 重合；定子的统一电动势相量 $\dot{E}_1$ 和转子的统一磁动势相量 $\dot{E}_2$ 都落后于同一个 $\dot{\Phi}_m$ 为 90°，在闭合的转子回路所生的转子统一电流相量 $\dot{I}_2$ 落后于 $\dot{E}_2$ 一个角度 φ_2，为此 φ_2 是转子静止时的转子回路漏阻抗角，即：

$$\varphi_2 = \arctan \frac{x_{2\sigma}}{r_2} \tag{5-64}$$

由 $\dot{I}_2$ 所建立的转子基波磁动势 $\boldsymbol{F}_2$ 与 $\dot{I}_2$ 同相；由式(5-62)可以求出此刻定子基波磁动势矢量

$\boldsymbol{F}_1$；而建立 $\boldsymbol{F}_1$ 及 $\boldsymbol{F}_m$ 的定子统一电流相量 $\dot{I}_1$ 及 $\dot{I}_m$ 应分别与 $\boldsymbol{F}_1$ 及 $\boldsymbol{F}_m$ 同相。

由图 5-25 可知，转子基波磁动势 $\boldsymbol{F}_2$ 在空间上落后于气隙磁密 $\boldsymbol{B}_m$ 为 $(\varphi_2+90°)$ 电角度，即 $\boldsymbol{F}_2$ 在空间上的位置仅决定于转子回路的阻抗角 φ_2，而与转子位置即 θ_{12} 的大小无关。

5.6.2　三相异步电动机转子堵转时的基本方程式

1. 磁动势平衡方程式的电流形式

由于 F_1 与 $\dot{I}_1$，F_2 与 $\dot{I}_2$、F_m 与 $\dot{I}_m$ 在时—空矢量图中两两同相，所以由式(5-61)和式(5-64)可得：

$$\frac{m_1}{2}0.9\frac{N_1k_{\omega1}}{p}\dot{I}_1+\frac{m_2}{2}0.9\frac{N_2k_{\omega2}}{p}\dot{I}_2=\frac{m_2}{2}0.9\frac{N_1k_{\omega1}}{p}\dot{I}_m \tag{5-65}$$

将上式化简得转子静止时三相异步电动机磁动势平衡方程式的电流形式为

$$I_1+\frac{\dot{I}_2}{k_i}=\dot{I}_m\quad 或\quad \dot{I}_1=\dot{I}_m+\left(-\frac{\dot{I}_2}{k_i}\right)=\dot{I}_m+\dot{I}_{1L} \tag{5-66}$$

式中，$k_i=\dfrac{m_1\cdot N_1k_{\omega1}}{m_2\cdot N_2k_{\omega2}}$，称为异步电机的电流变比。

2. 电动势平衡方程式

根据图 5-24 给出的定子各量的正方向可得定子电动势平衡方程式为

$$\dot{U}_1=-\dot{E}_1-\dot{E}_{1\sigma}+\dot{I}_1r_1=-\dot{E}_1+\mathrm{j}\,\dot{I}_1X_{1\sigma}+\dot{I}_1r_1=-\dot{E}_1+\dot{I}_1Z_1 \tag{5-67}$$

式中，$Z_1=r_1+\mathrm{j}X_{1\sigma}$ 是定子一相绕组的漏阻抗。

转子绕组自行闭合，根据图 5-23 给出的转子各量正方向可得转子静止时转子电动势平衡方程式为

$$\left.\begin{aligned}&0=\dot{E}_2+\dot{E}_{2\sigma}+\dot{I}_2r_2=\dot{E}_2-\dot{I}_2(r_2+\mathrm{j}X_{2\sigma})=\dot{E}_2-\dot{I}_2Z_2\\ 或\quad &\dot{E}_2=\dot{I}_2(r_2+\mathrm{j}X_{2\sigma})=\dot{I}_2Z_2\end{aligned}\right\} \tag{5-68}$$

式中，$Z_2=r_2+\mathrm{j}X_{2\sigma}$ 为静止时转子一相绕组的漏阻抗。

综上所述，异步三相异步电机转子静止时电磁关系可用图 5-25 来表示。

3. 主电动势表达式

根据图 5-25 所示的定转子感应电动势与 $\dot{\Phi}_m$ 主磁通之间的相位关系，可以写出基波磁场 $\boldsymbol{B}_m$ 在定转子绕组中产生的感应电动势的复数形式分别为

$$\left.\begin{aligned}&\dot{E}_1=-\mathrm{j}4.44f_1N_1k_{\omega1}\dot{\Phi}_m\\ &\dot{E}_2=-\mathrm{j}4.44f_2N_2k_{\omega2}\dot{\Phi}_m=-\mathrm{j}4.44f_1N_2k_{\omega2}\dot{\Phi}_m\end{aligned}\right\} \tag{5-69}$$

则

$$\frac{\dot{E}_1}{\dot{E}_2}=\frac{N_1k_{\omega1}}{N_2k_{\omega2}}=k_e\ 或\ \dot{E}_1=k_2\ \dot{E}_2$$

式中，k_e 为异步电机定转子感应相电动势之比，称为电压变比。

仿照变压器，我们将异步电动机中由定子的励磁电流 $\dot{I}_m$ 所产生气隙合成基波磁动势 F_m，所建立气隙基波磁场 B_m 及主磁通 $\dot{\Phi}_m$，从而在定子绕组中感应电动势 $\dot{E}_1$ 的电磁过程，用定子

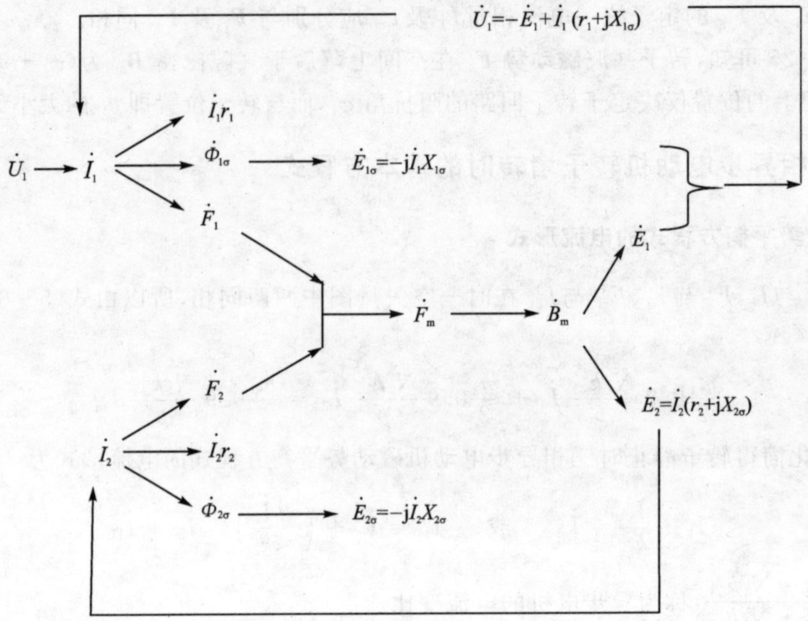

图 5-25　三相异步电机转子静止时电磁关系

的励磁电流在一个阻抗 z_m 上的压降来表示，即：

$$\dot{E}_1 = -\dot{I}_m z_m \tag{5-70}$$

式中，$Z_m = r_m + jx_m$ 称为异步电动机的励磁阻抗。由图 5-24 可知，由于铁耗的存在，$\dot{E}_1$ 与 $\dot{I}_m$ 的夹角大于 90°，所以励磁阻抗的实部 $r_m \neq 0$。为此，r_m 是反映铁耗大小的一个等效电阻，称为励磁电阻。Z_m 的大小可以这样来决定，即 I_m 流过 r_m 所产生的损耗用来模拟铁耗，即

$$P_{Fe} = m_1 I_m^2 r_m \tag{5-71}$$

Z_m 的虚部 X_m 是主磁通 $\dot{\Phi}_m$ 在定子一相绕组所产生的电抗，称为励磁电抗。如果不计铁耗，$r_m = 0$，$Z_m = jX_m$，则由式(5-70)可得：

$$X_m \approx \frac{E_1}{I_m} = \frac{4.44 f_1 N_1 k_{\omega 1} \Phi_m}{I_m}$$

综上所述，可得三相异步电机转子静止且转子绕组短接时的基本方程式为

$$\left.\begin{aligned}
\dot{U}_1 &= -\dot{E}_1 + \dot{I}_1 Z_1 \\
\dot{E}_2 &= \dot{I}_2 Z_2 \\
\dot{I}_1 + \frac{\dot{I}_2}{k_i} &= \dot{I}_m \\
\dot{E}_1 = k_e \dot{E}_2 &= -\dot{I}_m Z_m = -j4.44 f_1 N_1 k_{\omega 1} \dot{\Phi}_m
\end{aligned}\right\} \tag{5-72}$$

5.7　三相异步电动机转子转动时的运行分析

将图 5-23 的堵住转子的机构松开，转子就会在 B_m 的作用下带动一定的机械负载沿着

B_m 旋转方向以低于 n_1 的转速 n 而稳定运行。

5.7.1　三相异步电动机转子转动时的物理情况

1. 转子频率

由于 $n<n_1$ 且同相，则气隙旋转磁场 B_m 以 $\Delta n=n_1-n=sn_1$ 的相对速度沿着 n_1 的方向切割转子，则 B_m 在转子绕组中感应的电动势频率为

$$f_2=\frac{p\Delta n}{60}=\frac{psn_1}{60}=sf_1 \tag{5-73}$$

2. 转子基波磁动势

B_m 在转子绕组中产生对称三相电动势 $\dot{E}_{2S}$ 及其对称三相电流 $\dot{I}_{2S}$（下标 S 表示转子转动后的量，下同）。而对称的 $\dot{I}_{2S}$ 也会建立圆形基波磁动势 F_{2S}，其幅值为

$$F_{2S}=\frac{m_2}{2}\cdot 0.9\frac{N_2k_{\omega 2}}{p}I_{2S}\left[\frac{安匝}{极}\right] \tag{5-74}$$

它对转子的转速为

$$n_{2S}=\frac{60f_2}{p}=s\cdot\frac{60f_1}{p}=sn_1 \tag{5-75}$$

它对转子的转向也从 a 转到 b 再转到 c（因为这时转子电流的相序为 $a—b—c$），即与 n_1 的方向一致。由于转子本身以 n 转速沿 n_1 方向旋转，所以 F_{2S} 在空间上的转向跟定子 F_1 的转向一致，F_{2S} 对定子的转速为

$$n'_{2S}=n+n_{2S}=n+sn_1=n_1$$

由此可知，转子转动后的转子基波磁动势 F_{2S} 在空间上仍与 F_1 同步旋转，相对静止。F_1 与 F_{2S} 仍可以矢量相加而得合成的 F_m，所以转子转动后的磁动势平衡方程式为：

$$F_1+F_{2S}=F_m \tag{5-76}$$

不难证明，对于转子的其他任何转速（除了 $n=n_1$ 之外），包括 n 和 n_1 转向相同但 $n>n_1$ 的情况或 n 和 n_1 转向相反的情况，F_{2S} 与 F_1 在空间上始终同步的结论仍然适合。

必须注意，由于这时 $\dot{I}_1$ 与 $\dot{I}_{2S}$ 的频率不同，所以不能将磁动势平衡方程式(5-76)写成电流形式，即

$$\dot{I}_1+\frac{\dot{I}_{2S}}{k_i}\neq\dot{I}_m$$

3. 定转子回路的电动势平衡方程式

仿照式(5-72)可以写出转子转动后的电动势平衡方程式为：

$$\left.\begin{aligned}\dot{U}_1&=-\dot{E}_1+\dot{I}_1Z_1\\ \dot{E}_{2S}&=\dot{I}_{2S}Z_{2S}=\dot{I}_{2S}(r_{2S}+jX_{2\sigma s})\\ \dot{E}_1&=-\dot{I}_mZ_m\\ E_2&=4.44f_2N_2k_{\omega 2}\Phi_m=s4.44f_1N_2k_{\omega 2}\Phi_m=sE_2\end{aligned}\right\} \tag{5-77}$$

式中，$E_{2S}=4.44f_2N_2k_{\omega 2}\Phi_m$ 为 $f_2=f_1$（即转子静止时）时的转子电动势。若不计集肤效应，则转子每相电阻可近似认为 $r_{2S}=r_2$，但其漏阻抗为

$$X_{2\sigma S} = 2\pi f_2 L_{2\sigma} = s2\pi f_1 L_{2\sigma} = sX_{2\sigma}$$

式中，$X_{2\sigma}$为 $f_2 = f_1$（即转子静止时）的转子每相漏抗。

为此，式(5-77)中转子电动势也可以写成

$$\dot{E}_{2S} = \dot{I}_{2S}(r_2 + \mathrm{j}sX_{2\sigma}) \tag{5-78}$$

也应注意，由于$\dot{E}_{2S}$与$\dot{E}_2$ 的频率不同，所以不能把式(5-78)写成复数形式，即

$$\dot{E}_{2S} \neq s\dot{E}_2 = s\frac{\dot{E}_1}{k_e}$$

由上分析可知，转子转动时，由于 $f_2 \neq f_1$，所以联系定转子电流及电动势的两个方程式不能成立，因而不能得到与变压器方程组相似的转子静止时的基本方程组，不能直接引用变压器的结论与等值电路图，为此必须进行适当的处理，将转子的实际频率 f_1 转成定子频率 f_2，这就引入了“频率折算”的概念。

5.7.2 转子绕组频率折算

把以转速 n 稳定运行的异步电机的转子实际频率 f_2 用其定子频率 f_1 来替代，而且保持替代前后电机的电磁本质不变（即从电网输入的电流、有功功率和无功功率不变，通过电磁感应传递给转子的功率不变，从轴上输出的功率也不变）的处理方法，称为异步电机的频率折算。由于只有当转子静止时才能做到 $f_2 = f_1$，所以，所谓频率折算实际上就是设法用一个等效的静止转子来代替以转速 n 而转动的转子。然而，转子对定子的作用，是通过转子磁动势来实现的。为此，要使电机的电磁本质保持不变，必须使等效静止转子由$\dot{I}_2$ 所生的基波磁动势 F_2 跟实际转动转子由$\dot{I}_{2S}$所生的基波磁动势 F_{2S}完全相同，即要求两者的大小、转向、转速及其空间相位都相同。

由上分析已知，除了 $n=n_1$ 之外的所有转速，包括 $n=0$（转子静止时的情况），其转子基波磁动势始终与定子基波磁动势同步，所以用静止转子等效代替转子后，F_{2S}与 F_2 的转向一致且转速相同这两个条件已自然满足，只要做到 F_{2S}与 F_2 的大小及其空间相位相同就可以了。要使 $F_{2S}=F_2$，必须使 $I_2=I_{2S}$；要使 F_{2S}与 F_2 的空间相位不变，必须使等效静止转子的转子漏阻抗角 φ_2 跟实际转动转子漏阻抗角 φ_{2S}相等。

由式(5-77)与式(5-78)可得实际转动转子的电流及其漏阻抗角为：

$$\left.\begin{aligned} I_{2S} &= \frac{E_{2S}}{\sqrt{r_2^2 + (sX_{2\sigma})^2}} = \frac{E_2}{\sqrt{\left(\dfrac{r_2}{s}\right)^2 + X_{2\sigma}^2}} \\ \varphi_{2S} &= \arctan\left(\frac{sX_{2\sigma}}{r_2}\right) = \arctan\left[\frac{X_{2\sigma}}{\dfrac{r_2}{s}}\right] \end{aligned}\right\} \tag{5-79}$$

如果将转差率为 s 的实际转动转子堵住，且在转子每相中串入附加电阻$\dfrac{1-s}{s}r_2$，使之转子回路每相电阻变成 $r_2 + \dfrac{1-s}{s}r_2 = \dfrac{r_2}{s}$，则可得这个静止转子的电流及其漏阻抗角为

$$\left.\begin{aligned} I_2 &= \frac{E_2}{\sqrt{\left(\dfrac{r_2}{s}\right)^2 + X_{2\sigma}^2}} \\ \varphi_2 &= \arctan \frac{X_{2\sigma}}{\left(\dfrac{r_2}{s}\right)} \end{aligned}\right\} \tag{5-80}$$

比较式(5-79)及式(5-80)，不难看出这个等效静止转子的电流 I_2 及其漏阻抗角 φ_2 跟实际转动转子的电流 I_{2s} 及其漏阻抗角相等，因而 $F_{2s}=F_2$。

综上所述，对于一个以转差率为 s 的实际转动的三相异步电机，可以把它作为转子静止不动的状态来分析。只要在其转子每相回路中增加一个附加电阻 $\frac{1-s}{s}r_2$，使其转子每相电阻从实际值 r_2 变成 $\frac{r_2}{s}$ 即可。因此，可以写出转子转动后的三相异步电动机的基本方程式为：

$$\left.\begin{aligned} \dot{U}_1 &= -\dot{E}_1 + \dot{I}_1 Z_1 \\ \dot{E}_2 &= \dot{I}_2\left(\frac{r_2}{s} + \mathrm{j}X_{2\sigma}\right) = \dot{I}_2 Z_2 + \dot{I}_2\left(\frac{1-s}{s}r_2\right) \\ \dot{I}_1 &+ \frac{\dot{I}_2}{k_i} = \dot{I}_m \\ \dot{E}_1 &= k_e \dot{E}_2 = -\dot{I}_{\mathrm{m}} Z_{\mathrm{m}} = -\mathrm{j}4.44 f_1 N_1 k_{\omega 1} \dot{\Phi}_{\mathrm{m}} \end{aligned}\right\} \tag{5-81}$$

5.7.3 转子侧各物理量的折算

经过频率折算之后，这个等效静止转子的绕组仍是原来实际转子的绕组，而通常 $m_2 \neq m_1$，$N_1 \neq N_2$，$k_{\omega 1} \neq k_{\omega 2}$，使得式(5-81)中的变比 $k_i \neq 1$ 且 $k_e \neq 1$。这不仅给计算或绘矢量图带来不便，而且不能导出异步电机的等效电路图。因此还必须仿照变压器，把实际转子绕组用一个相数、每相串联匝数及其基波绕组系数都与定子绕组完全一样的等效转子绕组来代替，并保持电机的电磁本质不变，这种处理方法称为把转子绕组折算成定子绕组，简称转子绕组的折算。为使折算前后电机的电磁本质不变，转子的所有量都必须进行相应改变。这些改变后的转子物理量，称为该量的折算值，用该量的符号加“′”来表示。

1. 转子电流的折算值

为使转子绕组折算前后电磁本质不变，必须等效转子绕组所产生的基波磁动势 F'_2 跟实际转子绕组 F_2 的完全相同，即

$$F'_2 = \frac{m_1}{2} 0.9 \frac{N_1 k_{\omega 1}}{p} \dot{I}'_2 = F_2 = \frac{m_2}{2} 0.9 \frac{N_2 k_{\omega 2}}{p} \dot{I}_2$$

则

$$\dot{I}'_2 = \frac{m_2 N_2 k_{\omega 2}}{m_1 N_1 k_{\omega 1}} \dot{I}_2 = \frac{\dot{I}_2}{k_i} \tag{5-82}$$

2. 转子电动势的折算值

由于 $F'_2 = F_2$ 不变，使 B_{m} 不变，所以折算前后 $\dot{\Phi}_{\mathrm{m}}$ 不变，则：

$$\frac{\dot{E}'_2}{\dot{E}_2}=\frac{-\mathrm{j}4.44f_1N_1k_{\omega1}\dot{\Phi}_\mathrm{m}}{-\mathrm{j}4.44f_2N_2k_{\omega2}\dot{\Phi}_\mathrm{m}}=\frac{N_1k_{\omega1}}{N_2k_{\omega2}}=k_e$$

即

$$\dot{E}'_2=k_e\dot{E}_2=\dot{E}_1 \tag{5-83}$$

3. 转子阻抗的折算值

为使得折算前后转子回路的有功功率保持不变，则有：

即

或

$$\left.\begin{aligned}&m_1I'^2_2\left(\frac{r'_2}{s}\right)=m_2I^2_2\left(\frac{r_2}{s}\right)\\&\frac{r'_2}{s}=\frac{m_2}{m_1}\left(\frac{I_2}{I'_2}\right)^2\left(\frac{r_2}{s}\right)=\frac{m_2}{m_1}\left(\frac{m_1N_1k_{\omega1}}{m_2N_2k_{\omega2}}\right)^2\left(\frac{r_2}{s}\right)=k_ek_i\left(\frac{r_2}{s}\right)\\&r'_2=k_ek_ir_2\\&\frac{1-s}{s}r'_2=k_ek_i\left(\frac{1-s}{s}\cdot r_2\right)\end{aligned}\right\} \tag{5-84}$$

同理，为使得折算前后转子回路的无功功率保持不变，则有：

$$m_1I'^2_2X'_{2\sigma}=m_2I'^2_2X_{2\sigma}$$

得

$$X'_{2\sigma}=k_ek_iX_{2\sigma} \tag{5-85}$$

为此可得转子阻抗的折算值为

$$\left.\begin{aligned}&Z'_2=r'_2+\mathrm{j}X'_{2\sigma}=k_ek_i(r_2+\mathrm{j}X_{2\sigma})=k_ek_iZ_2\\&\varphi'_{2S}=\arctan\left(X'_{2\sigma}\Big/\frac{r'_2}{s}\right)=\arctan\left(X_{2\sigma}\Big/\frac{r_2}{s}\right)=\varphi_{2S}\end{aligned}\right\} \tag{5-86}$$

由此可知，折算前后 F'_2 的空间相位不变。

至此，可以将经过频率折算的式(5-81)再进行一次绕组折算，即可得到异步电机的基本方程组为

即

或

$$\left.\begin{aligned}&\dot{U}_1=-\dot{E}_1+\dot{I}_1Z_1\\&\dot{E}'_2=\dot{I}'_2\left(\frac{r'_2}{s}+jX'_{2\sigma}\right)=\dot{I}'_2Z'_2+\dot{I}'_2\left(\frac{1-s}{s}r'_2\right)\\&\dot{I}_1+\frac{\dot{I}'_2}{k_i}=\dot{I}_\mathrm{m}\\&\dot{E}_1=\dot{E}'_2=-\dot{I}_\mathrm{m}Z_\mathrm{m}=-\mathrm{j}4.44f_1N_1k_{\omega1}\dot{\Phi}_\mathrm{m}\end{aligned}\right\} \tag{5-87}$$

5.7.4 三相异步电机的等效电路和相量图

1. 三相异步电机的T型等值电路

由式(5-87)给出的异步电机的基本方程组，跟变压器基本方程式组在形式上完全一样。其附加电阻$\frac{1-s}{s}r'_2$ 上的压降$\dot{I}'_2\left(\frac{1-s}{s}r'_2\right)$就相当于变压器副边的负载阻抗压降$\dot{U}'_2=\dot{I}_2Z'_\mathrm{L}$。因此，可以仿照变压器的 T 型等值电路而直接画出异步电机的 T 型等值电路，如图 5-26 所示。

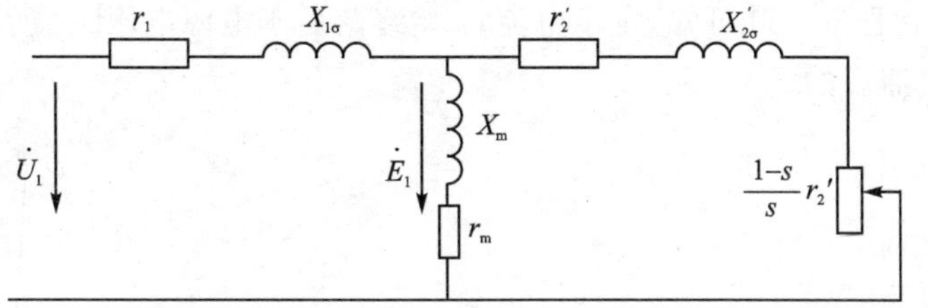

图5-26 异步电机的T型等值电路

T型等值电路是根据基本方程组推导出来的，能够精确地反映出异步电机的规律。下面分析异步电机典型的运行情况。

(1) 异步电机的空载运行

空载时，转子速度与同步速非常接近，因此转差率接近0。$n\approx n_1$，$s\approx 0$，$\frac{1-s}{s}r'_2\to\infty$，$I_2\approx 0$。转子回路可视为开路，则得空载时等值电路如图5-27所示，由于图5-27中有一很大的X_m，所以励磁电流滞后外加电压的相位差接近90°电角度。所以空载时的功率因数是滞后的，且$\cos\varphi_0$很低。

(2) 异步电机的启动时状况

如果将转子堵住，或者是启动时，由于$n=0$，$s=1$，$\frac{1-s}{s}r'_2=0$，图5-26中的励磁支路可视为断开，得刚启动或者堵转时的等值电路如图5-28所示。其中$r_k=r_1+r'_2$和$X_k=X_{1\sigma}+X'_{2\sigma}$分别称为异步电动机的短路电阻和短路电抗。

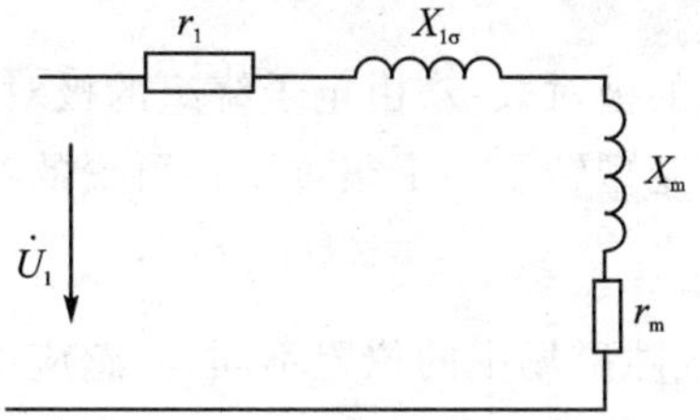

图5-27 异步电机空载时的等值电路

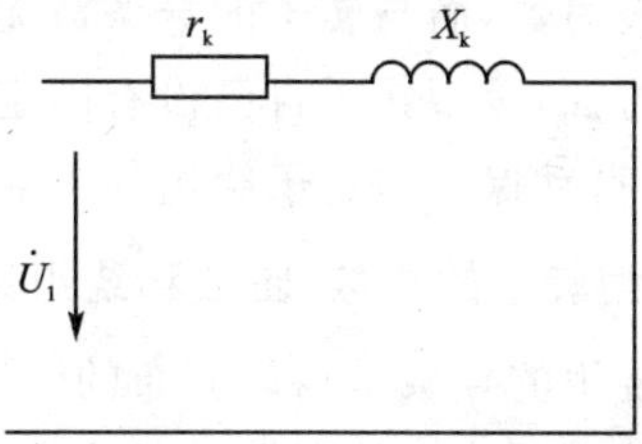

图5-28 异步电机启动时的等值电路

(3) 异步电机的额定负载运行

异步电动机运行于额定状态时，$s_N<5\%$，$\frac{r'_2}{s}$比r'_2大20倍以上，因此图5-26的转子边支路呈电阻性，使定子边的总的功率因数大大提高，可达80%～85%。

由图5-26还可知，由于Z_1不大，所以从空载到额定负载，定子漏阻抗压降I_1Z_1不大，可视为$E_1\approx U_1$不变，因此主磁通Φ_m基本不变，$I_m\approx I_0$也基本不变。

(4) 等效电路的简化

图5-26所示T型等值电路是一个串并联混合电路，计算复杂。实际中常把励磁支路前移，励磁电流不能忽略，这样得到简化近似等值电路如图5-29所示。这是一个并联电路，使计算简化。

2. 异步电机的相量图

图5-30所示的是以主磁通$\dot{\Phi}_m$为参考相量的异步电动机的相量图，其画法过程与变压器

相同，不再重复。由图5-30可知，定子电流$\dot{I}_1$始终落后于电源电压$\dot{U}_1$，所以异步电动机的功率因素$\cos\varphi_1$总是滞后的。

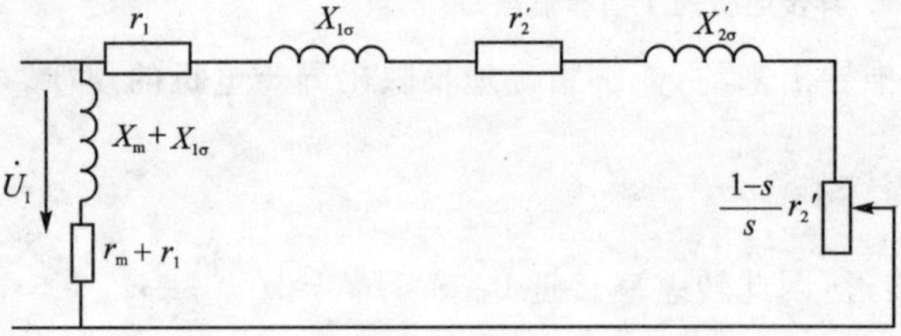

图5-29 异步电机的近似等值电路

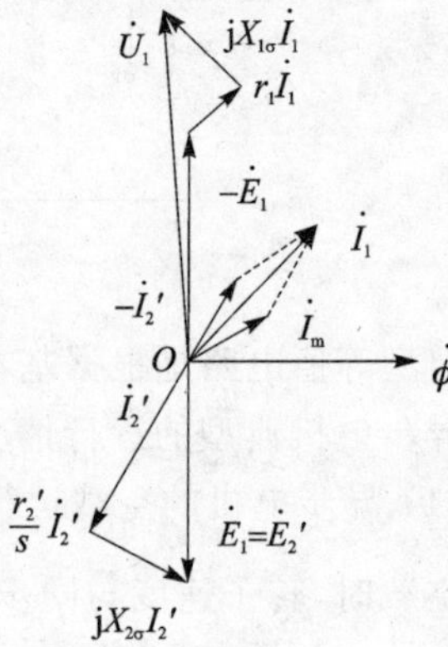

图5-30 异步电机的相量图

5.7.5 笼型转子的绕组数据

1. 笼型转子的极数

任何电机的定、转子极数应该相等，如果不等就不能产生平均转矩，电机就无法工作。对于绕线式异步电机，通过绕组的联结可以做到定、转子极数相等。笼型转子的极对数恒等于定子绕组的极对数，而与转子的导条数无关。

由此可知，笼型转子自己没有固定的极对数，它的极对数p_2由定子绕组的极对数p_1所决定，且始终自动保持与定子绕组的极对数相等，这是笼型转子一个很重要很可贵的特点。

2. 笼型转子的相数、匝数和绕组系数

笼型绕组的导条是均匀分布的，各导条之间的气隙磁场中的位置不同，其感应电动势和电流的相位就不同。相邻两根导条感应电动势的相位差等于二者相差的空间电角度。因此可以将笼型绕组看做相数m_2等于转子导条数Q_2的对称绕组，即

$$m_2 = Q_2$$

由于每相仅有一根导条，相当于半匝，没有分布和短距问题，因此每相串联匝数$N_2=1/2$，每相并联支路数$a_2=1$（所以导条电流就是转子相电流I_2）。

5.8 三相异步电动机的功率流程图与转矩平衡方程式

5.8.1 功率平衡方程式

利用三相异步电动机的T型等值电路，可以分析电动机稳态运行时的功率关系。

三相异步电动机以转速n稳态运行时，从交流电源输入的有功功率，即输入功率P_1为

$$P_1 = m_1 U_1 I_1 \cos\varphi_1 \tag{5-88}$$

式中，U_1、I_1分别为定子相电压、相电流；$\cos\varphi_1$是定子功率因数；$m_1=3$。

定子绕组电流在其电阻上产生的损耗，即定子铜耗 P_{Cu1} 为

$$P_{Cu1} = m_1 I_1^2 R_1 \tag{5-89}$$

气隙旋转磁场相对于定、转子运动，在定转子铁芯中产生铁耗，(由于 $n \approx n_1$，f_2 很低，而且转子铁芯也为薄硅钢片叠压而成的，转子铁耗很小，可以忽略不计)电动机的铁耗 P_{Fe} 为：

$$P_{Fe} = m_1 I_0^2 R_m \tag{5-90}$$

输入功率 P_1 扣除定子铜耗 P_{Cu1} 和铁耗 P_{Fe} 后，剩余大部分功率通过气隙旋转磁场的作用从定子经过气隙传到转子。这部分功率是转子通过电磁感应作用获得的，因此称为电磁功率 P_{em}，即

$$P_{em} = P_1 - P_{Cu1} - P_{Fe} \tag{5-91}$$

由 T 型等值电路可知，转子回路的电磁功率 P_{em} 等于转子回路等效电阻 $\frac{R'_2}{s}$ 上消耗的功率，即

$$P_{em} = m_1 I'^2_2 \frac{R'_2}{s} = m_1 E'_2 I'_2 \cos\varphi_2 = m_2 E_2 I_2 \cos\varphi_2 \tag{5-92}$$

其中转子回路电阻 R_2 上消耗的电功率称为转子铜损耗 P_{Cu2}

$$P_{Cu2} = m_1 I'^2_2 R'_2 = sP_{em} \tag{5-93}$$

电磁功率 P_{em} 在扣除转子铜耗 P_{Cu2} 之后，就是等效电阻 $\frac{1-s}{s}R'_2$ 上的电功率，它代表总机械功率 P_{mec}，即由电功率转换而来的总功率

$$P_{mec} = P_{em} - P_{Cu2} = m_1 I'^2_2 \frac{1-s}{s} R'_2 = (1-s) P_{em} \tag{5-94}$$

总机械功率 P_{mec} 在扣除机械损耗 P_m 和附加损耗 P_{ad} 之后，才是转轴输出的机械功率

$$P_2 = P_{mec} - P_m - P_{ad} = P_1 - P_{Cu1} - P_{Fe} - P_{Cu2} - P_m - P_{ad} = P_1 - \sum P \tag{5-95}$$

则异步电动机的效率为：

$$\eta = \frac{P_2}{P_1} \times 100\% = \frac{P_1 - \sum P}{P_1} \times 100\% = \left(1 - \frac{\sum P}{P_1}\right) \times 100\% \tag{5-96}$$

以上功率平衡关系可以用功率流程图表示，如图 5-31 所示。

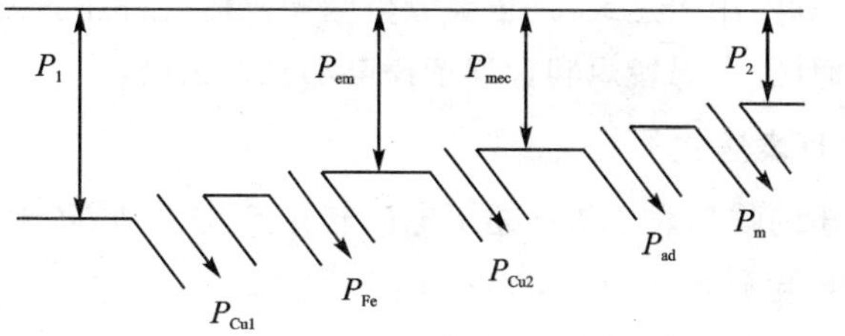

图 5-31　异步电机的功率流程图

由上面功率关系可知，三相异步电机运行时，电磁功率 P_{em}、机械功率 P_{mec} 和转子铜耗 P_{Cu2} 之间的数量关系是：$P_{em} : P_{mec} : P_{Cu2} = 1 : (1-s) : s$

这说明：当电磁功率 P_{em} 一定时，转差率 s 越大，则转子铜耗 P_{Cu2} 越大，机械功率 P_{mec} 越小，电动机功率越低。由于转子铜耗 $P_{Cu2} = sP_{em}$，因此也称为转差功率。

5.8.2 转矩平衡方程式

异步电机转轴上各种机械功率除以转子机械角速度 Ω 就得到相应的转矩。P_{mec} 是借助于气隙旋转磁场由定子传递到转子上的总机械功率，与之相对应的总机械转矩称为电磁转矩，即

$$T_{em}=\frac{P_{mec}}{\Omega} \tag{5-97}$$

其中机械角速度

$$\Omega=\frac{2\pi n}{60}=\frac{2\pi(1-s)n_1}{60}=(1-s)\Omega_1$$

输出转矩

$$T_2=\frac{P_2}{\Omega} \tag{5-98}$$

空载转矩

$$T_0=\frac{P_m+P_{ad}}{\Omega} \tag{5-99}$$

于是转矩平衡方程式为

$$T_{em}=T_2+T_0 \tag{5-100}$$

下面还要证明一个重要的关系，即

$$T_{em}=\frac{P_{mec}}{\Omega}=\frac{P_{mec}}{(1-s)\Omega_1}=\frac{P_{em}}{\Omega_1} \tag{5-101}$$

式(5-101)说明，电磁转矩等于电磁功率除以同步角速度，也等于总机械功率除以转子机械角速度。

式中，Ω_1 为同步角速度。

5.8.3 三相异步电动机的电磁转矩表达式

电磁转矩是三相异步电动机的最重要的物理量，电磁转矩对三相异步电动机的拖动性能起着极其重要的作用，直接影响着电动机的启动、调速、制动等性能。正确理解电磁转矩的物理表达式，参数表达式和实用表达式，是正确分析电动机运行特性的关键。正确运用电磁转矩的不同表达式，是正确计算电磁转矩和合理选择电动机的关键。

1. 电磁转矩的物理表达式

异步电机电磁转矩的物理表达式描述了电磁转矩与主磁通、转子有功电流的关系。根据式(5-101)和图5-26，电磁转矩

$$T_{em}=\frac{P_{em}}{\Omega_1}=\frac{1}{\Omega_1}m_1 I'^2_2\frac{R'_2}{s}=\frac{p}{\omega_1}m_1E'_2I'_2\cos\varphi'_2=\frac{p}{2\pi f_1}m_1E'_2I'_2\cos\varphi'_2 \tag{5-102}$$

式中，P_{em} 为电磁功率；Ω_1 为同步电机械角加速度，其值为 $\frac{2\pi f_1}{p}$，p 为极对数。

折算到定子侧的转子相电动势为

$$E'_2=\sqrt{2}\pi f_1 N_1 k_{\omega 1}\Phi_m$$

于是式(5-102)变为

$$T_{em}=\left(\frac{pm_1N_1k_{\omega1}}{\sqrt{2}}\right)\Phi_m I'_2\cos\varphi'_2=C_M\Phi_m I_2\cos\varphi_2 \tag{5-103}$$

式中，$C_M=\dfrac{pm_2N_2k_{\omega2}}{\sqrt{2}}$。对于制成的异步电动机 C_M 是常数。考虑到 $I'_2\cos\varphi'_2$ 是转子电流的有功分量，异步电机电磁转矩计算公式与直流电机的公式形式完全相同。

2. 电磁转矩的参数表达式

异步电机电磁转矩的参数表达式描述了电磁转矩与参数的关系，其推导过程如下。由简化等效电路如图 5-32 所示可得

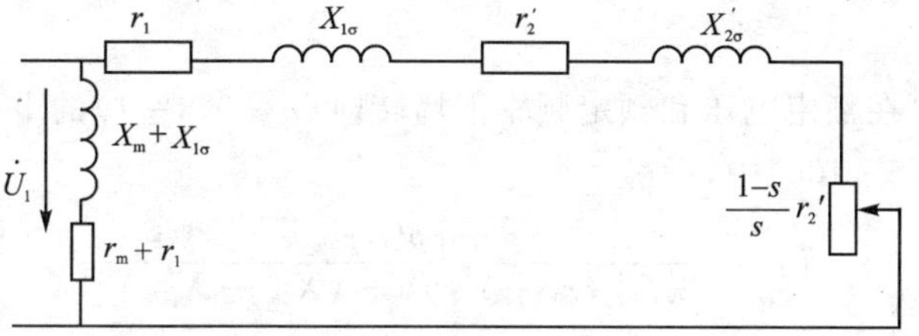

图 5-32　异步电机的简化等值电路

$$I'_2=\frac{U_1}{\sqrt{\left(r_1+\dfrac{r'_2}{s}\right)^2+(X_{1\sigma}+X'_{2\sigma})^2}} \tag{5-104}$$

则电磁功率

$$P_{em}=m_1I'^2_2\frac{r'_2}{s}=\frac{m_1U_1^2\dfrac{r'_2}{s}}{\left(r_1+\dfrac{r'_2}{s}\right)^2+(X_{1\sigma}+X'_{2\sigma})^2} \tag{5-105}$$

所以

$$T_{em}=\frac{P_{em}}{\Omega_1}=\frac{m_1pU_1^2\dfrac{r'_2}{s}}{2\pi f_1\left[\left(r_1+\dfrac{r'_2}{s}\right)^2+(X_{1\sigma}+X'_{2\sigma})^2\right]} \tag{5-106}$$

可以看出，电磁转矩 T_{em} 与转差率 s 之间并不是线性关系。当定子相电压 U_1 和频率 f_1 一定时，电机参数可认为是常数，电磁转矩 T_{em} 仅和转差率 s 有关。三相异步电动机在外施加电压及其频率都为额定值，定、转子回路不串入任何电路元件的条件下，其机械特性称为固有机械特性。其中某一条件改变后，所得到的机械特性称为人为机械特性。

作出固有机械特性 $T=f(s)$，如图 5-33 所示。图中同时画出了异步电动机三种运行状态下的机械特性。

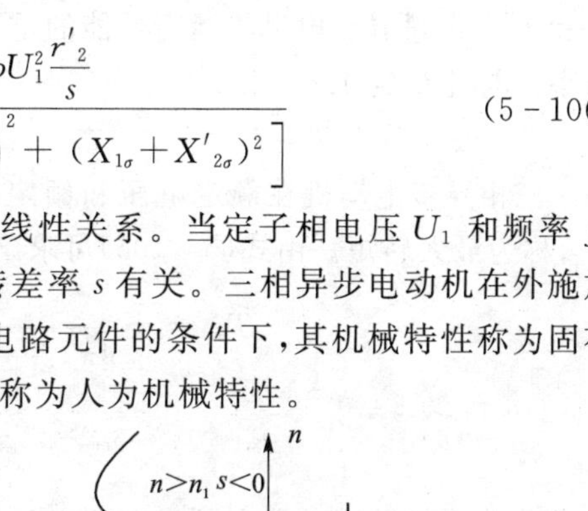

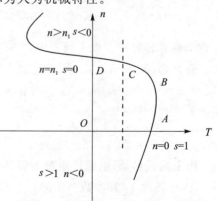

图 5-33　感应电机的机械特性

当 $0<s\leqslant1(0\leqslant n\leqslant n_1)$ 时，电磁转矩 T_{em} 与转速方向 n 相同 $(n>0, T_{em}\geqslant0)$，电磁功率 $P_{em}>0$，电机运行在电动状态。

当 $s<0(n>n_1>0)$ 时，电磁转矩 T_{em} 与转速方向 n 相反 $(n>0, T_{em}<0)$，电磁功率 $P_{em}<0$，电机运行在发电机状态。

当 $s>1$（n 与 n_1 反向）时，$T_{em}>0$ 但 $n<0$，T_{em}

仍是制动性转矩，电磁功率 $P_{em}>0$，电机运行在制动状态。

下面讨论图 5-33 中电动机状态的机械特性的特点。

(1) 额定电磁转矩 T_N

额定电磁转矩 T_N 是电动机额定运行时所产生的电磁转矩，相应的转速、转差率分别为额定转速 n_N 和额定转差率 s_N，如图 5-33 中 C 点所示。电动机可以长期连续运行在额定工况。

由电动机铭牌上的额定数据 P_N、n_N，可近似求得额定电磁转矩 T_N，即

$$T_N = T_{2N} + T_0 \approx T_{2N} = 9\,550\,\frac{P_N}{n_N} \tag{5-107}$$

式中，T_{2N} 为额定输出转矩。

(2) 堵转转矩 T_s

三相异步电动机在额定电压和额定频率下堵转时($n=0$，$s=1$)的电磁转矩称为堵转转矩 T_s。将 $s=1$ 代入式(5-106)中，可得

$$T_s = \frac{m_1 p U_1^2 r'_2}{2\pi f_1[(r_1 + r'_2)^2 + (X_{1\sigma} + X'_{2\sigma})^2]} \tag{5-108}$$

堵转转矩 T_s 有如下特点：

① 在频率 f_1 和参数一定时，T_s 与 U_1^2 成正比。

② 在电压 U_1 和频率 f_1 一定时，定、转子漏电抗 $X_{1\sigma}$、$X'_{2\sigma}$ 越大，T_s 越小。

③ 堵转转矩 T_s 越大，异步电动机越容易启动。堵转转矩 T_s 与额定电磁转矩 T_N 的比值称为堵转转矩参数，用 k_{st} 表示，即 $k_{st}=\frac{T_s}{T_N}$。电动机在额定电压和额定频率下堵转时定子电流 I_s 为堵转电流。堵转电流 I_s 与额定电流 I_N 的比值称为堵转电流倍数，用 k_{si} 表示，即 $k_{si}=\frac{I_s}{I_N}$。k_{st} 和 k_{si} 是衡量异步电动机运行性能的重要指标。我国生产的 Y 型系列三相笼型异步电动机，中小型电机 k_{si} 为 1.6～2.2。

(3) 最大转矩 T_m

三相异步电动机在额定电压和额定功率下稳定运行时，所能产生的最大异步电磁转矩 T_m，称为最大转矩。由式(5-106)可求出最大转矩 T_m 和 T_m 产生的转差率 s_m 为

$$T_m = \pm \frac{m_1 p U_1^2}{4\pi f_1\left[\pm r_1 + \sqrt{r_1^2 + (X_{1\sigma} + X'_{2\sigma})^2}\right]} \tag{5-109}$$

$$s_m = \pm \frac{r'_2}{\sqrt{r_1^2 + (X_{1\sigma} + X'_{2\sigma})^2}} \tag{5-110}$$

s_m 称为临界转差率。以上两式中，"+"、"−"号分别适用于电动机、发电机状态。

当 $r_1^2 \ll (X_{1\sigma}+X'_{2\sigma})^2$ 时，以上两式可近似写为

$$T_m = \pm \frac{m_1 p U_1^2}{4\pi f_1 (X_{1\sigma} + X'_{2\sigma})} \tag{5-111}$$

$$s_m = \pm \frac{r'_2}{X_{1\sigma} + X'_{2\sigma}} \tag{5-112}$$

由上两式可知，电磁转矩最大值 T_m 有以下特点：

① 在频率 f_1 和参数一定时，T_m 与 U_1^2 成正比。

② 在电压 U_1 和频率 f_1 一定时，T_m 与漏电抗($X_{1\sigma}+X'_{2\sigma}$)近似成反比。

③ 最大电磁转矩 T_m 与额定转矩 T_N 的比值称为过载能力，用 k_m 表示，即 $k_m=T_m/T_N$。过载能力 k_m 是异步电动机的重要指标之一。T_m 越大，电动机的短时过载能力越强。我国生产 Y 系列三相异步电动机通常 $k_m=1.8\sim2.3$。

④ T_m 与转子电阻 r_2 无关，但临界转差率 s_m 却与 r'_2 成正比，对于三相绕线式转子异步电动机，可将三相对称的附加电阻串入转子回路中。通过改变每相附加电阻 R_S 值，可以得到不同的人为特性。

5.9 三相异步电动机的工作特性和参数测定

5.9.1 工作特性

三相异步电动机的工作特性是指在额定电压和额定频率下，电动机的转速 n、电磁转矩 T、定子电流 I_1、定子功率因数 $\cos\varphi_1$ 及效率 η 与输出功率 P_2 的关系。

在已知 T 型等效电路中的参数和机械损耗、附加损耗时，可以通过计算方法求得工作特性。对已制造出的电动机，可以通过负载试验测得工作特性。

1. 转速调整特性 $n=f(P_2)$

三相异步电动机空载运行($P_2=0$)时，转速 n 略低于同步转速 n_1。随着负载转矩增加，n 略有降低，使 E_{2s} 和 I_{2s} 增大，以产生更大的电磁转矩与负载转矩平衡。因此，转速 n 随 P_2 增加而略有降低，转速特性 $n=f(P_2)$ 如图 5－34 所示。一般用途的三相异步电动机，在 $0<s<s_m$ 时的机械特性较硬，即电磁转矩 T 变化时，转速 n 变化很小。

2. 电磁转矩特性 $T=f(P_2)$

稳定运行时，$T=T_2+T_0$，$T_2=P_2/\Omega$。从空载到额定负载，转速 n 变化很小，T_2 近乎与 P_2 成正比，而 T_0 可以认为基本不变，因此电磁转矩特性 $T=f(P_2)$ 近似为一直线，如图 5－34 所示。

3. 定子电流特性 $I_1=f(P_2)$

电动机空载运行时，转子电流 I_2 近似为 0，定子电流 I_1 等于励磁电流 I_0。随负载增大，转速 n 降低，I_2 增大，定子电流 I_1 中与转子电流相平衡的负载分量随之增加，使 I_1 增大。定子电流特性 $I_1=f(P_2)$ 如图 5－34 所示。

4. 功率因数特性 $\cos\varphi_1=f(P_2)$

三相异步电动机运行时，必须从交流电网吸收滞后性无功功率来满足励磁和漏电抗的需要，因此定子功率因数 $\cos\varphi_1$ 永远小于 1。空载运行时，定子从电网吸收的主要是励磁需要的无功功率，因此 $\cos\varphi_1$ 很低，一般不超过 0.2。负载增大后，定子电流有功分量增大，因此 $\cos\varphi_1$ 提高，一般在额定负载附近达到最大值。若负载继续增加，则由于转差率较大，转子回路阻抗角 $\varphi_2=\arctan\dfrac{X_{2\sigma S}}{r_2}$ 变得较大，转子功率因数 $\cos\varphi_2$ 下降较快，过大的 I'_2 和 φ'_2 使 φ'_1 增大，使 $\cos\varphi_1$ 开始下降，功率因数特性 $\cos\varphi_1=f(P_2)$ 如图 5－35 虚线所示。功率因数是三相异步电动机的主要性能指标之一。我国生产的 Y 型系列三相异步电机的额定功率因数 $\cos\varphi_N$ 一般为 0.7～0.9。

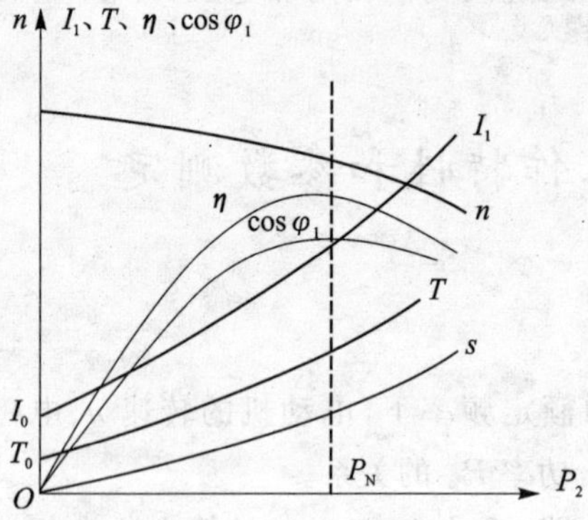

图 5-34 感应电动机的工作特性

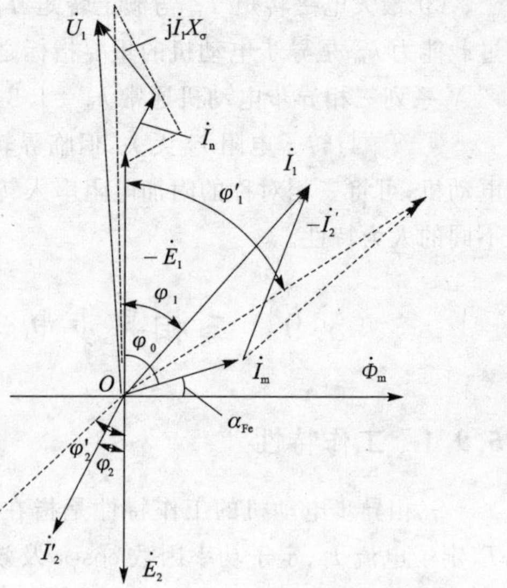

图 5-35 感应电动机不同负载时相量图

5. 效率特性 $\eta=f(P_2)$

异步电动机的效率为:

$$\eta=\frac{P_2}{P_1}=1-\frac{\sum P}{P_2+\sum P} \tag{5-113}$$

其中,$\sum P$ 为电动机的总损耗,$\sum P=P_{Cu1}+P_{Cu2}+P_{Fe}+P_m+P_{ad}$。

电动机空载运行时,$P_2=0$,因此 $\eta=0$。随着负载增加,P_2 增大,η 也开始提高。在正常负载运行范围内主磁通 Φ_m 和转速 n 变化都很小,铁耗 P_{Fe} 和机械损耗 P_m 基本不变,称为不变损耗。定转子铜耗 P_{Cu1}、P_{Cu2} 分别与定转子电流的平方成正比,即二者都随着负载而变化,附加损耗 P_{ad} 也随负载而变化,它们称为可变损耗。当 P_2 由 0 开始增大时,起初在总损耗中不变损耗是主要的,总损耗的增加速度较慢,因此效率 η 提高的较快。当可变损耗等于不变损耗时,效率 η 达到最大。若 P_2 继续增大,则由于可变损耗在总损耗中占主导地位,并随负载增加而快速增大,因此效率 η 反而降低。效率特性 $\eta=f(P_2)$ 如图 5-34 所示。常用的中小型异步电动机,在 75%~100%额定负载范围内,效率达到最大。

5.9.2 空载试验

① 空载试验的目的:确定三相异步电动机的励磁阻抗 Z_m、铁耗 P_{Fe} 和机械损耗 P_{mec}。

② 空载试验的方法:试验时,三相异步电动机为空载运行。首先电动机应在额定电压、额定功率下空载运行一段时间,使得机械损耗达到稳定值。然后改变定子电压,从(1.1~1.3)U_N 开始,逐渐降低电压,直到转速发生明显变化为止。每次记录定子电压 U_1(相电压)、定子电流 I_0(相电流)和定子三相输入功率 P_0。试验结束后应立即测量绕组电阻。

③ 参数计算:根据试验数据可作出空载特性曲线 $I_0=f(U_1)$ 及 $P_0=f(U_1)$,如图 5-36 所示。空载运行时,在转速没有明显变化的情况下,转子电流很小,转子铜耗可以忽略不计,因此,

$$P_0=m_1I_0^2R_1+P_{Fe}+P_m+P_{ad0} \tag{5-114}$$

$$P'_0=P_0-m_1I_0^2R_1=P_{Fe}+P_m+P_{ad0} \tag{5-115}$$

式中，$m_1 I_0^2 R_1$ 为空载定子铜耗，P_{ad0} 为空载附加损耗。

在 P'_0 中，由于 P_{Fe} 和 P_{ad0} 可认为与 U_1 平方成正比$(P_{Fe}+P_{ad0})\propto B_m^2 \propto U_1^2$；而机械损耗的大小仅决定于转速，与 U_1 的大小无关。$P'_0=f(U_1^2)$ 就近似为一条直线，其延长线与纵坐标交点的值即是机械损耗 P_m，如图 5-37 所示。

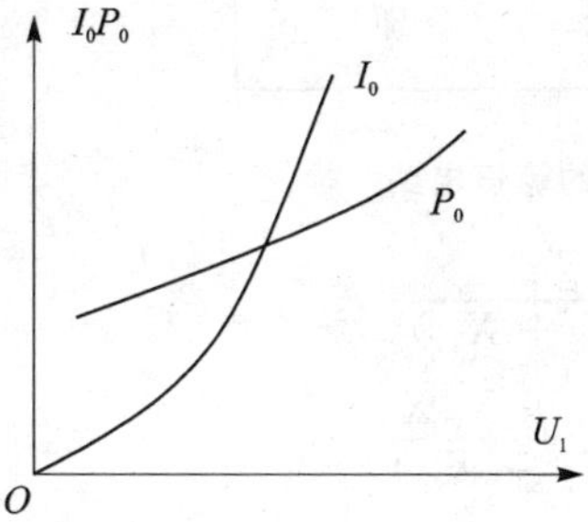

图 5-36 空载特性曲线

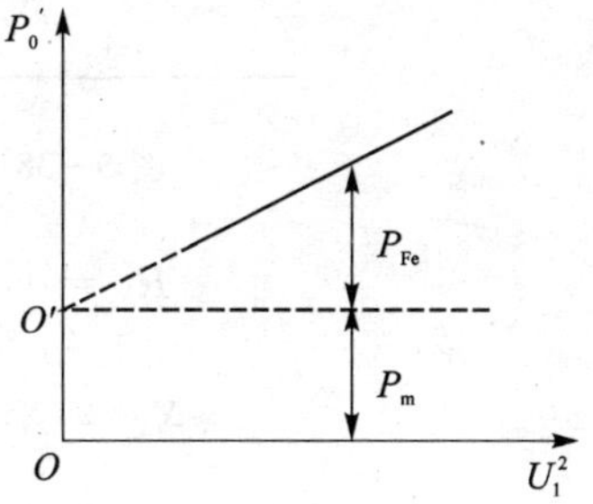

图 5-37 感应电机机械损耗与铁耗的分离

空载附加损耗 P_{ad0} 很小，常可忽略，因此 $P_{Fe}\approx P'_0-P_m$。电动机在额定电压下空载运行时，转差率 $s\approx 0$，转子回路可近似认为是开路的，根据额定电压下的实验数据可得：

$$Z_0=\frac{U_{1N}}{I_0},\qquad R_0=\frac{P_0}{m_1 I_0^2},\qquad X_0=\sqrt{Z_0^2-R_0^2}$$

$$\left.\begin{aligned}&\text{励磁电阻}\quad R_m=\frac{P_{Fe}}{m_1 I_0^2}\\&\text{励磁电抗}\quad X_m=X_0-X_{1\sigma}\end{aligned}\right\}\tag{5-116}$$

5.9.3 堵转(或短路)试验

① 短路试验的目的：用来确定三相异步电动机的漏阻抗(还可以用来测量堵转转矩和堵转电流)。

② 短路试验的方法：试验时，将转子卡住不转，绕线转子电动机的转子绕组应短路。调节定子外加电压，一般可以从 $0.4U_N$ 开始逐渐降低，到定子电流接近额定值为止。每次记录定子电压 U_k(线电压)、定子电流 I_k(线电流)和定子三相输入功率 P_k。由于堵转时的电流很大，因此试验应迅速进行，以免绕组过热。试验结束后立即测量定子绕组和转子绕组的电阻。

③ 参数计算：短路试验时，让转子静止不动，定子外加三相低电压，测量电流、损耗。计算短路阻抗、转子电阻、定转子漏抗。

异步电机堵转时，$s=1$ 代表总机械功率的附加电阻 $\frac{1-s}{s}r'_2=0$；又因堵转时电源电压很低，E_1、Φ_1 很小，励磁电流很小，可认为励磁支路开路，得图 5-38 所示堵转时等值电路。

参数求法：设电流(为额定相值)、电压为相值，功率为三相和值。

$$Z_k=\frac{U_k}{I_{1N}},\quad R_k=\frac{P_k}{m_1 I_{1N}^2},\quad X_k=\sqrt{Z_k^2-R_k^2}\tag{5-117}$$

根据短路时的等效电路图 5-26，假设 $X_{1\sigma}=X'_{2\sigma}$，忽略 R_m

$$R_k+jX_k=r_1+jX_{1\sigma}+\frac{jX_m(r'_2+jX_{1\sigma})}{r'_2+j(X_m+X_{1\sigma})}\tag{5-118}$$

整理：

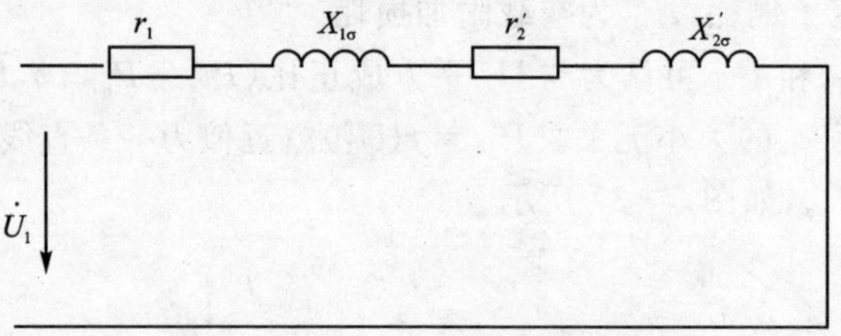

图 5-38 异步电机堵转时的等值电路

$$R_k = r_1 + r_2' \frac{X_m^2}{r'^2_2 + (X_m + X_{1\sigma})^2} \tag{5-119}$$

$$X_k = X_{1\sigma} + X_m \frac{r'^2_2 + X_{1\sigma}^2 + X_m X_{1\sigma}}{r'^2_2 + (X_m + X_{1\sigma})^2} \tag{5-120}$$

将 $X_m = X_0 - X_{1\sigma}$ 代入式(5-120)得：

$$r'_2 = (R_k - r_1)\frac{X_0}{X_0 - X_k} \tag{5-121}$$

$$X_{1\sigma} = X_{2\sigma}' = X_0 - \sqrt{\frac{X_0 - X_k}{X_0}(r'^2_2 + X_0^2)} \tag{5-122}$$

对于大中型感应电动机，可以简化为

$$R_k \approx r_1 + r'_2 \qquad X_k \approx X_{1\sigma} + X'_{2\sigma} \qquad X_{1\sigma} = X'_{2\sigma} \approx \frac{X_k}{2} \tag{5-123}$$

式中，r_1 可以用电桥测量；R_k、X_k 短路试验测量；X_0 空载试验测量。

5.10 应用实例

5.10.1 电动机绕组展开图的画法

所谓展开图，就是将电动机定子铁芯绕组切开并摊平，按电动机绕组在定子铁芯上的布置，画出的一种绕组展开图。

【例 5-1】 一台 24 槽，4 极电机，要求采用同心式绕组布置，画出绕组展开图。

解： 绕组展开图如图 5-39 所示。

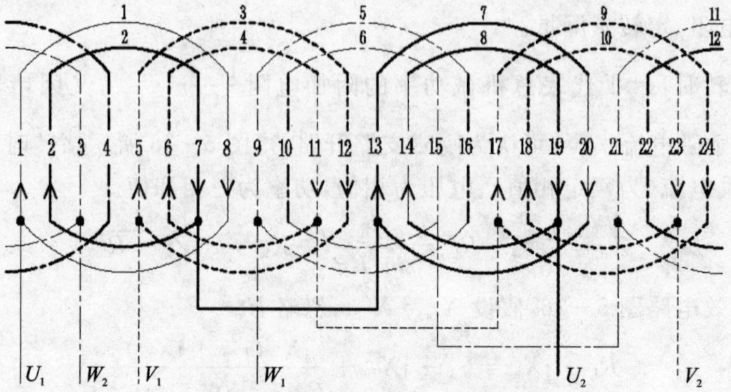

图 5-39 三相同心式绕组展开图

【例 5-2】 一台 36 槽 4 极三相异步电动机，要求用交叉链式绕组画展开图。

解：交叉链式绕组展开图如图 5-40 所示。

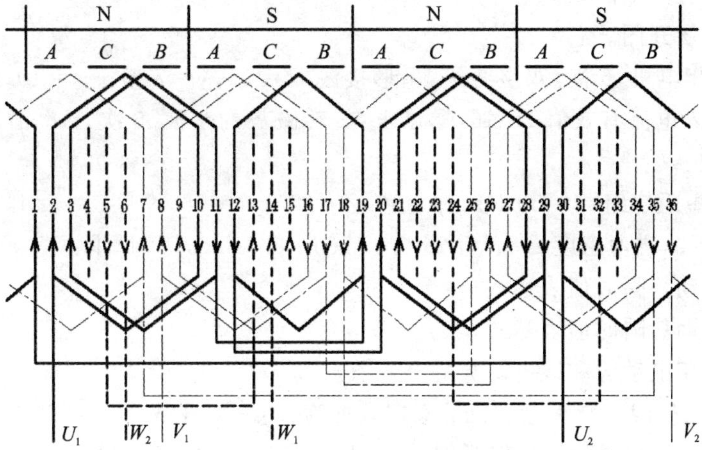

图 5-40 W 相绕组连接图

习 题

5.1 8 极交流电机电枢绕组中有两根导体，相距 45°空间机械角，这两根导体中感应电动势的相位相差多少？

5.2 交流电机电枢绕组电动势的频率与哪些量有关系？6 极电机电动势频率为 50 Hz，主磁极旋转速度是多少(r/ min)？

5.3 交流电机电枢绕组的导体感应电动势有效值的大小与什么有关？与导体在某瞬间的相对位置有无关系？

5.4 若主磁极磁密中含有高次谐波，电枢绕组采用短距和分布，那么绕组中的每一根导体是否可忽略谐波电动势？绕组的线电动势是否可忽略谐波电动势？

5.5 简单证明如果相电动势中有三次谐波电动势，那么三相绕组接成△接法后，线电动势中没有三次谐波分量。

5.6 三相异步电动机主磁通和漏磁通是如何定义的？主磁通在定子、转子绕组中感应电动势的频率一样吗？两个频率之间数量关系如何？

5.7 有一台同步发电机定子为 36 槽，4 极，若第 1 槽中导体感应电动势 $e = E_m \sin\omega t$，分别写出第 2、10、19 和 36 槽中导体感应电动势瞬时值表达式。

5.8 有一三相电机，$Z=48$，$2p=4$，$a=1$，每相导体数 $N=96$，$f=50$ Hz，双层短距绕组，星形接法，每极磁通 $\Phi_1 = 1.115\times10^{-2}$ Wb，$\Phi_3 = 0.365\times10^{-2}$ Wb，$\Phi_5 = 0.24\times10^{-2}$ Wb，$\Phi_7 = 0.093\times10^{-2}$ Wb. 试求：

① 力求削弱 5 次和 7 次谐波电动势，节距 y 应选多少？

② 此时每相电动势 E_Φ；

5.9 把三相感应电动机接到电源的三个接线头对调两根后，电动机的转向是否会改变？为什么？

5.10 试述三相绕组产生的高次谐波磁动势的极对数、转向、转速和幅值。它们所建立的磁场在定子绕组内的感应电动势的频率是多少？

5.11　有一双层三相绕组，$Z=24$，$2p=4$，$a=2$，试绘出：

① 槽电动势星形图；

② 叠绕组展开图。

5.12　设有一三相电机，6 极，双层绕组，星形接法，$Z=54$，$y=7$ 槽，$N_c=10$，绕组中电流 $f=50$ Hz，输入电流有效值 $I=16$ A，试求：旋转磁势的基波、5 次、7 次谐波分量的振幅及转速、转向。

5.13　三相双层短距绕组，$f=50$ Hz，$2p=10$，$Z=180$，$y_1=15$，$N_c=3$，$a=1$，每极基波磁通 $\Phi_1=0.113$ Wb，磁通密度 $B=(\sin\theta+0.3\sin3\theta+0.2\sin5\theta)T$，试求：

① 导体电动势瞬时值表达式；

② 线圈电动势瞬时值表达式；

③ 绕组的相电动势和线电动势的有效值。

5.14　已知一台三相四极异步电动机的额定数据为：$P_N=10$ kW，$U_N=380$ V，$I_N=11.6$ A，定子为 Y 联结，额定运行时，定子铜损耗 $P_{Cu1}=560$ W，转子铜损耗 $P_{Cu2}=310$ W，机械损耗 $P_{mec}=70$ W，附加损耗 $P_{ad}=200$ W，试计算该电动机在额定负载时的：

① 额定转速；

② 空载转矩；

③ 转轴上的输出转矩；

④ 电磁转矩。

5.15　已知一台三相异步电动机，额定频率为 150 kW，额定电压为 380 V，额定转速为 1 460 r/min，过载倍数为 2.4，试求：

① 转矩的实用表达式；

② 问电动机能否带动额定负载启动。

5.16　在对称的两相绕组(空间差 90°电角度)内通以对称的两相电流(时间上差 90°)，试分析所产生的合成磁动势基波，并由此论证“一旋转磁动势可以用两个脉振磁动势来代表”。

5.17　一台三相 4 极交流电机，定子三相对称绕组 A、B、C 分别通以三相对称电流 $i_A=10\sin\omega t$ A、$i_B=10\sin(\omega t-120)$ A、$i_C=10\sin(\omega t-240)$ A，求：

① 当 $i_A=10$ A 时，写出各相基波磁动势的表达式以及三相合成磁动势基波的表达式，用磁动势矢量表示出基波合成磁动势的空间位置；

② 当 i_A 由 10 A 降至 5 A 时，基波合成磁动势矢量在空间上转过了多少个圆周？

5.18　一台 50 000 kW 的 2 极汽轮发电机，50 Hz，三相，$U_N=10.5$ kV 星形连接，$\cos\varphi_N=0.85$，定子为双层叠绕组，$Z=72$ 槽，每个线圈一匝，$y_1=7\tau/9$，$a=2$，试求当定子电流为额定值时，三相合成磁动势的基波，3、5、7 次谐波的幅值和转速，并说明转向。

5.19　一台三相同步发电机，$f=50$ Hz，$n_N=1\ 500$ r/min，定子采用双层短距分布绕组，$q=3$，$y_1/\tau=8/9$，每相串联匝数 $N=108$，Y 连接，每极磁通量 $\Phi_1=1.015\times10^{-2}$ Wb，$\Phi_3=0.66\times10^{-2}$ Wb，$\Phi_5=0.24\times10^{-2}$ Wb，$\Phi_7=0.09\times10^{-2}$ Wb，试求：

① 电机的极数；

② 定子槽数；

③ 绕组系数 k_{N1}、k_{N3}、k_{N5}、k_{N7}；

④ 相电动势 E_1、E_3、E_5、E_7 及合成相电动势 E_φ 和线电动势 E_L。

5.20 感应电动机等效电路中的$\frac{1-s}{s}r'_2$ 代表什么？能否不用电阻而用一个电抗去代替？为什么？

5.21 试写出感应电动机电磁转矩的3种表达形式：

① 用电磁功率表达；

② 用总机械功率表达；

③ 用主磁通、转子电流和转子的内功率因数表达。

5.22 两个绕组 A 和 B，其匝数和绕组因数均相同，A 在空间超前于 B $90°+\alpha$ 电角，若 $i_A=I_m\cos\omega t$，问要使 A 和 B 的基波合成磁动势成为正向推移(从 A 到 B)的恒幅旋转磁动势时，i_B 的表达式应是怎样的？

5.23 用解析法证明三相绕组通以负序电流时将形成反向推移的旋转磁动势。

5.24 计算下列三相、两极、50 Hz 的同步发电机定子的基波绕组因数和空载相电动势、线电动势。已知定子槽数 $q=48$，每槽内有两根导体，支路数 $a=1$，$y_1=20$，绕组为双层、星形联结，基波磁通量 $\Phi_1=1.11$ Wb。

5.25 试求题5.28中的发电机通有额定电流，一相和三相绕组所产生的基波磁动势幅值。发电机的容量为12 000 kW，$\cos\varphi_N=0.8$，额定电压(线电压)为6.3 kV，星形联结。

5.26 有一三相双层绕组，$q=36$，$2p=4$，$f=50$ Hz，$y_1=\frac{7}{9}\tau$，试求基波、5次、7次和一阶齿谐波的绕组因数。若绕组为星形联结，每个线圈有两匝，基波磁通 $\Phi_1=0.74$ Wb，谐波磁场与基波磁场之比 $B_5/B_1=1/25$，$B_7/B_1=1/49$，每相只有一条支路，试求基波、5次和7次谐波的相电动势。

5.27 一台他励直流电动机，$P_N=22$ kW，$I_N=115$ A，$U_N=220$ V，$n_N=1\ 500$ r/min 电枢回路总电阻 $R_a=0.1\ \Omega$(包括了电刷回路的接触电阻)，忽略 M_0，要求把转速降到1 000 r/min，计算：采用电枢串电阻调速需串入的电阻值；采用降低电源电压调速，电源电压应为多大。

5.28 定子绕组磁场的转速与电流频率和极对数有什么关系？一台50 Hz的三相电机，通入60 Hz的三相对称电流，如电流的有效值不变，相序不变，试问三相合成磁动势基波的幅值、转速和转向是否会改变？

5.29 某三相异步电动机，$P_N=10$ kW，$U_N=380$ V(线电压)，$I_N=19.8$ A，4极，Y连接，$R_1=0.5\ \Omega$。空载试验数据为：$U_1=380$ V(线电压)，$I_0=5.4$ A，$P_0=0.425$ kW，机械损耗 $P_{mec}=0.08$ kW。短路试验中的一点为：$U_k=120$ V(线电压)，$I_k=18.1$ A，$P_k=0.92$ kW。试计算出忽略空载附加损耗和认为 $X_{1\sigma}=X_{2\sigma}$ 时的参数 R'_2、$X_{1\sigma}$、R_m 和 X_m。

5.30 一台 JO_2-52-6 异步电动机，额定电压为380 V，定子△连接，频率50 Hz，额定功率7.5 kW，额定转速960 r/min，额定负载时 $\cos\varphi_1=0.824$，定子铜耗474 W，铁耗231 W，机械损耗45 W，附加损耗37.5 W，试计算额定负载时

① 转差率；

② 转子电流的频率；

③ 转子铜耗；

④ 效率。

第 6 章 三相异步电动机的电力拖动

6.1 三相异步电动机的机械特性

6.1.1 机械特性的 3 种表达式

1. 机械特性的物理表达式

由于 $P_M = m_1 E'_2 I'_2 \cos\varphi_2$，$\Omega_1 = \frac{\omega_1}{p} = \frac{2\pi f_1}{p}$ 及 $E'_2 = \sqrt{2}\pi f_1 N_1 k_{\omega 1} \Phi_m$，则

$$T = \frac{P_M}{\Omega_1} = \left[\frac{(pm_1 N_1 k_{\omega 1})}{\sqrt{2}}\right] \cdot \Phi_m \cdot I'_2 \cdot \cos\varphi_2 = C_{M1} \Phi_m I'_2 \cdot \cos\varphi_2 \tag{6-1}$$

式中，$C_{M1} = (pm_1 N_1 k_{\omega 1}) / \sqrt{2}$ 为折算到定子边的异步电动机的转矩常数；Φ_m 为基波磁场的每极磁通；I'_2 为转子电流的折算值；$\cos\varphi_2$ 为转子回路的功率因数。此式与从物理概念出发，根据 $T = \sum f \frac{D}{2}$ 而推导出来的电磁转矩公式完全相同，它阐明了异步电动机的电磁转矩跟气隙每极磁通 Φ_m 和转子电流有功分量($I'_2 \cdot \cos\varphi_2$)的乘积成正比的物理本质，故称式(6-1)为异步电动机机械特性的物理表达式。

2. 机械特性参数表达式

由异步电动机简化等值电路可得转子电流 I'_2 为

$$I'_2 = \frac{U_1}{\sqrt{(r_1 + \frac{r'_2}{s})^2 + (x_{1\sigma} + x'_{2\sigma})^2}}$$

将上式及 $P_M = m_1 I'^2_2 \frac{r'_2}{s}$ 代入式 $T = \frac{P_M}{\Omega_1}$ 可得：

$$T = \frac{m_1}{\Omega_1} \frac{U_1^2 \cdot \frac{r'_2}{s}}{(r_1 + \frac{r'_2}{s})^2 + (x_{1\sigma} + x'_{2\sigma})^2} = \frac{pm_1 U_1^2 \cdot \frac{r'_2}{s}}{2\pi f_1 [(r_1 + r'_2/s)^2 + (x_{1\sigma} + x'_{2\sigma})^2]} \tag{6-2}$$

式(6-2)反映了异步电动机的电磁转矩 T 与电源电压 U_1、频率 f_1、电机的参数(r_1、r'_2、$x_{1\sigma}$、$x'_{2\sigma}$、p 及 m_1)以及转差率 s 之间的关系，称为机械特性的参数表达式。显然，当 U_1、f_1 及电机的参数不变时，电磁转矩 T 仅与转差率 s 有关，令 s 在 $-\infty < s < +\infty$ 之间变化，由式(6-2)算出不同 s 所对应的 T 值，从而画出 $T=f(s)$ 曲线，如图 6-1 所示。经过简单的坐标变换，上述的 $T=f(s)$ 的曲线即为异步电动机的机械特性 $n=f(T)$。

在图 6-1 中，当电磁转矩达到最大值 T_m 时所对应的转差率 s_m 称为临界转差率。将式(6-2)对 s 求导并令 $\frac{dT}{ds}=0$，可得：

$$s_m = \pm \frac{r'_2}{\sqrt{r_1^2 + (x_{1\sigma} + x'_{2\sigma})^2}} \tag{6-3}$$

将式(6-3)代入式(6-2)即得最大转矩为

$$\begin{aligned} T_m &= \pm \frac{m_1}{\Omega_1} \frac{U_1^2}{2[\pm r_1 + \sqrt{r_1^2 + (x_{1\sigma} + x'_{2\sigma})^2}]} \\ &= \pm \frac{pm_1U_1^2}{4\pi f_1[\pm r_1 + \sqrt{r_1^2 + (x_{1\sigma} + x'_{2\sigma})^2}]} \end{aligned} \tag{6-4}$$

在一般异步电动机中，通常 $r_1 << (x_{1\sigma} + x'_{2\sigma})$，为此，上两式可近似为

$$\left.\begin{aligned} s_m &\approx \pm \frac{r'_2}{x_{1\sigma} + x'_{2\sigma}} \\ T_m &\approx \pm \frac{pm_1U_1^2}{4\pi f_1(x_{1\sigma} + x'_{2\sigma})} \end{aligned}\right\} \tag{6-5}$$

式中，"+"号用于电动状态，"-"号用于发电状态。由式(6-3)和式(6-4)可知，电动状态与发电状态 $|s_m|$ 相同，但是由于 r_1 的存在，使发电状态的 $|T_m|$ 比电动状态的 T_m 大些。如果忽略 r_1 的影响，由式(6-5)可知，电动状态与发电状态的 $|T_m|$ 相等，在以后的分析计算中，为简单起见，都认为电动状态与发电状态的 T_m 相等。

T_m 是异步电机可能产生的最大转矩，为使电动机在运行中不会因短时过载而停机，要求其额定转矩 T_N 小于 T_m，具有一定的过载能力。最大转矩 T_m 与额定转矩 T_N 之比为过载倍数或过载能力，用 λ_m 表示。即 $\lambda_m = \frac{T_m}{T_N}$，$\lambda_m$ 是异步电动机的一个重要指标，一般异步电动机的 $\lambda_m = 1.6 \sim 2.2$。

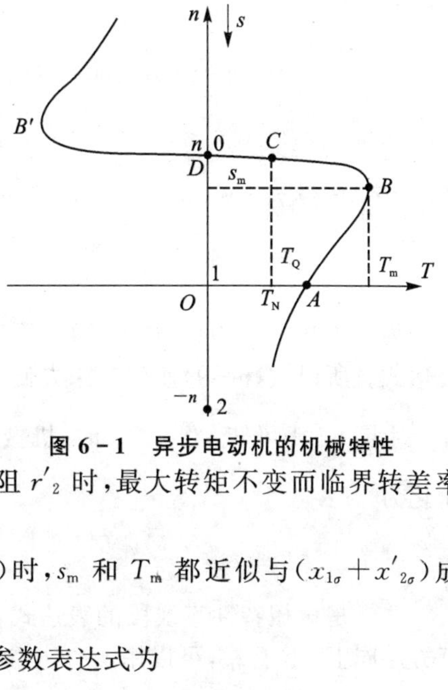

图 6-1　异步电动机的机械特性

由式(6-4)可知，最大转矩主要与下述因素有关：

① 当电源频率及电机参数不变的情况下，最大转矩与定子相电压平方成正比，而临界转差率与 U_1 无关；

② 当 U_1、f_1 及其他参数不变而仅改变转子回路电阻 r'_2 时，最大转矩不变而临界转差率与 r'_2 成正比；

③ 当 U_1、f_1 及其他参数不变而仅改变 $(x_{1\sigma} + x'_{2\sigma})$ 时，s_m 和 T_m 都近似与 $(x_{1\sigma} + x'_{2\sigma})$ 成反比。

当 $s=1$ 代入式(6-2)即得异步电动机启动转矩的参数表达式为

$$T_Q = \frac{pm_1U_1^2r'_2}{2\pi f_1[(r_1 + r'_2) + (x_{1\sigma} + x'_{2\sigma})^2]} \tag{6-6}$$

由式(6-6)可知，启动转矩也与电源电压 U_1 平方成正比。

异步电动机在额定电压，额定频率及电机固有的参数条件下，其启动转矩只有一个固有的数值 T_Q，它与额定转矩的比值，称为异步电动机的启动转矩倍数，用 K_M 表示，即 $K_M = \frac{T_Q}{T_N}$，一般要求 $K_M > 1$，这样才能带动额定负载顺利启动。

3. 机械特性的实用表达式

用式(6-4)去除式(6-2),可得:

$$\frac{T}{T_m}=\frac{2r'_2\left[\pm r_1+\sqrt{r_1^2+(x_{1\sigma}+x'_{2\sigma})^2}\right]}{\pm s\left[\left(r_1+\frac{r'_2}{s}\right)^2+(x_{1\sigma}+x'_{2\sigma})^2\right]} \tag{6-7}$$

又由式(6-3)可得:

$$\sqrt{r_1^2+(x_{1\sigma}+x'_{2\sigma})^2}=\pm\frac{r'_2}{s_m}$$

将此式代入式(6－7),并经整理化简可得:

$$\frac{T}{T_m}=\frac{2+\varepsilon}{\frac{s}{s_m}+\frac{s_m}{s}+\varepsilon} \tag{6-8}$$

式中,$\varepsilon=(\frac{2r_1}{r'_2})\cdot s_m\approx 2s_m$。在一般情况下,$s_m=0.1\sim0.2$,因此 $\varepsilon\approx0.2\sim0.4$。由于不论 s 为何值,$(\frac{s}{s_m}+\frac{s_m}{s})>2$,所以,$\varepsilon\ll(\frac{s}{s_m}+\frac{s_m}{s})$,为了简化起见,可以略去 ε 项,于是式(6-8)可简化为

$$T=\frac{2T_m}{\frac{s}{s_m}+\frac{s_m}{s}} \tag{6-9}$$

式中,T_m 及 s_m 可用下述方法求出:

$$T_m=\lambda_M\cdot T_N \tag{6-10}$$

$$T_N=9\ 550P_N/n_N \tag{6-11}$$

式中,P_N 单位为 kW,n_N 单位为 r/min,T 单位为 N·m。将 $T=T_N$,$s=s_N$ 代入式(6-9)可得:

$$s_m=s_N\cdot(\lambda_M+\sqrt{\lambda_M^2-1}) \tag{6-12}$$

为此由式(6-10)～式(6-12)算出 T_m 及 s_m,然后代入式(6-9),即得该机的机械性特性表达式。所以式(6-9)使用起来方便实用,故称为机械特性的实用表达式。

由图6-1可知,当 $s\ll s_m$ 时,机械特性的为直线段,而当 $s\ll s_m$ 时,$\frac{s}{s_m}\ll\frac{s_m}{s}$,则式(6-9)可简化为

$$T=\left[\left(\frac{2T_m)}{s_m}\right]\cdot s \tag{6-13}$$

这就是机械特性直线段的表达式,又称机械特性的直线表达式。式中,$T_m=\lambda_M\cdot T_N$ 的计算方法同上,至于 s_m,可以用 $s=s_N$,$T=T_N$ 代入式(6-13)求得,即

$$s_m=2\lambda_M\cdot s_N \tag{6-14}$$

直线表达式(6-13)用起来更为简单方便,但是必须注意两点:

① 必须事先能够判定运行点确定处于机械特性的直线段或 $s\ll s_m$。如果不能确定运行点处于直线段,则只能使用实用表达式(6-9)。

② 直线表达式中的 $s_m=2\lambda_M\cdot s_N$ 不能用式(6-12)来计算。

6.1.2 三相异步电动机的固有机械特性

三相异步电动机的定子在额定频率和额定电压下,定子绕组按规定的接线方式联结,定子

及转子回路不外接任何电器组件的条件下的机械特性，称为固有机机械特性，如图 6－1 所示。其上有几个特殊运行点：

① 启动点 A：该点的 $s=1$，对应的电磁转矩为固有的启动转矩 T_Q，即为直接启动时的启动转矩，对应的定子电流即为直接启动时的启动电流 I_Q。

② 临界点 B：该点的 $s=s_m$，对应的电磁转矩 T_m 即为电动机所能提供的最大转矩。

③ 额定点 C：在固有特性上，额定点 C 所对应 $n=n_N$，$T=T_N$，$I_1=I_{1N}$，$I_2=I_{2N}$，$P_2=P_N$，即该机运行于额定状态。

④ 同步点 D：同步点又称理想空载点，该点 $n=n_1$（即 $s=0$），$T=0$，$E_{2s}=0$，$I_2=0$，$I_1=I_m$。电动机处于理想空载状态。

6.1.3　三相异步电动机的人为机械特性

人为地改变三相异步电动机的任一个参数所得到的机械特性称为人为机械特性。关于人为机械特性的分析，主要是分析下列 4 个公式的特性。

同步转速公式
$$n_1=\frac{60f_1}{p} \tag{6-15}$$

临界转差率公式
$$s_m=\frac{r'_2}{\sqrt{r_1^2+(x_{1\sigma}+x'_{2\sigma})^2}} \tag{6-16}$$

最大转矩公式
$$T_m=\frac{pm_1U_1^2}{4\pi f_1[\pm r_1+\sqrt{r_1^2+(x_{1\sigma}+x'_{2\sigma})^2}]} \tag{6-17}$$

启动转矩公式
$$T_Q=\frac{pm_1U_1^2r'_2}{2\pi f_1[(r_1+r'_2)+(x_{1\sigma}+x'_{2\sigma})^2]} \tag{6-18}$$

下面分析几种常见的人为机械特性。

1. 降低定子端电压的人为机械特性

根据上述 4 个公式，降低定子端电压 U_1，则 n_1 不变，s_m 不变，T_m 和 T_Q 与 U_1^2 成正比地降低。由于三相异步电动机的磁路在额定电压下已有饱和的趋势，故不宜再升高电压。

图 6－2 所示为 $U_1=0.8U_N$、$U_1=0.5U_N$ 时的人为机械特性。定子端电压降低后的人为机械特性，其线性段的特性变软了，且 T_Q 和 T_m 也显著地减小，电动机的过载能力也显著地下降。

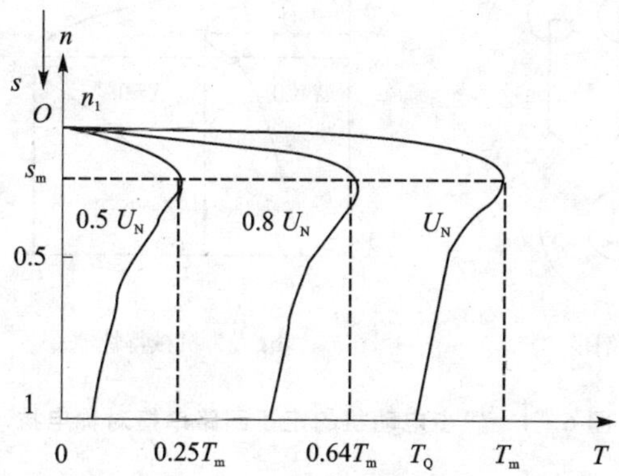

图 6－2　三相异步电动机定子降压的人为机械特性

2. 转子回路串对称三相电阻的人为机械特性

绕线式三相异步电动机的转子回路内可以串接电阻 R（要求三相串接的电阻阻值相等）。其电路图及人为机械特性如图 6-3 所示。

根据上述 4 个公式，n_1 不变，T_m 不变，s_m 随 R 的增大而增大，T_Q 开始随 R 的增大而增大，当 R 增大到某一值时，$T_Q = T_m$。如果 R 再继续增大，则 T_Q 开始减小。

绕线式三相异步电动机的转子回路串接电阻后，电阻 R 越大，其线性段的特性越软。

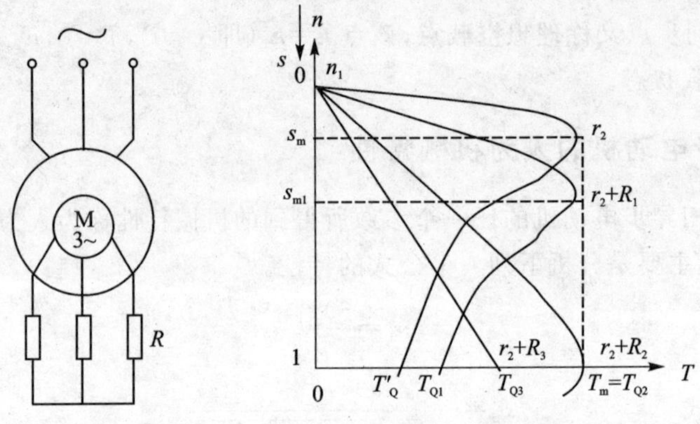

(a) 电路图　　(b) 人为机械特性

图 6-3　绕线式异步电动机的转子回路串接电阻

3. 定子回路串对称三相电抗 *X* 或电阻 *R* 时的人为机械特性

三相异步电动机的定子回路串接对称三相电抗 X 的电路图和人为机械特性如图 6-4 所示。

根据上述 4 个公式，n_1 不变，T_m、T_Q 和 s_m 随 X 的增大而减小，其线性段的特性变软了。同理可分析定子回路串接对称电阻 R 时的人为机械特性。

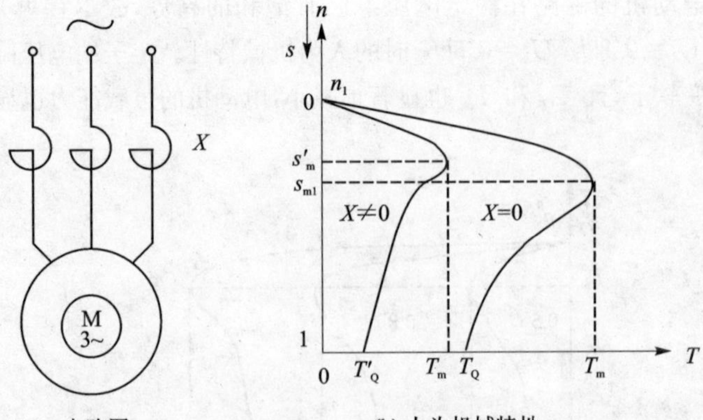

(a) 电路图　　(b) 人为机械特性

图 6-4　异步电动机的定子回路串接对称电抗

6.2　三相异步电动机的启动

6.2.1　三相异步电动机的固有启动特性

将异步电动机按其额定的接法，定转子回路不串任何阻抗，直接投入额定电压、额定频率的电网，使之从静止状态开始转动直至稳定运行。这种启动方法叫做直接启动，这时的启动性能称为固有启动特性。由启动等值电路可知，直接启动时的定子相电流为

$$I_{1Q} \approx I'_{2Q} = \frac{U_1}{\sqrt{(r_1 + r'_2)^2 + (x_{1\sigma} + x'_{2\sigma})^2}} = \frac{U_1}{Z_k} \tag{6-19}$$

由于 $U_1 = U_{N\varphi}$ 很高，而 Z_k 很小，所以直接启动的电流很大，其线电流 I_Q 约为额定电流 I_N 的 4～7 倍。

由于启动时 $\cos\varphi_2$ 比额定运行时小得多，而且启动时过大的漏阻抗压降 $I_{1Q}Z_1$ 使主磁通 Φ_m 比额定时也小得多。为此由式(6-1)可知，虽然启动时电流 I'_2 很大，但启动时的电磁转矩(即启动转矩)却不大，一般仅为额定转矩的(0.8～1.8)。

6.2.2　三相笼型异步电动机的启动方法

1. 直接启动

一般来说，7.5 kW 以下的小容量异步电动机，都可以直接启动；对于 7.5 kW 以上的电动机，就要考虑过大的直接启动电流对供电系统的影响，一般按下列的经验公式来核定：

$$\frac{I_Q}{I_N} \leqslant \frac{3}{4} + \frac{S_H}{4P_N} \tag{6-20}$$

式中，I_Q 为直接启动时的定子线电流；I_N 为电动机的额定电流；S_H 为供电电源的总容量 kVA；P_N 为电动机额定功率 kW。如果式(6-20)能够满足，则该机允许直接启动；如果不能满足，则必须采取措施限制启动电流。

为了正确使用直接启动方法，在笼型异步电动机的产品目录中给出了固有启动特性的两个指标，即启动转矩倍数 K_M 和启动电流倍数 K_I

$$K_M = \frac{T_Q}{T_N}$$

$$K_I = \frac{I_Q}{I_N}$$

式中，T_Q 与 I_Q 分别表示直接启动时的启动转矩与定子启动线电流。对于普通的笼型异步电动机，$K_M \approx 0.8 \sim 1.8$，而 $K_I \approx 4 \sim 7$。

2. 降压启动

如果判别式(6-20)不能满足，则必须降低端电压来减小启动电流。然而，定子端电压下降之后，虽然启动相电流 I_{1Q} 随着 U_1 正比减小，但是启动转矩 T_Q 也随 U_1 成平方关系下降。因此降压启动只能用于轻载或者空载启动的场合。

(1) 定子回路串对称三相电抗器启动

定子串电抗器降压启动的接线图如图 6-5 所示。启动时先把电源开关 1 合闸，且把开关

2 向下合至启动位置，使三相电抗器 x_Q 接入定子回路。等转速接近稳定时，再把开关 2 向上合至运行位置，把 x_Q 切除。

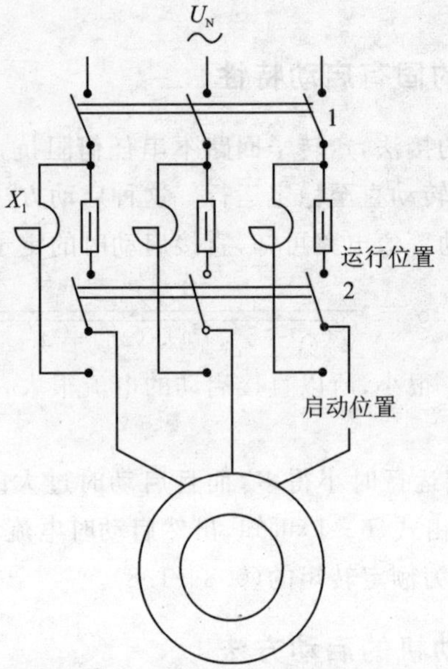

图 6-5　笼型异步电动机定子串电抗器降压启动

启动时，由于启动电流在 x_Q 上的电压降，使施加在电机出线端的相电压比额定相电压降低了，因而使启动电流 I'_{1Q} 比直接启动相电流 I_{1Q} 减小了。设 a 为定子串电抗器启动时启动电流所需降低的倍数，即 $a=I_{1Q}/I'_{1Q}$。则据 $U_1/U'_1=I_{1Q}/I'_{1Q}=a$ 可得：

$$\frac{T'_Q}{T_Q}=\left(\frac{U'_1}{U_1}\right)^2=\frac{1}{a^2}$$

由此可知，当定子回路串电抗启动时，如果启动电流降到直接启动时的 $1/a$ 倍，则其启动转矩更要降到原来的 $1/a^2$ 倍。由启动时等值电路可得：

$$I_{1Q}=\frac{U_1}{\sqrt{(r_1+r'_2)+(x_{1\sigma}+x'_{2\sigma})^2}}=\frac{U_1}{\sqrt{r_k^2+x_k^2}}$$

$$I'_{1Q}=\frac{U_1}{\sqrt{(r_1+r'_2)^2+(x_{1\sigma}+x'_{2\sigma}+x_Q)^2}}=\frac{U_1}{\sqrt{r_k^2+(x_k+x_Q)^2}}$$

$$a=\frac{I_{1Q}}{I'_{1Q}}=\frac{\sqrt{r_k^2+(x_k+x_Q)^2}}{\sqrt{r_k^2+x_k^2}}$$

则

$$x_Q=\sqrt{(a^2-1)r_k^2+a^2x_k^2}-x_k \tag{6-21}$$

式中，a 可根据对启动电流的具体要求规定，r_k 及 x_k 可用短路试验测得，也可根据额定数据估算而得。如果定子为 Y 接法，$U_1=U_N/\sqrt{3}$，而 $I_{1Q}=I_Q=K_I\cdot I_N$，则由启动时等值电路可知：

$$Z_k=U_1/I_{1Q}=U_N/(\sqrt{3}K_I\cdot I_N) \tag{6-22}$$

如果定子为△接法，$U_1=U_N$，而 $I_{1Q}=I_Q/\sqrt{3}=(K_I\cdot I_N/\sqrt{3})$则

$$Z_k=U_1/I_{1Q}=\sqrt{3}U_N/K_I\cdot I_N \tag{6-23}$$

式中，I_{1Q}为启动相电流；I_Q为启动线电流。

堵转时的功率因数为 $\cos\varphi_k=\dfrac{r_k}{Z_k}$，一般 $\cos\varphi_k\approx0.25\sim0.4$ 则

$$\left.\begin{aligned} r_k &\approx (0.25\sim0.4)Z_k \\ x_k &= \sqrt{Z_k^2-r_k^2}=(0.97\sim0.91)Z_k \end{aligned}\right\} \tag{6-24}$$

2. 自耦变压器降压启动

自耦变压器降压启动又称启动补偿器启动，其接线如图 6-6 所示。启动时将开关向下合至启动位置，使降压自耦变压器的原边接入额定电压的电网，其副边接至电动机的定子绕组。待转速接近稳定时，再把开关向上合至运行位置，从而将自耦变压器切除，使电动机直接接至额定电压电网运行。

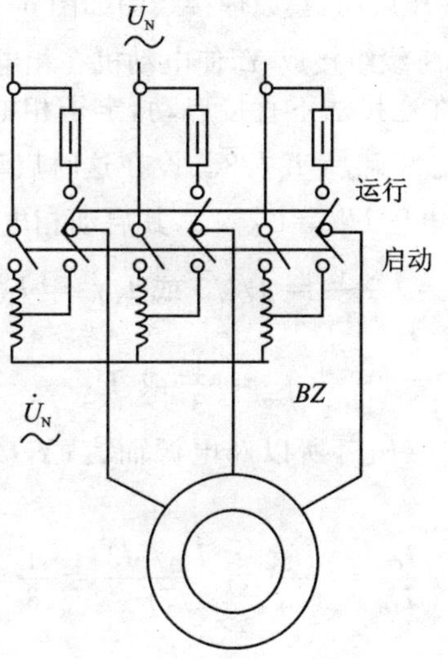

图 6-6　笼型异步电动机自耦变压器降压启动

在图 6-7 所示的一相等值电路图中，原边电压 U_1 为额定相电压，副边电压 U_2 为施于电动机的相电压，副边电流 $I_2=I_{1Q2}$为降压后电动机的启动相电流。设自耦变压器的变比为 $k=\dfrac{N_1}{N_2}$，则自耦变压器原副边的电压、电流关系为

$$\left.\begin{aligned} U_1/U_2 &= N_1/N_2 = k \\ I_1/I_2 &= N_2/N_1 = 1/k \end{aligned}\right\} \tag{6-25}$$

根据 $I_{1Q}\propto U_1$，而 $T_Q\propto U_1^2$ 可得：

$$I_{1Q}/I_{1Q2} = U_1/U_2 \text{ 或 } I_{1Q2} = I_{1Q}/k \tag{6-26}$$

$$T_Q/T'_Q = (U_1/U'_1)^2 = k^2 \text{ 或 } T'_Q = T_Q/k^2 \tag{6-27}$$

但是自耦变压器降压启动时，电源所提供的启动相电流是原边的 I_{1Q1}而不是副边的 I_{1Q2}，所以自耦变压器降压启动时电源所提供的启动电流降低倍数为

$$I_{1Q}/I_{1Q1} = k\cdot I_{1Q}/I_{2Q} = k^2 \text{ 或 } I_{1Q1} = I_{1Q}/k^2 \tag{6-28}$$

由式(6-27)及式(6-28)可知，自耦变压器降压启动时，对电网而言的启动电流降低倍数跟启动转矩降低倍数相同。因此它可以带较大的负载启动。而且它可以通过改变原副边的匝数比 $k=N_1/N_2$ 来改变副边抽头电压 U_2，从而满足不同负载对启动电流与启动转矩的不同要求。

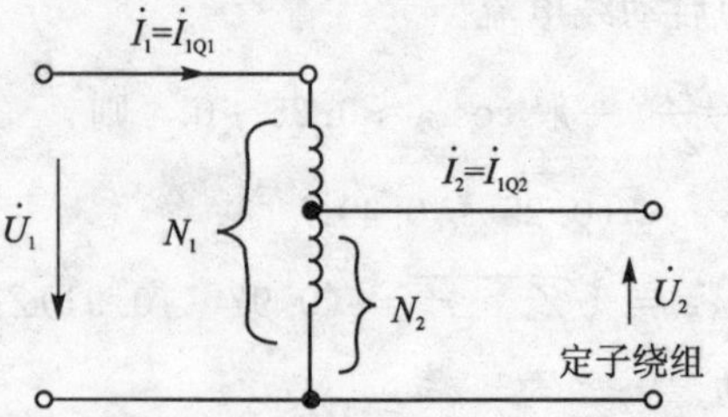

图 6-7　自耦变压器降压启动时一相等值电路

3．星—三角(Y—△)降压启动

对于定子每相绕组的首末端都引出机外，而且正常运行时为△接法的三相笼型异步电动机，可以采用更简单方便的 Y—△降压启动，其原理接线图如图 6-8 所示。启动时先合电源开关 1，然后将开关 2 向下合至 Y 位置，将绕组接成 Y，使电动机在相电压 $U'_1=U_N/\sqrt{3}$的电压下运行。

由图 6-9 可知，如果该机在△接法下直接启动，定子相电压 $U_1=U_N$，电源供给的启动电流为 I_Q，电动机定子启动相电流为 $I_{1Q}=I_Q/\sqrt{3}$。设在这时启动转矩为 T_Q，如果启动时改变为 Y，由图 6-9 可知，这时定子相电压 $U'_1=U_N/\sqrt{3}$，其启动相电流及启动转矩为

$$\left.\begin{aligned}\frac{I_{1Qy}}{I_{1Q}}&=\frac{U'_1}{U_1}=1/\sqrt{3}\text{ 或 }I_{1Qy}=I_{1Q}/\sqrt{3}\\\frac{T'_Q}{T_Q}&=\left(\frac{U'_1}{U_1}\right)^2=\frac{1}{3}\text{ 或 }T'_Q=\frac{T_Q}{3}\end{aligned}\right\}\tag{6-29}$$

这时电源供给的启动电流为 $I_{Qy}=I_{1Qy}$，所以对电源而言，Y 接法降压启动与△接法直接启动的启动线电流之比为

$$\frac{I_{Qy}}{I_Q}=\frac{I_{1Qy}}{I_Q}=\frac{I_{1Q}/\sqrt{3}}{\sqrt{3}I_{1Q}}=\frac{1}{3}\tag{6-30}$$

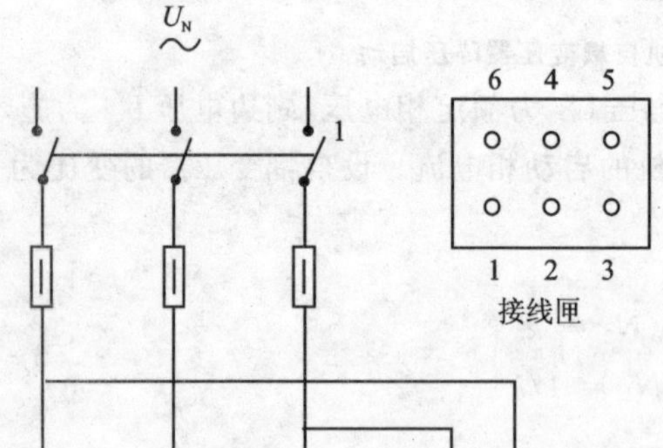

图 6-8　笼型异步电动机 Y—△启动接线图

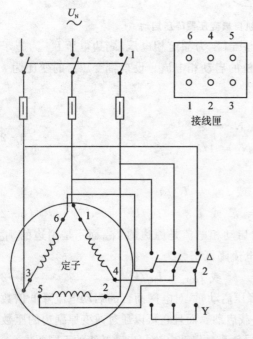

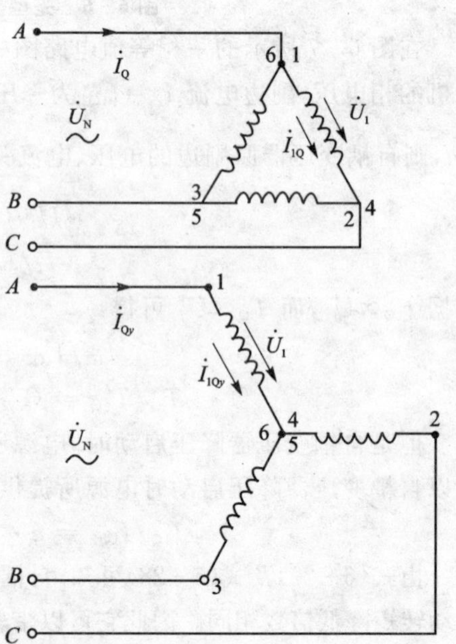

图 6-9　异步电动机 Y—△启动电流分析

由此可知，Y—△启动的启动电流与启动转矩降低倍数也相同，都降到固有启动特性的 1/3。它相当于自耦变压器降压启动时抽头电压为 $1/\sqrt{3}=0.5777$ 的情况，适用于空载或轻载启动，是笼型异步电机启动的基本方法之一。而且凡是能采用 Y—△启动的电动机，当它长期处于空载或者轻载运行时，可以将它改成 Y 接法运行，从而提高功率因数，节约电能。为此，我国 4 kW 以上的三相笼型异步电动机，都采用额定电压为 380 V，6 个出线端都引出机外，正常运行为△接法，就是为了给用户提供一个 Y—△启动的可能性。

4. 延边三角形降压启动(*)

延边三角形启动是在 Y—△启动的基础上发展起来的一种新的降压启动方法。它既有 Y—△启动设备简单的优点，又具有自耦变压器降压启动时可以改变副边抽头电压来满足不同启动要求的特点。采用这种启动方法的电动机，定子三相饶组不仅每相的首末端要引出机外，而且每相绕组中间还要有一个抽头引出，因此共有 9 个接线端头，如图 6-10(a)所示。

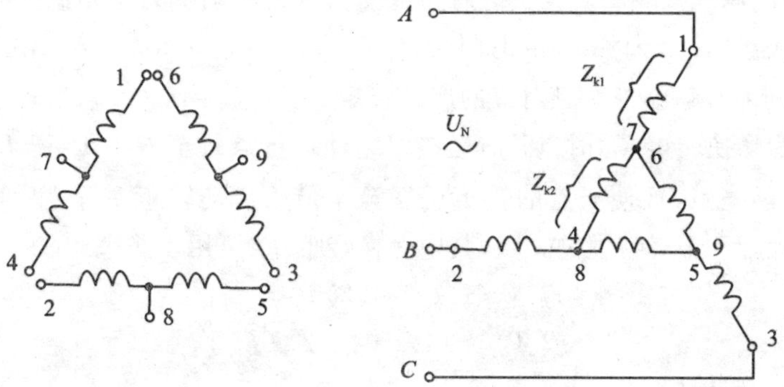

(a) 三相定子绕组引出端　　(b) 三相定子绕组接线

图 6-10　延边三角形启动的原理接线图

启动时，将 3 个末端 4、5、6 分别跟 3 个中间抽头 8、9、7 相连，从 3 个首端引出接三相额定电压；如图 6-10(b)所示。这时，定子绕组一部分接成三角形，而另一部分按 Y 接法，两者合起来，像一个三角形的每一边被延长了一段，故称为延边三角形启动。如果把中间抽头 7、8、9 向首端移动，则△部分渐渐扩大，当 7、8、9 移动至首端 1、2、3 时，就相当于△接法的全压启动，其每相电压为 U_N。如果把中间抽头 7、8、9 向末端移动，则△部分渐渐缩小，当 7、8、9 移至末端 4、5、6 时，就相当于 Y 接法降压启动，其每相电压为 $U_N/\sqrt{3}$。因此，图 6-10(b)接法的定子每相电压必为 $U_N/\sqrt{3}<U'_1<U_N$。它的启动电流与启动转矩也必介于直接启动和 Y 接法启动之间。当启动结束时，再通过切换开关将定子三相绕组接成△，使电动机在全电压下运行。

6.2.3　三相绕线式异步电动机的启动方法

对于需要在重载下启动的生产机械或者需要频繁起制动的电力拖动系统，不仅要限制启动电流，而且还要有足够大的启动转矩。在这种情况下，必须采用绕线式异步电动机。

1. 绕线式异步电动机转子回路串对称电阻启动

异步电动机转子回路串入对称电阻 R_Ω 时，其启动相电流为

$$I_{1Q}\approx I'_{2Q}=\frac{U_1}{\sqrt{(r_1+r'_2+R'_\Omega)^2+(x_{1\sigma}+x'_{2\sigma})^2}}=\frac{U_1}{\sqrt{(r_k+R'_\Omega)^2+x_k^2}}\quad(6-31)$$

可见只要 R_Ω 足够大，就可以使启动电流 I_{1Q} 限制在规定的范围内。又由图 6-3 可知，转子回路串电阻 R_Ω 后，其启动转矩 T'_Q 可随 R_Ω 的大小而自由调节：可以随 R_Ω 的增加而增加，直到 $T_Q=T_m$ 以适应重载启动要求；也可以让 R_Ω 足够大，使 $s'_m>1$，$T_Q<T_m$，然后再逐渐减小 R_Ω 使 T_Q 增大，这样可以减小启动时的机械冲击。因此，绕线式转子串电阻，可以得到比笼型电动机优越得多的启动性能。

启动时，通过滑环与电刷将启动电阻 R_Ω 接入转子回路；随着转速的升高，逐渐减小 R_Ω 值，使整个启动过程的平均启动转矩较大，从而缩短启动时间；当 R_Ω 全部切除，转速达到稳定值时，操作启动器手柄将电刷提起同时将三只滑环自行短接，以减小运行中的电刷磨损及摩擦损耗，整个启动过程至此结束。但是必须注意，当电机停机时，必须操作启动器使三只滑环短路脱开，电刷压在滑环上且使 R_Ω 处于最大值位置，以供下次启动用。

在实际应用中，启动电阻 R_Ω 在启动过程中是通过开关逐级切除（短接）的，图 6-11 所示的是分 3 级启动的原理接线图。其分级启动过程与直流电动机完全相似。刚启动时，全部启动电阻都接入，这时转子回路每相电阻为 $R_3=R_{\Omega3}+R_{\Omega2}+R_{\Omega1}+r_2$，对应的人为特性如图 6-12 的 $\overline{n_1ba}$ 所示，其 $s_{m3}>1$，且对应的启动转矩 $T_{Q3}=T_1=0.85T_m$；当转速沿 $\overline{n_1ba}$ 上升到 b 点，电磁转矩降为切换转矩 T_2 时，切除（短接）$R_{\Omega3}$ 使运行点跳至 $R_2=R_{\Omega2}+R_{\Omega1}+r_2$ 所对应的人为特性 $\overline{n_1dc}$ 上的 c 点，且使 c 点的转矩正好等于最大启动转矩 T_1；然后再逐级切除 $R_{\Omega2}$、$R_{\Omega1}$。最后稳定运行于固有特性的 h 点，其中切换转矩 T_2 可用下式来选取：

$$\left.\begin{aligned} &T_2\geqslant(1.1\sim1.2)T_N \\ \text{或 } &T_2\geqslant(1.1\sim1.2)T_{Z\max} \end{aligned}\right\} \tag{6-32}$$

式中，$T_{Z\max}$ 为最大负载转矩。

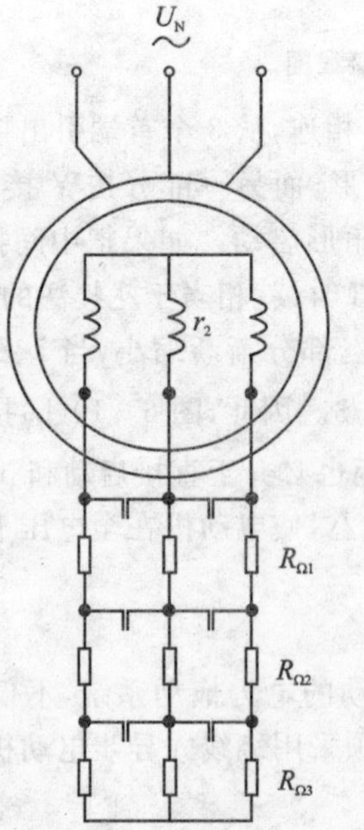

图 6-11 绕线式异步电动机转子串电阻分级启动图

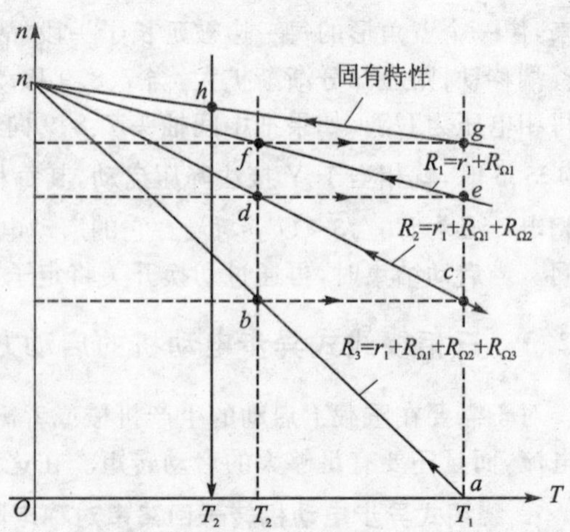

图 6-12 绕线式异步电动机转子串电阻分级启动

在图 6-12 中，各条人为特性都可以用直线表达式来近似表示。考虑到 $s_b=s_c$，$s_d=s_e$，s_f

$=s_g$, $s_m \propto r_2$ 及人为特性的直线表达式可得：

$$R_3/R_2 = R_2/R_1 = R_1/r_2 = T_1/T_2 = \beta \tag{6-33}$$

式中，$\beta = T_1/T_2$ 称为启动转矩比。则各级启动电阻为

$$\left.\begin{aligned} R_1 &= \beta r_2 \\ R_2 &= \beta R_1 = \beta^2 r_2 \\ &\cdots \\ R_m &= \beta^m r_2 \end{aligned}\right\} \tag{6-34}$$

启动电阻各分段电阻值为

$$\left.\begin{aligned} R_{\Omega 1} &= R_1 - r_2 = (\beta - 1) r_2 \\ R_{\Omega 2} &= R_2 - R_1 = \beta R_{\Omega 1} \\ R_{\Omega 3} &= R_3 - R_2 = \beta R_{\Omega 2} \\ &\cdots \end{aligned}\right\} \tag{6-35}$$

设启动电阻全部接入时转子启动电流为 I_{2Q}，这时转子回路总电阻 $R_m >> x_{2\sigma}$，而额定运行时 $r_2 >> s_N \cdot x_{2\sigma}$，则据式(5-78)可得：

$$\left.\begin{aligned} r_2 &= (s_N \cdot E_{2N})/\sqrt{3} I_{2N} \\ R_m &= E_{2N}/\sqrt{3} I_{2Q} \end{aligned}\right\} \tag{6-36}$$

考虑到 $T = \frac{m_1}{\Omega_1} \cdot I'^2_2 \cdot r'_2/s \propto I^2_2 \cdot \frac{r_2}{s}$ 可得：

$$\frac{R_m}{r_2} = \frac{T_N}{(s_N \cdot T_1)} \tag{6-37}$$

则由式(6-34)可得：

$$\beta = \sqrt[m]{\frac{R_m}{r_2}} = \sqrt[m]{\frac{T_N}{s_N \cdot T_1}} \tag{6-38}$$

如果分级启动数 m 未知，则先计算 r_2、s_N、T_N 及 T_m 并据生产要求或按 $T_1 \leqslant 0.85 T_m$ 选取 T_1 及式(6-32)初选 T_2；然后据 $\beta' = T_1/T_2$ 及 $m' = \frac{\lg(\frac{T_N}{s_N} \cdot T_1)}{\lg \beta'}$ 算出 m' 并取最接近的整数作为分级数 m，代回式(6-38)算出真正的 β，并校 $T_2 = T_1/\beta$ 应满足式(6-32)；最后算出各级启动电阻。

6.3 三相异步电动机的调速

从异步电动机的转速公式

$$n = n_1(1-s) = \frac{60 f_1}{p}(1-s) \tag{6-39}$$

可知，调节异步电动机的转速有两个基本途径，即改变同步转速 n_1 及改变转差率 s。改变 n_1 可以通过改变极对数 p 或改变电源频率 f_1 来改变。改变 s 的方法很多，主要有改变定子电压，绕线式转子回路串电阻，绕线式异步电动机的串级调速及电磁转差离合器调速等。

6.3.1 变极调速

1. 变极原理

设图 6-13 所示的定子每相绕组都由两个完全对称的“半相绕组”组成，如 A 相由“半相绕组”a_1x_1 和 a_2x_2 所组成。当这两个“半相绕组”头尾相串联时（称之为顺串），如图 6-13(a) 所示，所形成的是一个 $2p=4$ 极磁场，如图 6-13(b)所示；如果将这两个“半相绕组”头尾相并联（称之为反并），如图 6-13(c)所示，所形成的是一个 $2p=2$ 极磁场，如图 6-13(d)所示。

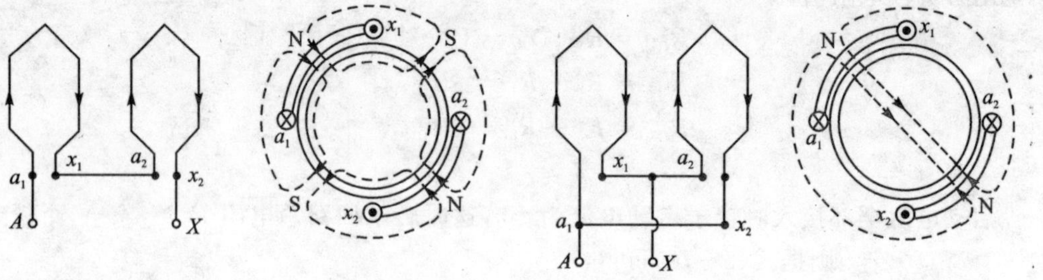

(a) 两半相绕组串联　(b) 形成4极磁场　(c) 两半相绕组并联　(d) 形成2极磁场

图 6-13　三相异步电动机变极时一相绕组的接法

比较图 6-13(b)和(d)可知，只要将两个“半相绕组”中的任何一个“半相绕组”的电流反向，就可以将极对数增加一倍（两个“半相绕组”顺串时）或减少一半（两个“半相绕组”反并时）。这就是常用的单绕组倍极比的变极原理，如 2/4 极，4/8 极等。

2. 两种常用的变极方案

(1) 变极的原理接线

图 6-14 的(a)和(c)两种接法，每相的两个“半相绕组”是顺串的，因此是倍极数，设为 $2p=4$极，当将(a)改为图(b)接法（称为 Y→双 Y 变极）或将图(c)改为图(d)接法（称为 Δ→双 Y 变极）时，都使每相的两个“半相绕组”变成反并联，极数减半，变成 $2p=2$。反之亦然。这两种变极方案的三相绕组只需 6 个引出端点，所以接线最简单，控制最方便。

上述的变极接线必须说明两点。首先，变极时，A、C 相绕组是 a_1x_1 和 c_1z_1 中的电流反向而 B 绕组是 b_2y_2 中电流反向，这是为了使变极前后三相基波磁动势在空间仍然互差 120°，保持对称；其次，为了保证变极前后电机的转向不变，必须在变极的同时调换外施电源的相序。

(2) 变极调速的机械特性

对于 Y⇔双 Y 变极方案，变极前后相电压 $U_1=\dfrac{U_{1N}}{\sqrt{3}}=U'_1$不变（有上标的量代表双 Y 的量，下同）；极对数 $p\Leftrightarrow p'=\dfrac{p}{2}$，$n_1\Leftrightarrow n'_1=2n_1$；假设变极前后每个“半相绕组”的定转子漏阻抗不变，则有 r、r'_2、$x_{1\sigma}$、$x_{2\sigma}\Leftrightarrow\dfrac{r_1}{4}$、$\dfrac{r_2}{4}$、$\dfrac{x_{1\sigma}}{4}$、$\dfrac{x_{2\sigma}}{4}$。将这些关系式代入 T_m、s_m 及 T_Q 的参数表达式可得：$s_{my}=s_{myy}$、$T_{my}=\dfrac{1}{2}T_{myy}$、$T_{Qy}=\dfrac{1}{2}T_{Qyy}$。由此可画出 Y⇔双 Y 变极时的机械特性如图 6-15 所示。

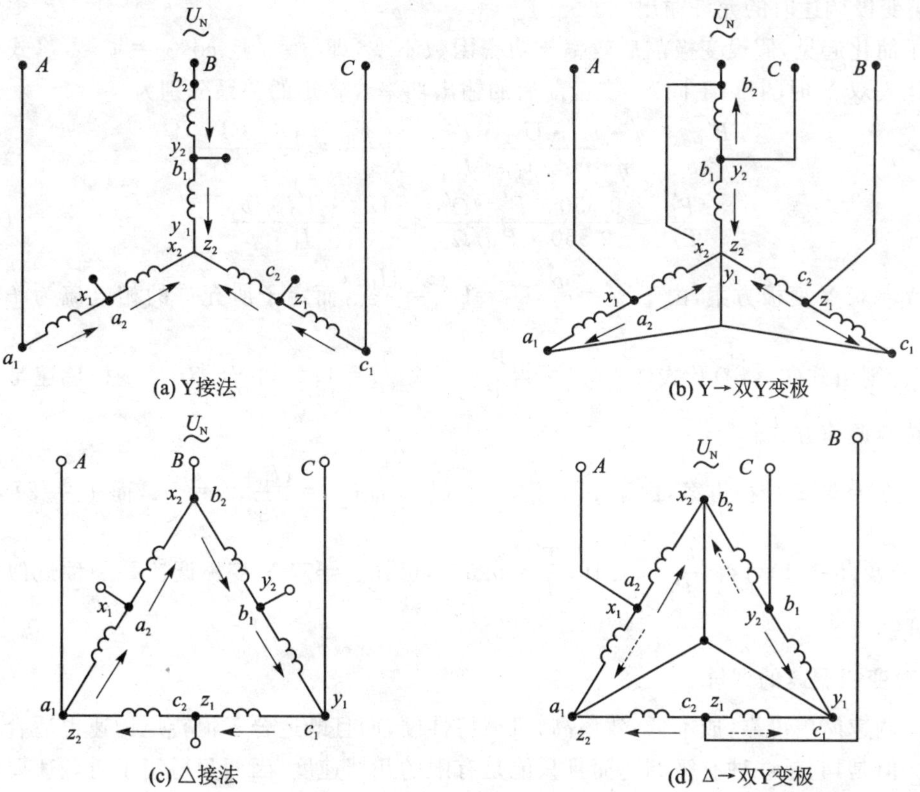

(a) Y接法　　(b) Y→双Y变极　　(c) △接法　　(d) Δ→双Y变极

图 6-14　三相异步电动机两种常用的变极方案

对于△⇔双 Y 变极方案，变极前后的相电压 $U_1 = U_{1N} \Leftrightarrow U'_1 = \frac{U_{1N}}{\sqrt{3}}$；极对数为 $p \Leftrightarrow p' = \frac{p}{2}$（使 $n_1 \Leftrightarrow n'_1 = 2n_1$）；$r_1, r'_2, x'_{2\sigma} \Leftrightarrow \frac{r_1}{4}, \frac{r'_2}{4}, \frac{x_{1\sigma}}{4}, \frac{x'_{2\sigma}}{4}$。将这些关系式代入 T_m、S_m 及 T_Q 参数表达式可得：$S_{m\triangle} = S_{myy}$；$T_{m\triangle} = \frac{3}{2} T_{myy}$；$T_{Q\triangle} = \frac{3}{2} T_{Qyy}$。由此可画出 Δ⇔双 Y 变极调速时的机械特性如图 6-16 所示。

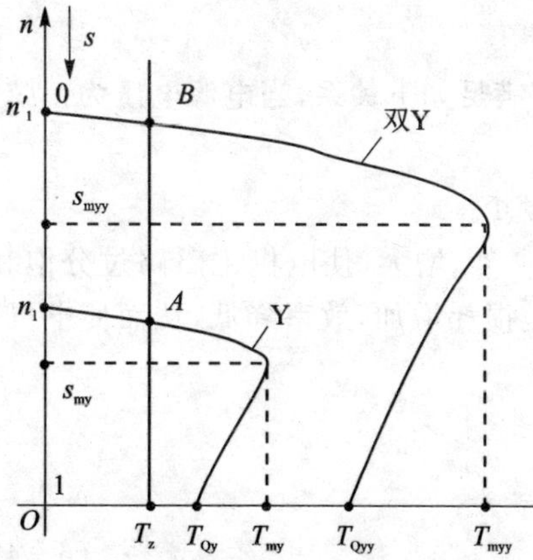

图 6-15　Y⇔双 Y 变极调速机械特性

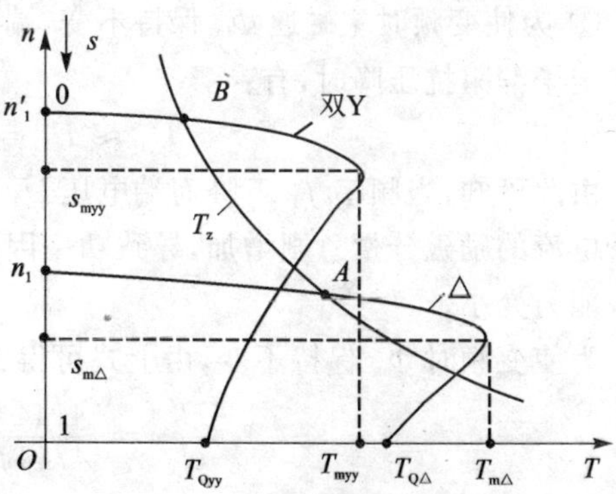

图 6-16　△⇔双 Y 变极调速机械特性

(3) 变极调速时的允许输出

为了简化起见，假设变极前后效率与功率因数不变，即 $\eta=\eta'$ 且 $\cos\varphi_1=\cos\varphi'_1$（式中有上标的量代表双 Y 时的量，下同）。变极前后的输出功率或转矩的关系分别为：

$$\frac{P'_2}{P_2}=\frac{\eta'\cdot m_1\cdot U'_1\cdot I'_1\cdot\cos\varphi'_1}{\eta\cdot m_1\cdot U_1\cdot I_1\cdot\cos\varphi_1}\approx\frac{U'_1\cdot I'_1}{U_1\cdot I_1} \tag{6-40}$$

$$\frac{T'}{T_2}=\frac{9\ 550\cdot P'_M/\Omega'_1}{9\ 550\cdot P_M/\Omega_1}\approx\frac{U'_1\cdot I'_1\cdot p'}{U_1\cdot I_1\cdot p} \tag{6-41}$$

对 Y⇔双 Y 变极方案，由于 $p'=\frac{p}{2}$，$U_1=U'_1=\frac{U_{1N}}{\sqrt{3}}$，而定子所允许的相电流为 $I_1=I_{1N}$，$I'_1=2I_{1N}$，则由式(6-40)及式(6-41)可得 $\frac{P'_2}{P_2}=2$，$\frac{T'}{T}=1$；可知 Y⇔双 Y 变极调速是一种近似于恒转矩调速方式。

对于△⇔双 Y 变极方案，由于 $p'=\frac{p}{2}$，$U_1=U_{1N}$，而 $U'_1=\frac{U_{1N}}{\sqrt{3}}$，$I_1=I_{1N}$，而 $I'_1=2I_{1N}$，则由式(6-40)及(6-41)可得：$\frac{P'_2}{P_2}\approx1.16$，$\frac{T'}{T}=0.577$，可知△⇔双 Y 变极调速是一种近似恒功率调速方式。

3. 对变极调速的评价

变极调速简单可靠，成本低，效率高，机械特性硬，而且既适合于恒转矩调速也适合于恒功率调速。但是，它是一种有级调速而且只能是有限的几档速度，因而只适用于对调速要求不高且不需平滑调速的场合。

6.3.2 变频调速

实现变频调速的关键是如何获得一个单独向异步电动机供电的经济可靠的变频电源。目前在变频调速系统中广泛采用的是静止变频装置。它是利用大功率半导体器件，先将 50 Hz 的工频电源整流成直流，然后再经逆变器转换成功率与电压均可调节的变频电压输出给异步电动机，这种系统称为交—直—交变频系统。当然，也可以将三相 50 Hz 的工频电源直接经三相变频器转换成变频电压输出给电动机，这种系统称为交—交变频系统。

1. 变频调速时的频率与端电压的关系

① 为使变频时主磁通 Φ_m 保持不变，端电压的变化应满足如下关系，当电源电压为正弦且忽略定子漏阻抗压降时，有：

$$U_1\approx E_1=4.44f_1N_1K_{W1}\Phi_m$$

由此可知，当频率 f_1 下降而端电压 U_1 不变时，主磁通 Φ_m 增大，使电机主磁路过分饱和，定子电流的励磁分量急剧增加，导致功率因数 $\cos\varphi_1$ 下降，损耗增加，效率降低，从而使电机的负载能力变小。

为使变频时 Φ_m 保持不变，由上式可得：

$$\left.\begin{aligned}\frac{U'}{U_1}&=\frac{4.44f'N_1K_{W1}\Phi_m}{4.44f_1N_1K_{W1}\Phi_m}=\frac{f'}{f_1}\\ \frac{U'}{f'}&=\frac{U_1}{f_1}=\text{常数}\end{aligned}\right\} \tag{6-42}$$

即要求变频电源的输出电压的大小与其频率成正比例地调节。上式中带上标的量代表变频以后的量(下同)。

② 为使变频时电动机的过载能力保持不变,异步电动机的最大转矩可以写为

$$T_m = \frac{m_1 p \cdot U_1^2}{4\pi f_1 \{r_1 + \sqrt{r_1^2 + [2\pi f_1 (L_{1\sigma} + L'_{2\sigma})]^2}\}} \tag{6-43}$$

当频率 f_1 较高时,$2\pi f_1 (L_{1\sigma} + L'_{2\sigma}) \gg r_1$,上式可简化为:

$$T_m = C \cdot \left(\frac{U_1}{f_1}\right)^2 \propto \left(\frac{U_1}{f_1}\right)^2$$

式中,$C = \frac{m_1 p}{8\pi^2 (L_{1\sigma} + L'_{2\sigma})^2}$。

为使变频调速时保持过载能力不变,即 $T_m/T_N = T'_m/T'_N$,则由上式可得:

$$T'_N/T_N = T'_m/T_m = \frac{(U'_1/f')^2}{(U_1/f_1)^2}$$

即

$$\frac{U'_1}{U_1} = \frac{f'}{f_1} \cdot \sqrt{\frac{T'_N}{T_N}} \tag{6-44}$$

式中,T_N 为 f_N 时的额定转矩而 T'_N为 f'时的额定转矩(即额定电流时所对应的转矩)。由于定子电流为额定值时的转矩 T'_N的大小跟负载性质有关,因此上式给出的 U_1 随 f_1 而变化的规律还与负载性质有关。

对于恒转矩负载,T_Z=常数,$T'_N = T_N$,式(6-44)可写成 $\frac{U'_1}{f'_1} = \frac{U_1}{f_1}$ =常数。所以,恒转矩负载只要做到 $\frac{U'_1}{f'_1} = \frac{U_1}{f_1}$ = 常数,既可以保证变频调速时电动机过载能力不变又可使主磁通保持不变,因而变频调速最适合于恒转矩负载。

对于恒功率负载,P_Z = 常数,$P_Z = \frac{T_N \cdot n_N}{9\,550} = \frac{T'_N \cdot n'}{9\,550}$,则 $\frac{T'_N}{T_N} = \frac{n_N}{n'} \approx \frac{f_1}{f'}$,将此式代入式(6-44),可得:

$$\left.\begin{aligned} \frac{U'}{U_1} &= \frac{f'}{f_1} \cdot \sqrt{\frac{f_1}{f'}} = \sqrt{\frac{f'}{f_1}} \\ \text{或} \frac{U'}{\sqrt{f'}} &= \frac{U_1}{\sqrt{f_1}}\ \text{常数} \end{aligned}\right\} \tag{6-45}$$

所以恒功率负载采用变频调速时,如果 U_1 随 f_1 而变的关系满足式(6-45)时,调速过程中过载能力 λ_m 不变,但是主磁通 Φ_m 要变化;满足式(6-42)可使 Φ_m 不变,但是 λ_m 要变化。

2. 变频调速时的机械特性

当三相异步电动机的 f 较高时,$2\pi f_1 (L_{1\sigma} + L'_{2\sigma}) \gg r_1$。则其 s_m 可以写成为:

$$s_m = \frac{r'_2}{2\pi f_1 (L_{1\sigma} + L'_{2\sigma})}$$

则最大转矩时的转速降 Δn_m 为:

$$\Delta n_m = s_m \cdot n_1 = \frac{r'_2}{2\pi f_1 (L_{1\sigma} + L'_{2\sigma})} \cdot \frac{60 f_1}{p} = \frac{60 r'_2}{2\pi p (L_{1\sigma} + L'_{2\sigma})}$$

由上式可知，当频率 f 变化时，最大转矩时转速降 Δn_m 不变；而同步转速 $n_1=\frac{60f_1}{p}\propto f$；如果变频时 $\frac{U'_1}{f'_1}=\frac{U_1}{f_1}=$ 常数；最大转矩 T_m 不变；而变频时的启动转矩为 $T_Q\approx\frac{m_1\cdot p\cdot r'_2}{8\pi^3 f_1(L_{1\sigma}+L'_{2\sigma})}\propto\frac{1}{f}$，即频率下降时 T'_Q 增加。为此，可以得到 $f'<f_N$ 但 f' 仍然较高时的人为特性如图 6－17 曲线②所示。

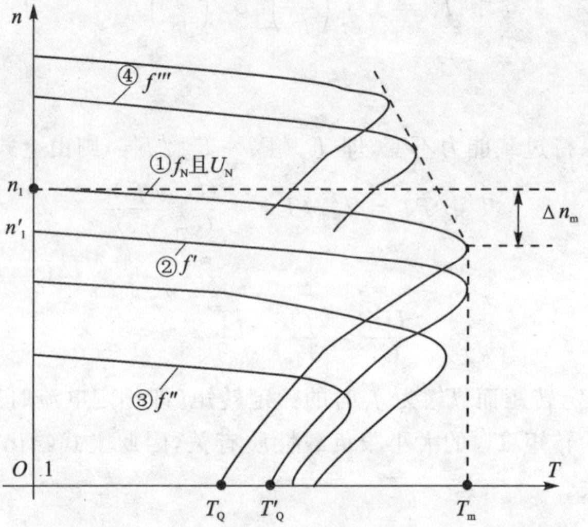

图 6－17　异步电动机变频调速机械特性

当频率很低时，在式(6－43)中的 r_1 不能忽略，如果仍然使 $\frac{U_1}{f'_1}=\frac{U'}{f_1}=$ 常数，则当 f_1 下降时，分母比分子下降倍数小，T_m 变小，其人为特性如图 6－17 中曲线③所示。为了不使 T_m 下降太多，通常在低速时适当提高电压 U'_1。

对于 $f'_1>f_N$ 的情况，如果仍然使 $\frac{U'_1}{f'_1}=\frac{U_1}{f_1}$，则 $U'_1>U_1$ 高于额定电压且随频率比例升高，这是困难的。因此，对于 $f'_1>f_N$ 的情况通常是保持 $U'_1=U_1$ 为额定值不变。这样，Φ_m 将随着 f 的提高而减小，相当于弱磁调速，属于恒功率调速方式。这时 T'_m 及 T'_Q 都变小，其人为特性如图 6－17 中曲线④所示。

3. 对变频调速的评价

变频调速平滑性好，效率高，机械特性硬，调速范围广，只要控制端电压随频率变化的规律，可以适应不同负载特性的要求，是异步电动机尤其是笼型异步电动机调速的发展方向。

6.3.3　改变转差率的调速

1. 开环调压调速

(1)开环调压调速系统特性如图 6－18 所示。当降低异步电动机端电压时，对于同一个负载 T_Z 可以得到不同转速，从而达到调速目的。

由图 6－18 可知，调压调速用于通风机负载很合适，其原因是：

① 通风机负载可以稳定运行于异步电动机机械特性的曲线段，如图 6-18 中的 C 点，因而可以得到较低的转速，扩大了调速范围；况且通风机负载对调速范围要求不高，一般仅 $D=2$ 左右。

② 调压调速的允许输出转矩为 $T_L=\frac{m_1}{\Omega_1}\cdot I'^2_{2N}\cdot\frac{r^2}{s}\propto\frac{1}{s}$，即降压时，$s$ 增加，T_L 减小。这既不适合恒转矩负载，更不适合功率负载，而较适合于通风机负载 $T_Z\propto n^2$。

③ 通风机负载所需的启动转矩很小，降压后虽然启动转矩随 U_1^2 而下降，但是仍可以做到 $T'_Q>T_Z$，不会造成启动困难。

为了扩大调压调速的调速范围，增大启动转矩，限制低速时的定转子电流，一般都采用转子电阻较大因而其机械特性较软的高转差率电机或绕线式转子外接电阻，如图 6-19 所示。但是，由于特性太软，其静差度往往不能满足生产工艺的要求。为此，必须采用带转速反馈的闭环控制来提高机械特性的硬度。

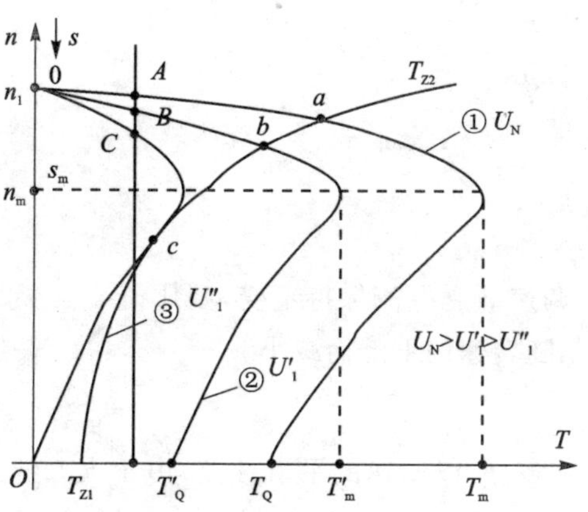

图 6-18　异步电动机开环调压调速

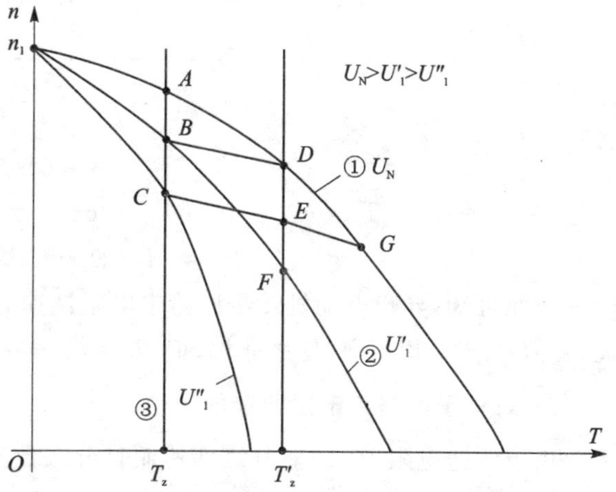

图 6-19　异步电动机闭环调压调速机械特性

2. 闭环调压调速

设拖动系统原来运行在图 6-19 的 B 点，对应调压装置的输出电压即施于电动机转子的电压为 U'_1，当负载增加到 T'_z 时，如果没有转速反馈信号，则运行点变为 F 点，转速下降很多。但在带转速负反馈的闭环系统中，根据转速反馈信号使调压装置的输出电压增为 U_1，对应特性为图 16-9 中的曲线①，运行点为 D 点。从而得到比开环时硬度大为提高的闭环控制的机械特性，如图 16-9 中的弧 BD 所示。改变转速给定信号，可以得到一组基本平行的硬度很大的特性曲线族，达到平滑调速、提高机械特性硬度、扩大调速范围的目的。

3. 对调压调速的评价

调压调速系统结构简单，控制方便，价格便宜；调压装置可兼做启动设备；利用转速反馈可以得到较硬的特性。调压调速与变极调速的配合使用可以获得较好的调速性能。因此，调压调速在通风机等负载中得到应用。但是，调压调速系统必须采用高滑差电动机或在绕线式转子回路中串电阻；低速时转子回路的转差功率 $s\cdot P_M$ 很大，使损耗增加效率降低，电动机发热严重。

6.3.4 转子串电阻调速

1. 调速原理

由图 6-3 可知，异步电动机转子回路串不同电阻时，对于同一个负载 T_Z，可以得到不同的转速，而且 R_Ω 越大转速越低。若保持调速前后的电流 $I_2=I_{2N}$ 不变，则有：

$$\frac{E_2}{\sqrt{\left(\frac{r_2+R_\Omega}{s}\right)^2+x_{2\sigma}^2}}=\frac{E_2}{\sqrt{\left(\frac{r_2}{s_N}\right)^2+x_{2\sigma}^2}}$$

得

$$\frac{r_2+R_\Omega}{s}=\frac{r_2}{s_N}$$

则

$$\cos\varphi_2=\frac{\frac{r_2+R_\Omega}{s}}{\sqrt{\left(\frac{r_2+R_\Omega}{s}\right)^2+x_{2\sigma}^2}}=\frac{\left(\frac{r_2}{s_N}\right)^2}{\sqrt{\left(\frac{r_2}{s_N}\right)^2+x_{2\sigma}^2}}$$

$$=\cos\varphi_{2N}$$

$$T=C_{M1}\cdot\Phi_m\cdot I'_2\cdot\cos\varphi_2=C_{M1}\cdot I'_{2N}\cdot\cos\varphi_{2N}=T_N$$

$$P_M=T\cdot\Omega_1=T_N\cdot\Omega_1=P_{M(N)}$$

由此可知，异步电动机转子回路串电阻调速时，如调速前后电流保持不变，则比值 r_2/s 及 $\cos\varphi_2$，T 与 P_M 均不变，反之亦然，但 $P_\Omega=(1-s)P_M$ 是随转速的下降而减小。

2. 对转子回路串电阻调速的评价

由于调速电阻 R_Ω 只能分级调速而且分级数又不宜多，所以调速的平滑性差；由于人为特性变软，低速时静差度大，因而调速范围不大；低速时由于铜耗 $P_{Cu2}=sP_M$ 很大，效率低而发热严重。

这种调速方法简单方便，初投资少，容易实现，而且其调速电阻 R_Ω 还可以兼做启动与制动电阻使用，因而在起重机械的拖动系统中得到应用。

6.3.5 串级调速

所谓串级调速，就是借助电子线路或其他电机，在绕线式异步电动机转子回路中串入一个与转子电势 E_{2S} 同频率的附加电势 E_f，改变 E_f 的大小与相位来调节异步电动机的转速与功率因数的调速方法。

1. 串级调速原理

为了简单起见，假设电网电压大小与频率不变，调速前后负载转矩不变。

(1) $\dot{E}_{2S}$ 与 $\dot{E}_f$ 反相时

设 $\dot{E}_f$ 未串入之前系统处于平衡状态，其转子电流，转子功率因数及电磁转矩分别为

$$I'_2=\frac{sE'_2}{\sqrt{r'^2_2+(sx'_{2\sigma})^2}};\cos\varphi_2=\frac{r_2}{\sqrt{r_2^2+(sx_{2\sigma})^2}};T=C_{M1}\cdot\Phi_m\cdot I'_2\cdot\cos\varphi_2$$

当$\dot{E}_f$刚引入时，由于机械惯性使 s 与 $cos\varphi_2$ 来不及变，但是$\dot{E}_f$与$\dot{E}_{2S}$反相，所以转子电流 I'_{2f}为

$$I'_{2f}=\frac{sE'_2-E'_f}{\sqrt{r'^2_2+(sx'_{2\sigma})^2}}<I'_2$$

由于 Φ_m 不变而 $cos\varphi_2$ 未变，所以 T 将减小，系统开始减速，sE_2 增加从而使 I'_{2f}开始回升，电磁转矩也随之增加。当减速过程进行到使 $T=T_2$ 时，系统达到新的平衡状态，在较低的转速下稳定运行。

(2) $\dot{E}_f$与$\dot{E}_{2S}$同相时

$\dot{E}_f$刚引入时的转子电流 I'_{2f}为

$$I'_{2f}=\frac{sE'_2+E'_f}{\sqrt{r'^2_2+(sx'_{2\sigma})^2}}>I'_2$$

这将使 T 增加，系统开始加速，sE_2 减小从而使 I'_{2f}降下来，T 随之减小。当加速过程进行到使 $T=T_Z$ 时系统达到新平衡，以较高的转速稳定运行。如果 E_f 足够大，则转速可以达到甚至超过同步转速。

(3) $\dot{E}_f$导前$\dot{E}_{2S}$为 90°时

设$\dot{E}_f$未引入之前的相量图如图 6-20(a)所示。在$\dot{E}_f$引入之后，由于$\dot{E}_f$与$\dot{E}_{2S}$互差 90°，它对电动机的转速影响很小，所以 $\cos\varphi_2$ 及$\dot{E}_{2S}$均不变。这时转子回路的合成电动势：

$$\dot{E}_{2\Sigma}=\dot{E}_{2S}+\dot{E}_f$$

如图 6-20(b)所示。比较图 6-20(a)与(b)可知，这时 φ_1 减小，起到了提高定子功率因数的作用。如果$\dot{E}_f$足够大，有可能使定子电流$\dot{I}_1$导前于端电压$\dot{U}_1$，使功率因数导前。

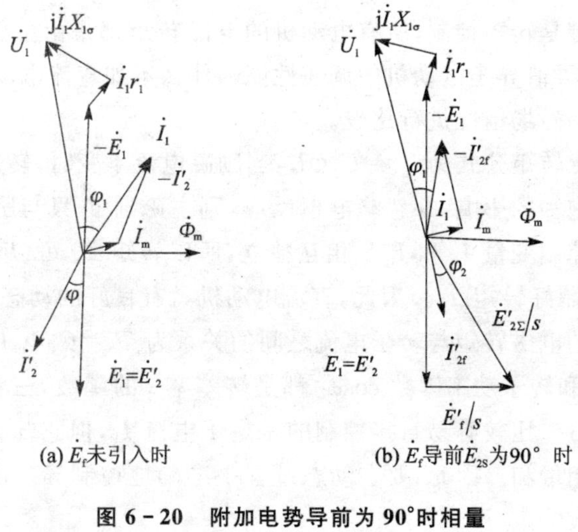

(a) $\dot{E}_f$未引入时　　(b) $\dot{E}_f$导前$\dot{E}_{2S}$为90°　时

图 6-20　附加电势导前为 90°时相量

(4)$\dot{E}_f$导前于$\dot{E}_{2S}$为任一角度 α 时

可以将$\dot{E}_f$分解成两个分量，其中分量 $E_f\cos\alpha$ 与$\dot{E}_{2S}$同相(或反相)，用来调高(或降低)电动机转速，而 $E_f\sin\alpha$ 分量导前$\dot{E}_{2S}$为 90°，用来改善功率因数。因此改变$\dot{E}_f$的大小及相位，可以调节异步电动机的转速与功率因数。

2. 串级调速的实现

实现串级调速的关键是在绕线式异步电动机的转子回路引入一个大小相位可以自由调节,其频率能自动地随转速变化而变化,始终等于转子频率的附加电势。要获得这样的一个变频电源,可以先将转子电势E_{2S}整流成直流,然后由三相可控逆变器将它转换成工频交流并将电能返回电网。为了使逆变后的交流电压与电网电压相匹配,一般须加一台专用的逆变变压器 TP,如图 6-21 所示。这里的逆变电压U_β可视为加在转子回路中的附加电势,改变逆变角可以改变U_β值,从而达到调速的目的。

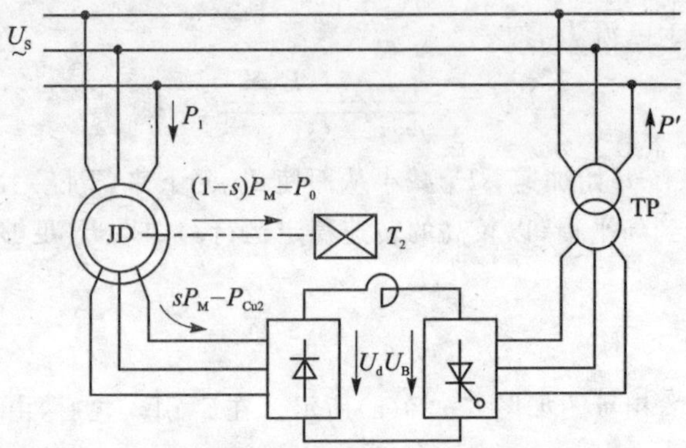

图 6-21 可控硅串级调速系统

6.3.6 异步电动机调速中的矢量控制和直接转矩控制

1. 矢量控制

电动机调速的关键是转矩控制,所有电动机的电磁转矩都是由主磁场和电枢磁场相互作用而产生的。因此,要弄清异步电动机的调速性能为什么不如直流电动机的原因,必须对异步电动机和直流电动机的磁场情况进行比较。

直流电动机的电磁转矩公式为 $T_e=C_T\Phi I_a$,当励磁电流不变时,转矩 T_e 与电枢电流 I_a 成正比。如不考虑磁路饱和的影响,并忽略电枢反应,则主磁通 Φ 只与励磁电流 I_f 成正比。由于电磁转矩中的两个控制变量 I_a 和 I_f 是相互独立,所以转矩 T_e 可以快速响应 I_a 的变化,控制好电流 I_a 就等于控制好转矩 T_e。因此,直流电动机具有良好的动态性能。

三相异步电动机的电磁转矩与转子电流之间的关系为 $T_e=C_T\Phi_m I_2\cos\varphi_2$。由于气隙磁通幅值 Φ_m、转子电流 I_2 和转子功率因数 $\cos\varphi_2$ 都是转差率 s 的函数,三者相互耦合,互不独立,都是难以直接控制的量。比较容易直接控制的是定子电流 I_1,但它却又是转子电流的折算值 I'_2 与磁化电流 I_m 的相量和。因此,要在动态过程中准确地控制异步电动机的转矩是比较困难的。

在异步电动机中,如果也能够对负载电流和励磁电流分别进行独立控制,并使它们的磁场在空间位置上也能互差 90°电角度,那么,其调速性能就可以与直流电动机相媲美了。这就是交流电动机的矢量控制。

1971 年,由德国的 Blaschke 等人首先提出了交流电动机的矢量变换控制理论,其基本思想是在普通的三相交流电动机上设法模拟直流电动机的转矩控制规律。

(1) 三相异步电动机的两相直流旋转绕组模型

为了模拟直流电动机的电枢磁动势与主极磁场垂直，且电枢磁动势的大小与主极磁场的强弱分别可调，可设想图 6－22 所示的三相异步电动机的两相直流旋转绕组模型。该模型由两个互相垂直的绕组：M 绕组和 T 绕组，两绕组分别通以直流电流 i_M 和 i_T，且均以同步转速 n_1 在空间旋转。i_M 对应定子电流中产生磁通的励磁电流分量，i_T 对应产生转矩的转矩电流分量，两分量互相垂直，彼此独立，可分别进行调节。这样交流电动机的转矩控制，从原理和特性上就与直流电动机相似了。

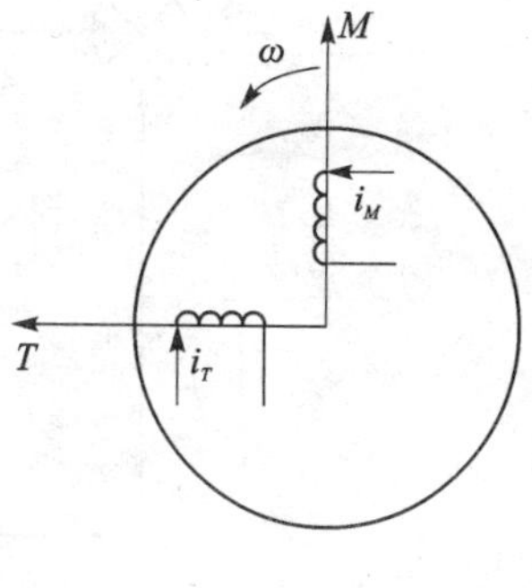

图 6－22　两相直流旋转绕组模型

(2) 三相对称绕组与两相直流旋转绕组的变换

实际上，三相异步电动机的定子三相绕组是嵌放在定子铁芯槽中固定不动的。但根据旋转磁动势理论，三相对称绕组可以用在空间上静止、且相互垂直的两相 α、β 绕组代替。三相绕组的电流 i_U、i_V、i_W 与 α、β 两相绕组的电流 i_α、i_β 有固定的变换关系，这种把三相交流系统转换为两相交流系统的变换称为 Clarke 变换，或称 3/2 变换。

通过坐标旋转变换，就能把静止的 α、β 坐标系中的电流 i_α、i_β 变换为旋转 M、T 的坐标系中的电流 i_M、i_T。通常把两相交流系统向旋转直流系统的变换称为 Park 变换，或称交/直流变换。

(3) 矢量控制的实现

通过以上讨论可见，可以将一个三相交流的磁场系统和一个旋转体上的直流磁场系统，以两相系统为过渡，互相进行等效变换。所以如果将变频器的给定信号变换成类似于直流电动机磁场系统的励磁电流 i_M 和转矩电流 i_T，并且把 i_M 和 i_T 作为基本控制信号，则通过等效变换，可以得到与基本控制信号 i_M 和 i_T 等效的三相交流控制信号 i_U、i_V、i_W 去控制逆变电路。对于电动机在运行过程中的三相交流系统的数据，又可以等效变换成两个互相垂直的直流信号，反馈到给定控制部分，用以修正基本控制信号 i_M 和 i_T。

进行控制时，可以和直流电动机一样，使其中一个磁场电流信号(i_M)不变，而控制另一个磁场电流信号(i_T)，从而获得与直流电动机类似的控制性能。

矢量控制的基本框图如图 6－23 所示，控制器经过运算将给定信号(速度信号)分解成在两相旋转坐标系下互相垂直、且独立的直流给定信号 i_M^* 和 i_T^*，然后经过 Park 逆变换(直/交变换)将其分别转换成两相电流给定信号 i_α^*、i_β^*，再经 Clarke 逆变换，得到三相交流的控制信号 i_U^*、i_V^*、i_W^*，进而去控制逆变器。

电流反馈用于反映负载的情况，使直流信号中的转矩分量能随负载而变，从而模拟出类似于直流电动机的工作情况。

速度反馈用于反映拖动系统的实际转速和给定值之间的差异，并使之以合适的速度进行校正，从而提高系统的动态性能。

2. 直接转矩控制

矢量控制技术模仿直流电动机的控制，以转子磁场定向，通过矢量变化方法，实现对交流电动机转矩和磁链控制的完全解耦，它的提出具有划时代的重要意义。然而，在实际上由于转子磁链难以准确观测，并且系统特性受电动机参数的影响较大，以及在模拟直流电动机控制过

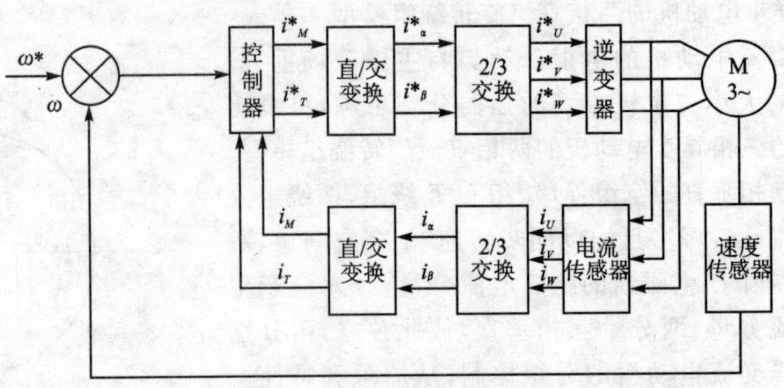

图 6-23　矢量控制原理图

程中所用矢量旋转变换的复杂性，使得实际的控制效果难以达到理论分析的结果。这是矢量控制技术在实践上的不足之处。

直接转矩控制的思想是 A. B. Piunkett 在 1977 年首先提出的，1985 年由德国鲁尔大学的 Depenbrock 教授首次取得成功应用，接着于 1987 年把它推广到弱磁调速范围。不同于矢量控制技术，直接转矩控制不是通过控制电流、磁链等量来间接控制转矩，而是把转矩直接作为被控量进行控制，强调的是转矩的直接控制效果。因而，直接转矩控制在很大程度上解决了矢量控制中计算复杂，特性易受电动机参数变化的影响，实际性能难以达到理论分析结果的一些重要技术问题。直接转矩控制技术一诞生，就以其新颖的控制思想、简洁明了的系统结构，优良的静、动态性能受到普遍关注并得到了迅速的发展。

异步电动机的直接转矩控制调速系统基本结构如图 6-24 所示。图中有两个闭环，一个是定子磁通控制，另一个是转矩控制。转矩给定量可以是独立的输入，也可以是速度调节器的输出。定子磁通控制器和转矩控制器是滞环型。对于定子磁通和转矩闭环控制的调速系统，需要适当的测量值来估计定子磁通和转矩。通常需要的物理量是定子电流或定子电压。定子电流可以通过测量得到，而定子电压可以测量也可以用直流电压重构。另外，对速度闭环系统还需要对速度进行估计。因为不涉及坐标变换，并且只有速度闭环时才需要速度信号，所以异步电动机直接转矩控制系统实际上是无速度传感器运行。

为了了解直接转矩控制概念，有必要详细介绍一下异步电动机的电磁转矩产生原理。

任何电动机，无论是直流电机还是交流电机，都由定子和转子两部分组成。定子产生定子磁动势矢量 $\boldsymbol{F}_1$，转子产生转子磁动势矢量 $\boldsymbol{F}_2$，二者合成得到合成磁动势矢量 $\boldsymbol{F}$。合成磁动势 $\boldsymbol{F}$ 产生磁链矢量 $\boldsymbol{\psi}_\mathrm{m}$。由电机的统一理论可知，电动机的电磁转矩是由这些磁动势矢量的相互作用而产生的，即：

$$\begin{aligned}\boldsymbol{T}_\mathrm{e} &= C_\mathrm{T}(\boldsymbol{F}_1 \times \boldsymbol{F}) = C_\mathrm{T} F_1 F \sin\theta_1 \\ &= C_\mathrm{T}(\boldsymbol{F}_2 \times \boldsymbol{F}) = C_\mathrm{T} F_2 F \sin\theta_2\end{aligned} \tag{6-46}$$

式中，F_1、F_2、F 分别是定、转子磁动势和合成磁动势的幅值；θ_1、θ_2 分别为定转子磁动势的夹角、定子磁动势与合成磁动势的夹角以及转子磁动势与合成磁动势的夹角。

异步电动机中的 $\boldsymbol{F}_1$、$\boldsymbol{F}_2$、$\boldsymbol{F}(\boldsymbol{\psi}_\mathrm{m})$在空间以同步角速度 ω_1 旋转，彼此相对静止。因此，可以通过控制两磁动势矢量的幅值和两磁动势矢量之间的夹角来控制异步电动机的转矩。但是，由于这些矢量在异步电动机定子轴系中的各个分量都是交流量，故难以进行计算和控制。

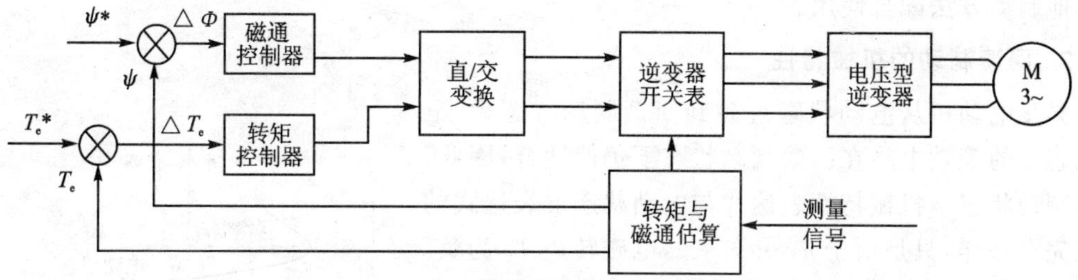

图 6-24 异步电动机直接转矩控制结构图

在矢量控制系统中是借助于矢量旋转坐标变换把交流量转换为直流控制量，然后再经过相反矢量旋转坐标系把直流控制量变为定子轴系中可实现的交流控制量。显然，矢量变换控制系统虽然可以获得高性能的调速特性，但是往复的矢量旋转坐标变换及其他变换大大增加了计算工作量和系统的复杂性，而且由于异步电动机矢量变换控制系统是采用转子磁场定向方式，设定的磁场定向轴易受电动机参数变化的影响 。因此异步电动机矢量变换控制系统的鲁棒性较差，当采取参数自适应控制策略时，又进一步增加了系统的复杂性和计算工作量。

直接转矩控制系统不需要往复的矢量旋转坐标变换，直接在定子坐标系统中用交流量计算转矩的控制量。

由式(6-46)可知，电磁转矩等于磁动势矢量 $\boldsymbol{F}_1$ 和 $\boldsymbol{F}$ 的矢量积，而 $\boldsymbol{F}_1$ 与定子电流矢量 $\boldsymbol{i}_1$ 成正比，而 $\boldsymbol{F}$ 与磁链矢量 $\boldsymbol{\psi}_m$ 成正比，因而转矩与定子电流矢量 $\boldsymbol{i}_1$ 及磁链矢量 $\boldsymbol{\psi}_m$ 的模值大小和二者之间的夹角有关。由于定子电流矢量 $\boldsymbol{i}_1$ 的模值可直接检测得到，磁链矢量 $\boldsymbol{\psi}_m$ 的模值可从电动机的磁链模型中获得。在异步电动机定子坐标系中求得转矩的控制量后，根据闭环系统的构成原则，设置转矩调节器，形成转矩闭环控制系统。可获得与矢量变换控制系统相接近的静、动调速性能指标。

从控制转矩角度看，只关心电流和磁链的乘积，并不介意磁链本身的大小和变化。但是，磁链大小与电动机的运行性能有密切关系，与电动机的电压、电流、效率、温升、转速、功率因数有关。所以从电动机合理运行角度出发，仍希望电动机在运行中保持磁链幅值恒定不变。因此还需要对磁链进行必要的控制。同控制转矩一样，设置磁链调节器构成磁链闭环控制系统，以实现控制磁链幅值为恒定的目的。

6.4 三相异步电动机的制动

6.4.1 回馈制动

1. 实现回馈的条件及电动机中的能量传送

当三相异步电动机运行时，如果由于外部因素使电动机的转速 n 高于同步转速 n_1，电动机便处于回馈制动状态。这时，$n>n_1$，$s<0$，电动机变成一台与电网并联的异步发电机，电动机的电磁转矩 T_e 的方向与转子的旋转方向相反，起制动作用。不过，虽然此时它把机械能转变成电能并反馈回电网，但必须同时向电网吸收无功功率，以建立旋转磁场。

回馈制动是利用发电制动作用起到限制电动机转速的作用，若需要制动到停转状态，还需与其他制动方法配合使用。

2. 回馈制动的机械特性

异步电动机从电动状态过渡到回馈制动状态后，电动状态下的等效电路在回馈制动状态下仍然适合，因此，回馈制动状态下机械特性表达式与电动状态下表达式的形式完全一样，只是由于 $n>n_1$，$s<0$，电磁转矩 T_e 为负。所以回馈制动状态下异步电动机的机械特性曲线，实际上是电动状态下机械特性曲线在第Ⅱ象限的延伸，其形状与电动状态时相似，有一个最大转矩和临界转差率，如图 6－25 所示。由于此时 $n>0$，电动机正转，故此时的回馈制动称为正向回馈制动。

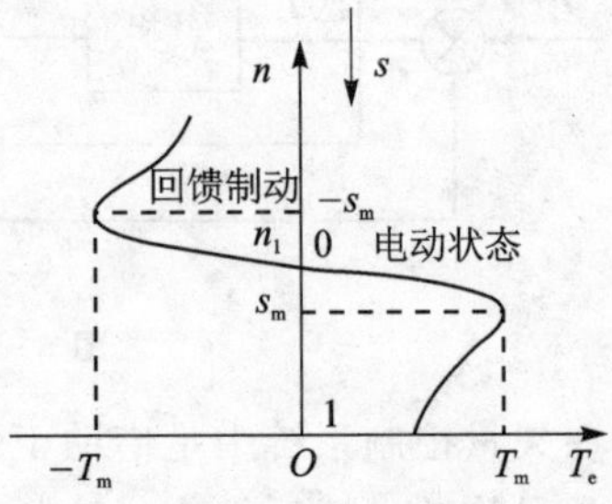

图 6－25　回馈制动状态下的机械特性

当电动机反转，即 $n<0$ 时，电动机状态的机械特性位于第Ⅲ象限，回馈制动的机械特性位于第Ⅳ象限，此时的回馈制动称为反向回馈制动。

3. 异步电动机回馈制动的实现

(1) 调速过程中的回馈制动

这种回馈制动发生在变极调速时极对数突然增多，或者变频调速时供电频率突然降低。下面以变极调速为例，说明电动机突然降速时发生的回馈制动。

一台双速异步电动机，通过改变定子绕组的接线方式来获得两种速度。高速时接成双星形，低速时接成三角形。当由高速(少极数)换接到低速(多极数)时，机械特性曲线由图 6－26 中的曲线 1 换到曲线 2，同步转速由 n_1 降到 n'_1。设负载转矩为 T_L，电动机在原来曲线 1 上的 a 点稳定运行。当极对数改变后电动机转速因惯性来不及改变，所以由运行点立即转换到曲线 2 上的 b 点，这就造成 $n>n'_1$，使电磁转矩 T_e 与转速方向相反，起制动作用，转速沿曲线 2 下降，最后稳定运行在 c 点。

在电动机降速的制动过程中，电动机将拖动系统存储的动能转换成电能馈送到电网，回馈制动起到缩短过渡过程的作用，这种制动属于"过渡过程运行状态"。

(2) 起重机下放重物时的回馈制动

当起重机高速放下重物时，往往采用回馈制动。如电动机拖动重物上升的转速为正，则电动机下放重物时的转速为负。反向电动状态的机械特性在第Ⅲ象限，反向回馈制动状态的机械特性在第Ⅳ象限，利用回馈制动匀速下放重物的运行情况如图 6－27 所示。下放重物时，首先应将电动机按下降方向接通电源，电动机通电反转，在电磁转矩 T_e 和位能性负载转矩 T_L 的作用下，电动机的反转转速迅速升高，当 $n=-n_1$ 时，电动机的电磁转矩 $T_e=0$，但电动机在负载转矩 T_L 的作用下还要继续升速，这样电动机便被拖入回馈制动状态。进入回馈制动状态后，电磁转矩 T_e 改变了方向，变成阻止重物下降的制动转矩，当 $n=-n_a$ 时，电磁转矩 T_e 与负载转矩 T_L 大小相等，方向相反，系统在回馈制动状态下达到转矩平衡，电动机以 n_a 速度匀速下放重物。在重物下放过程中，重物存储的势能被电动机吸收并转换成电能送回电网，这种制动属于"稳定的制动运行状态"。

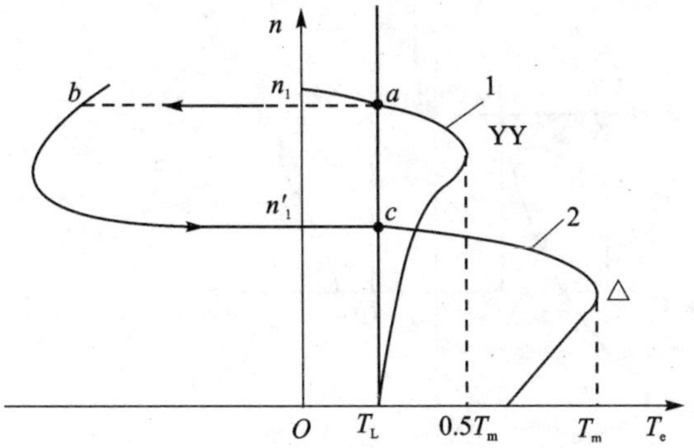

图 6-26 变极调速过程中的回馈制动

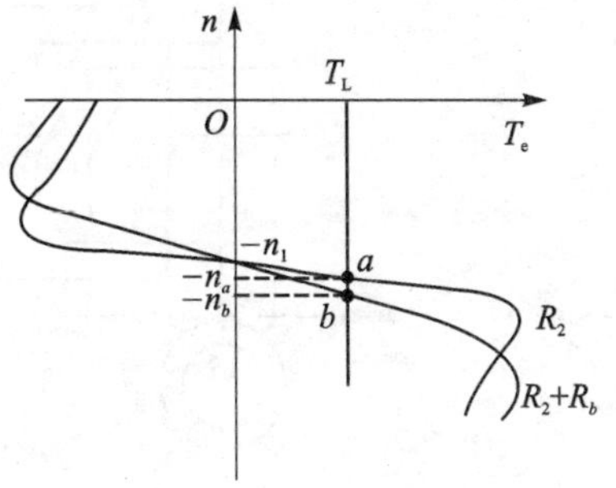

图 6-27 下放重物时的回馈制动

改变绕线型异步电动机转子所串电阻 R_b 的大小，可以调节重物下降的速度。但是由于这时回馈制动状态下的机械特性是反转状态下的机械特性在第Ⅳ象限的延伸，所以转子电阻越大，回馈制动稳定运行的速度越高。如图 6-27 所示，a 点为固有特性下回馈制动的稳定运行点，b 点为转子串入电阻 R_b 后人为特性对应的回馈制动稳定运行点，显然 $n_b>n_a$。因此，回馈制动下放重物时，为避免转速过高造成事故，转子回路所串的电阻 R_b 不宜太大。

6.4.2 反接制动

1. 改变电源相序的反接制动

三相异步电机反接制动接线原理图如图 6-28(a)所示。反接制动前，接触器 KM_1 闭合，KM_2 断开，异步电动机处于电动运行状态，稳定运行点在图 6-28(b)中固有特性(曲线 1)上的 a 点。反接制动时，断开 KM_1，接通 KM_2，电动机定子绕组与电源的连接相序改变，定子绕组产生的旋转磁场随之反向，从而使转子绕组的感应电动势、电流和电磁转矩都改变方向，所以这时电动机的机械特性曲线应绕坐标原点旋转 180°，成为图 6-28(b)中的曲线 2。在电源反接的瞬时，由于机械惯性的作用，转子转速来不及改变，因此电动机的运行点从 a 点平移到曲线 2 上的 b'点，电动机进入反接制动状态，在电磁转矩 T_e 与负载转矩 T_L 的共同作用下，电动机的转速很快下降，到达 c'点时，$n=0$，制动过程结束。

由于 c'点的电磁转矩就是电动机的反向启动转矩，因此，当转速降到接近 0 时，应断开电源，否则电动机就可能反转。

反接制动过程中，相应的转差率 $s>1$，从异步电动机的等效电路可以看出，此时异步电动机的机械功率为

$$P_m = 3I'^2_2 \frac{1-s}{s} R'_2 < 0$$

即负载向电动机输入机械功率。显然，负载提供的机械功率使转动部分的动能减少。转子回路的铜耗为

$$P_{Cu2} = 3I'^2_2 R'_2 = P_e - P_m = P_e + |P_m|$$

因此，转子回路中消耗了从电源输入的电磁功率和负载送入的机械功率，数值很大。为了保护电动机不致由于过热而损耗，反接制动时，绕线型异步电动机在转子回路必须串入较大的制动电阻，转子回路串电阻反接制动的机械特性如图 6-28(b)中曲线 3 所示。由图可见，串

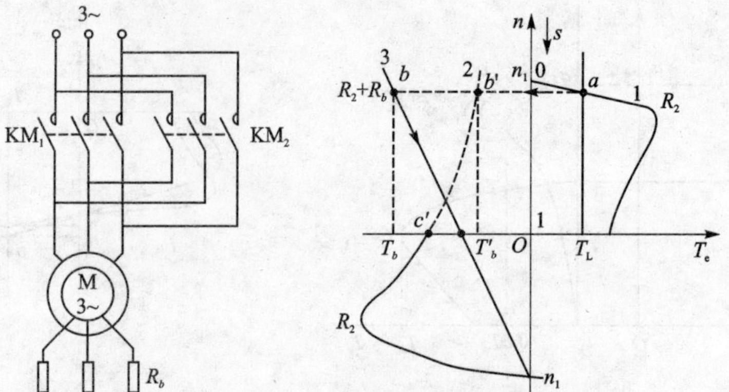

(a) 接线图　　　　(b) 机械特性

图 6-28　改变电源相序的反接制动

入外接制动电阻还可以起到增大制动转矩的作用。由于笼型异步电动机的转子回路无法串入电阻,因此反接制动不能过于频繁。

改变电源相序反接制动的制动效果好,适用于要求快速制动停车的场合,也适用于频繁正反转的生产机械;缺点是能量消耗大,不易准确停车,需要有控制装置在转速接近零时切断电源。

2. 倒拉反接制动

拖动位能性恒转矩负载的绕线型异步电动机在运行时,若在转子回路中串入一定值的电阻,电动机的转速就会降低。如果所串电阻超过一定数值,电动机还会反转,这种状态叫倒拉反接制动,常用于起重机下放重物。

在图 6-29 中,下放重物时,在绕线型异步电动机转子电路中接入较大的电阻 R_b 的瞬间,电动机的转子电流和电磁转矩大为减小,电动机的工作点便由固有机械特性曲线上的稳定运行点 a 平移到人为特性曲线上的 b 点。由于此时电磁转矩 T_e 小于负载转矩 T_L,电动机将一直减速。当转速降至 0 时,电动机的电磁转矩仍小于负载转矩,则在负载转矩的作用下,电动机反转,直到电磁转矩重新等于负载转矩时,电动机便稳定运行于 c 点。这时负载转矩和转子速度 n 同方向,起着拖动转矩的作用,电磁转矩 T_e 与转速 n 反向,起着制动转矩的作用。

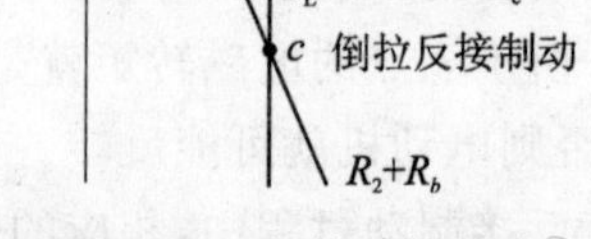

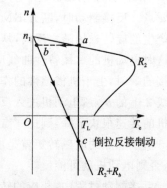

图 6-29　倒拉反接制动

改变转子回路外串电阻的大小,可以改变下放重物的速度。制动电阻越小,人为机械特性的斜率就越小,c 点就越高,转速 n 越低,下放重物的速度越慢。但串入的电阻必须使转速过零点的电磁转矩小于负载转矩,否则只能降低起重机的提升速度,而不能稳定下放重物。

6.4.3　能耗制动

1. 能耗制动原理

将运行中的三相异步电动机的定子绕组从电源断开,而在定子绕组中通入直流励磁电流,从而在气隙中建立一个静止的磁场。于是，旋转的转子导体切割定子磁场产生感应电流，产生与转子转向相反的电磁转矩，使电动机迅速停转。这种制动方法是把存储在转子中的动能转变成电能消耗在转子上，故称为能耗制动。

能耗制动的接线原理图如图 6-30 所示。正常运行时，KM_1 闭合，KM_2 断开，电动机由三相交流电源供电。制动时，断开 KM_1，使定子三相绕组从交流电源断开，同时闭合 KM_2，使定子两相绕组接成串联，并由直流电源供电。改变定子直流回路中励磁调节电路 R_f 的大小或改变转子回路所串入电阻的大小，就可达到调节制动转矩的目的。

2. 能耗制动的机械特性

三相异步电动机能耗制动的机械特性曲线如图 6-31 所示，它有以下特点：

① 能耗制动的机械特性曲线与异步发电机的机械特性曲线形状相似，也位于第Ⅱ象限，同样存在最大转矩和临界转差率。

② 因为 $n=0$ 时转子与恒定磁场相对静止，转子没有感应电动势和电流，电动机的电磁转矩 $T_e=0$，故能耗制动的机械特性通过 T_e—n 坐标原点。

③ 改变异步电动机的转子电阻，能耗制动机械特性的斜率随之改变，但最大转矩不变，如图 6-31 中的曲线 2 所示。

④ 改变直流励磁电流，转子感应电动势和电流随之改变，也就改变了最大电磁转矩，但临界转差率不变，如图 6-31 中曲线 3 所示。

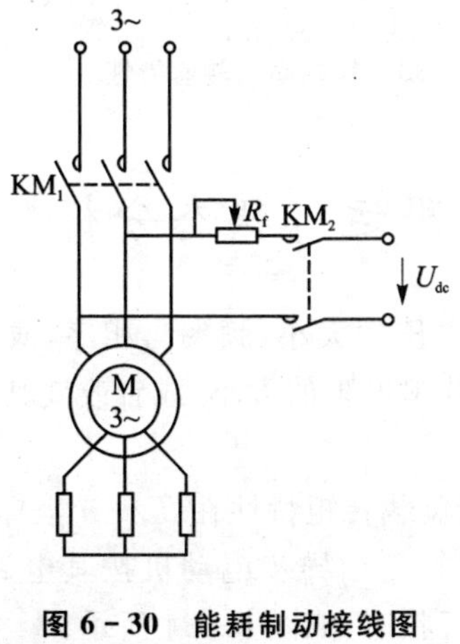

图 6-30 能耗制动接线图

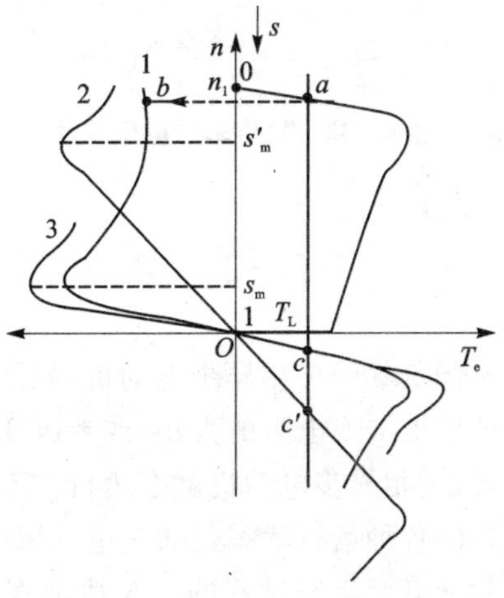

图 6-31 能耗制动的机械特性

3. 能耗制动过程

下面以图 6-31 机械特性曲线 1 为例分析能耗制动的过程。设电动机原来稳定运行于固有机械特性上的 a 点，在切断交流电源、定子通入直流电流的瞬时，由于电动机的转速来不及变化，工作点由 a 点平移到能耗制动机械特性上的 b 点，这时电动机的电磁转矩与转速反向，起到制动作用，使电动机沿曲线 1 减速，直到转速 $n=0$ 时，能耗制动结束。如果拖动的负载是反抗性负载，则电动机停转，实现了快速停车制动。

如果电动机拖动的负载是位能性恒转矩负载，当转速为 0 时，如要停车，则必须采用机械抱闸刹车，否则电动机会在位能性负载转矩 T_L 的作用下反转加速，直到 c 点，$T_e=T_L$，电动机处于稳定的能耗制动运行状态,使负载匀速下降。所以能耗制动也可以用于起重机下放重物,使重物匀速下降,转子回路外串电阻越大,重物下降速度越快。

6.4.4 软停车与软启动

软启动器可以实现异步电动机的软停车和软制动。

在有些场合,并不希望电动机突然停止,如皮带运输机、升降机等。所谓软停车就是电动机在接受停车指令后,端电压逐渐减小到 0 的停车方法。同过设置软停车的电压变化率,可调节转速下降斜坡时间。软停车的电压特性如图 6-32 所示。

软制动则是大多采用能耗制动控制方案。在制动过程中,控制直流励磁电压的大小,从而调节制动电流的变化率,使电动机由额定转速平稳地减速到停车。软制动的转速特性如图 6-33 所示。

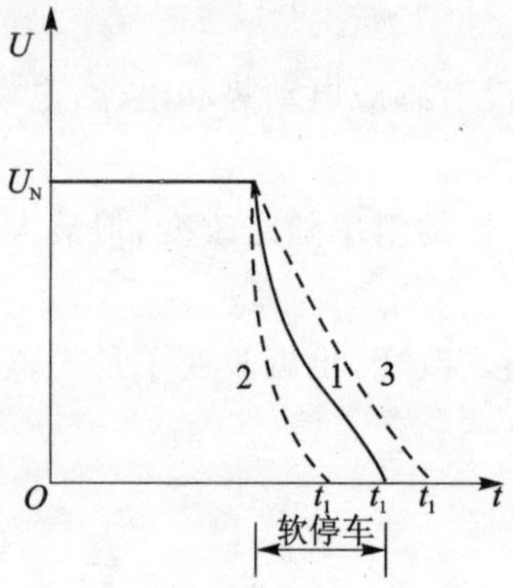

图 6-32 软停车的电压特性

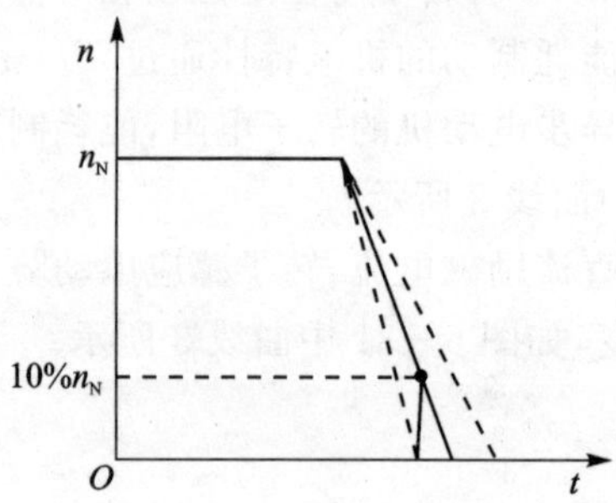

图 6-33 软制动的转速特性

6.5 三相异步电动机的 4 象限运行状态分析

拖动不同负载的三相异步电动机,如果改变其电源电压的大小、频率与相序,或者改变其定子回路外串电抗或电阻的大小,或者改变其转子回路外串电阻的大小,或者改变其定子绕组的极对数等,三相异步电动机就会运行在不同状态。

电动机的各种运行状态是通过电动机的机械特性与负载转矩特性在 T_e—n 坐标平面上 4 个象限中的交点变化来讨论的。与他励直流电动机相同,三相异步电动机按其电磁转矩 T_e 与转速 n 是同向还是反向,分为电动运行状态和制动运行状态,如图 6-34 所示。

由图 6-34 可见,在第Ⅰ象限,T_e 为正,n 也为正,工作点 a、b 为正向电动运行点。在第Ⅲ象限,T_e 为负,n 也为负,工作点 g、h 为反向电动运行点。在第Ⅱ象限,T_e 为负,n 为正,ij 段为反接制动过程。在第Ⅳ象限,T_e 为正,n 为负,工作点 e、f 为反向回馈制动运行点,c 点为能耗制动运行点,d 点为倒拉反转运行点。

习 题

6.1 三相笼型感应电动机定子回路串电阻启动与串电抗启动相比,哪一种较好?为什么?

6.2 三相绕线式感应电动机转子回路串三相对称电抗器启动时,能否改善启动性能?为

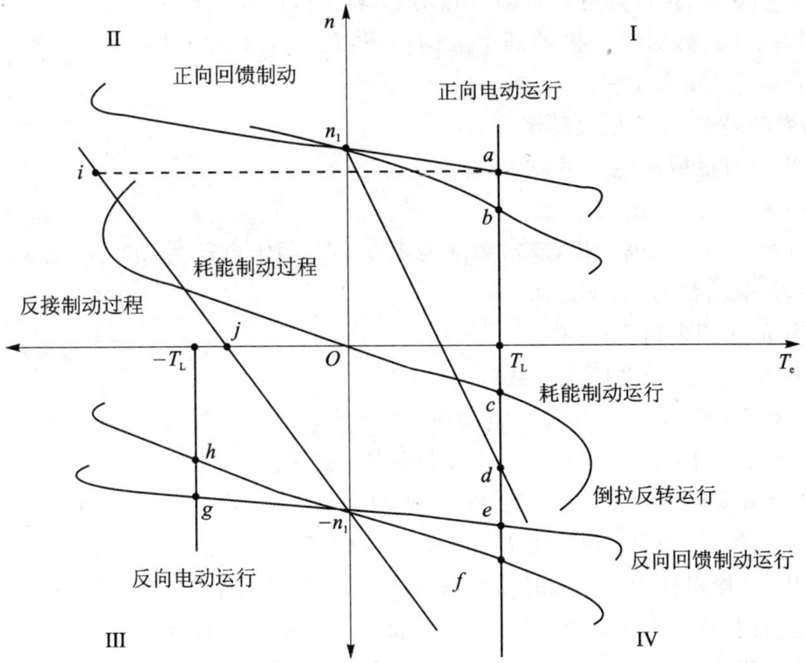

图 6-34　异步电动机的各种运行状态

什么？

6.3　容量为几 kW 时，为什么直流电动机不能直接启动而三相笼型异步电动机却可以直接启动？

6.4　感应电动机在回馈制动状态时，它将拖动系统所具有的动能或位能转换成电能送回电网的同时，为什么还必须从电网输入滞后的无功功率？

6.5　异步电动机带额定负载运行时，若电源电压下降过多，会产生什么严重后果？试说明其原因。如果电源电压下降，对感应电动机的 T_{max}、T_{st}、Φ_m、I_2、s 有何影响？

6.6　普通笼型异步电动机在额定电压下启动时，为什么启动电流很大而启动转矩不大？但深槽式或双笼电动机在额定电压下启动时，启动电流较小而启动转矩较大，为什么？

6.7　绕线式感应电动机转子回路串电阻调速，为什么最适于恒转矩负载？如果在其转子回路中串联三相对称电抗器是否也能达到调速目的？为什么？

6.8　电磁调速感应电动机拖动系统在正常运行中，如果电磁转差离合器的励磁回路突然断线，对感应电动机及其负载将有什么影响？

6.9　绕线转子异步电动机在转子回路中串入电阻启动时，为什么既能降低启动电流又能增大启动转矩？试分析比较串入电阻前后启动时的 Φ_m、I_2、$\cos\varphi_2$、I_{st} 是如何变化的？串入的电阻越大是否启动转矩越大？为什么？

6.10　为什么在变频恒转矩调速时要求电源电压随频率成正比变化？若电源的频率降低，而电压的大小不变，会出现什么后果？

6.11　异步电机作发电机运行和作电磁制动运行时，电磁转矩和转子转向之间的关系是否一样？怎样区分这两种运行状态？

6.12　一台三相异步电动机的输入功率为 10.6 kW，定子铜耗为 430 W，铁耗为 180 W，转差

率为 $s=0.029$，试计算电动机的电磁功率、转子铜耗及总机械功率。

6.13 某三相绕线式感应电动机的额定数据如下：$P_N=7.5$ kW，$U_N=380$ V，$I_N=15.1$ A，$n_N=1\ 450$ r/min，$\lambda_M=2.0$。求

① 临界转差率 s_m 和最大转矩 T_m；

② 写出固有机械特性实用表达式；

③ 该机的固有启动转矩倍数 k_M。

6.14 已知一台三相异步电动机，额定频率为 160 kW，额定电压为 380 V，额定转速为 1 460 r/min，过载倍数为 2.3，试求：

① 转矩的实用表达式；

② 问电动机能否带动额定负载启动。

6.15 设有一台 50 Hz，6 极三相异步电动机，额定数据：$P_N=8.1$ kW，$n_N=1\ 460$ r/min，$U_N=380$ V，$I_N=16.8$ A，$\cos\theta_N=0.78$，求额定时效率。

6.16 一台 4 极中型异步电动机，$P_N=230$ kW，$U_N=380$ V，定子△联结，定子额定电流 $I_N=392$ A，频率 50 Hz，定子铜耗 $P_{Cu2}=5.26$ kW，转子铜耗 $P_{Cu2}=2.94$ kW，铁耗 $P_{Fe}=3.6$ kW，机械损耗 $P_{mec}=0.97$ kW，附加损耗 $P_{ad}=3$ kW，$R_1=0.035\ 8\ \Omega$，$X_m=6.2\ \Omega$。正常运行时 $X_{1\sigma}=0.198\ \Omega$，$R'_2=0.021\ \Omega$，$X'_{2\sigma}=0.185\ \Omega$；启动时，由于磁路饱和与趋肤效应的影响，$X_{1\sigma}=0.136\ 5\ \Omega$，$R'_2=0.072\ 1\ \Omega$，$X'_{2\sigma}=0.11\ \Omega$。试求：

① 额定负载下的转速、电磁转矩和效率；

② 最大转矩倍数（即过载能力）和启动转矩倍数。

6.17 某三相笼型感应电动机额定数据如下 $P_N=300$ kW，$U_N=380$ V，$I_N=527$ A，$n_N=1\ 450$ r/min，启动电流倍数 $K_1=6.7$，启动转矩倍数 $K_M=1.5$，过载能力 $\lambda_M=2.5$。定子三角形接法。求：

① 直接启动时的电流 I_Q 与转矩 T_Q；

② 如果供电电源允许的最大电流为 1 800 A，采用定子串对称电抗器启动，求所串的电抗值 x_Q 及启动转矩 T_Q；

③ 如果采用星 Y—△角启动，能带动 1 000 N·m 的恒转矩负载启动吗？为什么？

6.18 已知一台三相异步电动机的数据为：$U_N=380$ V，定子连接，50 Hz，额定转速 $n_N=1\ 390$ r/min，$R_1=2.956\ \Omega$，$X_{1\sigma}=8.11\ \Omega$，$R'_2=2.92\ \Omega$，$X'_{2\sigma}=12.13\ \Omega$，$R_m$ 忽略不计，$X_m=206\ \Omega$。试求：

① 极数；

② 同步转速；

③ 额定负载时的转差率和转子频率。

6.19 某三相绕线式感应电动机的额定数据如下：$P_N=40$ kW，$U_N=380$ V，$I_N=75.1$ A，$n_N=1\ 470$ r/min，定子绕组三角形接法，启动电流倍数 $K_M=1.2$，过载能力 $\lambda_M=2.0$，拖动系统的飞轮惯量 $GD^2=29.4\ \text{N}\cdot\text{m}^2$。求

① 空载直接启动到 $s=0.02$ 时的时间；

② 用 Y 接法空载启动到 $s=0.02$ 时的启动时间。

6.20 一台 4 极绕线型异步电动机，50 Hz，转子每相电阻 $R_2=0.018\Omega$，额定负载时 $n_N=1\ 460$ r/min，若负载转矩不变，要求把转速降到 1 100 r/min，问应在转子每相串入多大

的电阻？

6.21　某三相 4 极 50 Hz 笼型感应电动机定子对称三相绕组 Y 接法。额定数据如下：$U_N=380$ V，$I_N=20$ A，$n_N=1\ 455$ r/min，$\lambda_M=2.0$。已知带动某负载 $T_Z=kn^2$ 且施以额定电压时正好运行于额定状态；当降低子电压时，随着转速的下降，定子电流先增加到最大电流 I_{1max} 后又开始减小。求：

① 降压降速中的最大电流 I_{1max}（I_m 忽略不计）＝？

② 对应于 I_{1max} 时的转速 n_M＝？

③ 与 I_{1max} 对应的定子线电压 U_1＝？

6.22　一台三相 4 极绕线式异步电动机，$f_1=50$ Hz，转子每相电阻 $R_2=0.021\ \Omega$，额定运行时转子相电流为 195 A，转速 $n_N=1\ 395$ r/min，试求：

① 额定电磁转矩；

② 在转子回路串入电阻将转速降至 1 120 r/min，求所串入的电阻值（保持额定电磁转矩不变）；

③ 转子串入电阻前后达到稳定时定子电流、输入功率是否变化，为什么？

6.23　有一台三相 4 级的笼型感应电动机，额定转差率 $s_N=0.020\ 08$，电动机的容量 $P_N=18$ Kw，$U_{1N}=380$ V（D 联结），参数为 $R_1=0.721\ \Omega$，$X_{1\sigma}=1.69\ \Omega$，$R'_2=0.428\ \Omega$，$X'_{2\sigma}=2.98\ \Omega$，$R_m=6.18\ \Omega$，$X_m=73\ \Omega$，电动机的机械损耗 $P_\Omega=142$ W，额定负载时的杂散损耗 $P_\Delta=320$ W。试求额定负载时的定子电流，定子功率因素，电磁转矩，输出转矩和效率。

6.24　已知一台三相 4 极异步电动机的额定数据为：$P_N=10$ kW，$U_N=380$ V，$I_N=12$ A，定子为 Y 联结，额定运行时，定子铜损耗 $P_{Cu1}=556$ W，转子铜损耗 $P_{Cu2}=298$ W，机械损耗 $P_{mec}=64$ W，附加损耗 $P_{ad}=195$ W，试计算该电动机在额定负载时的：

① 额定转速；

② 空载转矩；

③ 转轴上的输出转矩；

④ 电磁转矩。

6.25　一台三相 4 极异步电动机额定功率为 30 kW，$U_N=380$ V，$\eta_N=0.92$，$\cos\varphi=0.85$，定子为三角形联结。在额定电压下直接启动时，启动电流为额定电流的 5.8 倍，试求用 Y—△启动时，启动电流是多少？

6.26　一台三相笼型异步电动机的数据 $P_N=40$ kW，$U_N=380$ V，$n_N=2\ 930$ r/min，$\eta_N=0.9$，$\cos\varphi_N=0.85$，$k_i=5.5$，$k_{st}=1.2$，定子绕组为三角形联结，供电变压器允许启动电流为 150 A，能否在下列情况下用 Y—△降压启动？

① 负载转矩为 $0.25T_N$；

② 负载转矩为 $0.5T_N$。

第 7 章　三相同步电机

同步电机是交流旋转电机中的一种，由于稳态时能够以恒定转速、恒定频率运行，所以称为同步电机。同步电机主要用做发电机，也可用做电动机和调相机。现代电力工业中，无论是火力发电、水力发电，还是核能发电，全部采用同步发电机。同步电动机主要用于功率较大，转速不要求调节的生产机械，如大型水泵、空气压缩机、矿井通风机等。同步调相机专门用来改善电网的功率因数，以提高电网的运行经济性及电压的稳定性。

7.1　三相同步电机的基本运行原理、结构与额定值

7.1.1　同步电机的基本运行原理

同步电机定子和异步电机的定子相同，在定子铁芯内圆均匀分布着槽，槽内嵌放着三相对称绕组，同步电机的定子又称为电枢。转子主要由励磁铁芯与励磁绕组组成，当同步电机作为发电机运行时，转子励磁绕组通入直流电流，建立恒定磁场。当原动机拖动转子旋转时，该磁场也旋转起来，切割三相对称的定子绕组而产生三相对称感应电动势分别为

$$\left.\begin{aligned} E_A &= \sqrt{2}E_0\sin\omega t \\ E_B &= \sqrt{2}E_0\sin(\omega t - 120^\circ) \\ E_C &= \sqrt{2}E_0\sin(\omega t - 240^\circ) \end{aligned}\right\} \tag{7-1}$$

当转子以 n_1 速度旋转时，感应电动势频率为 $f_1=\dfrac{pn_1}{60}$。当定子三相绕组接有三相负载，就有了对称的三相电流，发电机将轴上输入的机械能转换成电能向负载输出。图 7－1 是 2 极同步发电机的原理图。AX、BY、CZ 为三相对称绕组，在空间错开 120°电角度。

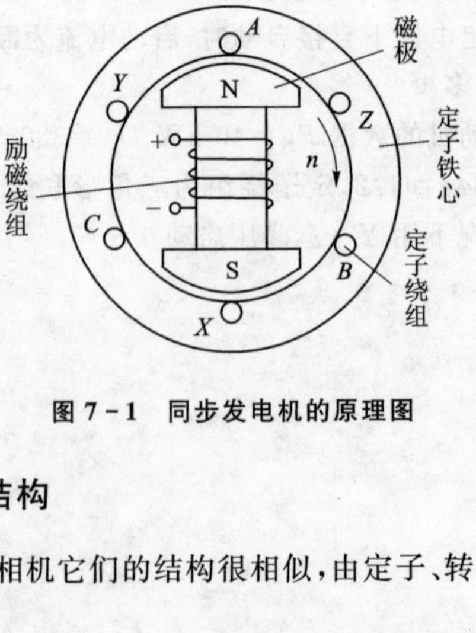

图 7－1　同步发电机的原理图

7.1.2　同步电机的基本结构

同步发电机、电动机或调相机它们的结构很相似，由定子、转子和气隙 3 部分组成，一般采

用旋转式磁极，此时，定子结构和绕组形式与感应电机的定子基本一样。转子有隐极式和凸极式两种。

隐极式转子上没有明显凸出的磁极，如图 7－2(a)所示。沿着转子圆周体表面，开着很多槽，这些槽中嵌放着励磁绕组。在转子表面约 1/3 部分没有开槽，构成所谓大齿，是磁极的中心区。隐极式同步电机用于汽轮发电机。因为提高汽轮机的转速可以提高运行效率，所以汽轮发电机基本上均为 2 极。由于转速高，转子各部分受到的离心力很大，因此隐极式电机的转子一般都采用整块的高机械强度和良好导磁性能的合金钢锻制而成，并与转轴连成一体。

凸极式转子有明显凸出的磁极，磁极的形状与直流电机磁极相似，铁芯常由(1～1.5) mm 的钢板冲压后叠成。励磁绕组经绝缘处理后装在磁极上，如图 7－2(b)所示。水轮机是一种低速原动机，若发出工频电能，发电机的极数就应做得比较多，多极转子做成凸极式结构工艺上较为简单，所以水轮发电机一般都是凸极式结构。同步电动机、由内燃机拖动的同步发电机以及同步调相机，大多做成凸极式。

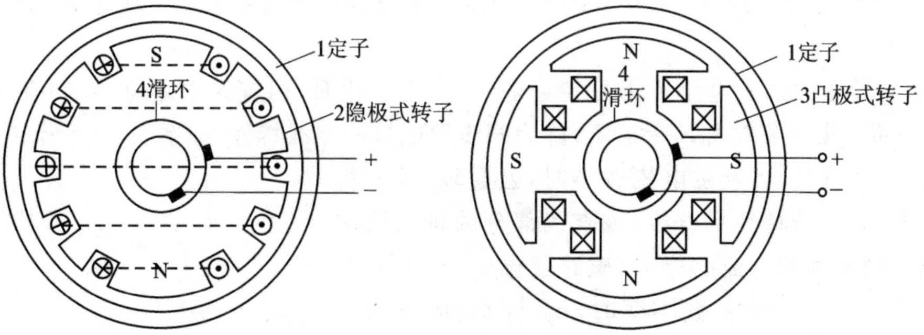

(a) 隐极式转子　　(b) 凸极式转子

图 7－2　同步电机的结构

7.1.3　同步电机的额定值

同步电机的额定值有：

① 额定容量 S_N 和额定功率 P_N：S_N 是指同步发电机输出的额定视在功率，单位为 kVA 或 MVA；P_N 是指输出的额定有功功率。对发电机而言是输出的电功率，对电动机而言是轴上输出的机械功率，单位为 kW 或 MW。

② 额定电压 U_N：指额定运行时，加在定子绕组上的三相线电压，单位为 V 或 kV。

③ 额定电流 I_N：指额定运行时，流过三相定子绕组的线电流，单位为 A。

④ 额定转速 n_N：指同步电机的同步转速，单位为 r/min。

⑤ 额定效率 η_N：指在额定运行时同步电机的效率。

⑥ 额定功率因数 $\cos\varphi_N$：指在额定运行时同步电机的功率因数。

除上述额定值外，同步电机铭牌上还常列有其他一些运行数据，例如额定负载时的温升 τ_N，励磁容量 P_{fN} 和励磁电压 U_{fN} 等。

7.2 三相同步发电机的电枢反应

7.2.1 三相同步电机空载运行

在电力系统中，三相同步发电机作为交流电源为负载或向电网输送电能。发电机的电枢绕组与负载是接通的，称为三相同步发电机负载运行。当原动机带动发电机在同步转速下运行，励磁绕组通过适当的励磁电流，电枢绕组是开路时的运行情况，称为空载运行。空载运行是同步发电机最简单的运行方式，此时电机内部存在的磁场由转子磁势单独建立。

同步发电机空载运行时，气隙中只有由直流励磁随转子一同旋转形成的空载磁场，其主磁通切割定子绕组，在定子绕组中感应出频率为 f 的三相基波电动势，其有效值为

$$E_0 = 4.44 f N_1 k_{\omega 1} \Phi_0 \tag{7-2}$$

式中，Φ_0 为每极基波磁通，单位为 Wb；N_1 为定子绕组每相串联匝数；$k_{\omega 1}$ 为基波电动势的绕组系数。

可见，当转子的励磁电流 I_f 和励磁磁势 F_f 发生变化时，相应的主磁通 Φ_0 和空载电势 E_0 也会发生变化，其关系曲线 $E_0=f(I_f)$ 称为同步发电机的空载特性，如图 7-3 所示。

由图 7-3 可见，当励磁电流较小时，磁通较小，电机磁路没有饱和，空载特性呈直线，该直线部分的延长线称为气隙线。随着励磁电流的增大，磁路逐渐饱和，空载曲线就逐渐变弯。当其他参数不变时，E_0 与 Φ_0 成正比关系，增加单位 Φ_0 所需的磁动势越来越大。为了充分利用材料，在电机设计时，通常把电机的额定电压点设计在空载特性的弯曲处。

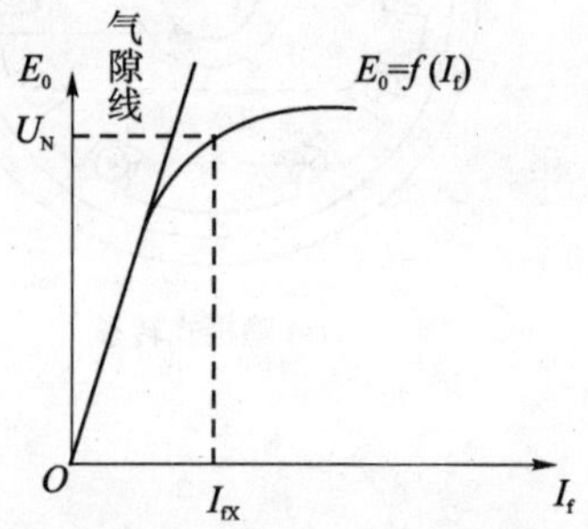

图 7-3 同步发电机的空载特性

空载特性可以通过计算或试验得到。试验测定的方法与直流发电机类似。同步电机的空载特性可以用标幺值来表示，以额定相电压 U_{NP} 作为电动势的基准值，以空载时产生 $E_0=U_{NP}$ 的励磁电流 I_{fN} 作为励磁电流的基准值，这样，不论电机容量的大小、电压的高低，其空载特性曲线都相差不大，故可以认为用标幺值表示的空载特性具有典型性。表 7-1 列出了典型的同步发电机空载特性曲线数据。

表 7-1 同步发电机的典型空载特性曲线数据表

I_f^*	0.5	1.0	1.5	2.0	2.5	3.0	3.5
E_0^*	0.58	1.0	1.21	1.33	1.40	1.46	1.51

右上角“ * ”代表标幺值。

将已设计好的电机的空载特性与表 7-1 中数据相比较，如果两者接近，说明电机设计合理。反之，则说明该电机的磁路过于饱和或者材料没有充分利用。

7.2.2 三相同步电机负载后的电枢反应

当电枢绕组接上三相对称负载，电枢绕组和负载一起构成闭合通路，通路中流过三相对称

的交流电流。当三相对称电流流过三相对称绕组时，将会形成一个圆形旋转磁势。同步发电机负载运行以后，气隙中同时存在两个磁动势：随轴一起旋转的转子励磁磁势和电枢电流建立的电枢旋转磁势。这两个磁动势以相同的转速、相同的转向旋转，彼此没有相对运动。电枢磁势的存在，将使原空载运行时的气隙磁场的大小和位置均发生变化，这一现象称为电枢反应。电枢反应的性质取决于电枢磁动势基波和励磁磁动势基波之间的相对位置。励磁磁势超前于励磁电势$\dot{E}_0$ 90°，电枢磁势与电枢电流同相位，所以两磁势的位置关系，与励磁电动势$\dot{E}_0$和电枢电流$\dot{I}_a$之间的夹角ψ有关。ψ称为内功率因数角，与负载性质有关。下面就ψ角的几种情况，分别讨论电枢反应的性质。

为研究问题方便，电枢绕组的每一相均用一个整距集中绕组表示，励磁磁动势和电枢磁动势取基波。由交流旋转磁场原理可知，三相合成旋转磁动势的幅值总是和电流为最大的一相绕组的轴线重合。根据这一结论，下面以 A 相电流最大，电枢磁动势轴线与其绕组轴线重合为基准进行分析。

1. $\dot{I}_a$ 和$\dot{E}_0$ 同相位($\psi=0°$)时的电枢反应

电枢电流$\dot{I}_a$与空载电势$\dot{E}_0$之间的相位差为 0°，如图 7-4 所示。

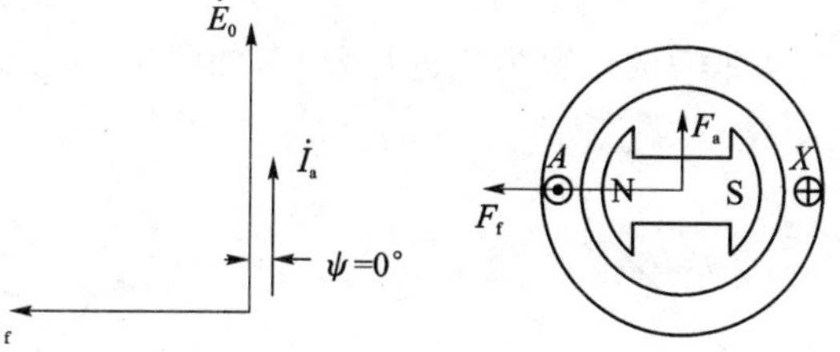

图 7-4　$\dot{I}_a$ 和$\dot{E}_0$ 同相位

由电枢电流和电枢磁势、励磁电势和励磁磁势之间的相位关系可以知道，电枢磁势 F_a 与励磁磁势 F_f 之间的夹角为 90°，励磁磁势作用在直轴上，而电枢磁势作用在交轴上，电枢反应的结果使得合成磁势的轴线位置产生一定的偏移，幅值发生一定的变化。这种作用在交轴上的电枢反应称为交轴电枢反应，简称交磁作用。

2. $\dot{I}_a$ 滞后于$\dot{E}_0$ 90°($\psi=90°$)时的电枢反应

电枢电流$\dot{I}_a$与空载电势$\dot{E}_0$之间的相位差为 90°，如图 7-5 所示。

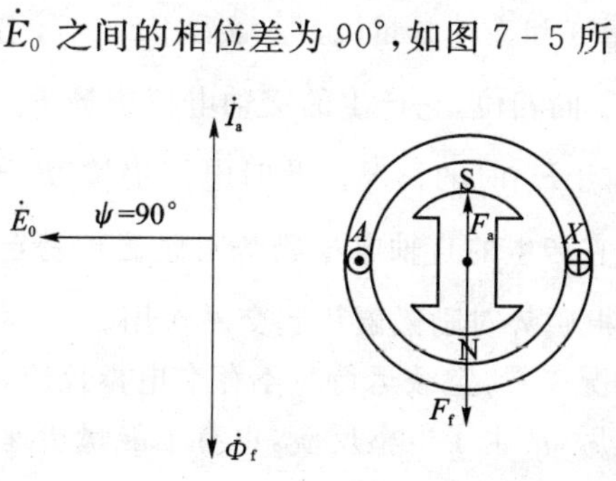

图 7-5　$\dot{I}_a$ 滞后于$\dot{E}_0$ 90°

电枢磁势 F_a 与励磁磁势 F_f 之间的夹角为 180°，即二者反相，励磁磁势和电枢磁势作用在直轴的相反方向上，电枢反应为去磁作用，合成磁势的幅值减小，这一电枢反应称为直轴去磁电枢反应。

3. $\dot{I}_a$ 超前于$\dot{E}_0$90°($\psi=-90°$)时的电枢反应

电枢电流$\dot{I}_a$与空载电势$\dot{E}_0$之间的相位差为−90°，如图 7-6 所示。

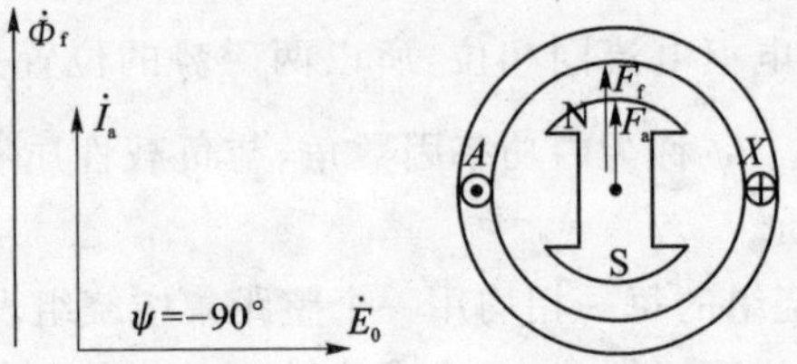

图 7-6　$\dot{I}_a$ 超前于$\dot{E}_0$90°

电枢磁势 F_a 与励磁磁势 F_f 之间的夹角为 0°，即两者同相，励磁磁势和电枢磁势作用在直轴的相同方向上，电枢反应为增磁作用，合成磁势的幅值增大，这一电枢反应称为直轴增磁电枢反应。

4. 一般情况下(ψ 为任意角度)的电枢反应

以$\dot{I}_a$滞后于$\dot{E}_0$(0°<ψ<90°)的情况为例进行分析，如图 7-7 所示。

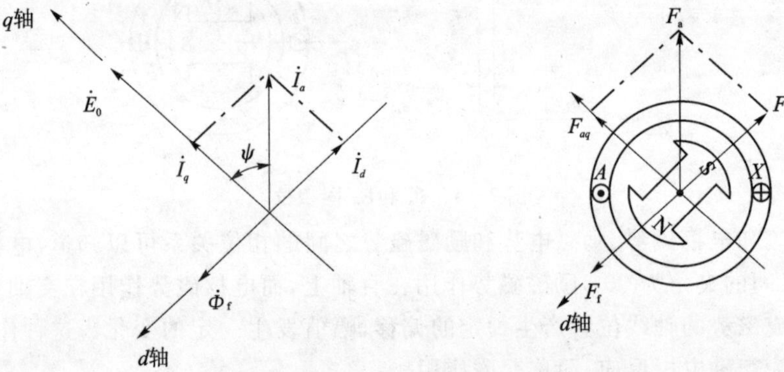

图 7-7　$\dot{I}_a$ 滞后于$\dot{E}_0$ 一个锐角

可将$\dot{I}_a$分解为直轴分量$\dot{I}_d$和交轴分量$\dot{I}_q$，$\dot{I}_d$滞后于$\dot{E}_0$90°，它产生的直轴电枢磁势 F_{ad} 与 F_f 反相，起去磁作用；$\dot{I}_q$ 与$\dot{E}_0$同相位，它产生的交轴电枢磁势 F_{aq} 与 F_f 正交，起交磁作用。

同理可以分析当$\dot{I}_a$超前于$\dot{E}_0$时的情况。此时电流仍按 Ψ 分解为直轴及交轴两个分量。直轴分量电流超前于$\dot{E}_0$90°，它产生的直轴电枢磁势对励磁磁势起增磁作用；交轴分量电流与$\dot{E}_0$同相位，它产生的交轴电枢磁势对励磁磁势起交磁作用。

从同步发电机的运行情况来看，空载运行时不存在电枢反应，也不存在转子到定子的能量传递。当同步发电机带负载后，产生了电枢反应，也有了能量传递。电枢反应是同步电机在负载运行时重要的物理现象。

图 7-8(a)为 $\Psi=0°$时的情况。由上面的分析可知，此时电枢磁势 F_a 与励磁磁势 F_f 之间的夹角为 90°，由左手定则可知，转子电流在定子电枢磁场中所受的电磁转矩，方向与转子旋

转的方向相反，企图阻止转子旋转。从图7－4可以看出，这时的电枢磁场是由电枢电流$\dot{I}_q$产生的，$\dot{I}_q$可认为是电枢电流$\dot{I}_a$的有功分量。那么，发电机要输出的有功功率越大，有功电流分量就越大，交轴电枢反应就越强，所产生的阻力转矩也就越大，这就要求原动机输入更大的驱动转矩，以维持发电机的转速不变。

图7－8(b)(c)表示电枢磁势F_a与励磁磁势F_f之间的夹角为0°和180°时的情况。电枢电流所产生的直轴电枢磁场与励磁电流相互作用产生电磁力的合力为0，无法形成转矩，不妨碍转子的旋转。这表明发电机给纯感性或纯容性负载供电时，并不需要原动机增加能量。但直轴电枢磁场对转子磁场起去磁作用或增磁作用，为维持恒定电压所需的励磁电流也就需要相应的增加或减小。

发电机负载多为阻感负载，有功电流分量的变化会影响发电机的电磁转矩，进而影响转速和频率。无功电流分量的变化会影响发电机的电压。所以为了保持发电机组的电压和频率，必须随负载的变化及时调节发电机组原动机的输入功率和励磁电流。

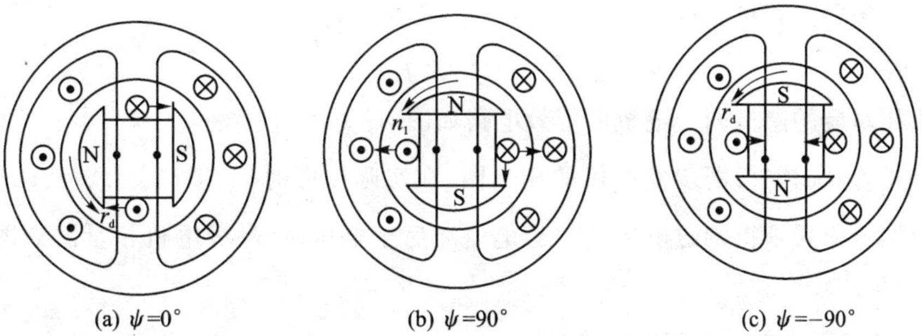

图7－8　同步电机的运行状态

7.3　三相同步发电机的稳态分析

7.3.1　隐极式同步电机的基本方程式、等值电路和相量图

当三相对称电枢电流流过电枢绕组时，将产生旋转的电枢磁势F_a，F_a将在电机内部建立通过气隙的电枢反应磁通Φ_a和不通过气隙的漏磁通Φ_σ，Φ_a和Φ_σ将分别在电枢各相绕组中感应出电枢反应电势$\dot{E}_a$和漏磁电势$\dot{E}_\sigma$。

同步发电机负载后，电枢绕组中存在以下电势：

- 由转子励磁磁通Φ_f产生的励磁磁势$\dot{E}_0$；
- 由电枢反应磁通Φ_a产生的电枢反应电势$\dot{E}_a$；
- 由电枢绕组漏磁通Φ_σ产生的漏磁电势$\dot{E}_\sigma$。

由于电枢绕组的电阻很小，如果忽略电阻压降，则每相感应电势总和即为发电机的端电压$\dot{U}$，用方程式表示为

$$\dot{E}_0+\dot{E}_a+\dot{E}_\sigma=\dot{U} \tag{7-3}$$

根据变压器和磁路欧姆定律相关知识可知，$\dot{E}_a \propto \Phi_a \propto F_a \propto \dot{I}_a$，不计铁耗和磁路饱和的情况下，$\Phi_a$ 与 F_a 同相位，F_a 与 $\dot{I}_a$ 同相位，而$\dot{E}_a$ 是由Φ_a 感生的，相位上落后Φ_a90°，于是$\dot{E}_a$ 在相位上落后于$\dot{I}_a$90°，将电枢反应电势$\dot{E}_a$ 用电抗压降形式表示时，

$$\dot{E}_a = -\mathrm{j}\,\dot{I}_a X_a \tag{7-4}$$

式中，X_a 称为电枢反应电抗，当磁路不饱和时，X_a 为常数。

同理漏感电动势也可写成漏抗压降形式，

$$\dot{E}_\sigma = -\mathrm{j}\,\dot{I}_a X_\sigma \tag{7-5}$$

式中 X_σ 为定子绕组漏电抗。

对于隐极电机来说，

$$\dot{E}_a + \dot{E}_\sigma = -\mathrm{j}\,\dot{I}_a X_a - \mathrm{j}\,\dot{I}_a X_\sigma = -\mathrm{j}\,\dot{I}_a (X_a + X_\sigma) = -\mathrm{j}\,\dot{I}_a X_s \tag{7-6}$$

X_s 定义为隐极电机的同步电抗，是稳态运行时的一个综合参数，磁路不饱和时为常数。

电动势平衡方程式可表示为

$$\dot{E}_0 = \dot{U} + \mathrm{j}\,\dot{I}_a X_s \tag{7-7}$$

与上式相对应的隐极同步电机的等效电路如图 7-9 所示。

根据上式可画出隐极同步发电机的相量图，在实际作图时，一般已知$\dot{U}$、$\dot{I}_a$、$\cos\varphi$、X_σ、X_s，最终可以根据方程式求得励磁电势$\dot{E}_0$。当电流滞后于电压时，隐极电机相量图如图 7-10 所示，可按以下步骤作出：

① 在水平方向或垂直方向作出相量$\dot{U}$；

② 根据 φ 角找出$\dot{I}_a$ 的位置，作出相量$\dot{I}_a$；

③ 在$\dot{U}$的末端，加上同步电抗压降相量 $\mathrm{j}\,\dot{I}_a X_s$，它超前于$\dot{I}_a$90°；

④ 作出由$\dot{U}$的首端指向 $\mathrm{j}\,\dot{I}_a X_s$ 尾端的相量，该相量即为励磁电势$\dot{E}_0$。

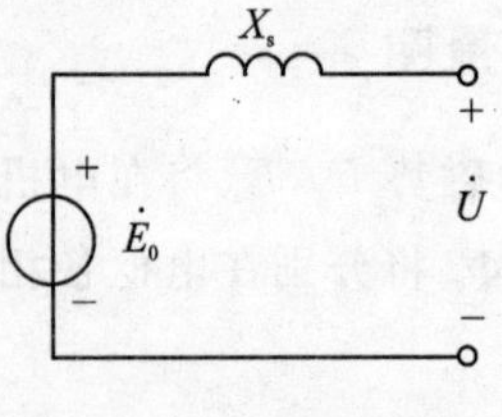

图 7-9　隐极同步电机的等效电路

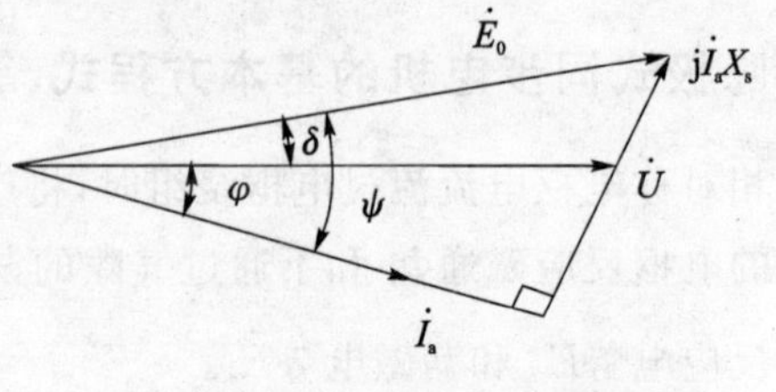

图 7-10　隐极电机相量图

【例 7-1】　有一台三相隐极同步发电机，电枢绕组 Y 接法，额定功率 $P_N = 25\,000$ kW，额定电压 $U_N = 10\,500$ V，额定转速 $n_N = 3\,000$ r/min，额定电流 $I_N = 1\,720$ A，并知同步电抗 $X_s = 2.3\ \Omega$，如不计电阻，求 $I_a = I_N$，$\cos\varphi = 0.8$(滞后)时的电势 E_0 和功角 δ。

解：$\delta = \arccos 0.8 = 36.87°$

利用电动势平衡方程式求解：

$$\dot{E}_0 = \dot{U} + \mathrm{j}\,\dot{I}_a X_s = \frac{10\,500}{\sqrt{3}} + 1\,720 \times 2.3\angle 90° - 36.87°$$

$= 6\,062.18 + 3\,965\angle 53.13°$
$= 8\,435.79 + j3\,164.80$
$= 9\,009.91\angle 20.56°$

所以 $E_0 = 9\,009.91\ V, \delta = 20.56°$

7.3.2　凸极同步电机的基本方程式、等值电路和相量图

对于凸极电机而言，电枢反应磁通Φ_a 所经过的磁路与电枢磁势 F_a 轴线的位置有关。当 F_a 和转子磁极轴线重合时，Φ_a 经过直轴气隙和铁芯而闭合，这条磁路称为直轴磁路，如图 7－11(a)所示。由于直轴磁路中的气隙较短，磁阻较小，同样的磁势建立的磁通较大，$\dot{E}_a$ 较大，所以电枢反应电抗较大。

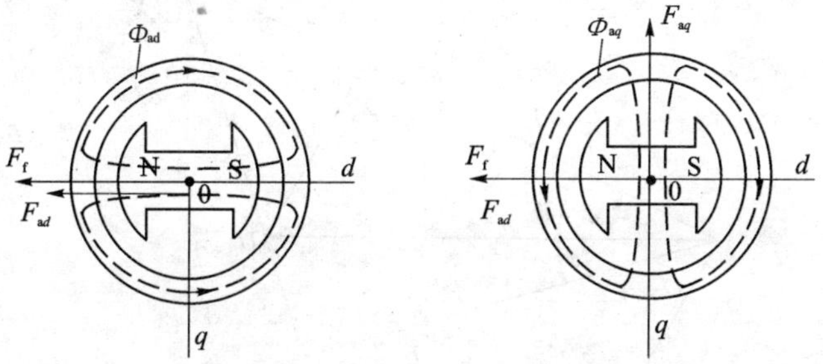

(a) 直轴磁路　　(b) 交轴磁路

图 7－11　凸极电机中电枢磁路的流通路径

当 F_a 与转子磁极轴线垂直时，Φ_a 经过交轴气隙和铁芯闭合，这条磁路称为交轴磁路，如图 7－11(b)所示。此时由于交轴磁路中的气隙较长，磁阻较大，同样的磁势建立的磁通较小，$\dot{E}_a$ 较小，所以电枢反应电抗较小。不同负载时，F_a 和转子磁极轴线之间的夹角不同，对应的电枢反应电抗 X_a 也就不同。这给分析问题带来了诸多不便，为解决这一问题，可采用双反应原理。将 F_a 分解成直轴分量 F_{ad}和交轴分量 F_{aq}，并认为 F_{ad}单独建立直轴电枢反应磁通Φ_{ad}，其流通路径为直轴磁路，对应有一个固定的直轴电枢反应电抗 X_{ad}，并在定子每相绕组中产生直轴电枢反应电势$\dot{E}_{ad}$；F_{aq}单独建立交轴电枢反应磁通Φ_{aq}，其流通路径为交轴磁路，对应有一个固定的交轴电枢反应电抗 X_{aq}，并在电枢每相绕组中产生交轴电枢反应电势$\dot{E}_{aq}$。电枢绕组总的电枢反应电势$\dot{E}_a$ 可以写为

$$\dot{E}_a = \dot{E}_{ad} + \dot{E}_{aq} = -j\,\dot{I}_d X_{ad} - j\,\dot{I}_q X_{aq} \tag{7-8}$$

考虑到漏磁通Φ_σ 引起的漏抗电势$\dot{E}_\sigma = -j\,\dot{I}_a X_\sigma$，电枢绕组中由电枢电流引起的总的感应电势为

$$\begin{aligned}\dot{E}_a + \dot{E}_\sigma &= -j\,\dot{I}_d X_{ad} - j\,\dot{I}_q X_{aq} - j\,\dot{I}_a X_\sigma \\ &= -j\,\dot{I}_d X_{ad} - j\,\dot{I}_q X_{aq} - j\,\dot{I}_d X_\sigma - j\,\dot{I}_q X_\sigma \\ &= -j\,\dot{I}_d (X_{ad} + X_\sigma) - j\,\dot{I}_q (X_{aq} + X_\sigma) \\ &= -j\,\dot{I}_d X_d - j\,\dot{I}_q X_q\end{aligned} \tag{7-9}$$

其中，$X_d = X_{ad} + X_\sigma$ 定义为直轴同步电抗；$X_q = X_{aq} + X_\sigma$ 定义为交轴同步电抗。由于凸极同步发电机气隙不均匀，所以有两个同步电抗 X_d 和 X_q。

根据基尔霍夫定律，可写出电枢回路的电动势方程式为

$$\begin{aligned}\dot{E}_0 &= \dot{U} + \dot{E}_a + \dot{E}_\sigma \\ &= \dot{U} + j\dot{I}_d X_d + j\dot{I}_q X_q \end{aligned} \tag{7-10}$$

如果同步发电机带有感性负载，发电机的端电压$\dot{U}$、负载电流$\dot{I}_a$、功率因数 $\cos\varphi$ 和参数 X_d、X_q 均为已知，根据上述电动势方程式可以画出凸极同步发电机的相量图，如图 7-12 所示。

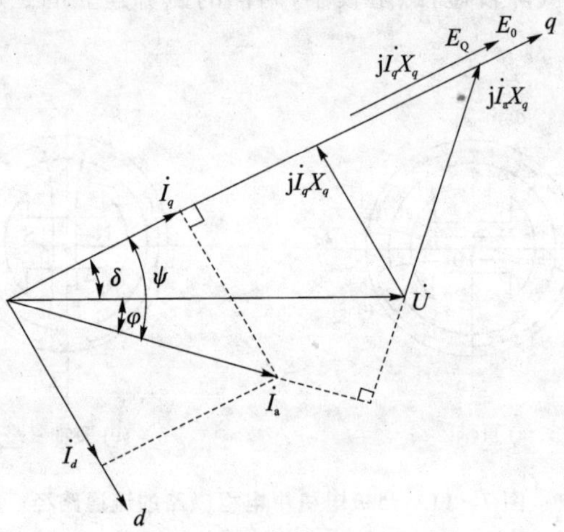

图 7-12 凸极同步发电机相量图

方程式中涉及的是直轴分量$\dot{I}_d$、交轴分量$\dot{I}_q$，所以需要首先将$\dot{I}_a$ 分解为$\dot{I}_d$ 和$\dot{I}_q$。我们知道，$\dot{E}_0$ 相位上落后位于直轴的Φ_f90°，$\dot{E}_0$ 一定在交轴的方向上，$\dot{I}_q$ 和$\dot{E}_0$ 同相位，所以只要找到$\dot{E}_0$ 的方位，就可以方便地将$\dot{I}_a$ 分解为$\dot{I}_d$ 和$\dot{I}_q$。为此，可以在式(7-10)方程式两边同时加上$-j(X_d - X_q)\dot{I}_d$，

$$E_Q = \dot{E}_0 - j\dot{I}_d(X_d - X_q) = \dot{U} + j(\dot{I}_d + \dot{I}_q)X_q = \dot{U} + j\dot{I}_a X_q \tag{7-11}$$

方程左边的相量$\dot{E}_0 - j\dot{I}_d(X_d - X_q)$显然与$\dot{E}_0$ 一样处于交轴方向，而右边的相量$\dot{U} + j\dot{I}_a X_q$由已知条件很容易求得，这样就找到了$\dot{E}_0$ 的方位，同步发电机带感性负载，凸极电机的相量图可按下述步骤作出：

① 在水平方向或垂直方向作出电压相量$\dot{U}$，根据 $\cos\varphi$ 作出$\dot{I}_a$；

② 在$\dot{U}$的末端画出相量 $j\dot{I}_a X_q$，根据方程式(7-11)确定了 q 轴，与 q 轴正交的方位就是 d 轴；

③ 将$\dot{I}_a$ 分解为交轴分量$\dot{I}_q$ 和直轴分量$\dot{I}_d$；

④ 根据电动势方程式即可作出$\dot{E}_0$。

相量图直观地显示了同步电动机各个相量之间的数值关系和相位关系，对于分析和

计算同步电机的许多问题有较大的帮助。

7.4　三相同步发电机的功率和转矩

7.4.1　功率平衡方程

同步发电机将转轴上由原动机输入的机械功率，通过电磁感应作用，转化为电枢绕组输出的电功率。同步发电机的功率转换可用图 7-13 所示关系来说明。

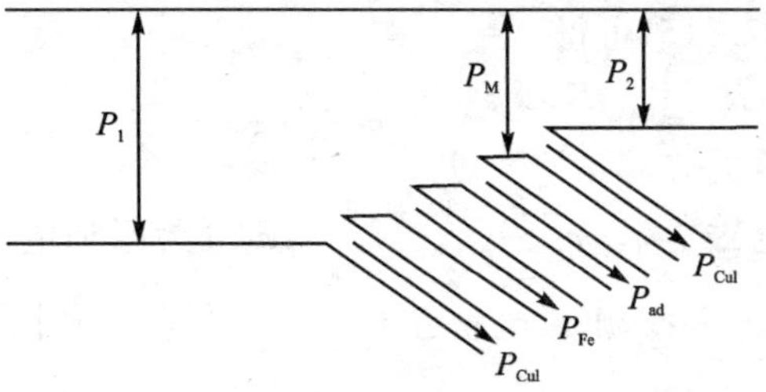

图 7-13　功率流程图

原动机输入的机械功率为 P_1，这个功率克服了机械损耗 P_{mec}、铁芯损耗 P_{Fe} 和附加损耗 P_{ad} 之后，剩余的功率通过电磁感应作用传递到定子绕组，称为电磁功率 P_M。如果是负载运行，电磁功率还需扣除定子绕组中的铜损耗 P_{Cu1}，才是输出的电功率 P_2。

同步发电机的功率平衡方程为

$$P_1 = P_M + P_{Fe} + P_{mec} + P_{ad} \tag{7-12}$$

$$P_M = P_2 + P_{Cu1} \tag{7-13}$$

7.4.2　电磁功率与功角特性

电磁功率是机械能转换为电能的转换环节。同步发电机的电磁功率与哪些因素有关呢？下面介绍同步发电机电磁功率的另一种表达式，即功角特性。

对凸极电机，若忽略电枢绕组电阻，则电磁功率等于输出功率，即

$$P_M = P_2 = mUI_a\cos\varphi = mUI_a\cos(\psi - \delta) \tag{7-14}$$

其中，ψ 为内功率因数角；φ 为功率因数角；$\delta = \psi - \varphi$ 定义为功角，它表示发电机的励磁电势 $\dot{E}_0$ 和端电压 $\dot{U}$ 之间相角差。功角 δ 对于研究同步电机的功率变化和运行的稳定性有重要作用。如果忽略定子绕组的漏磁电势，认为 $\dot{U} \approx \dot{E}_0 + \dot{E}_a$，$\dot{E}_0$ 对应于转子磁势 F_f，$\dot{E}_a$ 对应于电枢磁势 F_a，所以可近似认为端电压 $\dot{U}$ 由合成磁势 $F = F_f + F_a$ 所感应。F 和 F_f 之间的空间相角差即为 $\dot{E}_0$ 和 $\dot{U}$ 之间的时间相角差 δ，可见功角 δ 在时间上表示端电压和励磁电势之间的相角差，在空间上表示为合成磁场轴线与转子磁场轴线之间夹角。并网运行时，$\dot{U}$ 为电网电压，其大小和频率不变，对应的合成磁势 F 总是以同步速度 $\omega_1 = 2\pi f$ 旋转，因此功角 δ 的大小只能由转子磁势的角速度 ω 决定。稳态运行时，$\omega = \omega_1$，因此 F 和 F_f 之间无相对运动。对应每一种稳态，δ 具有稳态值。

功角特性指的是电磁功率 P_M 随功角 δ 变化的关系曲线 $P_M=f(\delta)$。

$$\begin{aligned}P_M&=mUI_a\cos(\psi-\delta)\\&=mUI_a\cos\psi\cos\delta+mUI_a\sin\psi\sin\delta\\&=mUI_q\cos\delta+mUI_d\sin\delta\end{aligned}\tag{7-15}$$

从凸极电机的电势相量图可知

$$I_q=\frac{U\sin\delta}{X_q}$$
$$I_d=\frac{E_0-U\cos\delta}{X_d}\tag{7-16}$$

将式(7-16)代入式(7-15)可得

$$P_M=m\frac{E_0U}{X_d}\sin\delta+m\frac{U^2}{2}(\frac{1}{X_q}-\frac{1}{X_d})\sin2\delta\tag{7-17}$$

式中，$m\frac{E_0U}{X_d}\sin\delta$ 为基本电磁功率；$m\frac{U^2}{2}(\frac{1}{X_q}-\frac{1}{X_d})\sin2\delta$ 为附加电磁功率。当电网电压 U 和频率恒定，参数 X_d 和 X_q 为常数，励磁电动势 E_0 不变（I_f 不变），同步发电机的电磁功率只决定于功角 δ。

对于隐极同步发电机，由于 $X_d=X_q=X_s$，附加电磁功率为零，则电磁功率为

$$P_M=m\frac{E_0U}{X_s}\sin\delta\tag{7-18}$$

从隐极同步发电机的功角特性可知，电磁功率 P_M 与功角 δ 的正弦函数 $\sin\delta$ 成正比。当 $\delta=90°$ 时，功率达到极限值 $P_{Mmax}=m\frac{E_0U}{X_s}$；当 $\delta>180°$，电磁功率由正变负，此时电机转入电动机运行状态。

电磁转矩 T 与功角 δ 之间的关系 $T=f(\delta)$ 就称为矩角特性。将式(7-17)方程式两边都除以同步角速度 ω_1，即得相应的电磁转矩。对于凸极同步电机为

$$T=m\frac{E_0U}{\omega_1X_d}\sin\delta+m\frac{U^2}{2\omega_1}(\frac{1}{X_q}-\frac{1}{X_d})\sin2\delta\tag{7-19}$$

式中，$m\frac{E_0U}{\omega_1X_d}\sin\delta$ 称为基本电磁转矩；$m\frac{U^2}{2\omega_1}\left(\frac{1}{X_q}-\frac{1}{X_d}\right)\sin2\delta$ 称为附加电磁转矩，或称为磁阻转矩。

对于隐极同步发电机为

$$T=m\frac{E_0U}{\omega_1X_s}\sin\delta\tag{7-20}$$

7.5 同步发电机有功功率调节和静态稳定、无功功率调节和V形曲线

一台同步发电机并入电网后，向电网输送功率。交流电功率通常包含有功功率和无功功率，并要根据电力系统的需要随时进行调节，以满足电网中负荷变化的需要。怎样有效地控制和调节发电机输送给电网的有功功率和无功功率，就是我们下面要讨论的问题。

7.5.1 有功功率调节和静态稳定

功角特性 $P_M=f(\delta)$ 反映了同步发电机的电磁功率随着功角变化的情况。稳态运行时，

同步发电机的转速由电网的频率决定，恒等于同步转速，也就是发电机的电磁转矩 T 和电磁功率 P_M 之间成正比关系：

$$T=\frac{P_M}{\omega} \tag{7-21}$$

式中，ω 为转子的机械角速度。

由于电磁功率与电磁转矩成正比，要改变发电机输送给电网的有功功率即电磁功率 P_M，就必须改变电磁转矩 T，根据运动方程，改变输入转矩就可以改变电磁转矩，而输入转矩的大小取决于水轮机的进水量或汽轮机的气门开度。

当增大汽轮机的进气量或水轮机的进水量，输入转矩增大，使得功角增大，电磁转矩 T 和电磁功率 P_M 也随之增大，同步发电机存在极限功率，极限功率对应的角度 $\delta_m=90°$。当 $\delta<\delta_m$ 时，同步发电机能够稳定运行。而当 $\delta>\delta_m$ 时，随着 δ 的增大，P_M 和 T 反而减小，电磁转矩无法与输入转矩相平衡，发电机转速越来越大，发电机将失去同步，或称为失去“静态稳定”。

所谓“静态稳定”是指电网或原动机方面出现某些微小扰动时，发电机能在这种瞬时扰动消除后，继续保持原来的平衡状态，这时的同步发电机被称为是静态稳定的，否则就是静态不稳定的。

综上所述：一台并网的发电机所承担的有功功率可以通过调节原动机输入的机械功率（即改变输入转矩）来改变。并且当 $0<\delta<\delta_m$ 时发电机可以稳定运行；$\delta>\delta_m$ 时，发电机不能稳定运行。

应当注意，当发电机的励磁电流 I_f 不变时，功角 δ 的变化也会引起无功功率的变化。

7.5.2　无功功率调节和 V 形曲线

电网上的多数负载除了消耗有功功率，还要消耗无功功率，调节并网发电机输送的无功功率对于电力系统正常运行有着重要意义。

并网发电机的电压和频率是常数，即等于电网的电压和频率。如果保持原动机的拖动转矩不变，那么发电机输出的有功功率也将保持不变，这时调节发电机励磁电流的大小，就可以调节无功功率，如图 7-14 所示。

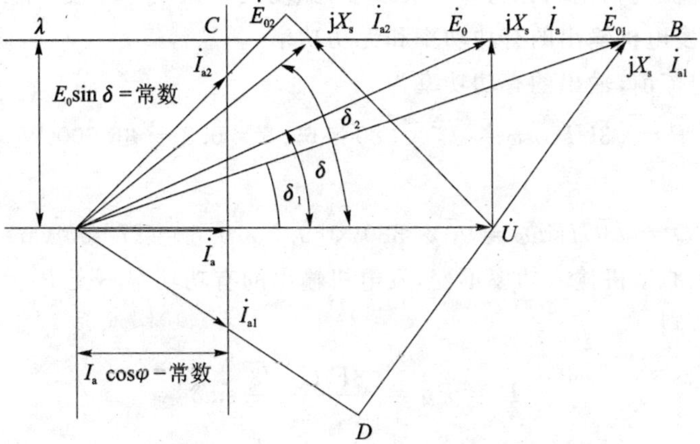

图 7-14　同步发电机无功功率的调节

① 如果在某一励磁电流 I_{f0} 时，励磁电势为 $\dot{E}_0$，由电动势平衡方程式可以确定 $\dot{I}_a$ 的位置，$\dot{I}_a$ 正好与 $\dot{U}$ 平行，此时无功功率为零，发电机输出的全部是有功功率，我们称此时发电机正常励磁。

② 如果增加励磁电流到 I_{f1}，励磁电势随着励磁电流的增大而增大到 $\dot{E}_{01}$，端电压 $\dot{U}$ 不变，电枢电流 I_{a1} 对应的位置如图 7－14 所示，此时发电机处于过励状态，$\dot{I}_{a1}$ 滞后于 $\dot{U}$，电枢反应表现为去磁效应，发电机输出功率除了有功功率外，还有感性的无功功率。

③ 如果减小励磁电流至 I_{f2}，此时对应的转子电势为 $\dot{E}_{02}$，可以找出电枢电流 $\dot{I}_{a2}$ 的位置，此时说发电机处于欠励状态，$\dot{I}_{a2}$ 超前于 $\dot{U}$，电枢反应为增磁效应，发电机输出功率中除了有功功率外，还有容性的无功功率。

可见，通过调节励磁电流可以达到调节同步发电机无功功率的目的。当从某一欠励状态开始增加励磁电流时，发电机输出的容性无功功率开始减少，电枢电流中的无功分量也开始减少；达到正常励磁状态时，无功功率变为零，电枢电流中的无功分量也变为零，此时 $\cos\varphi=1$；如果继续增加励磁电流，发电机将输出感性的无功功率，电枢电流中的无功分量又开始增加，电枢电流随励磁电流变化的关系表现为一个 V 形曲线，如图 7－15 所示。

V 形曲线是一簇曲线，每一条 V 形曲线对应一定的有功功率。每条 V 形曲线上都有一个最低点，对应 $\cos\varphi=1$ 的情况。将各曲线最低点连接起来，将得到一条 $\cos\varphi=1$ 的曲线，在曲线的右面，发电机处于过励状态，输出感性无功功率；在曲线的左边，发电机处于欠励状态，输出容性无功功率。

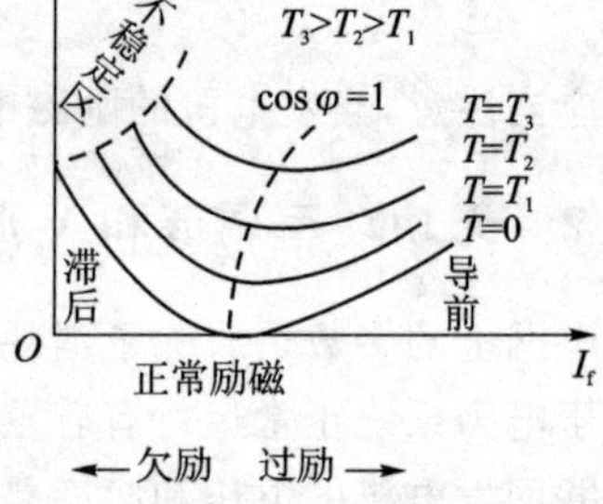

图 7－15　同步发电机的 V 形曲线

【例 7－2】 一台三相隐极同步发电机与无穷大电网并联运行，电网电压为 $U=380$ V，发电机定子绕组 Y 接法，每相同步电抗 $X_s=120\ \Omega$，此发电机向电网输出线电流 $I=69.5$ A，空载时相电动势 $E_0=270$ V，$\cos\varphi=0.8$（滞后）。若减小励磁电流使相电动势为 $E_0=250$ V，原动机输入功率不变，不计定子电阻，试求：改变励磁电流前后发电机输出的有功功率和无功功率。

解：改变励磁电流前，输出的有功功率为

$$P=\sqrt{3}UI\cos\varphi=\sqrt{3}\times 380\times 69.5\times 0.8=36\ 600\ \text{W}$$

输出的无功功率为

$$Q=\sqrt{3}UI\sin\varphi=\sqrt{3}\times 380\times 69.5\times 0.6=27\ 450\ \text{var}$$

改变励磁电流后，因原动机输入功率不变，发电机输出的有功功率不变 $P'=P=36\ 600$ W。

不计定子电阻，则

$$P=P_M=\frac{3E_0U/\sqrt{3}}{X_s}\sin\delta$$

$$\sin\delta=\frac{PX_s}{3E_0U/\sqrt{3}}=\frac{36\ 600\times 1.2}{3\times 250\times 380/\sqrt{3}}=0.27$$

所以 $\delta=15.66°$

根据相量图可知：

$$\psi = \arctan\frac{E_0 - U/\sqrt{3}\cos\delta}{U/\sqrt{3}\sin\delta} = \arctan\frac{250 - 220\times 0.96}{220\times 0.27} = 33.15°$$

$$\varphi' = \psi - \delta = 33.15° - 15.66° = 17.49°$$

$$Q' = P'\cdot\tan\varphi' = 36\ 600\times 0.32 = 11\ 712\ \text{var}$$

7.6　三相同步电动机分析

同步电机与其他旋转电机一样，在工作原理上看，既可以作为发电机运行也可作为电动机运行，完全取决于它的输入功率是机械功率还是电功率。

同步电机运行于发电机状态时，转子在原动机的带动下旋转，转子主磁极轴线超前于气隙合成磁场的等效磁极轴线一个功角 δ，这时发电机产生的电磁转矩为制动转矩，与原动机输入的驱动转矩相平衡，把机械功率转变为电功率输送给电网。

如果把原动机撤掉并在转子上加上机械负载，定子依然连电网，加上三相交流电压，这时同步电机将运行于电动机状态。转子主磁极磁动势与气隙合成磁场的磁动势仍然一起旋转，不过这时气隙合成磁场在前，转子主磁极磁场在后，二者之间的电磁转矩对转子来说变成了驱动转矩。电磁转矩带动转子克服机械负载的阻力转矩而做功，从而将电网提供的电能转化为转子的机械能。

7.6.1　同步电动机的功率和转矩

同步电动机以凸极转子结构比较多，所以以凸极电机的功角特性和矩角特性为例来说明。

同步电动机的功角特性和发电机的一样，只是电动机的功角 δ 是 $\dot{U}$ 超前 $\dot{E}_0$ 的角度。因此，原功角特性中的 δ 变为 $-\delta$，电磁功率也变为负值，这说明电动机状态下是电网向电动机提供有功功率，将负号去掉，于是电动机功角特性与发电机的功角特性具有相同的形式：

$$P_M = m\frac{E_0U}{X_d}\sin\delta + m\frac{U^2}{2}\left(\frac{1}{X_q}-\frac{1}{X_d}\right)\sin 2\delta \tag{7-22}$$

相应的电磁转矩为：

$$T = m\frac{E_0U}{\omega_1 X_d}\sin\delta + m\frac{U^2}{2\omega_1}\left(\frac{1}{X_q}-\frac{1}{X_d}\right)\sin 2\delta = T'_M + T''_M \tag{7-23}$$

同步电动机的电磁转矩与发电机一样，分为基本电磁转矩 T'_M 和附加电磁转矩 T''_M 两部分。当励磁电流为零时，$\dot{E}_0=0$，基本电磁转矩为零。因直轴和交轴的磁阻不同，$X_d\neq X_q$，所以仍存在附加电磁转矩 T''_M。很小功率的同步电动机为简化结构和运行方便，转子上没有励磁绕组，利用凸极结构产生的附加转矩，即磁阻转矩进行工作，故称为磁阻同步电动机。

7.6.2　同步电动机的运行特性

与同步发电机相似，改变同步电动机的负载转矩，电动机会自动改变功角，从而改变电动机从电网吸收的有功功率。调节其励磁电流，可以改变电动机的无功功率和功率因数。同步电动机的 V 形曲线如图 7-15 所示。调节励磁电流可以调节同步电动机的无功功率和功率因数，这是同步电动机很可贵的品质。由于电网上的负载多为感性负载，若将同步电动机工作在过励状态，从电网吸收容性无功功率，发出感性无功功率，可提高电网的功率因数。

不带负载运行于空载状态，专门用来改善电网功率因数的同步电动机，称为同步调相机或同步补偿机。

7.6.3 同步电动机的启动

同步电动机只有在同步转速下才能产生恒定的同步电磁转矩，启动时，电动机转子转速即转子磁场转速与定子磁场转速并不相等，同步电动机无法产生启动转矩。

图 7-16 是一台两极同步电动机，假设在启动合闸瞬间，转子(已经加励磁)处于图 7-16(a)所示位置，此时电磁转矩倾向于使转子逆时针转动。但由于机械惯性转子尚未启动，定子磁场旋转速度很快，瞬间定子磁场已转过 180°如图 7-16(b)所示，又使转子倾向于顺时针转动。这样转子受到一个不断变化的电磁转矩，其平均转矩为零，所以同步电动机无法自行启动，必须借助其他方法。

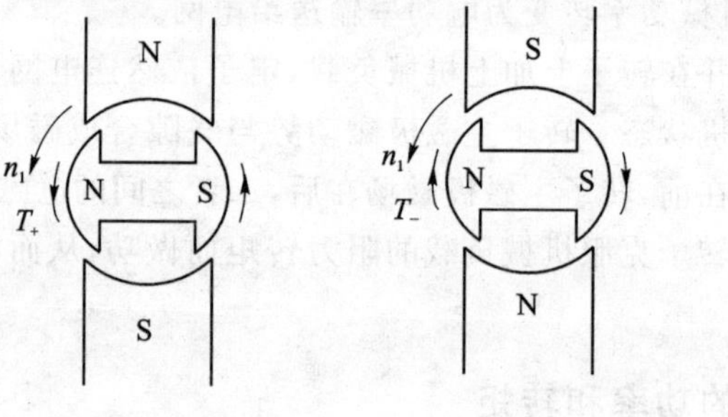

(a) 电磁转矩为逆时针　(b) 电磁转矩为顺时针

图 7-16　同步电动机启动过程

1. 拖动启动

常选用和同步电动机极数相同的感应电动机作为辅助电动机，其功率为主机功率的 10%～15%。当辅助电动机把主机拖动到接近同步转速时，用自同步法将其投入电网，再切断辅助电动机电源。此法只适用于同步电动机空载启动。

2. 异步启动

利用同步电动机主磁极极靴上的阻尼绕组做启动绕组，相当于笼型异步电动机的导条，启动过程与笼型异步电动机一样。当同步电动机的转速升高到接近同步速度时再接入励磁，利用同步转矩将转子牵入同步。

3. 变频启动

此法依靠连续升高变频电源的频率。启动时频率很低，利用同步电磁转矩将电动机启动起来，然后逐渐升高频率，转子转速将随着定子旋转磁场转速的升高而同步上升，直到额定转速。采用此法启动必须有变频电源，而且励磁机必须是非同轴的，否则在启动初因转速低而无法建立所需的励磁电压。

7.6.4 永磁同步电动机调速系统

永磁同步电动机是转子励磁采用永久磁铁励磁的同步电动机。与普通励磁相比，它不需要集电环、电刷以及励磁装置,结构大为简化。同时由于无励磁电流,也就无励磁损耗,故它的效率较高。但它要求用于励磁的永磁材料具有高的矫顽力、大的剩磁和高的磁能积等优异的磁性能。也正由于在永磁材料磁性能等这些方面的限制,永磁同步电动机一直未得到广泛应用。

如图 7-17 所示,是以永磁同步电动机为核心的自控变频同步电动机调速原理图。该自控变频同步电动机由 4 部分组成:同步电动机,可以是永磁式的,也可以用励磁式的;转子位置检测器 BQ;逆变器和控制器。转子位置检测器 BQ 与电动机同轴安装,当转子转动时,转子位置检测器能正确反应转子磁极的位置,根据转子磁极的位置信号控制逆变器输出电压的频率和相位。当电动机转速变化时,逆变器输出电压频率与转速同步变化,从根本上消除失步现象,保证同步电动机稳定运行。

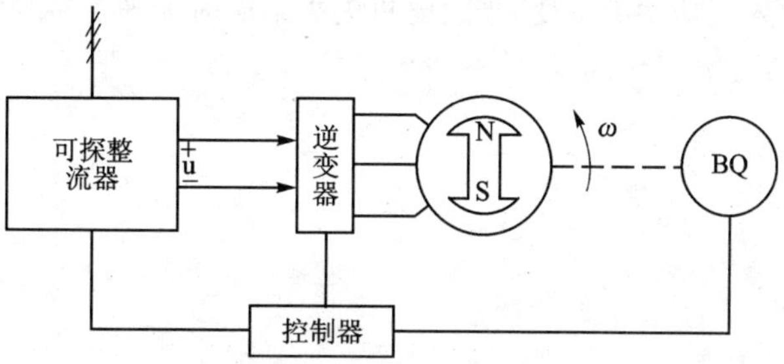

图 7-17　永磁同步电动机原理图

习　题

7.1　同步电机和异步电机在结构上有哪些区别?

7.2　什么叫同步电机?怎样由其极数决定它的转速?试问 75 r/min、50 Hz 的电机是几极的?

7.3　为什么现代的大容量同步电机都做成旋转磁极式?

7.4　汽轮发电机和水轮发电机的主要结构特点是什么?为什么有这样的特点?

7.5　为什么水轮发电机要用阻尼绕组,而汽轮发电机却可以不用?

7.6　一台转枢式三相同步发电机,电枢以转速 n 逆时针方向旋转,对称负载运行时,电枢反应磁动势对电枢的转速和转向如何?对定子的转速又是多少?

7.7　为什么 X_d 在正常运行时应采用饱和值,而在短路时却采用不饱和值?为什么 X_q 一般总只采用不饱和值?

7.8　测定同步发电机空载特性和短路特性时,如果转速降为 $0.95n_N$,对实验结果将有什么影响?如果转速降为 $0.5n_N$,则实验结果又将如何?

7.9　为什么同步发电机三相对称稳态短路特性为一条直线?

7.10　什么叫短路比?它的大小与电机性能及成本的关系怎样?为什么允许汽轮发电机的短路比比水轮发电机的小一些?

7.11　一台同步发电机的气隙比正常气隙的长度偏大,X_d 和 ΔU 将如何变化?

7.12　同步发电机发生三相稳态短路时,它的短路电流为何不大?

7.13 同步发电机供给一对称电阻负载，当负载电流上升时，怎样才能保持端电压不变？

7.14 一台汽轮发电机，$\cos\varphi=0.8$(滞后)，$X_t^*=1.0$，电枢电阻可以忽略不计。该发电机并联在额定电压的无穷大电网上。不考虑磁路饱和程度的影响，试求：

① 保持额定运行时的励磁电流不变，当输出有功功率减半时，定子电流标幺值 I^* 和功率因数 $\cos\varphi$ 各等于多少？

② 若输出有功功率仍为额定功率的一半，逐渐减小励磁到额定励磁电流的一半，问发电机能否静态稳定运行？为什么？此时 I^* 和 $\cos\varphi$ 又各为多少？

7.15 一台 50 000 kW、13 800 V(Y 联结)、$\cos\varphi_N=0.8$(滞后)的水轮发电机并联于一无穷大电网上，其参数为 $R_a\approx0$，$X_d^*=1.15$，$X_q^*=0.7$，并假定其空载特性为一直线，试求：

① 当输出功率为 10 000 kW、$\cos\varphi=1.0$ 时发电机的励磁电流 I_f^* 及功率角 θ；

② 若保持此输入有功功率不变，当发电机失去励磁时 θ 等于多少？发电机还能稳定运行吗？此时定子电流 I、$\cos\varphi$ 各为多少？

第 8 章　驱动与控制用微特电机

8.1　单相异步电动机

由单相电源供电的异步电动机称为单相异步电动机，其基本原理都是建立在三相异步电动机的基础上，但在结构和特性方面有不少差别。

8.1.1　单相异步电机的工作原理

单相异步电动机定子为单相交流绕组，转子为笼型。图 8－1 为最简单的单相异步电动机的结构与磁场。

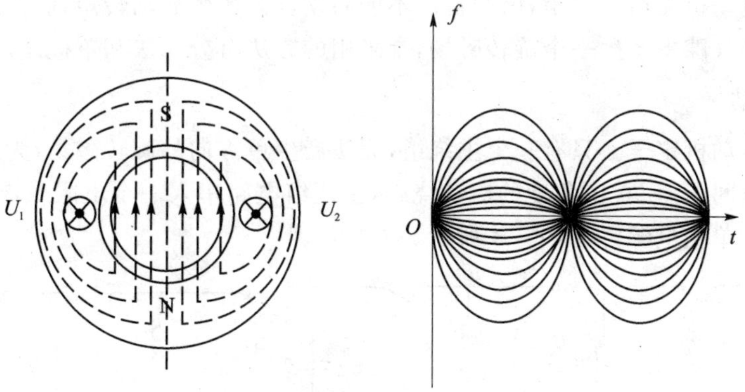

图 8－1　单相异步电动机的结构与磁场

当定子绕组通入单相正弦交流电时，则在电机中产生一个随时间按正弦规律变化的脉振磁场，磁感应强度可以表示为 $B=B_m \sin\omega t$。

脉振磁场可以分解为两个大小相等、方向相反、转速相同的旋转磁场，每个旋转磁场的磁动势幅值为脉振磁动势幅值的一半。这两个旋转磁场分别对转子产生大小相等、方向相反的电磁转矩，那么

① 若转子静止，受到的合转矩为零，没有启动转矩，不能自行启动。

② 若转子由于某个原因已经转动，那么合转矩方向与转子转向相同，转子将继续沿着原方向转动。例如：转子受外力转向于正向磁场方向相同，此时转子和正向旋转磁场的相对速度变小，其转差率 s^+ 变小（<1）；而和反向旋转磁场的相对速度变大，转差率 s^- 变大（>1），即

$$s^+=\frac{n_1-n}{n_1}<1 \tag{8-1}$$

$$s^-=\frac{-n_1-n}{-n_1}=\frac{n_1+n}{n_1}=\frac{n_1+n_1(1-s^+)}{n_1}=2-s^+>1 \tag{8-2}$$

同三相异步电动机一样分别画出正、反向磁场产生的转矩特性曲线，如图 8－2 所示。图中

曲线 3 是合成转矩特性曲线，可以看出合转矩 $T>0$，故转子继续沿正向磁场方向转动。同理，若转子受外力沿反向磁场方向转动，转子受到的合转矩 $T<0$，转子继续沿反向磁场方向转动。

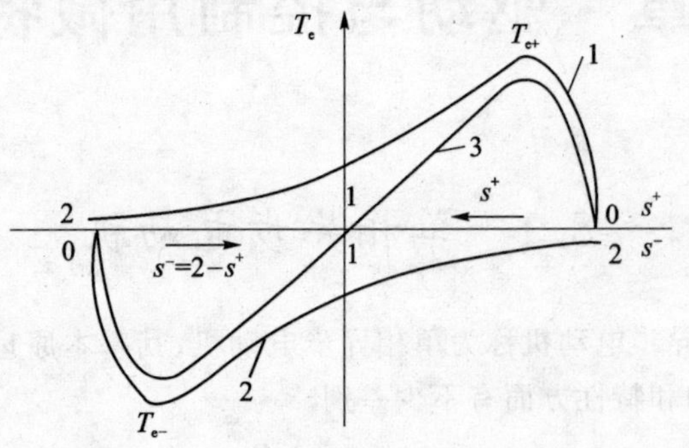

图 8-2 单相异步电动机的转矩特性

8.1.2 单相异步电机的启动

单相异步电动机无启动转矩，因此自己不能启动。为产生启动转矩，应设法使之像三相异步电动机那样在气隙中产生一个旋转磁场，常采用的方法有分相法和罩极法。

1. 分相启动

单相异步电动机定子上只有一个主绕组，无法产生单方向的旋转磁场，为此在定子上另装一个与主绕组空间互差 90°电角度的启动绕组，主绕组电路串入一个电阻或电容，两个绕组电路并联接入同一单相电源，如图 8-3 所示。

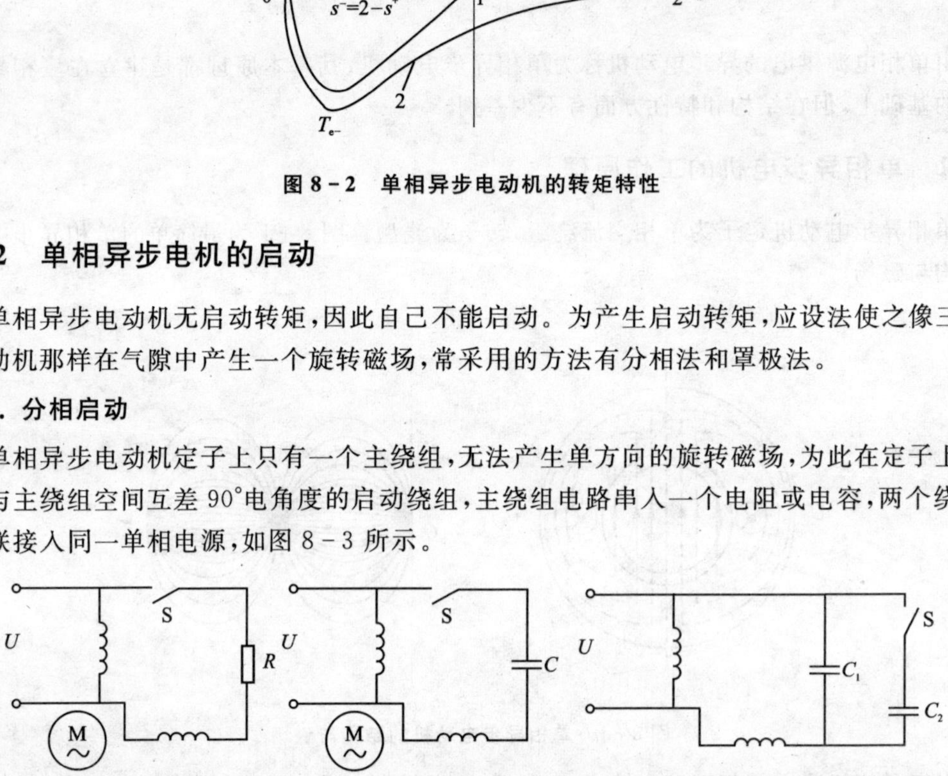

(a) 电阻分相式　(b) 电容分相式　(c) 电容启动式

图 8-3 分相式单相异步电动机

由于两个支路的阻抗角不同，所以流过的电流相位不同，有一定的相位差，从而产生椭圆形旋转磁场，并产生一定的启动转矩，使电机转起来。

2. 罩极启动

罩极式单相异步电动机的定子铁芯多数做成凸极式，每个极上装有主绕组，在磁极极靴的一边开有一个小槽，槽内嵌有短路铜环，把部分磁极"罩"起来，如图 8-4 所示。

当主绕组中通过单相交流电时，产生脉振磁场，磁通一部分通过铜环，一部分不通过铜环。由于短路环的作用，被罩部分的磁通 $\dot{\varphi}'$ 是由主绕组中的电流和新的感应电流共同产生，它与未罩部分的磁通 $\dot{\varphi}$ 在时间上出现一定的相位差，而被罩部分与未罩部分在空间上又有相位差，于是气隙中的合成磁场是一种具有一定移动速度的"扫动磁场"，效果和旋转磁场类似，使电机产生一定的启动转矩。

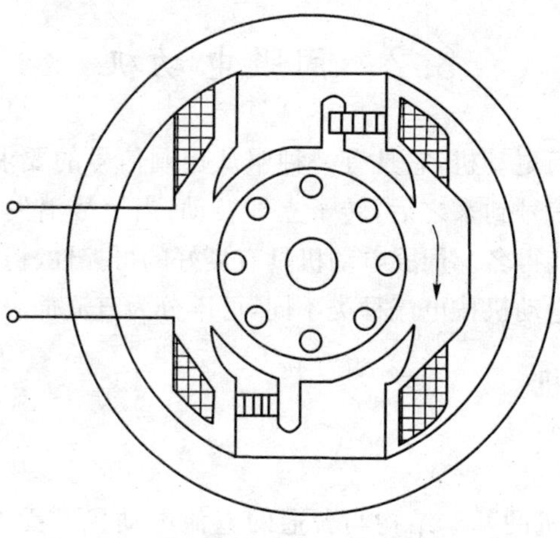

图 8-4　罩极式单相异步电动机结构

8.1.3　单相异步电动机的类型

单相异步电动机和三相笼型异步电动机的结构差不多，转子都是笼型的，根据定子结构不同，分为分相式和罩极式两种类型。

1. 分相式

分相式单相异步电动机的定子铁芯与三相异步电动机的定子铁芯基本一样，只是定子上装有两相绕组，一相是主绕组也称为工作绕组，另一相是启动绕组。在启动原理中已经阐述主绕组中要串入一定的特殊元件达到分相作用，根据串入电阻和电容的不同又分为电阻分相式单相异步电动机、电容分相式单相异步电动机、电容运行式单相异步电动机。

(1) 电阻分相式单相异步电动机

如图 8-3(a)所示，在主绕组中外串一个电阻，或者设计时将启动绕组的电阻增大，从而达到分相启动的效果。但是这种方法产生的是椭圆形旋转磁场的椭圆度较大，启动转矩较小，多用于启动转矩较小的场合。电动机启动后，启动绕组可以断电，也可以不断电。如果不断电，启动绕组要设计为长时工作，不然容易被烧毁；如果断电，可以在启动支路接入离心开关等元件，当电机启动转速较高后能自动断开启动绕组的支路。

(2) 电容分相式单相异步电动机

如图 8-3(b)所示，在主绕组中串入一个适当的电容，可以使启动绕组中的电流超前主绕组电流接近 90°，这样产生的旋转磁场接近于圆形，具有较大的启动转矩。启动结束后可自动切除启动绕组支路。

(3) 电容运行式单相异步电动机

如果电容分相式单相异步电动机启动后不把启动绕组支路断电，就成为电容运行式单相异步电动机。如图 8-3(c)所示，由于启动时和运行时所需的电容量不一样，启动时需要的电容比较大，所以可以启动后只切除启动绕组支路的一部分电容，另外一部分继续通电运行。

2. 罩极式

罩极式单相异步电动机工作原理前面已经阐述，由于这种单相异步电动机两相绕组空间相角差比较小，所以产生的旋转磁场的椭圆度较大，启动转矩较小。

8.2 伺服电动机

伺服电动机亦称为执行电动机，它具有一种服从控制信号的要求而动作的职能。在控制信号来之前，转子静止不动；信号到来之后，转子立即转动；当信号消失，转子能及时自行停转。伺服电动机由这种“伺服”性能得名。伺服电动机具有良好的可控性、稳定性和适应性，满足自动控制系统的功用要求。伺服电动机按电流种类不同，可以分为直流伺服电动机和交流伺服电动机。

8.2.1 直流伺服电动机

1. 结　构

一般的直流伺服电动机的基本结构与普通的直流电动机并无本质的区别，也是由装有励磁的定子、可以转动的电枢和换向器组成。由于伺服电动机的电枢电流很小，换向并不困难，因此都不装换向极，并且转子做得细长，气隙较小。直流伺服电动机按励磁方式的不同，可以分为电磁式和永磁式两种。电磁式直流伺服电动机磁场由励磁绕组通电产生，永磁式直流伺服电动机由永磁铁产生。

2. 工作原理

直流伺服电动机的工作原理与普通直流电动机相同，电路结构如图 8-5 所示。

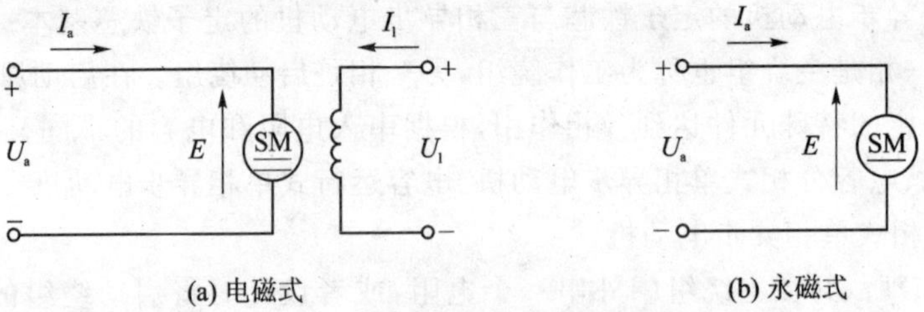

图 8-5　直流伺服电动机电路结构

直流伺服电动机的机械特性方程与直流电动机相同，为

$$n=\frac{U_a}{C_e\Phi}-\frac{R_a}{C_eC_T\Phi^2}T \tag{8-3}$$

若假设磁路不饱和，忽略电枢反应，则电磁式直流伺服电动机的磁通与励磁电压成正比，即

$$\Phi=C_\Phi U_f \tag{8-4}$$

式中，C_Φ 为比例常数。将式(8-4)代入(8-3)，可得

$$n=\frac{U_a}{C_eC_\Phi U_f}-\frac{R_a}{C_eC_TC_\Phi^2U_f^2}T \tag{8-5}$$

可见，电磁式直流伺服电动机有两种控制转速的方法：电枢控制和磁场控制，但是由于磁场的非线性，所以多采用电枢控制。

电枢控制时，电枢绕组上加上控制信号 U_a，电磁式伺服电动机的励磁绕组上加额定励磁电压 U_{fN}，当控制信号 $U_a=0$ 时，$I_a=0$，$T=0$，电动机不会转动，即 $n=0$；当 $U_a\neq0$ 时，$I_a\neq0$，$T\neq0$，电动机在转矩作用下旋转，改变 U_a 大小或极性，电动机的转速或转向将改变。其机械

特性 $n=f(T)$ 和调节特性 $n=f(U_a)$ 如图 8-6 所示。

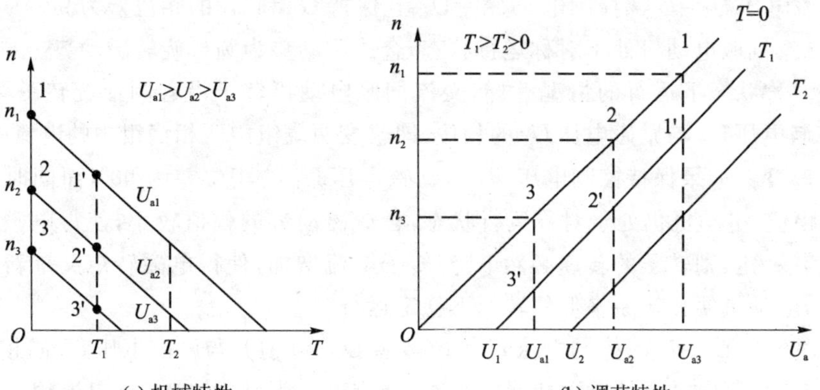

图 8-6　直流伺服电动机机械特性和调节特性

8.2.2　交流伺服电动机

1. 结　构

交流伺服电动机的定子与一般的单相异步电动机的定子很相似，两相绕组在空间上相差 90°的电角度。转子结构有笼型和非磁性杯形两种，笼型转子的结构与一般的笼型异步电动机的转子相同。非磁性杯形转子结构如图 8-7 所示。定子分为内定子和外定子，外定子的铁芯槽中放有定子两相绕组；内定子由硅钢片叠成，一般不放绕组，只作为磁路的一部分。在内外定子之间有一个细长、薄壁的杯形，一般是非磁性材料（如铝）构成，杯形转子可以在内外定子之间的气隙中自由旋转。这种交流伺服电动机转动惯量小，动作快速灵敏，运转平滑，无抖动现象。但是由于气隙较大，励磁电流较大，一般体积也大。

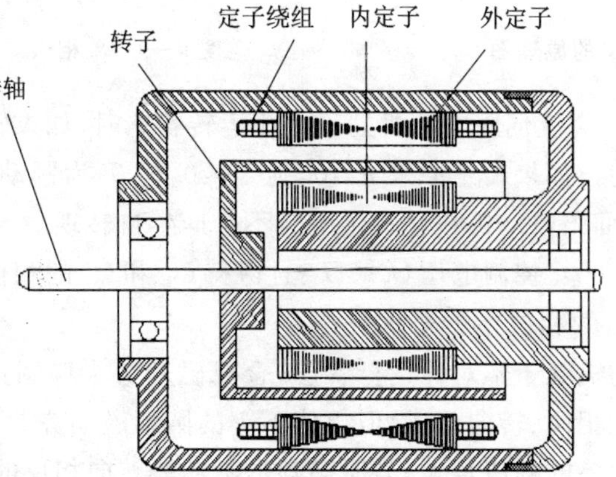

图 8-7　空心杯形转子交流伺服电动机结构图

2. 工作原理

交流伺服电动机的电路如图 8-8 所示，定子两相绕组分别是励磁绕组 f 和控制绕组 c，在空间上相差 90°，分别加上交流电压 U_f 和 U_c。

下面根据两绕组施加电压的不同情况来分析交流伺服电动机的工作状态。

(1) 励磁电压 $U_f=U_{fN}$、控制电压 $U_c=U_{cN}$ 且保持 U_c 和 U_f 的相位差为 90°

这时，交流伺服电动机处于对称运行状态，合成磁动势为圆形旋转磁动势。与普通三相异步电动机在对称状态下运行的情况一样，交流伺服电动机转子沿着圆形旋转磁场方向转动。如果改变控制电压 U_c 与励磁电压 U_f 的相位，即改变两绕组中两相绕组中的电流的相序，转子的转向也将改变。如果保持控制电压 U_c 与励磁电压 U_f 的相位差为 90°，而同时按比例减小 U_c 与 U_f 的幅值，电动机仍处于对称运行状态，合成磁动势的幅值较小，使得电磁转矩也随之减小。若负载一定，则转子的转速必然下降，转子电流增加，使得电磁转矩又重新增加到与负载转矩相等，电动机便在比原来低的转速下稳定运行。

(2) 励磁电压 $U_f=U_{fN}$、控制电压 $U_c=0$(或者 $U_c\neq0$ 但其与励磁电压 U_f 同相位)

这时，交流伺服电动机处于单相运行状态，合成磁场为脉振磁动势，交流伺服电动机等同于单相异步电动机。对于普通的异步电动机来说其机械特性如图 8-9(a)所示。如果 $n\neq0$，$T\neq0$ 且为拖动转矩，电动机仍然将继续运转，这种单相"自转"现象在伺服电动机中是绝不允许的。为此，交流伺服电动机的转子电阻都设计得比较大，使其机械特性成为图 8-9(b)所示的下垂特性。

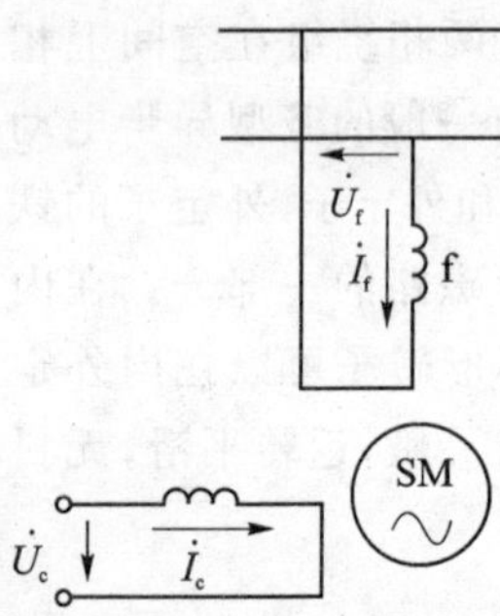

图 8-8 交流伺服电动机的原理图

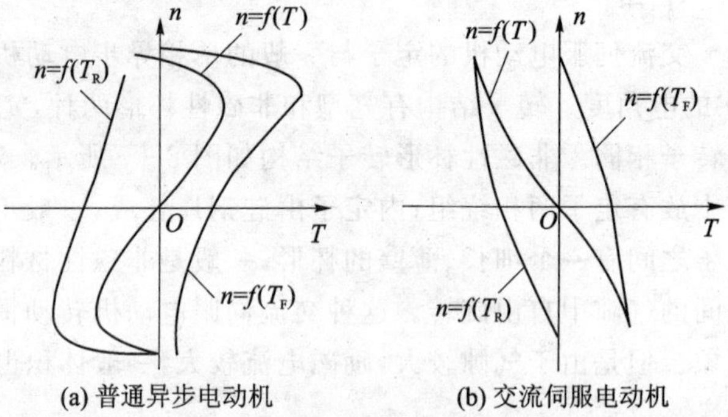

图 8-9 单相供电时的机械特性

由图 8-9(b)可见，交流伺服电动机处于单相运转状态时，如果转子原来静止($n=0$)，$T=0$，电动机不会自行启动，;如果转子原来 $n\neq0$，则 $T\neq0$，但 T 为制动转矩，T 使转子迅速停止运转，从而保证了交流伺服电动机在单相供电时不会产生自转现象。

(3) 励磁电压 $U_f=U_{fN}$、控制电压 $U_c<U_{cN}$ 且保持 U_c 和 U_f 的相位差为 90°(或者 $U_f=U_{fN}$、$U_c=U_{cN}$，但是 U_c 和 U_f 的相位差小于 90°)

这时交流伺服电动机处于不对称运行状态，合成磁动势为椭圆形磁动势。椭圆形磁动势也可以分解为两个转速相同、转向相反，但幅值不等的圆形磁动势。其中与原椭圆形磁动势转向相同的正向圆形磁动势的幅值较大，与原椭圆形磁动势转向相反的反向圆形磁动势幅值小。电动机的工作状态越不对称，反向圆形磁动势的幅值就越接近正向圆形磁动势的幅值。当电动机处于单相状态时，正、反向圆形磁动势的幅值相等。反之电动机的工作状态越接近于对称，反向圆形磁动势的幅值就越小于正向圆形磁动势的幅值。当电动机处于对称运行状态时，反向圆形磁动势为 0，只有正向圆形磁动势。

交流伺服电动机在不对称状态下运行时的总转矩 T，应为正向和反向两个圆形磁场分别产生的电磁转矩之差，电动机的工作状态越不对称，转矩差就越小，负载一定时，电动机的转速势必下降，转子电流增加，直到重新稳定在较低的转速下运行。

可见改变控制电压的数值或相位也可以控制电动机的转速。普通的两相和三相异步电动机正常情况下时都是在对称状态下运行的，不对称运行会使电流增大很多，属于故障运行。而交流伺服电动机的转子绕组很大，则可以靠不同程度的不对称运行来达到控制目的。这是交流伺服电动机在运行上与普通异步电动机的区别。

3. 转速控制方式

改变控制电压$\dot{U}_c$就可以改变交流伺服电动机的转速，一般可以有以下几种控制方式：

- 幅值控制：即保持控制电压$\dot{U}_c$的相位不变，仅仅改变幅值来控制。
- 相位控制：即保持控制电压$\dot{U}_c$的幅值不变，仅仅改变相位来控制。
- 幅－相控制：同时改变控制电压$\dot{U}_c$的幅值和相位来控制。

8.3　测速发电机

在自动控制及计算装置中，测速发电机可以将速度信号转变成电信号，主要起校正和检测用。按照电流种类不同，测速发电机分为直流测速发电机和交流测速发电机两大类。

8.3.1　直流测速发电机

1. 结　构

直流测速发电机的基本结构与小型直流发电机相同，也像直流伺服电动机那样，由于功率较小，一般采用他励永磁式结构。

2. 工作原理

直流测速发电机的工作原理与普通的直流发电机基本相同，如图 8－10 所示。工作时，在励磁绕组上加上固定的电压 U_f，转子在电动机的拖动下以转速 n 旋转时，电枢绕组切割磁通 Φ 而产生电动势。

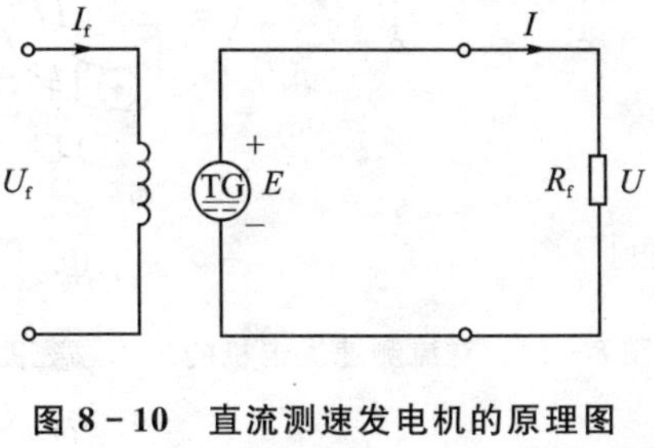

图 8－10　直流测速发电机的原理图

和普通发电机一样，当接有负载电阻 R_L 时，输出电压 U 与输出电流 I、电枢电阻 R_a、电动势 E 之间关系为 $U=E-R_aI_a$，负载上又有 $U=R_LI$。将上面两式整理后可得

$$U=\frac{C_E\Phi}{1+\frac{R_a}{R_L}}n \tag{8-6}$$

只要 Φ、R_a 和 R_L 不变，直流测速发电机的输出电压 U 仍然与转速 n 成正比。改变电动机拖动直流测速发电机的转向，输出电压的正、负极性也同时改变。

3. 误　差

上述 U 与 n 的线性关系是在 Φ、R_a 和 R_L 都不变的理想情况下得到的，实际上有些因素会引起这些量的变化。如变化会使励磁绕组的电阻值发生变化、负载电阻 R_L 的存在会产生电枢反应、接触电阻是随负载电流变化而变化的，这些都是引起线性误差的原因之一。为了减小温度引起的磁通变化，一般直流测速发电机的磁路设计得足够饱和。为了减小电枢反应对输出特性的影响，应尽量采用大的负载电阻和不大的转速范围。

8.3.2　交流测速发电机

1. 结　构

交流测速发电机的结构与交流伺服电动机的结构完全相同。定子上也有两个互差 90° 的绕组，工作时，一个加励磁电压，称为励磁绕组；另一个用来输出电压，称为输出绕组。转子有笼型和杯型两种。杯型转子比笼型转子转动惯量小，系统的快速性和灵敏度好，这种结构多被采用。一般励磁绕组嵌放在外定子上，而把输出绕组嵌放在内定子上。

2. 工作原理

交流测速发电机的电路如图 8-11 所示。当励磁绕组加上一定的交流励磁电压 $\dot{U}_f$ 时，励磁电流 $\dot{I}_f$ 通过励磁绕组产生在励磁绕组轴线方位上变化的脉振磁通势和脉振磁通 Φ_d。

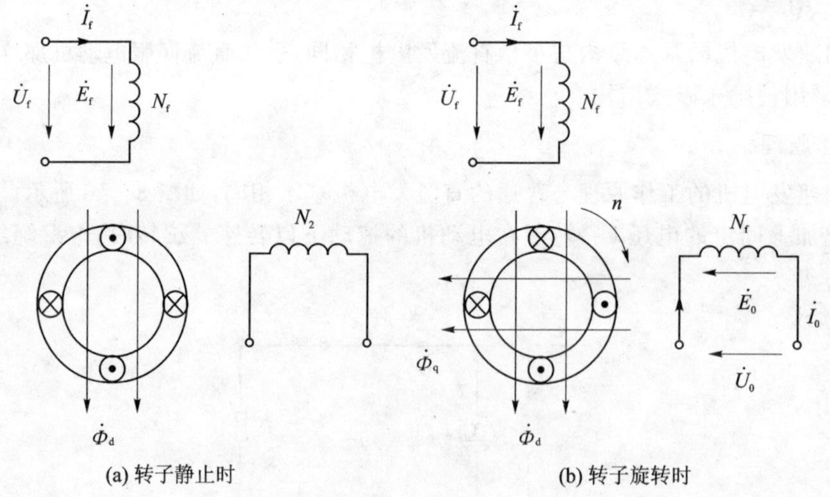

图 8-11　交流测速发电机的工作原理图

（1）转子静止

当转子静止时，交流测速发电机类似于一台变压器。励磁绕组相当于变压器的一次绕组，转子绕组相当于变压器的二次绕组。磁通 Φ_d 在励磁绕组中产生参考方向如图 8-11(a)所示的电动势 $\dot{E}_f$，在转子绕组中产生电动势 $\dot{E}_d$ 和电流 $\dot{I}_d$。由于磁通 Φ_d 的轴线与输出绕组的轴线垂直，不会再输出绕组中产生感应电动势，故转子静止时，即转子转速 $n=0$ 时，输出绕组的输出电压等于零。

(2) 转子旋转

当转子旋转时，转子中除了上述电动势$\dot{E}_d$ 和电流$\dot{I}_d$，转子绕组还因切割 Φ_d 而产生电动势$\dot{E}_q$ 和电流$\dot{I}_q$，由右手定则可以知道电动势$\dot{E}_q$ 和电流$\dot{I}_q$ 的方向是上半部为×，下半部为 ·，如图 8-11(b)所示。由右手螺旋可知 I_q 将产生与输出绕组轴线方向一致的磁通势和磁通 Φ_q，磁通 Φ_q 在输出绕组方位上也是交变的脉振磁通，所以它会在输出绕组中产生感应电动势$\dot{E}_0$，输出开路电压$\dot{U}_0$。又由于转子中的感应电流与速度成正比，因此$\dot{\Phi}_q$ 和$\dot{U}_0$ 均与转速成正比，即输出电压U_0 与转速 n 呈线性。当转子反转时，$\dot{U}_0$ 的相位也相反。

3. 误　差

输出关系的线性是在理想情况下得到的，实际上有一些因素会造成输出电压的线性误差、相位误差，以及转速为零时的剩余电压。实际使用时应使负载阻抗远大于测速发电机的输出阻抗，使其尽量工作在接近空载状态，以减小误差。

8.4　步进电动机

步进电动机又称脉冲电动机，功能是将电脉冲信号转换成转角或转速。由于控制精度较高的特点，常常用于数控机床、绘图仪、轧钢机的自动控制及记录仪表中。

步进电动机按相数不同可以分为三相、四相、五相、六相等；按转子的材料不同可以分为反应式(磁阻式)和永磁式等，如图 8-12 和图 8-13 所示。目前是反应式步进电动机应用最多。

8.4.1　永磁式步进电动机

1. 结　构

图 8-12 为三相永磁式步进电动机的结构原理图。定子和转子都是凸极式，定子上有 6 个极，上面装有绕组，相对的两个极上的绕组串联起来，组成三相绕组。转子有 4 个齿，无绕组。

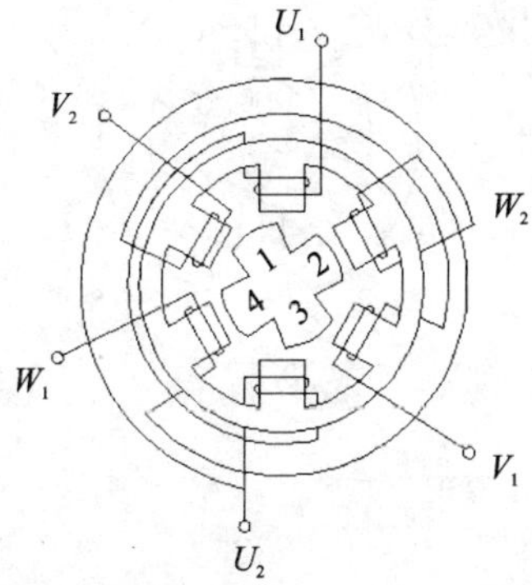

图 8-12　三相永磁式步进电动机结构

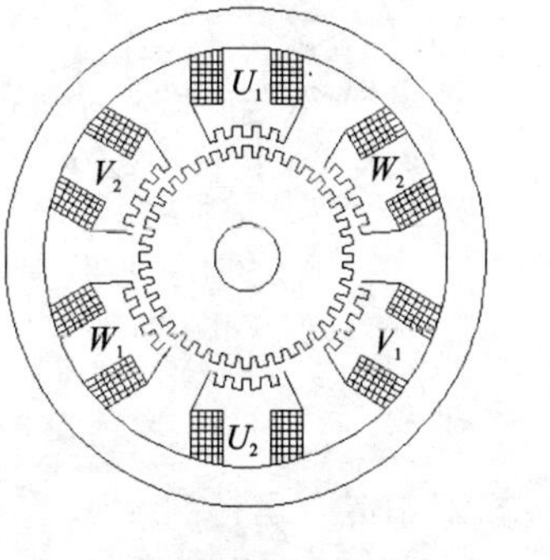

图 8-13　三相反应式步进电机典型结构

2. 工作原理

步进电动机的运行原理遵循“磁阻最小原理”——磁通总要沿着磁阻最小的路径闭合。步进电动机工作时需要将脉冲信号按照一定顺序加到定子的各相绕组上。根据脉冲信号的节拍不同,三相步进电动机可以有以下几种运行方式:

(1) 单三拍运行

单三拍运行是指每次只有一相绕组通电,例如通电顺序为 $U—V—W$。当 U 相绕组单独通电时,如图 8-14(a)所示,由于磁通力图走磁阻最小的磁路,转子齿 1 和 3 与定子 U 相轴线重合。给 U 相断电,V 相通电,在反应转矩作用下,转子齿 2 和 4 与定子 V 相轴线重合,如图 8-14(b)所示。给 V 相断电,W 相通电,则转子齿 1 和 3 与定子 W 相轴线重合如图 8-14(c)所示。

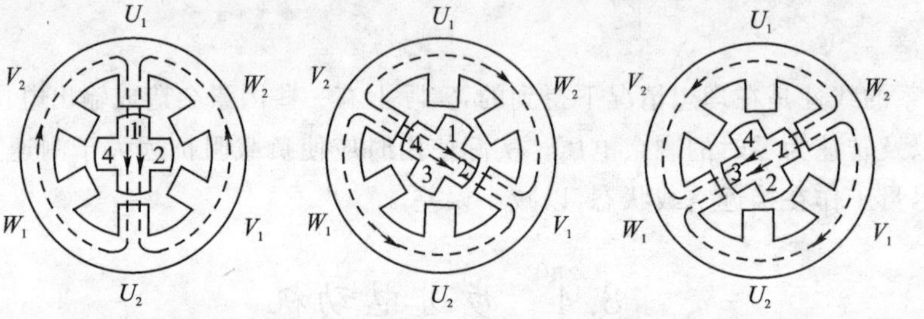

(a) U相通电　(b) V相通电　(c) W相通电

图 8-14　单三拍通电工作原理

步进电动机的定子绕组从一次通电到下一次通电称为一拍,由上可知定子每通一次电,转子就前进一步,转过一定角度,把这一转角称为步距角。三相步进电动机工作在单三拍运行时步距角为 30°。

(2) 双三拍运行

双三拍运行是指每次给两个绕组通电,例如通电顺序为 $UV—VW—WU$。当 UV 两相绕组都通电时,两相磁路都要保证磁阻最小,故转子齿转到图 8-15(a)所示位置。当 VW 两相绕组都通电时,转子齿转到 8-15(b)位置。再到 WU 通电,转子位置为 8-15(c)所示位置。可见双三拍运行时,转子的步距角仍为 30°。

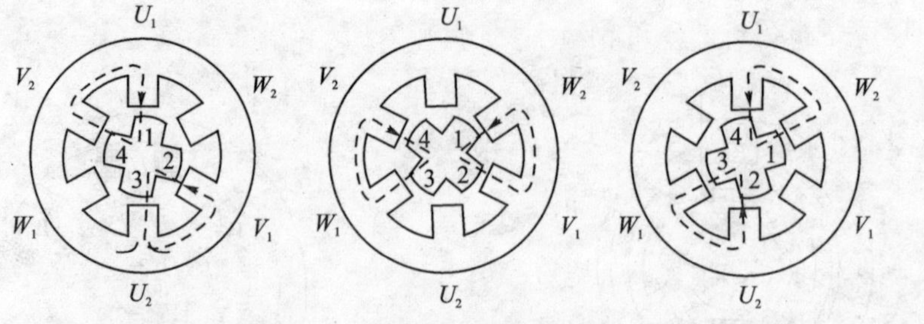

(a) UV相通电　(b) VW相通电　(c) WU相通电

图 8-15　双三拍通电工作原理

(3) 单、双拍混合运行

这种运行方式是将单三拍与双三拍结合起来,如 $U—UV—V—VW—W—WU$,称为三相六拍运行。当 U 相绕组通电时,转子转到图 8-14(a)所示位置,当 UV 两相绕组通电时,转子转到图 8－15(a)所示位置，以此类推，可以知道这种运行方式转子的步距角是 15°。

8.4.2　反应式步进电动机

1. 典型结构及步距角计算

步距角越小，步进电动机的步进精度就越高，步距角 θ 的计算公式为

$$\theta=\frac{360^\circ}{zN} \tag{8-7}$$

式中，z 为转子齿数；N 为拍数。

由上式可知，转子齿数越多，定子绕组通电拍数越多，步距角就越小。为了得到较小的步距角，三相反应式步进电动机常采用图 8－13 所示典型结构。

例如，某三相反应式步进电动机转子的齿数 $z=40$，工作在三相六拍时，步距角 $\theta=\frac{360^\circ}{40\times6}=1.5^\circ$，工作在三相单三拍或双三拍时，步距角 $\theta=\frac{360^\circ}{40\times3}=3^\circ$。

2. 转子转速计算

步进电动机常常工作在一步一步地断续的方式下，转子的转角正比于输入脉冲个数，但是如果定子绕组通电的频率很高，步进电动机也可以像普通电动机那样连续旋转，所以转子的转速与通电脉冲的频率成正比。

$$n=\frac{60f}{zN} \tag{8-8}$$

式中，f 为通电脉冲的频率。

步进电机作用于转子上的电磁转矩为磁阻转矩，转子处在不同位置，磁阻转矩的大小不同。转子受到的最大电磁转矩称为最大静转矩。

步进电机在启动时要克服负载转矩和惯性转矩。如果脉冲频率过高，转子跟不上，电机就会失步，甚至不能启动，步进电机不失步启动的最高频率称为启动频率。在运行时，虽然惯性影响没有启动时那么大，但是如果脉冲频率过高，会造成电机转子跟不上，也会失步，步进电机不失步运行的最高频率称为运行频率。若步距角小，最大静转矩大，则启动频率和运行频率高。

综上所述，步进电动机的转角与输入脉冲成正比，转速与输入脉冲频率成正比，不受电压、负载及环境条件变化的影响。这种特性正好符合数字控制系统的要求，因而随着数字技术的发展，它在数控机床、轧钢机和军事工业等部门得到了广泛应用。

8.5　永磁无刷直流电动机

8.5.1　基本结构和工作原理

1. 结　构

永磁无刷直流电动机是由电动机、转子位置传感器和电子开关线路 3 部分组成，原理框图如图 8－16 所示。直流电源通过开关线路向电动机的定子绕组供电，电动机转子位置由位置传感器检测并提供信号去触发开关线路中的功率开关元件使之导通或截止，从而控制电动机

的转动。

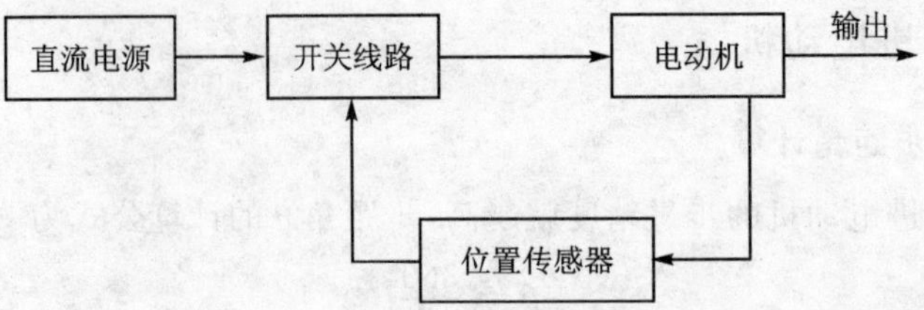

图 8-16　永磁无刷电动机系统结构框图

一种采用永磁体励磁的多相同步电动机，定子结构与普通同步电动机或感应电动机基本相同，铁芯中嵌有多相对称绕组，而转子方面则由永磁体取代了电励磁同步电动机的转子励磁绕组。转子结构是永磁直流无刷电动机与其他电动机最主要的区别，对其运行性能、控制系统、制造工艺和适用场合等均具有重要影响。图 8-17 为永磁直流无刷电动机转子的基本类型。

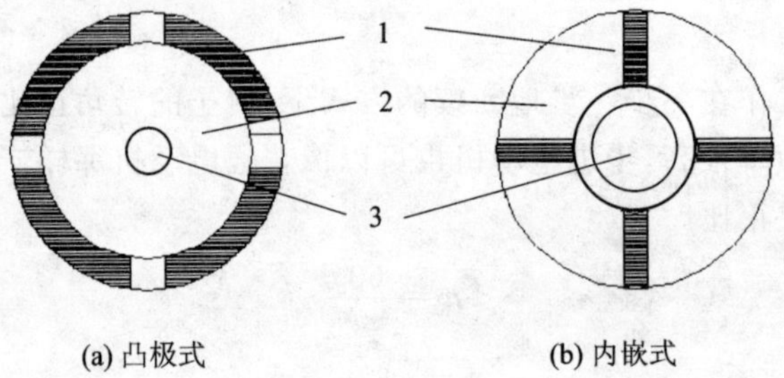

(a) 凸极式　　(b) 内嵌式

1-磁钢；2-铁芯；3-转轴

图 8-17　永磁无刷电动机转子的基本类型

2. 工作原理

下面以星形全桥接法的三相无刷直流电动机为例，对直流无刷电动机的具体工作情况做进一步分析。

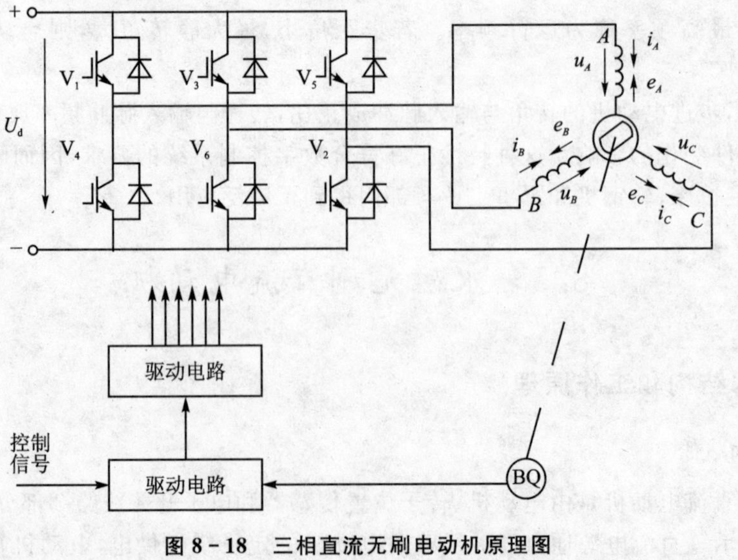

图 8-18　三相直流无刷电动机原理图

假设永磁直流无刷电动机为 2 极，定子绕组为三相整距集中绕组，转子采用表面式结构，永磁体的宽度为 120°电角度，转子按逆时针方向旋转，电角速度为 ω_r，如图 8 - 19 所示。

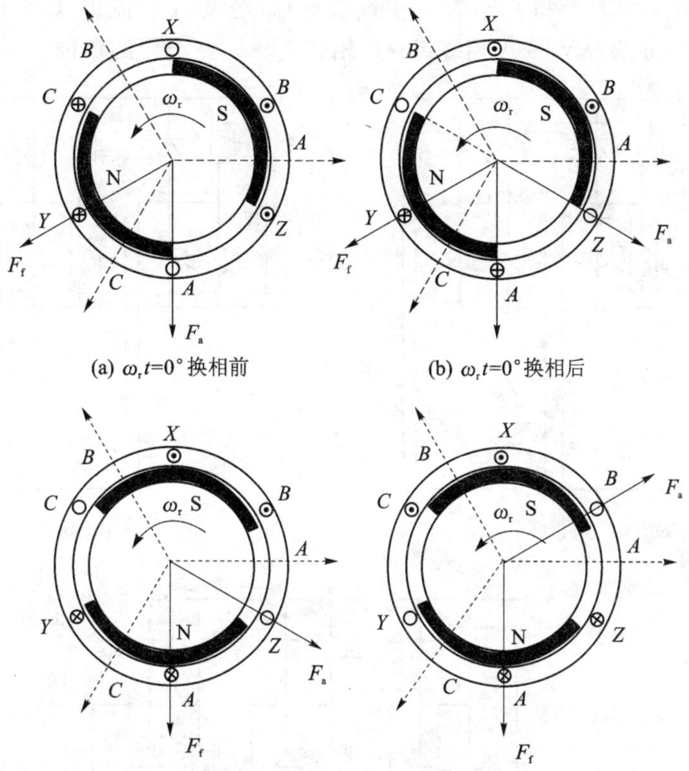

(a) $\omega_r t=0°$ 换相前　(b) $\omega_r t=0°$ 换相后

(c) $\omega_r t=60°$ 换相前　(d) $\omega_r t=60°$ 换相后

图 8 - 19　无刷直流电动机的工作原理图

以转子处于图 8 - 19(a)所示位置作为 $t=0$ 时刻，即转子空间位置角 $\theta_r=\omega_r t=0°$的时刻，此时转子磁极轴线领先 B 相绕组轴线 90°电角度（B 相绕组的两个线圈边恰在转子磁极轴线处）。由于假设永磁体宽度为 120°，A 相绕组的导体即将转入永磁体磁极下，而 C 相绕组导体即将从永磁体下转出。显然在此时刻前线圈边 Y、C 在 N 极下，而 B、Z 在 S 极下，为产生逆时针方向的电磁转矩，绕组电流应该是如图 8 - 19(a)所示，B 相电流为负，C 相电流为正。相应逆变器中各功率开关的通断情况及电流的路径如图 8 - 20(a)虚线所示，V_5、V_6 同时导通，其他关断。电流的路径为：电源正极→V_5→C 相绕组→B 相绕组→V_6→电源的负极。

在图 8 - 19(a)所示 $t=0$ 时刻，线圈边 A、X 开始分别转入 N、S 极永磁体下，而 C、Z 将从永磁体下转出。为使转矩保持不变，故应使 C 相绕组断开，A 相绕组导通，即 C 相与 A 相进行切换。换相后的绕组电流及逆变器工作情况如图 8 - 20(b)虚线所示。8 - 20(b)所示 A 相电流为正，B 相电流为负，C 相电流为零。电流的路径为：电源正极→V_1→A 相绕组→B 相绕组→V_6→电源的负极。这种换向是由控制器根据转子位置传感器提供的转子位置信号，发出相应地通断信号，使逆变器的 V_5 关断、V_1 导通来实现的。

转子由 8 - 19(b)所示位置转过 60°之前，保持定子绕组的导通情况不变，若绕组电流保持恒定，则电磁转矩恒定不变。转子转过 60°到达 8 - 19(c)所示位置时，B 相绕组线圈边即将从永磁体下转出，而 C 相绕组的线圈边 Z、C 即将分别进入 N、S 极永磁体下，此时应使逆变器的

V_6 关断，V_2 导通，电流由 B 相换到 C 相，而 A 相绕组导通情况不变。换向后绕组电流和逆变器的工作情况如图 8-19(d)和 8-20(c)中虚线所示，电流 A 相流进，C 相流出，B 相电流为零，电流路径为电源正极→V_1→A 相绕组→C 相绕组→V_2→电源的负极。

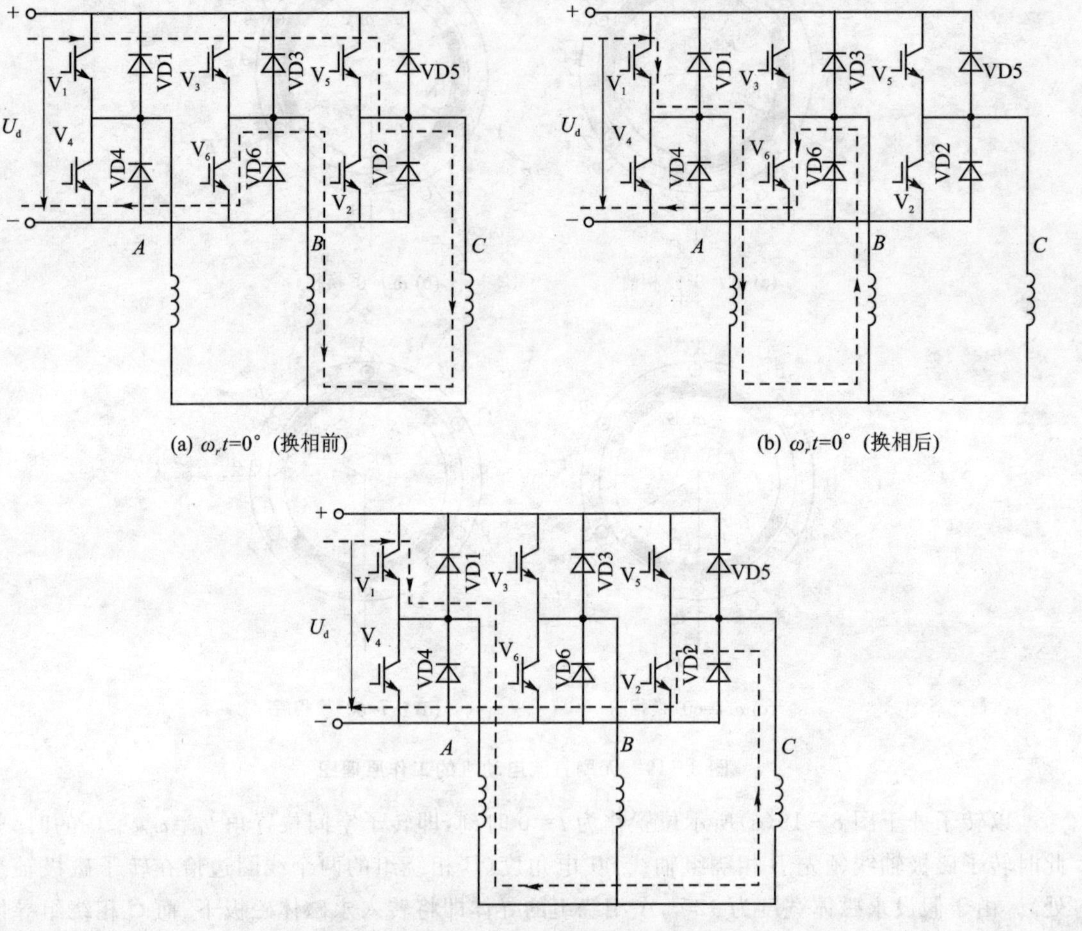

(a) $\omega_r t=0°$ (换相前)　　(b) $\omega_r t=0°$ (换相后)

(c) $\omega_r t=60°$ (换相后)

图 8-20　不同时刻的电流路径

依次类推，转子每转过 60°电角度，就进行依次换相，使绕组的导通情况改变一次。转子转过一对磁极，对应于 360°电角度，需要 6 次换相，相应地定子绕组有 6 种导通状态，而在每个 60°区间都只有两相绕组同时导通，另外一相绕组电流为零，这种工作方式常称为两相导通三相 6 状态。由上述分析不难得出，各 60°区间同时导通的功率开关依次为 V_1V_2→V_2V_3→V_3V_4→V_4V_5→V_5V_6。

按照这种工作方式根据转子磁极的空间位置，通过逆变器改变绕组电流的通断情况，实现绕组电流的换相。在直流电流一定的情况下，只要主磁极所覆盖的空间足够宽，则任何时刻永磁磁极所覆盖线圈边中的电流方向及大小均保持不变，导体所受到电磁力在转子上产生的反作用转矩大小、方向也保持不变，推动转子不断旋转。

8.5.2 永磁无刷直流电动机的运行特性

1. 电磁转矩

无刷直流电动机的电磁转矩 T_e 可以根据电磁功率 P_e 求出

$$T_e = \frac{P_e}{\Omega_r}$$

式中，Ω_r 为转子机械角速度。

而三相无刷直流电动机的电磁瞬时值为

$$P_e = e_A i_A + e_B i_A + e_C i_C \tag{8-9}$$

由上面分析可知，在理想情况下任意时刻三相绕组中均有两相导通，一相电动势为 E_P、电流为 I_d，另一相电动势为 $-E_P$、电流为 $-I_d$。以 0～60°区间为例，有：$e_A = E_P$，$i_A = I_d$，$e_B = -E_P$，$i_B = -I_d$，而 $i_C = 0$。故任意时刻均有

$$P_e = e_A i_A + e_B i_A + e_C i_C = 2E_P I_d \tag{8-10}$$

则电动机的瞬时电磁转矩

$$T_e = \frac{e_A i_A + e_B i_A + e_C i_C}{\Omega_r} = \frac{2E_P I_d}{\Omega_r} \tag{8-11}$$

由此可见，理想情况下无刷直流电动机的电磁转矩是恒定的，考虑到绕组感应电动势幅值 E_P 与转速成正比，则应有

$$E_P = K_P n_r \tag{8-12}$$

式中，n_r 为转速，单位为 r/min；K_P 为与电动机结构有关的常数，并和永磁体产生的气隙磁密 B_δ 或每极磁通 Φ 成正比。将上式代入(8-11)可得(其中 K_t 为转矩系数，$K_t = \frac{60}{\pi} K_P$)：

$$T_e = \frac{2K_P n_r I_d}{\Omega_r} = \frac{60}{\pi} K_P I_d = K_t I_d \tag{8-13}$$

上式表明，无刷直流电动机的转矩公式与普通有刷直流电动机相同。若不计电枢反应，转矩系数 K_t 为常数，电磁转矩与定子电流成正比，通过控制定子电流的大小就可以控制电磁转矩，因此无刷直流电动机有与有刷的直流电动机同样具有优良的控制性能。

2. 机械特性

观察图 8-20 不同时刻的电流路径不难发现，对于上述无刷永磁直流电动机，从电路连接情况看有这样的特点：在任意时刻同时导通的两相绕组串联后接在直流电源电压 U_d 两端，第三绕组处于开路状态，电流为零。以 0～60°区间为例，电流路径为：电源正极→V_1→A 相绕组→B 相绕组→V_6→电源的负极。则稳态运行时，由于电流恒定，不必考虑电枢绕组电感的影响，若忽略功率开关的管压降，在上述 60°区间直流回路的电压平衡方程应为

$$U_d = R_S i_A + e_A - (R_S i_B + e_B) = 2R_S I_d + e_{AB} \tag{8-14}$$

式中，R_S 为定子绕组每相电阻；e_{AB} 为 A、B 两相间的线电动势，$e_{AB} = e_A - e_B$。

在 0～60°区间 $e_A = E_P$，$e_B = -E_P$，故 $e_{AB} = 2E_P$，将其代入(8-14)，则

$$U_d = 2R_S I_d + 2E_P \tag{8-15}$$

式(8-14)同样适用其他区间。将式(8-13)代入式(8-15)解出转速 n_r,可得直流无刷电动机的转速公式为

$$n_r=\frac{U_d-2R_S I_d}{2K_P}=\frac{U_d}{2K_P}-\frac{R_S}{K_P K_t}T_e \quad (8-16)$$

可见,无刷直流电动机的机械特性方程同他励直流电动机的形式上完全一致。图 8-21 给出了不同 U_d 下的机械特性曲线。

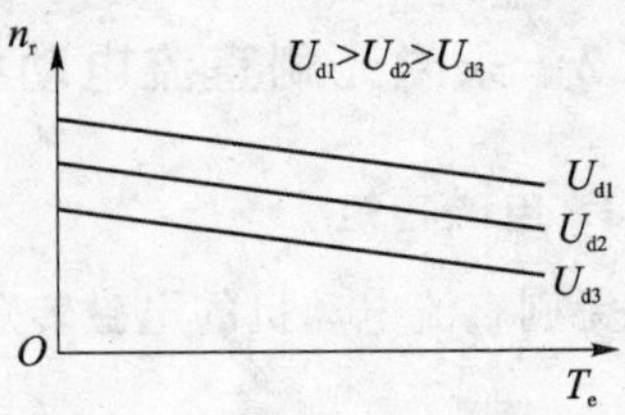

图 8-21 无刷直流电动机的机械特性

8.6 其他驱动和控制电机

8.6.1 开关磁阻电动机

1. 基本结构

开关磁阻电动机由电动机本体、转子位置检测器、功率变换器和控制单元组成。它实质上是一个可调速的驱动系统,图 8-22 为开关磁阻驱动系统的结构框图。

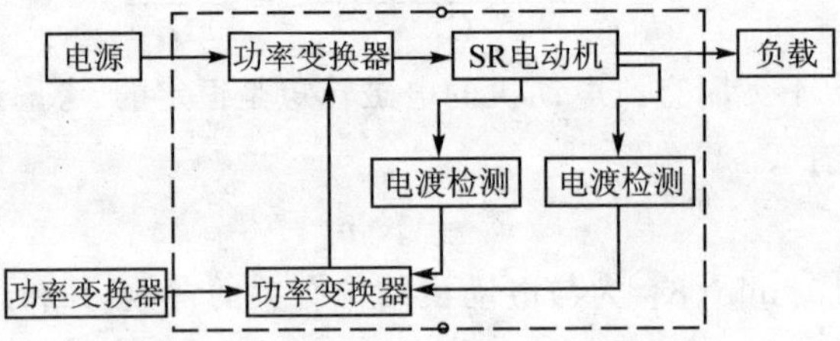

图 8-22 开关磁阻电动机的结构框图

电动机本体是一种定、转子双边均开有开口槽的电机。定、转子铁芯由硅钢片叠成,定子上装有空间不同位置的多相集中绕组,每相绕组由相对的两个定子齿上的两相线圈串联而成,转子上没有绕组。

图 8-23 为四相开关磁阻电机示意图,定转子均为凸极式。定子有 8 个齿,转子有 6 个齿,定子上装有四相绕组(图中只画出其中一相)。定子每相绕组与一个可控主开关元件 S_1 或 S_2 串联,并由电源 E_S 供电,VD_1 和 VD_2 为续流二极管。定、转子最常见的组合为 6/4 极,8/6 极或 12/8 极。

2. 工作原理

开关磁阻电动机的工作原理是磁阻最小原理,这与普通的电动机的定转子磁场相互作用的原理不同。通过控制各开关元件,使其依次给各相绕组供给单向电流,同时关断前一相绕组。气隙中形成一 $A\to B\to C\to D$ 的移动磁场,按照磁阻最小原理,磁通总要沿着磁阻最小路径闭合,一定形状的铁芯在移动到最小磁阻位置时,必定使自己的轴线与主磁场的轴线重合。

其工作过程为当给图 8-23 中的 A 相绕组通电时,转子 $1-1'$ 与 $A-A'$ 重合;当给 B 相绕组通电时,转子 $2-2'$ 与 $B-B'$ 重合;当给 C 相绕组通电时,转子 $3-3'$ 与 $C-C'$ 重合。当给 D 相绕组通电时,转子 $1-1'$ 与 $D-D'$ 重合。依次给 A—B—C—D 绕组通电,转子逆励磁顺序方向连续旋转。开关磁阻电动机的优点是结构简单,维护较方便;缺点是转矩波动和噪声较大,

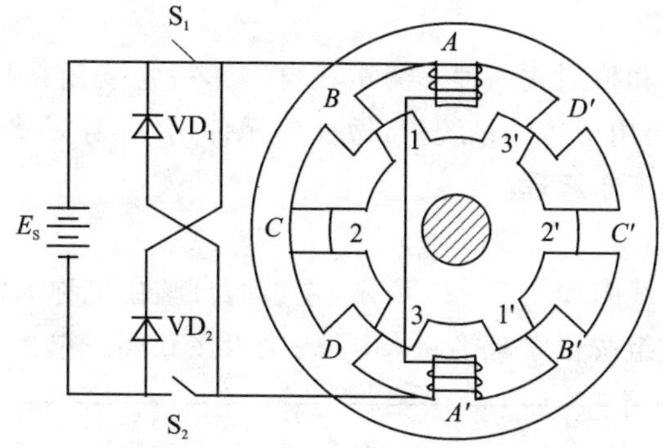

图 8-23　四相开关磁阻电机结构示意

因此影响了它的使用范围。

8.6.2　自整角电动机

自整角机能够将转角变换成电压信号,或将电压信号变换成转角。通过两台或两台以上的组合使用,实现角度的传输、变换和接收。自整角机的组合使用可以实现两根或两根以上无机械联系的轴保持同步偏转或旋转。例如导弹发射架控制,雷达电线控制等。自整角机按其在同步连接系统中作用的不同,可以分为力矩式自整角机和控制式自整角机两种。按照供电电源相数的不同,自整角机又分为单相自整角机和三相自整角机两种。三相自整角机多用于功率较大的系统中,又称功率自整角机,不属于控制电机。在自动控制系统中使用的自整角机一般为单相,因其有自整步的这种特性,所以广泛地应用于远距离指示装置和伺服系统中。下面只讨论单相自整角机的结构和工作原理。

1. 结　构

单相自整角机的基本结构如图 8-24 所示,定子铁芯采用硅钢片叠成,内圆开槽,槽内嵌有对称的三相绕组。三相绕组按星形联结后引出三个接线端,转子铁芯按不同类型做成凸极式或隐极式,其上装有单相绕组,也称励磁绕组。励磁绕组通过滑环和电刷引出。

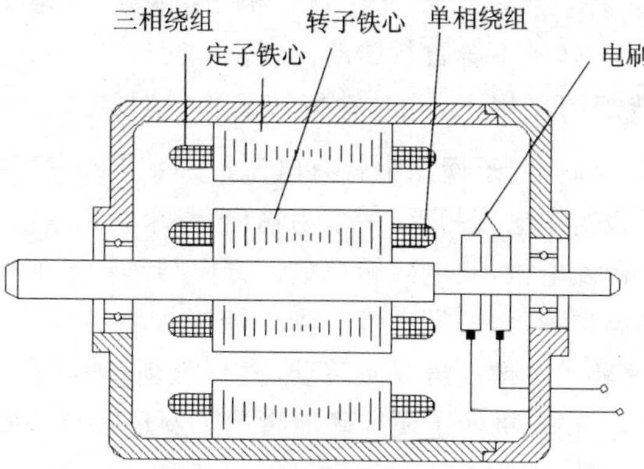

图 8-24　自整角机结构简图

2. 工作原理

自整角机分为力矩式和控制式两种。力矩式自整角机主要用在指示系统中，实现角度的传输；控制式自整角机主要用于传输系统中，做检测元件用，任务是将角度信号变换为电压信号。下面分别说明它们的工作原理。

(1) 力矩式自整角机

力矩式自整角机的接线图如图 8-25 所示，左边的自整角机称为发送机，右边的则称为接收机。它们的三相定子绕组按相序对接起来，励磁绕组接到同一单相电源上。

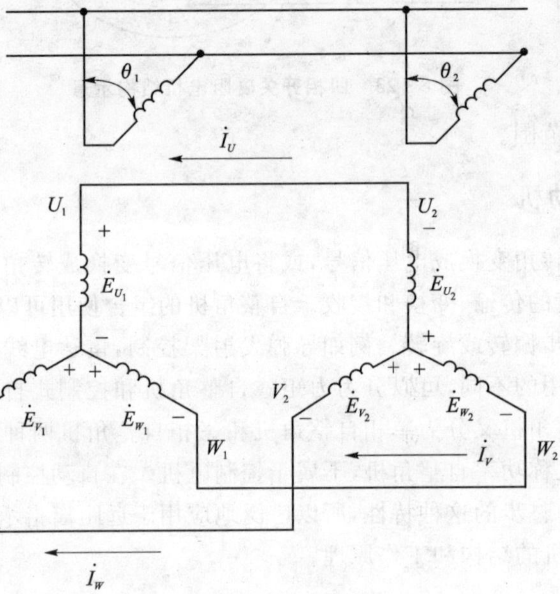

图 8-25　力矩式自整角机接线图

当发送机与接收机的定、转子的相对位置相同时，发送机与接收机处于协调位置。这时它们的转子电流通过转子绕组形成脉振磁通势，产生脉振磁通，从而分别在两者的定子绕组中产生电动势。而且 $\dot{E}_{U_1}=\dot{E}_{U_2}$，$\dot{E}_{V_1}=\dot{E}_{V_2}$，$\dot{E}_{W_1}=\dot{E}_{W_2}$。定子电路中不会有电流产生，发送机和接收机中都不会产生电磁转矩，转子不会自行转动。

如果发送机在外施转矩的作用下，顺时针偏转 θ 角，则发送机与接收机不再协调，因此 $\dot{E}_{U_1}\neq\dot{E}_{U_2}$，$\dot{E}_{V_1}\neq\dot{E}_{V_2}$，$\dot{E}_{W_1}\neq\dot{E}_{W_2}$，定子回路中就有电流 $\dot{I}_U$、$\dot{I}_V$、$\dot{I}_W$，发送机和接收机中都会产生电磁转矩。由于两者定子绕组中电流相反(一个为输出、一个为输入)，因而两者的电磁转矩相反。此时发送机相当于一台发电机，其电磁转矩放入方向与其转子的偏移方向相反，它力图使发送机转子回到原来的协调位置，但是发送机受到外转矩控制不能往回转。接收机则相当于一台电动机，其电磁转矩使转子也像 θ 角方向转动，直至重新转到新的协调位置，即跟随发送机也偏转了 θ 角为止。于是，接收机转子便准确地指示了发送机转子的转角，如果发送机转子在外施转矩作用下不停地旋转，接收机转子就会以同一转速随之旋转。

(2) 控制式自整角机

控制式自整角机的接线如图 8-26 所示。它与力矩式自整角机不同之处是：控制式自整角机中的接收机并不直接带负载转动，转子绕组不是接在交流电源上，而是用来输出电压，因此又称为输出绕组。由于该接收机是在定子绕组输入电压，从转子绕组输出电压，工作在变压器的状态，故称为自整角变压器。

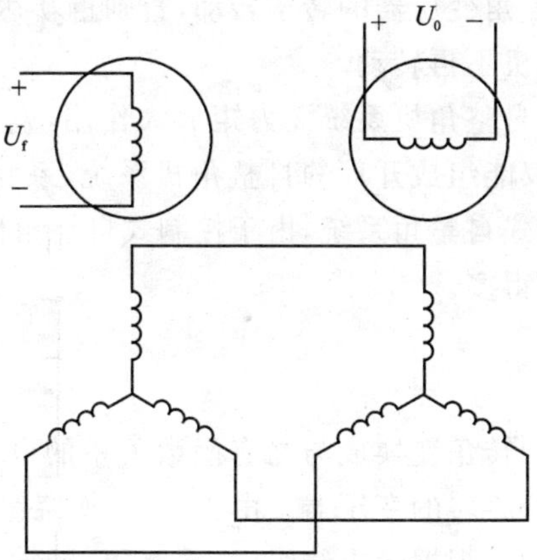

图 8-26　控制式自整角机接线图

将控制式自整角机的发送机与自整角变压器的转子绕组相互垂直，三相定子绕组仍热按相序相接，如图 8-26 所示，这称为是控制式自整角机的协调位置。由于发送机的转子绕组接在交流电源上，它的脉振磁通势所产生的脉振磁场将在发送机的三相定子绕组中产生感应电动势，故三相定子绕组中会出现对称的三相感应电流 $\dot{I}_U$、$\dot{I}_V$、$\dot{I}_W$。当自整角发送机的转子处于垂直位置时，如图 8-27(a)所示。转子脉振磁场在定子三相绕组中产生的感应电动势和电流的参考方向，根据右手螺旋判断，左半部为流出，右半部为流入。定子电流通过三相绕组所产生的合成磁通势仍为脉振磁通势。由于它与输出绕组垂直，不会在输出绕组中产生感应电动势，输出绕组的输出电压为零。

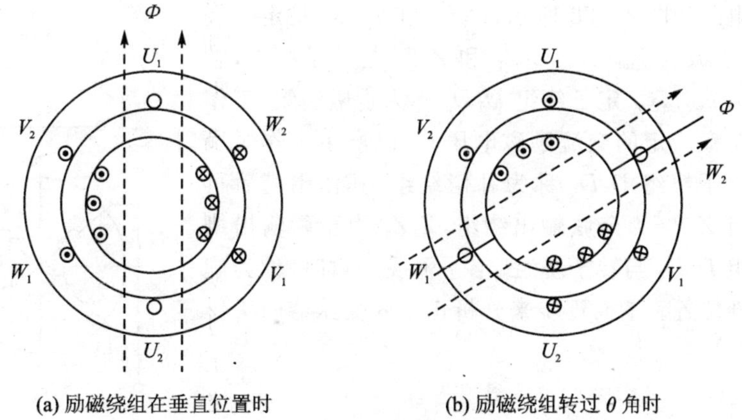

图 8-27　自整角机的脉振磁动势

如果在外施转矩的作用下，自整角发送机的励磁绕组顺时针偏转了 θ 角，则如图 8-27(b)所示。定子电流产生的脉振磁通势的方位也随转子一起偏转了 θ 角，仍然与励磁绕组的轴线一致。因此与之方位相同的自整角变压器中，定子脉振磁场便与输出绕组不再垂直，两者夹角为$(90°-\theta)$，将在输出绕组中产生一个正比于 $\cos(90°-\theta)=\sin\theta$ 的感应电动势和输出电压。

可见控制式自整角机可将远处的转角信号转换成近处的电压信号。若想利用控制式自整角机来实现同步连接系统,可将其输出电压经放大器放大后,输入交流伺服电动机的控制绕组,伺服电动机便可带动负载和自整角变压器的转子转动,直到重新达到协调位置为止,自整角变压器的输出电压为零,伺服电动机不再转动。

由上面分析可知,力矩式自整角机系统无力矩放大作用,整步转矩比较小,因此只能带动指针、刻度盘等轻负载,而且仅能组成开环的自整角机系统,系统精度不高。要提高系统的精度和负载能力,可以使用控制式自整角系统,由于控制式自整角机组成的闭环系统具有功率放大环节,所以系统的精度要高得多。

8.6.3 旋转变压器

旋转变压器能够将转子的转角变换成与之有函数关系的电压信号。从原理上说,旋转变压器相当于一台二次绕组可以旋转的变压器。由于一、二次绕组的相对位置会因旋转而变,故其耦合情况也是随转角变化的。根据输出绕组(二次绕组)的输出电压与转子转角的关系,可以分为正余弦旋转变压器、线性旋转变压器和比例式旋转变压器。

在控制系统中,旋转变压器广泛地被用来进行三角运算和传输角度数据,也可以作为移相器使用。

1. 结　构

旋转变压器的基本结构与绕线式异步电动机相似,不过定、转子绕组均为两个在空间互差90°电角度的高精度的正弦绕组,定、转子绕组的结构、匝数、接线方式等都完全相同。转子绕组可由滑环和电刷引出。

2. 工作原理

这种旋转变压器的特点是:输出电压是转子转角的正弦和余弦函数。电路如图8-28所示,D_1D_2 和 D_3D_4 是定子绕组,它们的有效匝数为 $k_{w1}N_1$。Z_1Z_2 和 Z_3Z_4 是转子绕组,它们的有效匝数为 $k_{w2}N_2$。定子绕组 D_1D_2 称为励磁绕组,工作时加上大小和频率一定的交流励磁电压 U_f 以产生工作时所需要的磁场。定子绕组 D_3D_4 称为补偿绕组,其作用稍后再讨论。转子绕组 Z_1Z_2 为余弦输出绕组,Z_3Z_4 为正弦输出绕组。当定子绕组 D_1D_2 与转子绕组 Z_1Z_2 轴线一致时,称为旋转变压器的基准位置。下面逐步来分析正余弦变压器的工作原理。

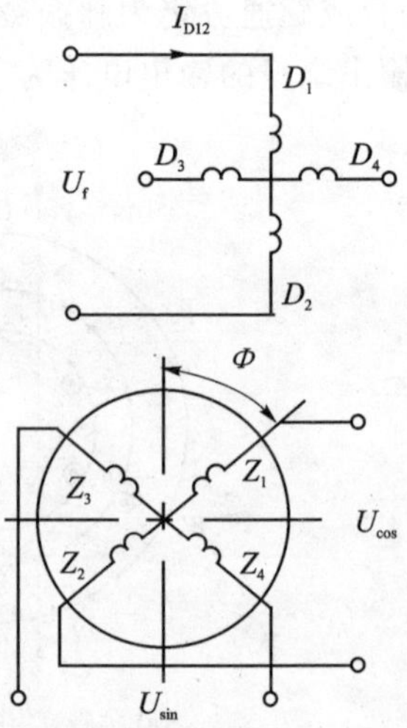

图 8-28　旋转变压器的运行原理

(1) 空载运行

在励磁电压 U_f 的作用下,定子励磁绕组 D_1D_2 中通过电流 I_{D12},形成在 D_1D_2 绕组轴线方向的纵向磁通势 F_{Dd},产生纵向脉振磁通 Φ_d。转子处于基准位置时,如图8-28所示,若 $\theta=0°$ 纵向脉振磁通 Φ_d 将全部通过 Z_1Z_2 绕组,于是与普通静止变压器一样,Φ_d 将在 D_1D_2 和 Z_1Z_2 绕组中分别产生电动势 E_D 和 E_Z,其有效值为

$$E_D = 4.44k_{w1}N_1f\Phi_{dm} \tag{8-17}$$

$$E_Z = 4.44 k_{w2} N_2 f \Phi_{dm} \tag{8-18}$$

式中，Φ_{dm}是纵向脉振磁通 Φ_d 的最大值，而

$$k = \frac{E_Z}{E_D} = \frac{k_{w2} N_2}{k_{w1} N_1} \tag{8-19}$$

称为旋转变压器的电压比。忽略定子绕组的漏阻抗，则 $U_f = E_D$

而余弦输出绕组 Z_1Z_2 的输出电压

$$U_{cos} = E_Z = kE_D = kU_f \tag{8-20}$$

由于 Φ_d 的方向与正弦输出绕组垂直，不会在该绕组中产生感应电动势，故正弦输出绕组的输出电压

$$U_{sin} = 0$$

当转子偏离基准位置 θ 角时，如图 8-28 所示。纵向脉振磁通 Φ_d 通过转子两绕组的磁通分别为

$$\Phi_{Z12} = E_Z \cos\theta = kE_D \cos\theta = kU_f \cos\theta \tag{8-21}$$

$$\Phi_{Z34} = E_Z \sin\theta = kE_D \sin\theta = kU_f \sin\theta \tag{8-22}$$

因而空载输出电压为

$$U_{cos} = kU_f \cos\theta \tag{8-23}$$

$$U_{sin} = kU_f \sin\theta \tag{8-24}$$

可见，只要励磁电压 U_f 不变，转子绕组的输出电压就与转角保持正弦和余弦函数关系。

(2) 负载运行

设转子绕组 Z_1Z_2 接有负载 Z_L，于是有电流通过该绕组，并产生方向与 Z_1Z_2 绕组轴线一致的脉振磁通势 F_{Z12}。该磁通势可以分成两个分量，一个是方向与绕组 D_1D_2 轴线一致的纵向分量 F_{Zd}，一个是与绕组 D_1D_2 轴线垂直的横向分量 F_{Zq}，它们的大小分别为

$$F_{Zd} = F_{Z12} \cos\theta \tag{8-25}$$

$$F_{Zq} = F_{Z12} \sin\theta \tag{8-26}$$

其中，纵向分量 F_{Zd}与定子磁通势 F_{Dd}共同作用产生纵向磁通 Φ_d。根据磁通势平衡原理，只要 U_f 的大小和频率不变，它们共同作用所产生的磁通 Φ_d 与空载时的 Φ_d 基本相同。F_{Zd}的出现，只不过使 D_1D_2 绕组中的电流增加而已。可是横向磁通势 F_{Zq}却没有相应地磁通势与之平衡，它将产生横向磁通 Φ_q，并在 Z_1Z_2 和 Z_3Z_4 绕组中分别产生感应电动势，从而破坏了输出电压与转角的正弦和余弦成正比的关系。这种现象称为输出电压的畸变。负载电流越大，它所产生的磁通势就越大，输出电压的畸变越厉害。要解决旋转变压器负载运行时输出电压的畸变问题，就必须设法消除横向磁通 Φ_q，消除方法称为补偿。基本补偿方法有以下几种：二次侧补偿、一次侧补偿和全部偿。

① 二次侧补偿。当正余弦变压器的一个输出绕组在工作，另一个输出绕组在补偿时，称为二次侧补偿，如图 8-29 所示。为了补偿因正弦输出绕组中负载电流所产生的交轴磁通，可以在余弦输出绕组上接一适当的负载阻抗 Z'_L，使余弦输出绕组中也有电流，利用其产生的磁场横向磁场来抵消正弦输出绕组产生的横向磁通。全补偿的条件是 $Z_L = Z'_L$。

② 一次侧补偿。将励磁绕组加交流电源，另一定子绕组短路。如图 8-30 所示，D_3D_4 绕组的轴线与横向磁通 Φ_q 轴线一致，横向磁通将在该绕组中产生感应电动势，并在绕组中产生电流。根据楞次定律，这一电流所产生的磁通一定阻碍原磁通的变化，即抵消转子横向磁通。

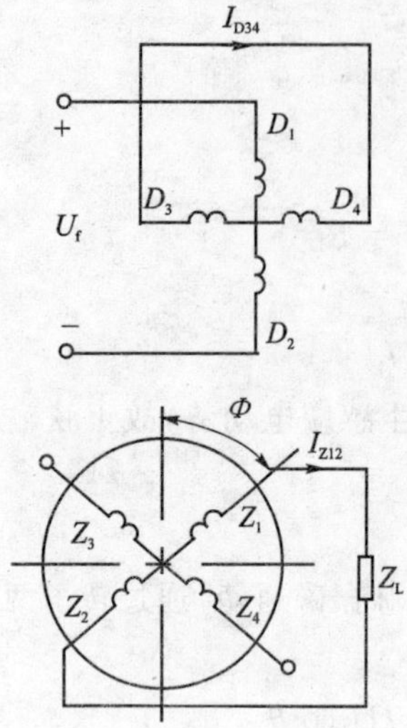

图 8-29　二次侧补偿

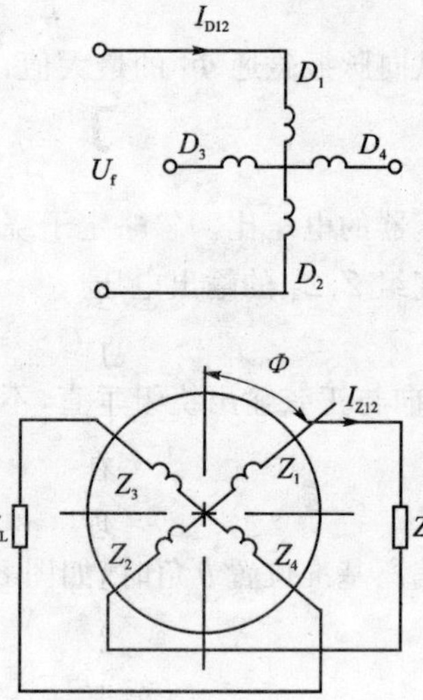

图 8-30　一次侧补偿

③ 一、二次同时补偿。为了得到更好的补偿，常常采用一次侧和二次侧同时补偿的方法，即在定子中励磁绕组接交流电源，另一个绕组短路，正余弦输出绕组中分别接入负载 Z_L 和 Z'_L，采用一、二次侧同时补偿。

习　题

8.1　怎样改变单相异步电动机的旋转方向？

8.2　什么是交流伺服电动机的自转现象？伺服电动机采用什么方法消除自转现象？

8.3　什么是直流伺服电动机的调节特性？绘出用标幺值表示的调节特性曲线组。

8.4　说明交流伺服电动机，若两相绕组对称，外加电压不对称，将产生椭圆形旋转磁场。

8.5　一台直流测速发电机，已知 $n=3\ 000$ r/min，$R_a=160\ \Omega$，$R_L=2\ 000\ \Omega$，$U=50$ V。求该转速下的输出电流和空载电压。

8.6　一台五相 10 拍的步进电机，转子齿数 $Z_r=48$，在 A 相绕组中测得电流频率为600 Hz，求
① 步距角；
② 转速。

8.7　一台三相反应式步进电机，采用三相六拍运行，已知 $n=1\ 200$ r/min，转子齿数 $Z_r=24$，试计算脉冲信号频率和步距角。

8.8　一台六相反应式步进电机，单拍运行时步距角 $\theta=3°$，双拍运行时，步距角 $\theta=1.5°$，求转子齿数。

8.9　永磁无刷直流电动机与有刷直流电动机的区别是什么？

8.10　开关磁阻电动机与大步矩反应式步进电动机的区别是什么？

8.11　一台正余弦旋转变压器，$k=1.0$，$U_f=110$ V，求 $\theta=60°$时的转子两输出绕组的空载电压。

第 9 章　电力拖动系统中的电动机选择

生产机械对电动机的最基本要求是在可靠的、经济的基础上保证生产机械的生产效率。为了满足这一要求，首先电动机的功率应符合要求。由于机器的性能和工作状态是多种多样的，所以拖动电动机额定功率的计算越来越复杂。电动机额定功率不足时，不可避免地产生电动机过热，以致损坏电动机；或者在保持电动机不过热的情况下，降低了机器的生产效率。电动机额定功率取的过大也是不合理的，这时不仅电动机体积大，占地面积大，价格贵，而且由于欠载运行力能指标——效率、功率因数等也差，给供电电网运行也造成附加困难。

另外，电动机长时间运行所能承担的恒定负载(即额定功率)是受它本身发热的限制。电动机在工作的同时有铜损、铁损和机械损耗产生，这些损耗变成为热能，而最终要散失在周围空气中。但是，由电机损耗所产生的热量在起初阶段大部分是使电机温度升高，而少部分散失到周围空气中去；然后随着电机温度升高，热量分配发生变化，小部分使电机温度升高，大部分散失到周围空气中去；最后在恒定负载情况下，电动机的温度达到了稳定值。

为了保证电动机的正常工作，电动机的各部分温度都不能超过一定限度。例如，绕组绝缘、轴承、换向器等都有一定的温度限制，而在一般情况下最主要的是绝缘。温度过高，电机的绝缘寿命就要缩短。根据对 A 级绝缘材料试验的结果表明，温度每提高 8℃～10℃，绝缘的寿命就要降低一半。例如，A 级绝缘材料由 95℃的恒定温度提高到 105℃时，它的工作寿命将由 16 年降到 8 年。按照国际电工协会规定，绝缘材料分 7 个等级，常用的为中间 5 级，即 A、E、B、H、F，各级的具体内容如表 9－1 所列。

表 9－1　电机绝缘材料的等级和容许温度

绝缘材料等级	Y	A	E	B	H	F	C
最高允许温度/℃	90	105	20	130	155	180	＞180

在一般情况下，拖动电动机的负载是变化的，而且有时具有较大的冲击。这种冲击负载对电机的发热可能影响不大，但是电动机瞬时过载能力是有限的，所以在确定电动机功率的同时，要考虑拖动电动机所能承受的瞬时过载能力。除了根据机器要求选择电动机容量外，还要根据工作环境选择电动机的冷却方法和防护形式。综合以上分析，对电动机的选择是受多种因素制约的，根据电力拖动系统的要求，按照一定原则选择电动机。

9.1　电动机选择的基本原则

9.1.1　类型的选择

为生产机械选择电动机的种类，首先应该满足生产机械对电动机启动、调速性能和制动的要求，在此前提下考虑经济性。交流电动机比直流电动机结构简单、运行可靠、维护方便、价格便宜。在这些方面，鼠笼式异步电动机就更为优越。所以，在满足工艺要求的前提下，应尽量选用交流电动机。但是,从我国目前情况看,在对调速性能要求高,且要求快速,平滑启、制动时,还要选用直流电动机。具体选择如下:

- 尽量优先选用交流笼型异步电动机,因其结构简单、维护方便,如水泵、机床、通风机等。
- 绕线式异步电动机能限制启动电流和提高启动转矩,主要用于起重机、矿井提升机等。
- 滑差电动机和交流换向器电动机,主要用于平滑调速但调速范围不大的场合,如纺织、造纸等。
- 当电动机功率较大且无调速要求时,可选用交流同步电动机,以提高功率因数;交流电动机功率可达几万 kW、额定电压高达 6 000 V 甚至 150 000 V,转速可高达几万～几十万 r/min。
- 直流电动机调速性能优异,主要用于调速范围要求很大的场合。例如高精度数控机床、龙门刨床,可逆轧钢机、连轧机、造纸机等,一般是选用的他励直流电动机。

在电动机形式的选择方面,由于电动机与工作机械有不同的连接方式,同时生产机械的工作环境差异很大,因此应当根据具体的生产机械类型、工作环境等来确定电动机的结构形式。

9.1.2 额定功率和电压等级的选择

1. 额定功率的选择

正如前面所述,决定电动机的功率时,要考虑电动机的发热和允许过载能力。对于鼠笼式异步电动机,还要考虑启动能力,其中最重要的是发热问题。额定功率的选择是本小节的重点内容。在一般情况下,拖动电动机的负载是变化的,而且有时具有较大的冲击。这种冲击负载对电机的发热可能影响不大,但是电动机瞬时过载能力是有限的,所以在确定电动机功率的同时,要考虑拖动电动机所能承受的瞬时过载能力。

2. 电动机额定电压的选择

电动机额定电压主要根据电动机运行场地的供电电压等级而定。一般中小型交流感应电动机多采用低压,额定电压有 380 V(Y 接法或△接法)、220/380 V(△/Y)、380/660 V(△/Y)三种。大容量的交流电动机通常设计成高压供电,如 3 kV、6 kV 或 10 kV 电网供电,此时电动机应选用额定电压为 3 kV、6 kV 或 10 kV 的高压电动机。

直流电动机的额定电压一般为 110 V、220 V 和 440 V, 其中最常用的电压等级为220 V。当采用三相桥式可控整流电路供电时,直流电动机的额定电压应选为 440 V; 若采用单相整流电路供电,则直流电动机的额定电压应选为 220 V。

9.1.3 额定转速的选择

电动机额定转速都是依据生产机械的要求来选定的。在确定电动机额定转速时,必须考虑机械减速机构的传动比值,两者相互配合并经过技术与经济的全面比较才能确定。通常电动机转速不低于 500 r/min。因为当容量一定时电动机的同步转速愈低,电动机尺寸愈大,价格愈贵,其效率也将比较低。另一方面,若选用高速电动机,虽然电动机的功率得到提高,但势必将加大机械减速机构的传动比,从而导致机械传动部分的结构复杂。对于无需调速的一些高、中速机械,可选用相应转速的电动机而不经机械减速机构直接传动;而对于需要调速的机械，其生产机械的最高转速要与电动机的最高转速相适应。如果采用改变励磁的直流电动机调速，为充分利用电动机功率，应仔细选好调磁调速的基本转速。对于某些工作速度较低且经常处于频繁正、反转运行状态的生产机械，为提高生产效率，降低消耗，减小噪声和节省投资，应选择适宜的低速电动机，采用无减速机构的直接拖动更为合理。

9.1.4　结构形式的选择

电动机与工作机械有不同的连接方式，同时生产机械的工作环境差异很大，因此应当根据具体的生产机械类型、工作环境等来确定电动机的结构形式。

1. 安装形式的选择

电动机安装形式根据安装位置的不同分为卧式和立式两种。一般情况下应选择卧式结构。立式电动机的价格较贵，只有在简化传动装置且又必须垂直运转时才采用。

2. 防护形式的选择

① 开启式电动机。开启式电动机外表有很大的通风口，其散热条件好，用料省而造价较低；但缺点是水气、灰尘、铁屑和油污等杂物容易侵入电动机内部，因此只能用于干燥和清洁的工作环境。

② 防护式电动机。防护式电动机的通风口设计为朝下且有防护网遮掩，其通风冷却条件比较好。该种防护形式的电动机一般可防滴、防雨、防溅以及防止外界杂物从小于 45°角的垂直方向落入电动机内部，但不能防止潮气和灰尘的侵入，因此它比较适用于灰尘不多、较为干燥、无腐蚀性和爆炸性气体的场所。

③ 封闭式电动机。封闭式电动机通常又分为自冷式、强迫通风式和密闭式 3 种。自冷式和强迫通风式两种形式的电动机能防止从任何方向飞溅来的水滴和其他杂物侵入，并且潮气和灰尘等也不易进入电动机内部，因此适用于潮湿、灰尘多、易受风雨侵蚀、易引起火灾、有腐蚀性气体的各种地方。密闭式电动机一般用于在水或油等液体中工作的负载机械，比如潜水电动机或潜油电动机等。

④ 防爆式电动机。防爆式电动机通常在封闭式电动机结构的基础上制成隔爆型、增安型和正压型 3 类形式，它们都适用于有易燃、易爆气体的危险环境中，如矿井、油库、煤气站等场所。

9.2　电机的发热与冷却

9.2.1　电机的发热过程与温升

电动机运行时，内部会产生铜损和铁损，这些损耗在电机内部转化为热能。随着热量的不断产生，电动机本身温度要升高。当电机本身温度超过周围环境温度时，就有了温升，电机就要向周围散热。温升越高，散热越快。当单位时间发出的热量等于散出的热量时，电动机温度不再增加，而保持一个稳定不变的温升，即处于发热与散热平衡的状态。此过程是温度升高的热过渡过程，称之为发热。

由于电动机是由各种材料（铜、铁、绝缘材料等）组成的形状复杂的物体（不均匀体），所以它的发热过程是十分复杂的。为了简化分析，我们把电动机当做一个理想的均匀体来研究它的发热过程，即所谓“单级发热理论”。理想均匀体，就是由单一材料组成的物体，它具有无限大的热传导系数，物体内部各点温度时刻保持相等，在各表面的散热能力相同。每单位时间加给电动机的热量，决定于电动机工作的损耗，即

$$\Delta P = P\frac{1-\eta}{\eta}$$

这些热量一部分通过机体散失到周围空气中去，一部分积存在机体中加热电机，使温度上升。机体散热有3个途径，即对流、辐射和传导。在电机散热中主要的是对流和辐射，而且在通风散热中以对流起的作用更大，散热能力与风速有直接关系。在电机工作温度范围内，可以足够准确地认为热量的发散与电机和周围空气温度差成正比。由稳定温升的表达式

$$\tau_{ss} = \frac{\Delta P}{A}$$

可知，稳定升温仅决定于损耗和散热率，而与热容量完全无关。在散热率不变的情况下，加大负载和增加损耗时，稳定温升 τ_{ss} 也提高，如图9-1所示。另一方面，改善电机散热条件，即加大散热率 A，就可以降低电机的温升。

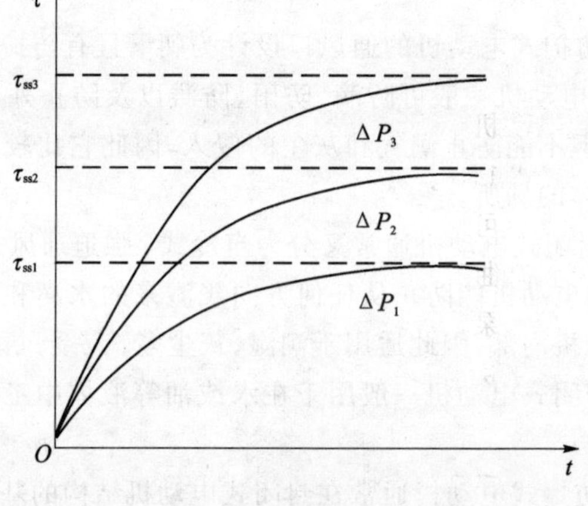

图9-1 不同负载下的温升曲线

9.2.2 电机的冷却过程

电动机的冷却可能有两种情况。其一是负载减小时，电动机损耗功率 $\triangle P$ 下降；其二是电动机自电网断开，不再工作，电动机的 $\triangle P$ 变为零。若减小负载之前的稳定温升为 τ_Q，而重新负载后的稳定温升 τ_W，$\tau_W < \tau_Q$。冷却过程温升变化规律方程式为：

$$\tau = \tau_W(1-e^{-t/T}) + \tau_Q e^{-t/T} \tag{9-1}$$

若电网断开后，D$P = F = 0$，即 $\tau_W = 0$，则：

$$\tau = \tau_Q e^{-t/T} \tag{9-2}$$

电机的冷却曲线如图9-2所示。

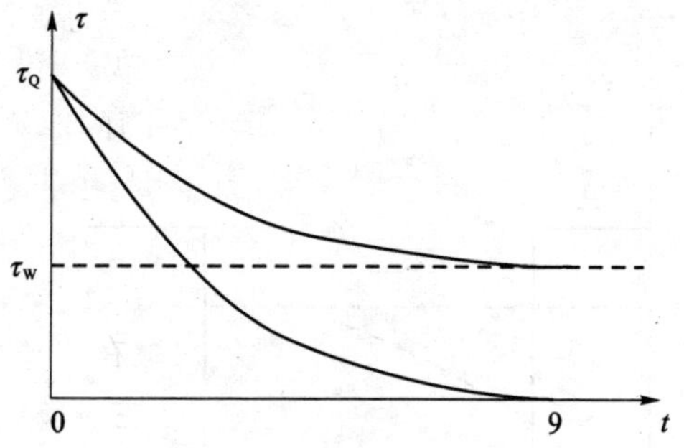

图 9-2　电机的冷却曲线

9.3　电动机的工作制

生产机械的工作方式不同，其拖动电机的工作方式也不同。为便于电动机的系列生产和用户的选择使用，按发热观点将电机工作方式分为 3 类，即连续工作制、短时工作制和断续周期工作制。

9.3.1　连续工作制

在连续工作制下运转的电动机，工作时间相当长，连续工作时间 $t_g \geqslant (3\sim4)T_\theta$。在工作时间内，电动机的温升可以达到稳态温升。显然其工作时间一般可达几小时、几昼夜，甚至更长的时间。电动机所拖动的负载可以是恒定不变的，也可以是周期性变化的。此类电机拖动恒值负载的电动机负载图及温升曲线如图 9-3 所示。电机铭牌上对工作方式没有特殊标注的电机都属于连续工作制。如水泵、风机、机床主轴、轧钢机主传动拖动电机等。

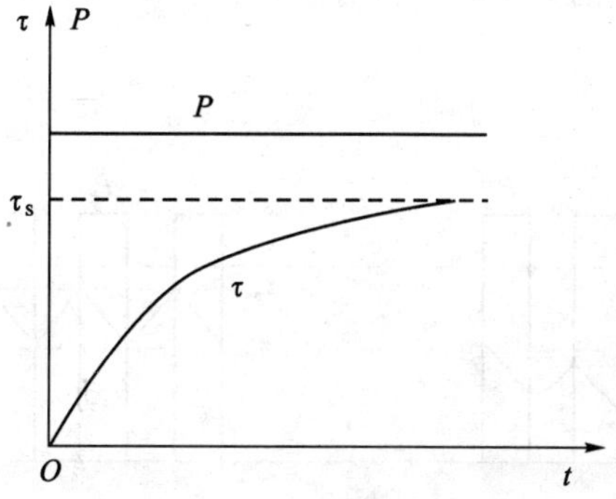

图 9-3　连续工作制的功率负载图及温升曲线

9.3.2　短时工作制

短时工作制的电动机，其工作时间 $t_g < (3\sim4)T_\theta$ 在工作时间内温升达不到稳定值，但它的停机时间 t_0 却很长，$t_0 > (3\sim4)T_\theta$，停机时电动机的温度足以降至周围环境的温度，即温升降至零。短时工作制的功率负载图及温升曲线如图 9-4 所示。属于此类工作制的生产机械有水闸闸门、吊车、车床的夹紧装置等。我国短时工作制电动机的标准工作时间有 15、30、60、

90 min 四种。

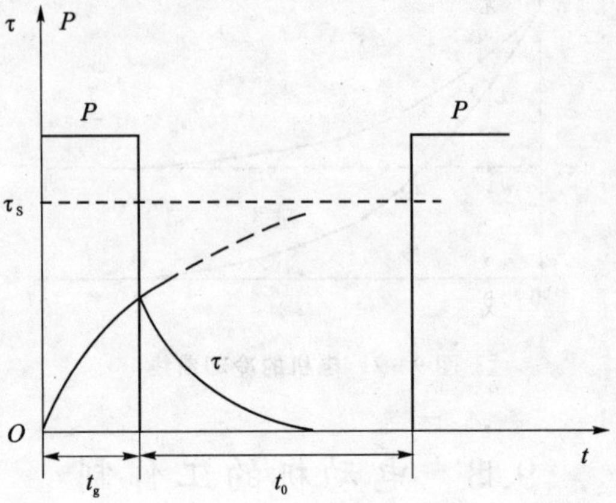

图 9-4　短时工作制的功率负载图及温升曲线

9.3.3　断续周期性工作制

断续周期工作制是在恒定负载下电动机按一系列相同的工作周期运行的工作方式。断续周期工作制的特点是重复性和短时性。在一个周期内，工作时间 $t_g<(3\sim4)\ T_\theta$，停歇时间 $t_0<(3\sim4)\ T_\theta$。因此，工作时温升达不到稳定值，停歇时温升也降不到零，整个工作过程中温升不断地上下波动，但平均温升值越来越高。经过足够的周期后，温升将在一个稳定的小范围内上下波动，而温升的最高值小于长期运行的稳定温升。按国家标准规定，每个工作周期 $t_c=t_g+t_0\leqslant10$ min，因此这种工作制也称为重复短时工作制。起重机、电梯以及某些自动机床的工作机构的拖动电动机均属断续周期性工作方式，有的周期性很严格（如自动机床），有的不严格（如起重机），对不严格的计算时只具有统计性。断续周期工作制的功率负载图及温升曲线如图 9-5 所示。

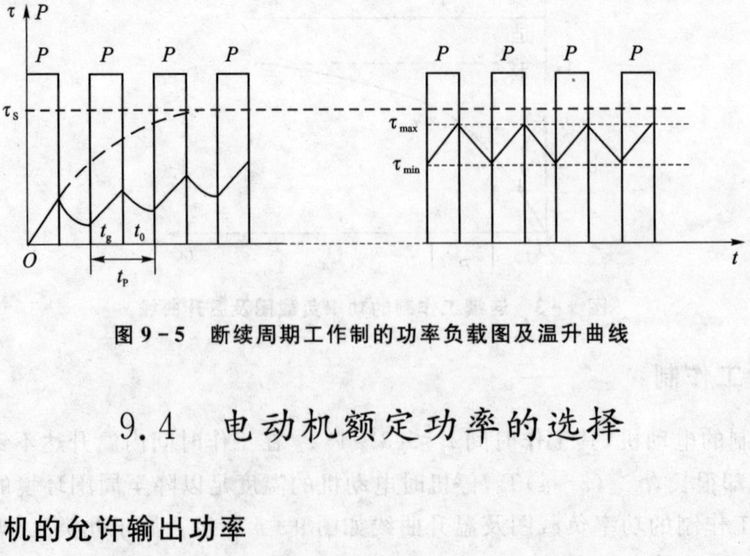

图 9-5　断续周期工作制的功率负载图及温升曲线

9.4　电动机额定功率的选择

9.4.1　电动机的允许输出功率

一台电机能否在某负载下长期运行，主要取决于电机的发热，而发热又主要决定于电枢电流。额定电流就是电机长期运行所能允许的电流值。电机在整个调速范围内运行时，如果其电流始终等于额定电流，则该机既充分利用，又能安全运行(暂不考虑通风条件变化的影响)。这时电机输出的功率与转矩，是该转速下所允许的限制值，称之为调速时允许输出功率与转矩。

9.4.2　连续运行电动机额定功率的选择

同是连续工作方式的电动机，拖动的负载性质可能不同，一般分为两种类型，即常值负载和周期性变化负载，对不同的负载要采用不同的方法选择电动机的容量。

1. 常值负载的电动机容量选择

选择常值负载电动机的容量，只要求电动机的额定功率 P_N 等于或略大于负载所需的功率 P_L 即可，不需进行发热校验。因为电动机是按常值负载连续工作设计的，这就保证了电动机在额定功率内的常值负载下，连续工作时温升不会超过容许值。另外，过载能力也不需校验。不过，对笼型异步电动机要进行启动能力校验。当环境温度与标准值有差别时，电动机的额定功率可按表 9-2 进行修正。

表 9-2　不同环境温度下电动机功率的修正值

环境温度/℃	≤30	35	40	45	50	55
电动机功率增减/%	+8	+5	0	−5	−12.5	−25

2. 变化负载下电动机容量的选择

图 9-6 所示为变化负载的功率图，图中只画出了生产过程的一个周期。当电动机拖动这类生产机械工作时，因为负载周期性变化，所以电动机的温升也必然呈周期性波动。温升波动的最大值将低于对应于最大负载时的稳定温升，而高于对应于最小负载时的稳定温升。这样，如按最大负载功率选择电动机的容量，则电动机就不能得到充分利用；而按最小负载功率选择电动机容量，则电动机必将过载，其温升将超过允许值。因此，电动机的容量应选在最大负载与最小负载之间。如果选择得合适，既可使电动机得到充分利用，又可使电动机的温升不超过允许值。通常可采用以下方法选择电动机的容量。

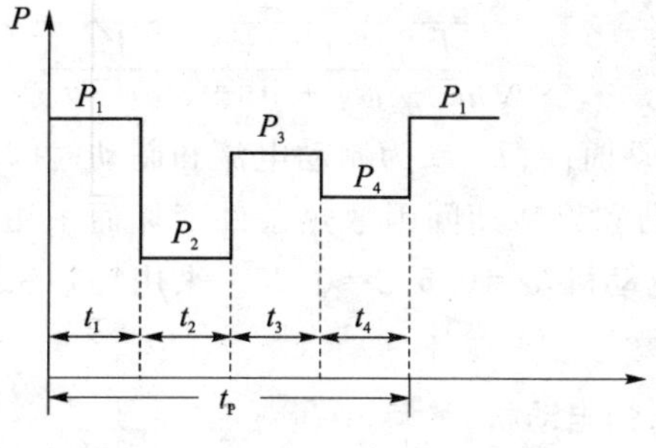

图 9-6　变化负载的功率图

(1) 等效电流法

等效电流法的基本思想是用一个不变的电流 I_{eq} 来等效实际上变化的负载电流，要求在同一个周期内，等效电流 I_{eq} 与实际变化的负载电流所产生的损耗相等。假定电动机的铁损耗与

绕组电阻不变，则损耗只与电流的平方成正比，由此可得等效电流为

$$I_{eq}=\sqrt{\frac{I_1^2t_1+I_2^2t_2+\cdots+I_n^2t_n}{t_1+t_2+\cdots+t_n}} \tag{9-3}$$

式中，t_n 为对应负载电流 I_n 时的工作时间。求出 I_{eq}后，则选用电动机的额定电流 I_N 应大于或等于 I_{eq}。

(2) 等效转矩法

如果电动机在运行时，其转矩与电流成正比(如他励直流电动机的励磁保持不变、异步电动机的功率因数和气隙磁通保持不变时)，则将式(9-3)可改写成等效转矩公式

$$T_{eq}=\sqrt{\frac{T_1^2t_1+T_2^2t_2+\cdots+T_n^2t_n}{t_1+t_2+\cdots+t_n}} \tag{9-4}$$

此时，选用电动机的额定转矩 T_N 应大于或等于 T_{eq}，当然，这时应先求出用转矩表示的负载图。

(3) 等效功率法

如果电动机运行时，其转速保持不变，则功率与转矩成正比，于是由式(9-4))可得等效功率为：

$$P_{eq}=\sqrt{\frac{P_1^2t_1+P_2^2t_2+\cdots+P_n^2t_n}{t_1+t_2+\cdots+t_n}} \tag{9-5}$$

此时，选用电动机的功率 P_N 大于或等于 P_{eq}即可。必须注意的是用等效法选择电动机的容量时，要根据最大负载来校验电动机的过载能力是否符合要求，如果过载能力不能满足，应当按过载能力来选择较大容量的电动机。

9.4.3 短时运行电动机额定功率的选择

1. 直接选用短时工作制的电动机

我国电机制造行业专门设计制造一种专供短时工作制使用的电动机，其工作时间分为15、30、60、90 min四种，每一种又有不同的功率和转速。因此可以按生产机械的功率、工作时间及转速的要求，从产品目录中直接选用不同规格的电动机。如果短时负载是变动的，则也可采用等效法选择电动机，此时等效电流为

$$I_{eq}=\sqrt{\frac{I_1^2t_1+I_2^2t_2+\cdots+I_n^2t_n}{\alpha t_1+\alpha t_2+\cdots+\alpha t_n+\beta t_0}} \tag{9-6}$$

式中，I_1、t_1 为启动电流和启动时间；I_n、t_n 为制动电流和制动时间；t_0 为停转时间；α、β 为考虑对自扇冷电动机在启动、制动和停转期间因散热条件变坏而采用的系数。对于直流电动机，$\alpha=0.75$，$\beta=0.5$；对于异步电动机，$\alpha=0.5$，$\beta=0.25$。采用等效法时，也必须注意对选用的电动机进行过载能力的校核。

2. 选用断续周期工作制的电动机

当没有合适的短时工作制电动机时，也可采用断续周期工作制的电动机来代替。短时工作制电动机的工作时间 t_g 与断续周期工作制电动机的负载持续率 FC%之间的对应关系如表 9-3 所列。

表 9-3 t_g 与 FC%的对应关系

t_g/min	30	60	90
FC%	15%	25%	40%

9.4.4 断续周期运行电动机额定功率的选择

可以根据生产机械的负载持续率、功率及转速，从产品目录中直接选择合适的断续周期工作制电动机。但是，国家标准规定该种电动机的负载持续率 FC%只有 4 种，因此常常会出现生产机械的负载持续率 FCx%与标准负载持续率 FC%相差较大的情况。在这种情况下，应当把实际负载功率 P_x 按下式换算成相邻的标准负载持续率 FC%下的功率 P：

$$P = P_x\sqrt{\frac{FC_x\%}{FC\%}} \tag{9-7}$$

根据上式中的标准负载持续率 FC%和功率 P 即可选择合适的电动机。当 $FC_x\% < 10\%$ 时，可按短时工作制选择电动机；当 $FC_x\% > 70\%$ 时，可按连续工作制选择电动机；当负载是空载式的重复短时工作方式，即负载在某一输出功率与空载功率之间周期性重复时，则属连续工作方式，不能按断续周期性工作方式选择电动机。

断续周期性工作方式的电动机由于工作性质的需要，它们具有一些可贵特点，如启动能力强、过载能力大、惯性小、机械强度大、绝缘等级高、封闭式结构、临界转差率高(对笼型电动机)等。因此，对断续周期性工作方式的生产机械一般不选其他工作方式的电动机，应根据这类负载的需要选择相应的断续周期性工作方式的电动机。

参考文献

[1] 顾绳谷.电机及拖动基础[M]. 3 版.北京:机械工业出版社,2004.

[2] 林瑞光.电机与拖动基础 [M].2 版. 杭州:浙江大学出版社,2002.

[3] 孙建忠,刘凤春. 电机与拖动 [M].3 版.北京:机械工业出版社,2007.

[4] 汤蕴璆.电机学机电能量转换:上册[M].北京:机械工业出版社,1981.

[5] 汤蕴璆.电机学[M].西安:西安交通大学出版社,1983.

[6] 汤蕴璆,史乃.电机学[M]. 2 版 . 北京:机械工业出版社,2005.

[7] 汪国梁.电机学[M].北京:机械工业出版社,1988.

[8] 杨渝钦.控制电机[M].2 版.北京:机械工业出版社,1998.

[9] 王成元.现代电机控制技术[M].北京:机械工业出版社,2009.

[10] 刘竞成.交流调速系统[M].上海:上海交通大学出版社,1984.

[11] Wildi Theodore. Electrical machines, drives, and power systems[M]. 北京:科学出版社,2002.

[12] 李发海,朱东起.电机学[M].3 版.北京:科学出版社,2000.